Walter Wittenberger

Chemische Laboratoriumstechnik

Ein Hilfsbuch für Laboranten und Fachschüler

Unter Mitarbeit von
Egbert von Schivizhoffen

Siebente,
völlig neubearbeitete Auflage

Springer-Verlag Wien GmbH

Dr. techn. Ing. Walter Wittenberger
Offenbach/Main
Dr. phil. nat. Egbert von Schivizhoffen
Liederbach/Ts.

Ursprünglich erschienen bei Springer-Verlag/Wien 1973
Softcover reprint of the hardcover 7th edition 1973
Library of Congress Catalog Card Number 72-95671

Mit 408 Abbildungen

ISBN 978-3-7091-7550-7 ISBN 978-3-7091-7549-1 (eBook)
DOI 10.1007/978-3-7091-7549-1

Vorwort zur siebenten Auflage

Die Entwicklungen auf dem Gebiet der chemischen Laboratoriumstechnik im letzten Jahrzehnt haben es erforderlich gemacht, das Buch neu zu bearbeiten und methodisch auf einen aktuellen Stand zu bringen.

Neue Verfahren erfordern eigens dafür geschaffene Geräte und eine Weiterentwicklung der seit Jahren gebräuchlichen Arbeitsmethoden, um den modernen Ansprüchen gerecht zu werden. Auch in der Analytik konnte methodisch in das Gebiet immer kleinerer Dimensionen, hoher Selektivität und Spezifität vorgestoßen werden, wobei die Automatisierung vieler Verfahren in den Vordergrund rückt.

Und doch ist es noch immer oder gerade deshalb wichtig, daß der Laborant, der Chemotechniker und Fachschüler die grundlegenden Laboratoriumsarbeiten beherrscht. Bei der Neubearbeitung des Buches wurde daher an der Grundidee festgehalten, vor allem den Neuling im Laboratorium mit den Arbeitsmethoden vertraut zu machen, ihm mit vielen praktischen Hinweisen zu helfen, seine Arbeit richtig anzufassen und fehlerfrei zu erledigen. Oft sind es die „selbstverständlichen" Kleinigkeiten, die berücksichtigt werden müssen (die aber gerade dem Anfänger nicht so selbstverständlich sind), um eine Reaktion ordnungsgemäß und eine Analyse einwandfrei auszuführen.

Diese Grundkonzeption des Buches dürfte dazu beigetragen haben, daß es seit seinem erstmaligen Erscheinen im Jahre 1942 nicht nur im deutschen Sprachgebiet, sondern darüber hinaus seine Eignung für die Ausbildung in Industrie und Schule erwiesen hat, was die 1960 erschienene Übersetzung in die italienische Sprache bestätigt.

Nicht alle Laboratorien sind mit den modernen Geräten ausgestattet und die dort Beschäftigten müssen in der Lage sein, auch einmal zu improvisieren und eine Apparatur mit einfachen Mitteln aufzubauen. Auch dazu will das Buch Anregungen bringen.

Die Zahl der Abbildungen ist, wie schon in den älteren Auflagen, absichtlich groß gehalten, weil ein Bild den beschreibenden Text erst lebendig macht, oft lange Erklärungen erübrigt und dem Benutzer die Geräte anschaulich vor Augen führt. Auf die Unfallgefahren und ihre Verhütung wird stets ausdrücklich aufmerksam gemacht.

Neben den in jedem Laboratorium anfallenden Arbeiten werden wiederum die wichtigsten physikalisch-chemischen Verfahren behandelt. Diese Abschnitte sollen die Gelegenheit bieten, sich über das Prinzip dieser Methoden zu informieren, wobei gleichzeitig Hinweise gegeben werden über die Möglichkeiten der Durchführung und der mit ihnen erreichbaren Ergebnisse. Selbstverständlich ist es im Rahmen einer „Einführung" ausgeschlossen, in diesen Kapiteln Einzelheiten und ausführliche Anleitungen zu bringen. Für jedes dieser modernen Verfahren muß bei Bedarf die Spezialliteratur herangezogen werden.

Bei der Bearbeitung der Abschnitte, die die physikalisch-chemischen Methoden beinhalten, hat mich in dankenswerter Weise Herr Dr. von Schivizhoffen unterstützt.

Allen Firmen, die mich während der Bearbeitung der Neuauflage durch Überlassung von Firmenschriften und Aubbildungsunterlagen unterstützt haben, danke ich für ihre Bereitwilligkeit. Zu bemerken ist, daß die behandelten apparativen Einrichtungen jeweils nur Beispiele sein können. Oftmals werden gleichartige und gleichwertige Geräte von verschiedenen Herstellerfirmen angeboten; eine Bevorzugung des einen oder anderen Apparatetyps gleicher Funktionsweise ist daher nicht beabsichtigt.

Gemäß dem Gesetz über Einheiten im Meßwesen vom 2. 7. 1969 treten nach einer Übergangsfrist festgelegte Einheiten für Kraft, Druck, Arbeit, Leistung, Viskosität u. a. in Kraft. Um bereits dem Anfänger das „Umdenken" zu erleichtern, sind im Text jeweils die neuen neben den alten Maßeinheiten (z. B. Millibar und Torr) angegeben.

Dem Springer-Verlag in Wien, der wiederum für eine vorbildliche Ausstattung des Buches gesorgt hat, will ich aufrichtig Dank sagen für die Zustimmung zu einer Neubearbeitung des Buches.

Ich hoffe, daß auch die vorliegende Neuauflage dazu beiträgt, die praktische Ausbildung unseres Chemie-Nachwuchses zu ergänzen, und daß das Buch auch dem volleingesetzten Laboranten und Chemotechniker ein Ratgeber sein kann.

Offenbach/Main, im Sommer 1973 **Walter Wittenberger**

Inhaltsverzeichnis

Gesetzliche Einheiten

gemäß Gesetz über Einheiten im Meßwesen vom 2. 7. 1969 und Ausführungsverordnung vom 26. 6. 1970.

Grundeinheiten:
Meter (m), Kilogramm (kg, für die Masse), Sekunde (s), Ampere (A, für die Stromstärke), Candela (Cd, für die Lichtstärke).
Nicht mehr zulässig sind (mit Übergangsfrist bis 1977):
Pond (p), Dyn (dyn), Atmosphäre (at), Flüssigkeitssäulen (m WS, mm Hg), Torr, Poise (P und Centipoise cP), Stok (St), Kalorie (cal) und Pferdestärke (PS).

Wichtige abgeleitete Einheiten:

	Gesetzliche Einheit		Nicht gesetzliche Einheit
Kraft	Newton	1 N = 1 kgm/s²	0,10197 kp
	Pascal	1 Pa = 1 N/m²	0,10197 kp/m²
	bar	1 bar	1,0197 kp/cm² 1,0197 at 10,197 m WS
	Millibar	1 mbar	0,75006 mm Hg 0,75006 Torr
Arbeit, Wärmemenge	Joule	1 J = 1 Nm = 1 Ws	0,10197 kpm 0,23885 cal
Leistung	Watt	1 W = 1 J/s = 1 Nm/s	0,10197 kpm/s 0,23885 cal/s
	Kilowatt	1 kW	1,35962 PS

Über die Einheiten der Viskosität s. S. 233.

Umrechnung:

1 at	=	0,98067 bar
1 Torr	=	1 mm Hg = 1,33322 mbar
1 cal	=	4,18680 J
1 PS	=	0,73550 kW
1 kp	=	9,80665 N
1 kp/cm²	=	0,98067 bar

1. Unfallgefahren und Unfallschutz

Die Tatsache, daß dieses Buch mit der Besprechung der Unfallgefahren im Laboratorium und ihrer Verhütung beginnt, soll dem Benutzer die Wichtigkeit des Unfallschutzes vor Augen führen. Unvorsichtiges und unsauberes Arbeiten, Außerachtlassen der bestehenden Vorschriften gefährdet nicht nur die Gesundheit des Arbeitenden, sondern auch die seiner Arbeitskameraden. Die von der Berufsgenossenschaft der Chemischen Industrie herausgegebenen „Richtlinien für chemische Laboratorien“ müssen jedem im Laboratorium Beschäftigten zur Kenntnis gebracht werden. Ein so oft gehörter Standpunkt (beruhend auf der Bequemlichkeit des einzelnen), man passe ja gut auf und es sei doch noch nie etwas passiert, ist sträflicher Leichtsinn!

Im Laboratorium sollte aus Gründen der Sauberkeit und Sicherheit nicht geraucht werden.

A. Umgang mit chemischen Stoffen

a) *Gasleitungen* dürfen nicht mit offenen Flammen abgeleuchtet werden. Probe auf Undichtheit: Bestreichen mit Seifenwasser oder Nekallösung. Beim Auftreten von Gasgeruch sofort Fenster öffnen.

b) *Gebrauchte Putzwolle.* Zum vorübergehenden Aufbewahren gebrauchter Putzwolle, selbstentzündlicher und feuergefährlicher Abfälle sind unverbrennliche Behälter mit dichtschließendem Deckel vorzusehen.

c) *Ätzende Substanzen* müssen in geeigneten Behältern und an sicheren Stellen unter Verschluß aufbewahrt werden. Beim Arbeiten mit solchen Stoffen sind Schutzbrille und Handschuhe zu tragen. Wenn möglich unter dem Abzug arbeiten, dessen vordere Scheibe herabgelassen ist.

d) *Explosive Stoffe* sind in sicheren Behältern unter Verschluß zu halten. Arbeiten hinter einer Schutzscheibe; Schutzbrille ist unerläßlich.

e) *Arbeiten unter Vakuum oder Druck.* Schutzbrille tragen!

f) *Druckgasflaschen* sind liegend aufzubewahren oder gegen Umfallen zu sichern, z. B. durch Ketten oder Rohrschellen. Gefüllte Flaschen vor Erwärmung und scharfem Frost schützen. Sie sind wegen der Zerknallgefahr bei Bränden möglichst außerhalb des Laboratoriums aufzustellen. Die Gase sind den Arbeitsplätzen durch besondere Rohrleitungen zuzuführen. Beim Einleiten von Druckgasen, die zu gefährlichen Reaktionen neigen (z. B. Äthylenoxid), müssen Vorrichtungen vorhanden sein, die ein Zurücktreten des Gases sicher verhindern (z. B. Zwischengefäße). Ventile an Flaschen für oxidierende Gase, z. B. Sauerstoff, dürfen nicht mit brennbaren Stoffen, wie Öl oder Fett, geschmiert werden. Siehe auch S. 240.

g) *Leicht entzündliche Stoffe*, z. B. feuergefährliche Lösungsmittel, dürfen am Arbeitsplatz nur in der zum Arbeiten unbedingt erforderlichen Menge stehen, also keine großen Vorratsflaschen! Entfernen offener Flammen aus der Nähe. Für niedrigsiedende Lösungsmittel verwendet man elektrisch geheizte Bäder oder Wasserbäder. Beim Umfüllen von Lösungsmitteln dürfen keine Trichter mit langem, engem Hals verwendet werden (Entzündungsgefahr infolge Reibung an den Glaswänden). Vorratsflaschen sind in einem eigens dafür bestimmten Raum unter Verschluß zu halten und zu erden.

h) *Giftige Stoffe* müssen unter Verschluß aufbewahrt werden. Beim Arbeiten mit ihnen ist eine sofortige Säuberung der Hände und des Arbeitsplatzes nötig. Mit giftigen oder stark reizenden Gasen wird möglichst im Freien oder unter einem gut ziehenden Abzug gearbeitet. Schutz durch Gasmaske! Beim Arbeiten mit staubenden Stoffen ist ein Staubschutzgerät zu tragen.

i) *Glasgefäße*. Im Laboratorium soll nicht mit Glasgefäßen über fünf Liter Inhalt gearbeitet werden, wenn sie gefährliche Stoffe enthalten. Flaschen dürfen nicht nur am Flaschenhals getragen werden, sondern sind am Boden zu unterstützen. Größere oder mehrere kleinere Flaschen dürfen über Treppen, Flure u. dgl. nur in Tragkästen oder Eimern befördert werden.

j) *Statische Elektrizität* entsteht durch Reibung bei intensiver Berührung und Trennung von Stoffen, z. B. beim Ausschütten pulverförmiger Stoffe, beim Bewegen nichtleitender Flüssigkeiten, Ausströmen verdichteter Gase (die Fremdkörper oder Flüssigkeitströpfchen mit sich führen), Aufwirbeln von Staub, bei Personen mit isolierender Kleidung (Kunstfaserwäsche, Kreppsohlen).

Vermeidung elektrischer Aufladung: Beim Umfüllen nichtleitender Flüssigkeiten gleichzeitig nur Gefäße verwenden, die entweder Nichtleiter oder Leiter sind, also keine Metalltrichter auf Glasgefäße oder umgekehrt. Leitende Gefäße auf leitfähige Unterlage stellen oder erden. Flüssigkeiten langsam auslaufen lassen und nicht in hohem, freiem Fall.

B. Sicherheitseinrichtungen

1. Allgemeine Sicherheitsmaßnahmen. *Notausstiege* und *Ausgänge* sollen möglichst entgegengesetzt liegen, müssen auffällig gekennzeichnet und ohne Behinderung zugänglich sein.

Schlauchanschlüsse und eine stets einsatzbereite Brause am Ausgang sowie Handfeuerlöscher müssen vorhanden sein.

Explosionsgefährdete Räume sind zu kennzeichnen, die elektrischen Anlagen müssen ex-geschützt ausgeführt sein.

An Stelle von Transmissionen sind *Einzelantriebe* zu verwenden.

Der *Sanitätskasten* muß an leicht erreichbarer Stelle aufgehängt sein. Decken zum Löschen von Bränden sind bereitzuhalten.

Für gute *Lüftung* des Raumes ist zu sorgen.

Laboratoriumsgeräte (Bechergläser, Schalen u. a.) dürfen nicht zum Aufbewahren von Lebensmitteln benutzt werden; Speisen dürfen nicht in Produkt-Trockenschränken gewärmt werden.

Für das Abfüllen von Flüssigkeiten aus Ballons und Fässern sind Einrichtungen zu benutzen, die ein Verspritzen und Verschütten verhindern (s. S. 97).

Jeder im Laboratorium Beschäftigte muß eine ihm passende *Schutzbrille* und möglichst eine *Gasmaske* besitzen.

2. Abzüge. Abzüge dienen als Schutz beim Arbeiten mit sauren und schädlichen Dämpfen. Sie sind mit einer säurefesten, nicht brennbaren Auskleidung versehen. Die Dämpfe werden durch einen Abzugsschlot mittels Ventilator abgezogen. Die Abzüge sind mit einem Schiebefenster, das in jeder Lage gegen ein Herunterfallen gesichert ist, und vorteilhaft mit kleinen Seitentüren ausgestattet. Im geschlossenen Zustand soll zwischen Fenster und Tischplatte ein kleiner Spalt offen bleiben, damit bei absaugendem Ventilator Luft nachströmen kann. Die Entlüftungseinrichtungen von Abzügen sollen Eintrittsöffnungen in Tischhöhe und an der höchsten Stelle haben, die durch Schieber zu schließen sein müssen.

Die Energieanschlüsse sollen von außen bedienbar sein.

3. Handfeuerlöschgeräte. Man trachte möglichst nahe an die Brandstellen heranzukommen, bevor man das Löschgerät auslöst. Stets in der Windrichtung spritzen, nicht in die Flamme, sondern auf den Brandherd.

Naßlöscher: Brandbekämpfung aus 10 m Entfernung möglich. Der Brandherd wird mit einem Wasserschleier überzogen, der entstehende Wasserdampf verdrängt den Luftsauerstoff. Nur verwendbar, wenn Wasser als Löschmittel in Frage kommt. Handhabung des Minimax (Abb. 1): Löscher auf den Boden aufstoßen, wobei der Schlagbolzen 2 die Glasampulle 3, die mit Schwefelsäure gefüllt ist, zertrümmert. Die in das Löschwasser 1, das $NaHCO_3$ enthält, gelangende Säure entwickelt CO_2, welches das Löschwasser durch die Steigleitung 4 aus der Düse 5 herausschleudert. Beim Hydro-Total-Löscher befindet sich eine kleine CO_2-Druckgasflasche in einem Korb innerhalb des Löschbehälters. Durch Einschlagen des Schlagknopfes am Deckel wird die dünne Verschlußplatte der CO_2-Flasche durchschlagen und CO_2 strömt in den Löschbehälter. Dadurch hebt sich die Gummiverschlußkappe von der Düse ab und der Wasserlöschstrahl tritt aus.

Schaumlöscher (Abb. 2): Für Lösungsmittelbrände, nicht aber bei Alkalimetallen und Karbid. Das Gerät wird umgekippt und am Griff 1 gehalten.

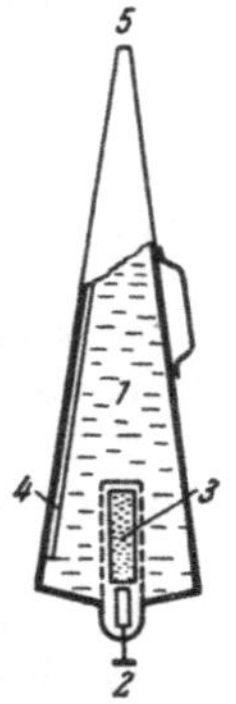

Abb. 1. Naßlöscher

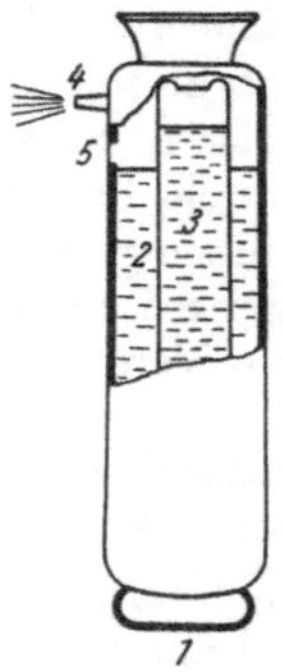

Abb. 2. Schaumlöscher

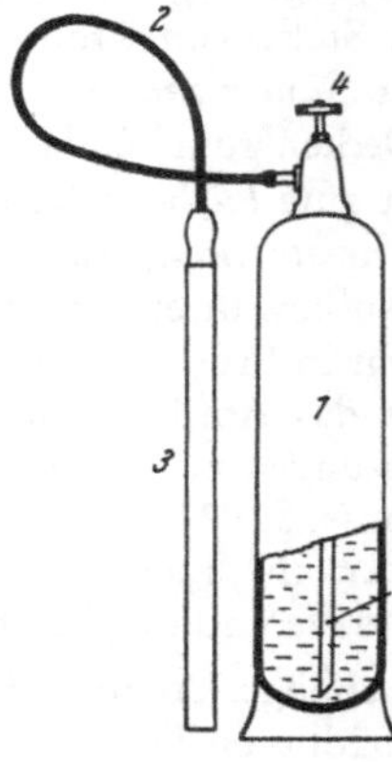

Abb. 3. Kohlensäureschneelöscher

Die getrennt gehaltenen Lösungen 2 und 3 vereinigen sich, es wird ein kräftiger Schaum erzeugt, der bei 4 austritt. Die Metallplatte 5 dient als Sicherung, die bei übermäßigem Druckanstieg reißt. Der Schaum deckt den Brand ab und bewirkt dadurch Sauerstoffentzug.

Kohlensäureschneelöscher (Abb. 3): Für alle Brände mit Ausnahme von Alkalimetallbränden. Die Gasstahlflasche 1 enthält flüssiges CO_2. Sie ist durch den Schlauch 2 mit dem Schneerohr 3 verbunden. Das Ventil muß rasch vollständig geöffnet werden, wodurch etwa 70% des aus dem Steigrohr 5 ausströmenden CO_2 verdunsten. Die Verdunstungskälte ist dabei so groß, daß die restliche CO_2-Menge fest wird und als Schnee austritt. Der kalte CO_2-Schnee deckt das Feuer ab und kühlt die Brandstelle unter die Brenntemperatur ab.

Trockenlöscher (Abb. 4): Für Lösungsmittel-, Phosphor- und Alkalimetallbrände. Der Behälter 1 enthält einige kg einer Mischung aus trockenem, feinem Sand und $NaHCO_3$. Nach Öffnen des Ventiles 3 der Druckgasflasche 2, die flüssiges CO_2 enthält, gelangt CO_2-Gas durch das Rohr 4 in den Löschbehälter 1 und bläst das Pulver aus der Düse 5 etwa acht Meter weit. In der Ruhelage ist die Düse 5 durch die Kappe 6 verschlossen, um Eindringen von Feuchtigkeit zu verhindern. Bei längerem Lagern kann die Kappe einrosten (überprüfen!). Das an die Brandstelle geschleuderte $NaHCO_3$ überzieht diese mit einer luftabsperrenden Kruste und das dabei freiwerdende CO_2 wirkt erstickend.

Tetralöscher (Abb. 5): Vor allem für Brände in elektrischen Anlagen. Das Gerät enthält Tetrachlorkohlenstoff (1) und eingepreßte Luft oder CO_2 (2), eingefüllt durch die verschraubbare Einfüllöffnung (6). Nach Öffnen des Ventils (3) tritt Tetra durch das Steigrohr (4) in einem Strahl oder Sprühregen aus der Düse (5) aus. Die schweren, unbrennbaren Dämpfe decken den Brand ab und verdrängen den Luftsauerstoff. Vorsicht: aus Tetra entwickeln sich in der Hitze giftige Gase!

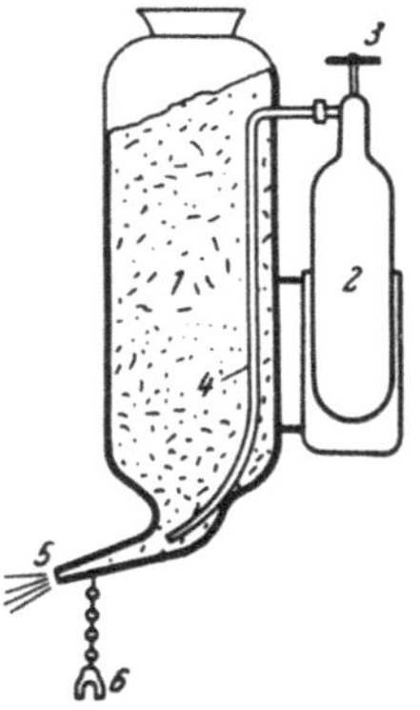

Abb. 4. Trockenlöscher

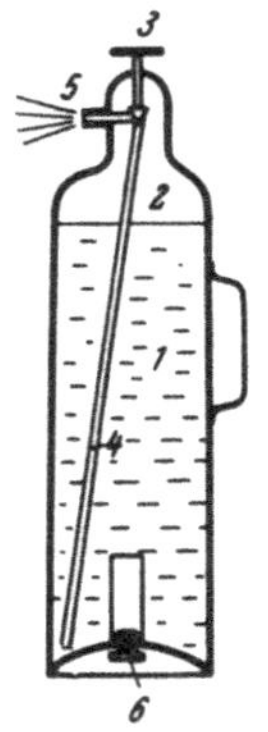

Abb. 5. Tetralöscher

4. Atemschutzgeräte. a) *Allgemeines.* Atemschutzgeräte ermöglichen es ihrem Träger, in einer gifthaltigen oder sauerstoffarmen Atmosphäre zu atmen.

Für das Laboratorium kommen fast durchwegs Filtergeräte in Betracht, also Gasmasken, seltener Frischluftgeräte, bei denen durch eine Schlauchleitung atembare Luft zugeführt wird, oder Sauerstoffgeräte. Bei diesen trägt der Gefährdete den Sauerstoffvorrat in einem Behälter am Rücken mit sich.

Bei den Filtergeräten wird die giftstoffhaltige Luft vor dem Eintritt in die Atmungsorgane durch ein Filter von den schädigenden Beimengungen befreit. Wichtig ist die richtige Wahl des Filters.

Die Gasmaske ist nicht anwendbar, wenn die Sauerstoffkonzentration weniger als 15 Vol.-% (für CO-Filter 17 Vol.-%) oder die Gas/Dampfkonzentration mehr als 2 Vol.-% beträgt. In diesen Fällen müssen von der Umgebungsatmosphäre unabhängig wirkende Atemschutzgeräte (Frischluft- oder Sauerstoffgeräte) verwendet werden.

Der einfachste Anschluß des Filters ist das Mundstückgerät. Es wird durch einen Beißzapfen im Munde festgehalten, die Nasenöffnungen werden durch eine Nasenklemme verschlossen. Solche Geräte sind rasch anzulegen, haben aber den Nachteil, daß sie wegen der dauernden Mundatmung und durch ihr Gewicht, das nur mit den Zähnen gehalten wird, bei längerer Tragdauer lästig werden.

b) *Staubfilter* schützen gegen Materialstaub (z. B. beim Zerkleinern chemischer Stoffe). Mitunter genügt es, einen feuchten Schwamm so vor Mund und Nase zu binden, daß die Einatemluft diesen Schwamm passieren muß, bevor sie eingeatmet wird.

Besser sind die Staubmasken (Kolloidfilter), die gegen Staube aller Art schützen. Sie bestehen aus dem Maskenkörper, durch den Abdichtung am Gesicht erfolgt, und dem aufgeschraubten Filterkopf, der ein Wattevorfilter und ein Kammerfilter enthält. Vorteilhaft wird gleichzeitig eine Staubschutzbrille getragen.

c) *Atemschutzmasken (Gasmasken).* Verwendet werden entweder Halbmasken, die Augen und einen Teil des Gesichtes frei lassen, oder Vollmasken, bei denen die Dichtlinie über Stirn, Schläfen, Wangen und unter dem Kinn verläuft.

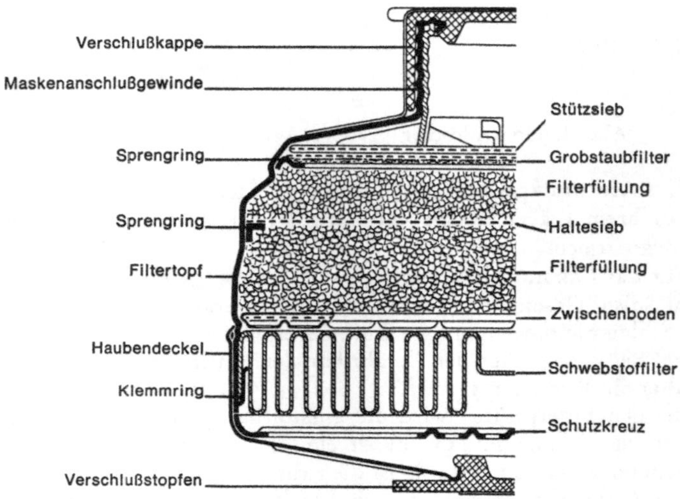

Abb. 6. Auer-Schraubfilter 88/St und 89/St (Auergesellschaft GmbH, Berlin)

Anforderungen an eine Gasmaske: dichter Sitz, keine oder nur geringe Beeinträchtigung des Blickfeldes, geringer Totraum.

Die Abdichtung wird durch einen Dichtrahmen am Maskenrand oder durch eine schmiegsame Gummihaube erreicht. Der tote Raum, d. i. der Raum zwischen Gesicht und Maske, muß möglichst klein sein, da er stets mit verbrauchter Luft gefüllt ist, die bei jedem Atemzug wieder mit eingeatmet wird.

Die Gasmaske besteht aus dem Gesichtsanschluß und dem angeschraubten Filtereinsatz. Das Anschlußgewinde ist genormt, so daß sämtliche Einsätze an den Gesichtsanschluß passen. Die Füllung der Filter besteht aus körnigen, adsorbierenden und faserigen Stoffen, die zur Filtrierung bzw. Adsorption von Gasen und zur Entfernung von Staub und Schwebestoffen aus der Einatemluft dienen. Die Abb. 6 zeigt den Schnitt durch ein Kombinationsfilter, das gegen Gase, Dämpfe und Schwebestoffe schützt.

Eine Überprüfung der Filter ist in bestimmten Zeitabständen erforderlich, da ihre Wirksamkeit begrenzt ist.

Wichtig ist die einwandfreie Verpassung der Gasmaske (Wahl der richtigen Maskengröße, Einstellen der Kopfbänder und Prüfung auf dichten Sitz). Um einen guten Sitz zu gewährleisten und aus hygienischen Gründen sollte jeder seine eigene, ihm verpaßte Gasmaske besitzen.

d) *Kennzeichnung der Filtereinsätze.* Um verhängnisvolle Verwechslungen zu vermeiden, sind die Filter durch Buchstaben und bestimmte Farben gekennzeichnet (geregelt durch DIN 3181).

Es ist dringend zu empfehlen, in den Arbeitsräumen die jeweils neueste Ausgabe des entsprechenden Normblattes an sichtbarer Stelle (z. B. am Schränkchen, in dem die Filtereinsätze aufbewahrt werden) anzubringen.

5. Gasspürgeräte. Gasspürgeräte dienen zur Luftuntersuchung am Arbeitsplatz.

a) *MAK-Werte.* Als maximale Arbeitsplatzkonzentration gesundheitsschädlicher Stoffe (MAK-Werte) bezeichnet die Kommission zur Prüfung gesundheitsschädlicher Arbeitsstoffe der Deutschen Forschungsgemeinschaft diejenige Konzentration in der Luft eines Arbeitsraumes — gemessen in Atemhöhe —, von der sie nach sorgfältiger Prüfung der vorhandenen Unterlagen erwartet, daß diese Konzentration — selbst bei täglich achtstündiger Einwirkung — im allgemeinen die Gesundheit der im Arbeitsraum Beschäftigten nicht schädigt.

Die MAK-Werte von Gasen und Dämpfen sind für 20° C und 760 Torr in ppm (= parts per million, das entspricht cm^3 Gas je m^3 Luft), die von Schwebestoffen (Staub, Rauch, Nebel) in mg/m^3 angegeben und in Tabellen zusammengefaßt.

b) *Gasspürgeräte.* Das Gasspürgerät besteht aus der Gasspürpumpe und dem Gasspürröhrchen. Die Gasspürpumpe (Abb. 7) ist eine von Hand zu betätigende Balgpumpe. Mit jedem Hub saugt sie dosiert 100 cm^3 an. Das in Abb. 8 gezeigte Gasspürröhrchen ist ein an beiden Enden zugeschmolzenes Glasrohr, gefüllt mit einem chemischen Präparat, das unter Farbänderung möglichst spezifisch mit dem

Gas oder Dampf reagiert. Es stehen ca. 80 verschiedene Prüfröhrchen zur Verfügung.

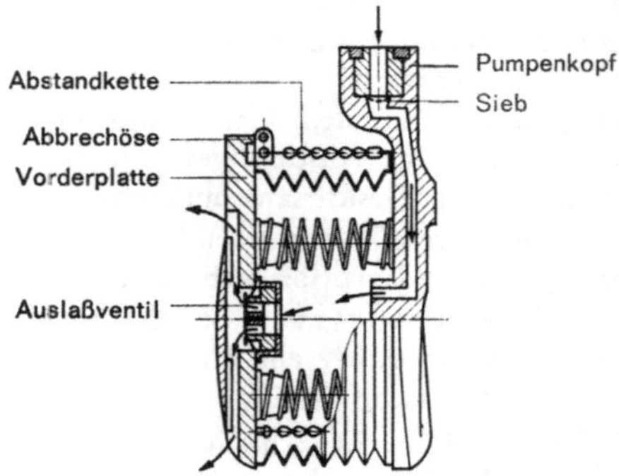

Abb. 7. Schnitt durch eine Gasspürpumpe
(Drägerwerk, Heinr. & Bernh. Dräger, Lübeck)

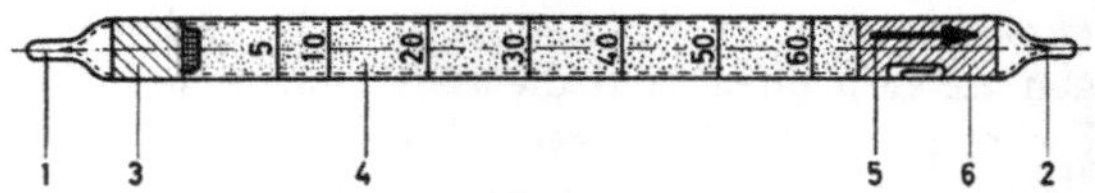

Abb. 8. Drägerröhrchen H_2S 1/b mit aufgedruckter Skala. *1* u. *2* zugeschmolzene Spitzen, *3* Schreibfläche, *4* Anzeigeschicht mit Meßskala, *5* Pfeil (soll bei Prüfung zur Pumpe weisen), *6* Abdeckung
(Drägerwerk, Heinr. & Bernh. Dräger, Lübeck)

Zur Messung wird in die Öffnung des Pumpenkörpers das an beiden Seiten geöffnete Röhrchen eingesetzt. Die zu untersuchende Umgebungsluft wird mit soviel Hüben durch das Röhrchen gesaugt, wie es die Gebrauchsanweisung vorschreibt. Ist der Saugvorgang beendet, kann das Ergebnis sofort auf der Skala des Röhrchens abgelesen werden.

Bei einigen Röhrchen ist es nicht möglich, eine scharf abgegrenzte Verfärbung in der Anzeigeschicht zu erhalten. Diese Röhrchen haben eine eingebaute Farbabgleichschicht und es sind bei der Messung so viele Hübe zu tätigen, bis die Färbung der Anzeigeschicht gerade der Färbung der Vergleichsschicht entspricht.

6. Alarmpläne. Für den Brandfall ist im Laboratorium ein Alarmplan auszuhängen. Er enthält Anweisungen über die Betätigung der Alarmsirene, telefonische Meldung an Feuerwehr und Betriebsleitung und Angaben über das Abstellen der Energien und Apparate. Wichtig ist die Vereinbarung über einen Sammelplatz der Belegschaft außerhalb des Gebäudes, um die Vollzähligkeit kontrollieren zu können. Alarmübungen durchführen und Belehrungen abhalten!

C. Erste Hilfe bei Unfällen

1. Laboratoriumsbrände. Den Brand kleiner Mengen Lösungsmittel in einem Gefäß durch Zudecken, z. B. mit einer Porzellanschale, ersticken. Größere Brände durch Feuerlöschgeräte (S. 3) bekämpfen. Bei Ausbrechen eines Brandes sofort Gashähne schließen und brennbare Substanzen aus der Nähe entfernen.

Kleiderbrände durch Einhüllen in eine Decke oder Wälzen am Boden ersticken, keinesfalls herumlaufen und nicht mit Tetralöscher (Gefahr der Phosgenbildung) oder Kohlensäureschnee (Kälteschaden!) bekämpfen.

2. Verletzungen. Jede chemische Substanz, die mit der Wunde in Berührung kommt, kann zu Gesundheitsschädigungen führen, daher ist größte Vorsicht und Reinlichkeit am Platze. Es ist keine „Feigheit", auch eine kleine Wunde richtig zu behandeln und zu verbinden.

Kleine Hautwunden und Abschürfungen mit Alkohol abspülen und verbinden. Jede größere Wunde soll nicht berührt werden. Sie ist mit trockenem, keimfreiem Schutzverband zu bedecken (Verbandpäckchen), keine Salbe! Ruhig stellen (Tragetuch, Schiene). Dann sofort ärztliche Behandlung.

Wunden, aus denen hellrotes Blut pulsierend spritzt (arterielle Blutung), notfalls oberhalb (zwischen Wunde und Herz) mit elastischer Binde, breitem Gummischlauch o. a. abbinden. Wunden, aus denen dunkelrotes Blut hervorfließt (venöse Blutung), mit Druckverband verbinden, nachdem das verletzte Glied hochgehoben wurde. In jedem Fall sofort ärztliche Behandlung.

Verätzungen: Durchtränkte Kleidung ausziehen, Augen und Haut sofort mehrere Minuten mit reichlich Wasser spülen. Mit trockenem, keimfreiem Schutzverband bedecken. Keine keimtötenden Flüssigkeiten, Salbe oder Watte verwenden. Liegend transportieren.

Bei *Augenverätzungen* langes Spülen der Augen mit destilliertem Wasser aus der Augenspülwanne oder Augentropfflasche. Sofort ärztliche Behandlung.

Verbrennungen mit trockenem, keimfreiem Verband abdecken. Niemals Öl, Salben u. ä. verwenden.

Knochenbrüche und Verrenkungen: Die vorgefundene Lage niemals gewaltsam ändern! Mit Schiene ruhigstellen und polstern.

Bei *elektrisch Verunglückten* an der frischen Luft sofort mit künstlicher Atmung beginnen, die bis zum Eintreffen des Arztes nicht unterbrochen werden darf.

Gasvergiftungen: Für frische Luft und Wärme sorgen, sofort Arzt rufen. (Siehe auch nächsten Abschnitt.)

In jedem Betrieb ist mindestens eine Tafel, auf der die Leistung der ersten Hilfe bei Unfällen allgemeinverständlich beschrieben und durch entsprechende Abbildungen erläutert ist, an geeigneter Stelle auszuhängen.

3. Hauptsächlich vorkommende chemische Stoffe mit gefährlichen Eigenschaften und Schutzmittel.

Stoffe	Eigenschaften und Wirkung	Schutz- bzw. Gegenmittel
Ammoniak	Ätzend. In hoher Konzentration tödlich.	Nach Einatmen großer Mengen: völlige Ruhe, liegender Transport. Möglichst Einatmen von Wasserdampf. Bei Augenverletzung Spülen mit Wasser.
Arsen und Arsenverbindungen	Sehr giftig! Arsenwasserstoff kann schon bei einmaliger Einatmung tödlich wirken.	Sauberkeit beim Arbeiten, Staub abführen. Handschuhe, Atemschutz! Schwitzende Gesichtsstellen mit Vaseline einfetten. Bei Aufnahme in den Magen reichlich lauwarmes Wasser trinken.
Äther	Stark betäubend, leicht brennbar. Zersetzt sich nach längerer Zeit an der Luft, dann explosibel.	Vor Licht und Luft geschützt aufbewahren. Nach Einatmen an frische Luft bringen.
Äthylenoxid	Giftig, brennbar. Verursacht Schwindelgefühl, Atemnot.	Atemschutz! An frische Luft bringen. Apparaturen vorher mit Schutzgas füllen.
Aromatische Amine	Stark giftig. Cyanosegefahr (Blaufärben der Lippen). Bewußtlosigkeit. Giftaufnahme durch Haut, Mund und Atmungsorgane.	Frische Luft und Sauerstoffeinatmung. Kein Alkohol. Auf der Haut mit Aceton abwaschen.
Benzin	Leicht brennbar. Dämpfe in großer Konzentration berauschend.	An frische Luft bringen, künstliche Atmung.
Benzol, Toluol, Xylol	Brennbar. Dämpfe in großer Konzentration betäubend und schädlich. Kopfschmerz, Schwindelgefühl, Blutung der Schleimhäute.	Künstliche Atmung, ärztliche Behandlung. Waschen der Hände mit Benzol und Homologen ist verboten (Hautkrankheiten).
Blei	Giftig (besonders die Dämpfe).	Vorsicht und gute Reinigung der Hände.
Brom	Stark ätzend.	Ätzstellen mit Petroleum abwaschen.

Stoffe	Eigenschaften und Wirkung	Schutz- bzw. Gegenmittel
Chlor- und Bromdämpfe	Stark ätzend auf die Atmungsorgane. Ernste Krankheitserscheinungen erst mehrere Stunden nach Einatmung. Husten, Atemnot, Erstickung.	Sofort ärztliche Hilfe! Frische Luft, Ruhelage, nicht tief atmen. Möglichst Einatmen von Wasser- oder Alkoholdampf. Verabreichen von heißem Kaffee, Tee oder Milch zur Reizminderung. Keinesfalls künstliche Atmung!
Cyanwasserstoff (Blausäure) und Cyanide	Sehr giftig, brennbar. Dämpfe schon in geringen Mengen tödlich. Giftwirkung auch durch die Haut.	Gasmaske! Bei Einverleibung durch den Mund bei Bewußtsein: Trinken von 5%iger $Na_2S_2O_3$-Lösung oder 0,2%iger $KMnO_4$-Lösung. Arzt rufen. Bei Erbrechen Ruhelage. Bei Einatmen von Dämpfen: Arzt rufen, künstliche Atmung, Ruhelage. Verabreichen von starkem Kaffee.
Kohlenmonoxid	Sehr gefährlich, da durch Geruch nicht erkennbar. Betäubend und tödlich.	Gute Raumentlüftung. Bei Vergiftung an frische Luft bringen, tief atmen lassen, eventuell künstliche Atmung mit Sauerstoffgerät.
Laugen	Ätzend.	Mit viel Wasser spülen. Schutzbrille und Schutzhandschuhe.
Methanol	Giftig. Dämpfe wirken betäubend, Krämpfe. Erblindungsgefahr.	Gute Raumdurchlüftung.
Nitrose Gase	Giftig. Meist rotbraune Farbe. Können schon in geringen Mengen tödlich wirken. Vergiftungserscheinungen oft erst nach Stunden.	Nach Einatmen sofort Sauerstoffinhalation, aber nicht unter Druck. Keine künstliche Atmung. Sofortiges Riechen an Ammoniumhydrogencarbonat. Liegend transportieren, warm einpacken.
Organische Nitroverbindungen	Giftig. Häufiges Einatmen geringer Mengen schädlich. Vergiftung besonders bei Aufnahme durch die Haut. Kopfschmerz, Blaufärbung der Lippen. Jede Verunreinigung der Kleider ist gefährlich.	Kleider möglichst bald ablegen und reinigen. Die Haut lauwarm waschen, nicht heiß! Vor und während der Arbeit keine alkoholischen Getränke. Zum Arzt bringen.

Stoffe	Eigenschaften und Wirkung	Schutz- bzw. Gegenmittel
Phenol	Stark ätzend. Kann Hautkrankheiten verursachen.	Schutzhandschuhe. Mit viel Wasser oder sehr verdünnter Natronlauge abwaschen.
Phosgen	Starkes Gift! Krankheitserscheinungen erst nach Stunden. Husten, Atemnot, Erstickung.	Gasmaske! Nach Einatmung sofort Arzt rufen, bis dahin strengste Ruhe, nicht tief atmen. Sauerstoffatmung, jedoch nicht unter Druck; keine künstliche Atmung.
Phosphorwasserstoff	Giftig. Erbrechen, Krämpfe. Lähmung.	Atemschutzgerät mit Spezialfilter nötig.
Quecksilber und seine Verbindungen	Schädlich in erster Linie als Dampf und Staub.	Atemschutz. Siehe auch S. 267.
Säuren	Ätzend.	Mit viel Wasser spülen. Schutzbrille, Schutzhandschuhe.
Schwefeldioxid	Beim Einatmen krampfhafter Husten.	Einatmen von Alkoholdämpfen.
Schwefelkohlenstoff	Leicht entzündlich, im Gemisch mit Luft explosiv. Einatmen gesundheitsschädlich.	Vorsichtiges Arbeiten, gute Durchlüftung.
Schwefelwasserstoff	Sehr giftig!	Falls nach Vergiftung schlechte Atmung, sofort mit künstlicher Atmung beginnen, auch nach Scheintod. Wenn möglich Sauerstoffbeatmung.

Man begebe sich in jedem Falle sofort in ärztliche Behandlung.

2. Einrichtung des chemischen Laboratoriums

A. Allgemeine Einrichtung

Der *Raum* muß einwandfrei zu belüften sein (Ventilator). Gute Beleuchtung und Schutz vor starker Sonneneinstrahlung (Jalousien) sind wichtig.

Über die Einrichtung des *Abzuges* s. S. 3.

Wandregale und *Schränke* dienen zur Aufbewahrung der Arbeitsgeräte und Chemikalien.

Die *Arbeitstische* sollen einen flüssigkeitsdichten, nicht brennbaren und chemikalienfesten Belag besitzen (z. B. Kacheln), ebenso der Aufsatz für die Reagenzflaschen (Glas oder Kacheln). Tischschränke und

Schubladen sind den Gegenständen angepaßt, also eigene Kästen für Glasgeräte, Schalen, Filter, Stopfen, Schläuche, Werkzeuge, Stative usw. Für besondere Arbeiten, z. B. Titrationen u. a., werden vielfach Arbeitstische vor dem Fenster eingerichtet.

An der Wand oder im Abzug sind *Laufschienen* oder Eisenbügel zum Aufbau von Apparaturen und Rührwerken angebracht.

Abfalltonnen und Kannen aus Zinkblech zur Aufnahme nichtaggressiver flüssiger Rückstände sind vorzusehen.

Stahlflaschen mit komprimierten Heiz- oder anderen Gasen müssen gegen Umfallen gesichert sein (s. auch S. 1).

Wichtig sind gut zugängliche *Zuleitungen* und *Abflüsse* für Wasser sowie eine genügende Zahl von Gasanschlüssen. Die Arbeitstische sollen mit Dampf-, Vakuum- und Druckluftanschlüssen sowie Schukosteckdosen ausgerüstet sein.

Wird warmes Wasser aus *Mischleitungen* (Dampf und kaltes Wasser) entnommen, muß stets zuerst das kalte Wasser aufgedreht (und umgekehrt zuerst der Dampf abgedreht) werden, um Verbrühungen durch plötzlich ausströmenden Dampf zu vermeiden. Besondere Mischvorrichtungen einbauen!

Rohrleitungen sind gegen Verwechslungen zu kennzeichnen: Wasser grün, Dampf rot, Luft blau, brennbare Gase gelb, Vakuum grau. Farbige Schilder anbringen oder zusätzlich Rohrleitungen mit farbigen Ringen versehen oder farbig streichen. (Siehe Normblatt 2403.)

Zum *Reinigen und Trocknen* der Arbeitsgeräte sind Waschbecken und Abtropfbretter (S. 18) und möglichst ein Trockenschrank vorzusehen. In größeren Laboratorien stehen Geschirrspülmaschinen (Waschautomaten für Laborgläser) zur Verfügung.

Für die *Waagen* sollte ein eigenes Wägezimmer eingerichtet werden.

Destilliertes bzw. *entsalztes Wasser* wird in leicht erreichbaren Gefäßen (Polyäthylen) bereitgehalten, die eine rasche Entnahme mittels Heber und Quetschhahn gestatten.

Kleinere Mengen destillierten Wassers können im Destillationsapparat nach Stadler hergestellt werden. Die Abb. 9 zeigt einen Apparat aus Duran 50 mit Metall-Tauchheizer für eine Leistung von 1,8 Liter/h. Kolben und Kühlsystem sind an einem Pendelhalter mit Schneidenlagern wie an einem Waagebalken aufgehängt. Hiedurch wird das im Kolben verdampfte Wasser ständig durch die gleiche Menge vorgewärmten Kühlwassers ersetzt. Es fließt vom oberen Kühlerende über einen Vierweghahn in ein Verteilersystem und von dort im jeweils erforderlichen Mengenverhältnis (etwa 1:10) zum Kolben bzw. zum Ablauf, so daß die Kolbenfüllung konstant bleibt.

Einen Wasser-Destillierapparat aus Quarz für 12 Liter/h zeigt die Abb. 10. Nach Füllen des Verdampfungsgefäßes 1 (35 Liter Inhalt, zur Verringerung des Abstrahlungsverlustes außen mit Alufolie belegt) durch den Überlaufregler 2 werden die in den Schutzrohren 6 steckenden IR-Hellstrahler 7 (Tauchsieder) eingeschaltet. Der erzeugte Dampf gelangt durch den Stutzen 5 im Deckel 4 in den Kühler 8—9. Das bei der gleichzeitig stattfindenden Entgasung des Destillats freiwerdende Gas entweicht

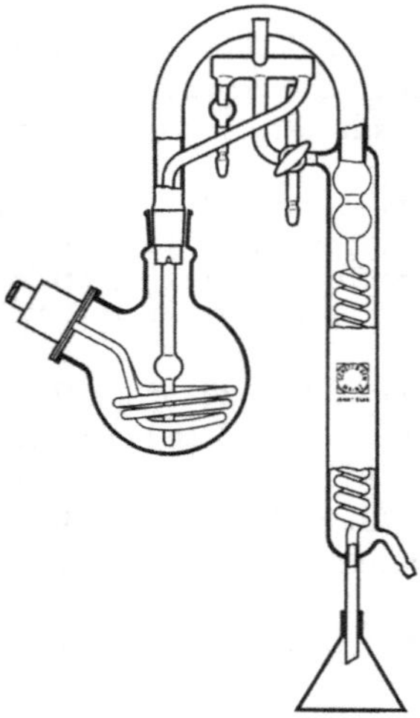

Abb. 9. Destillationsapparat nach Stadler (Jenaer Glaswerk Schott & Gen., Mainz)

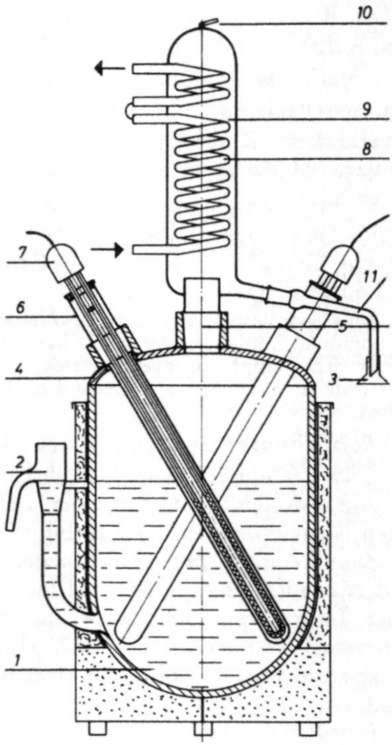

Abb. 10. Wasser-Destillierapparat aus Quarz (Heraeus Quarzschmelze GmbH, Hanau)

durch das Ausblasröhrchen 10, das auch für Druckausgleich im Gerät sorgt. Das Destillat fließt durch den Auslauf 11 (Trichter 3 als Schutz gegen Staubeinfall). Eine nachträgliche Verunreinigung des Destillats wird vermieden, wenn auch Auffanggefäße und Leitungen aus Quarz verwendet werden.

Bei dem Wasserreiniger, der auf Ionenaustausch durch Elgalit-Harze beruht (Elgastat Wasser GmbH, Hilchenbach), sind Ionenaustauschharze als Mischbett zur Entfernung von Kationen und Anionen in einer auswechselbaren Patrone enthalten, durch die das Wasser fließt. Leistung bis zu 90 Liter/h. Ein eingebauter Leitfähigkeitsmesser ermöglicht die laufende Überwachung der Wasserreinheit.

B. Arbeitsgeräte

1. Metallgeräte. *Stative* bestehen aus einem Eisenstab, der mit einer Platte oder einem Dreifußgestell fest verbunden oder darin festgeschraubt ist (Abb. 11).

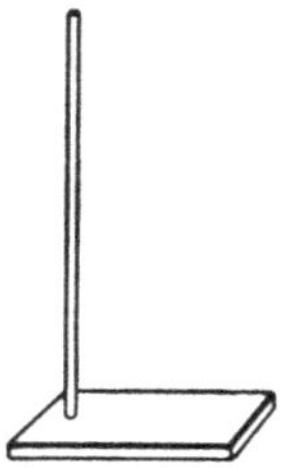

Abb. 11. Stativ

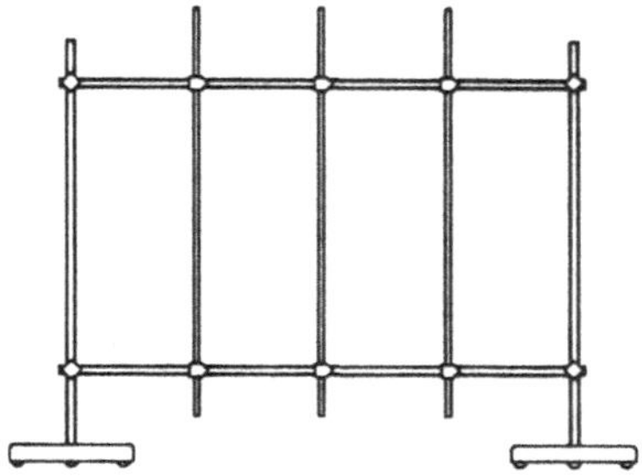

Abb. 12. Aufbaustativ Labomeca (Rudolf Bonn, Brühl bei Köln)

Größere Apparatekombinationen werden an feststehenden *Stativgitterwänden* aufgebaut, für kleine verwendet man *Aufbaustative* (Abb. 12), bei denen vertikal und horizontal angeordnete Eisenstäbe durch Hakenmuffen verschiedener Konstruktion (Abb. 13) miteinander verbunden werden.

Mittels *Muffen* (Abb. 14) werden am Stativ die verschiedensten

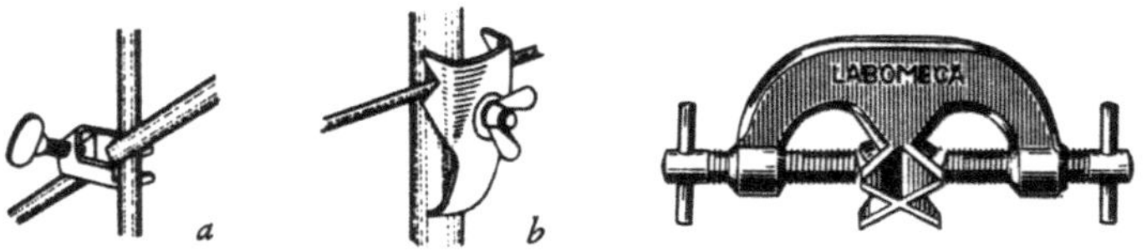

Abb. 13. Hakenmuffen. *a* Specco-Hakenmuffe (Specco, Speck & Co., Harheim bei Frankfurt), *b* Unigrip (Scientific Instruments, Kopenhagen), *c* Labomeco Universalmuffe (Rudolf Bonn, Brühl bei Köln)

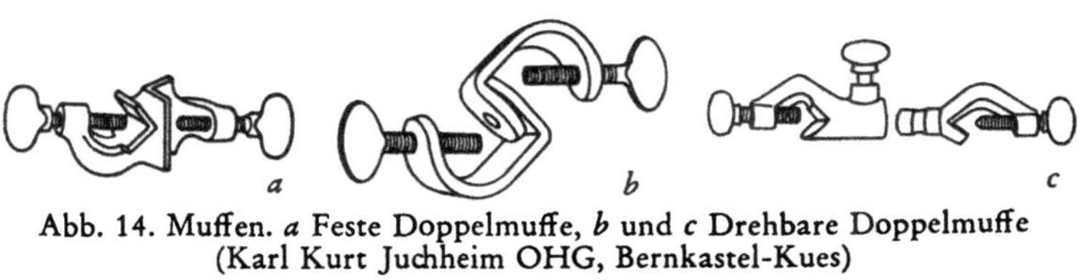

Abb. 14. Muffen. *a* Feste Doppelmuffe, *b* und *c* Drehbare Doppelmuffe (Karl Kurt Juchheim OHG, Bernkastel-Kues)

Vorrichtungen zum Halten einzelner Apparateteile befestigt, also *Stativklemmen* (Abb. 15), *Kühlerklammern* (Abb. 16), *Eisenringe* (Abb. 17) u. a. Die Muffen sind an das Stativ stets mit der offenen Seite nach oben festzuklemmen. Klammern sollen nur verwendet werden, wenn sie innen mit Kork oder Filz belegt sind oder die Greifer

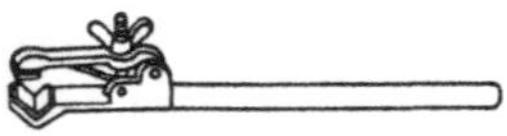

Abb. 15. Stativklemme

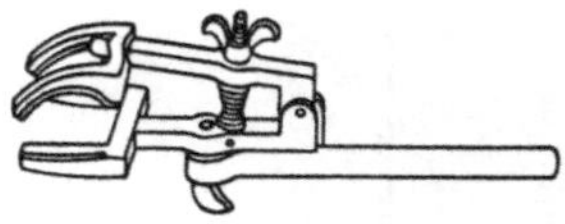

Abb. 16. Kühlerklammer

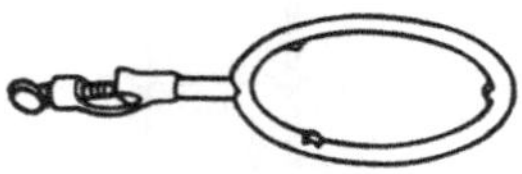

Abb. 17. Eisenring

mit Schlauchstücken überzogen sind, um einen Bruch der einzuspannenden Geräte zu vermeiden. Die Geräte können auch mit einem Schaumstoffstreifen umlegt werden, bevor die Klammer festgezogen wird.

Große Gefäße können mit der *Kettenklemme nach Kaufmann* (Abb. 18), mit einer Spannmöglichkeit von 30 bis 120 mm, befestigt werden. Man verwende sie jedoch nur nach Überziehen der Krallen und Kette mit Gummischlauchstücken.

Zum *Einhängen von Schüttel- oder Scheidetrichtern* eignet sich die in Abb. 19 dargestellte Vorrichtung. Ein ca. 4 mm dicker Eisen-

Abb. 18. Kettenklemme nach Kaufmann (Specco, Speck & Co., Harheim bei Frankfurt)

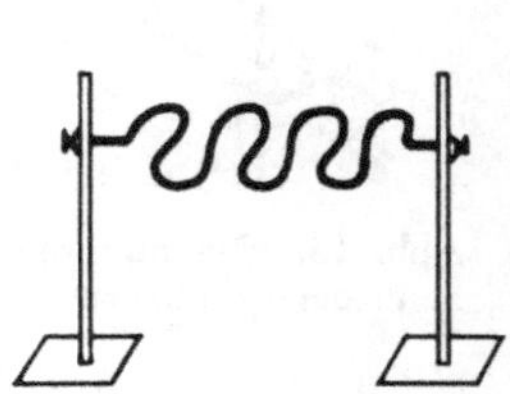

Abb. 19. Aufhängung für Scheidetrichter

stab wird mehrfach schlangenartig gebogen und zwischen Stativen festgeklemmt. In die nach außen etwas ausgebuchteten Ovale werden die Trichter eingehängt.

Zum Erhitzen von Schalen, Kolben, Bechergläsern u. a. über der Gasflamme werden die Geräte auf ein *Drahtnetz*, ohne oder mit

Asbesteinlage (Abb. 20), gestellt, das auf einen eisernen *Dreifuß* (Abb. 21) gelegt ist. In vielen Fällen wird jedoch eine elektrische Heizplatte (S. 148) oder ein Heizmantel (S. 147) vorzuziehen sein.

Tiegel werden zum Erhitzen in *Dreiecke aus Eisendraht,* der mit Ton- oder Quarzröhrchen umkleidet ist, gestellt (Abb. 22).

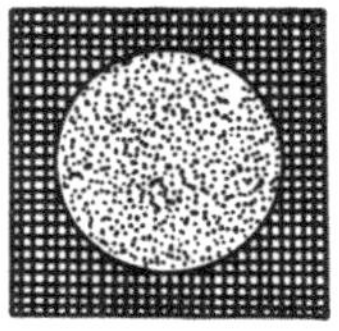

Abb. 20. Drahtnetz mit Asbesteinlage

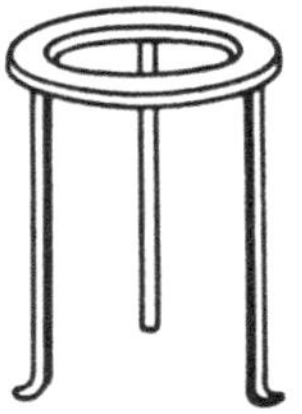

Abb. 21. Dreifuß

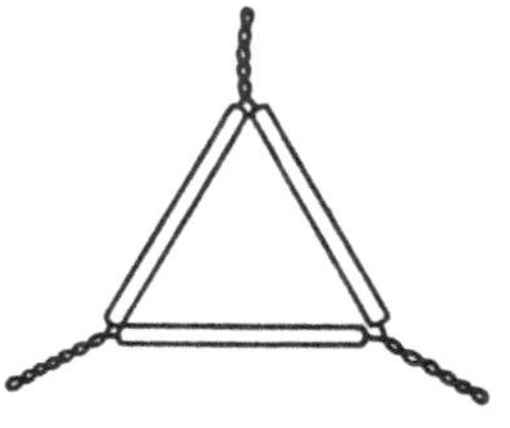

Abb. 22. Tondreieck

Zum Anfassen von Tiegeln und kleineren Schalen dienen *Tiegelzangen* (Abb. 23), für Bechergläser *Becherzangen,* für kleinere Geräte *Pinzetten.*

Uhrgläser werden durch Klemmen (Abb. 24) oder Spangen (Abb. 25) zusammengehalten.

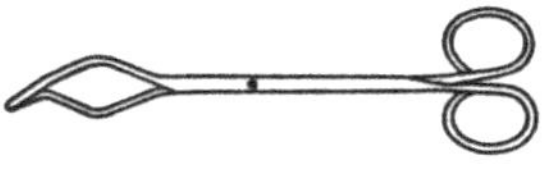

Abb. 23. Tiegelzange

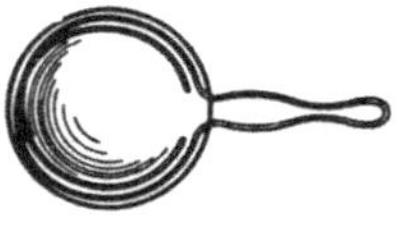

Abb. 24. Uhrglasklemme

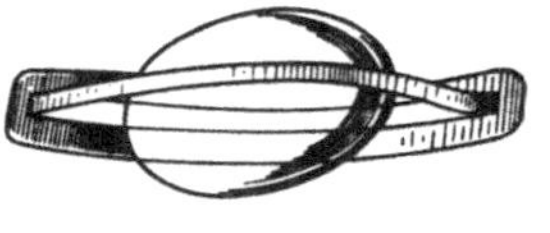

Abb. 25. Uhrglasspange

Büretten werden in *Bürettenklammern,* die ein leichtes Herausnehmen der Bürette gestatten und meist doppelseitig, also für zwei Büretten, ausgeführt sind, eingeklemmt (Abb. 26).

Zum Entnehmen fester Substanzen werden *Spatel* oder *Löffel* oder eine Kombination beider aus Nickel, rostfreiem Stahl, Porzellan, Horn oder Kunststoff verwendet (Abb. 27).

Abb. 26. Bürettenklammer

Abb. 27. Spatel-Löffel-Kombination

2. Holzgeräte. Als *Reagenzglashalter* werden Holzklammern oder Blechspangen (Abb. 28) verwendet, zum Einstellen der Reagenzgläser *Reagenzglasgestelle* (Abb. 29).

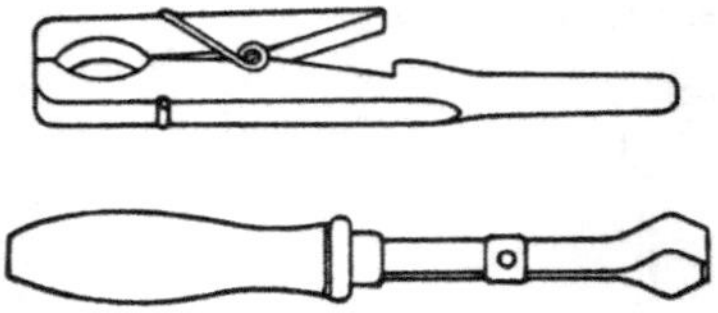

Abb. 28. Reagenzglashalter

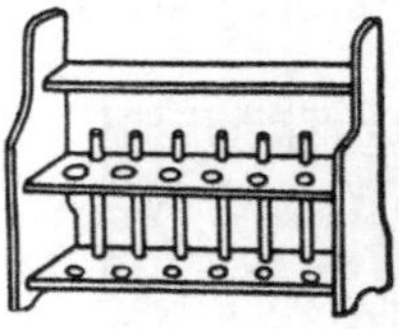

Abb. 29. Reagenzglasgestell

Zum Abtropfen gespülter Glasgeräte benützt man *Abtropfbretter* (Abb. 30) mit mehreren Reihen senkrecht oder schräg befestigter Zapfen, über die die Gläser umgekehrt gestülpt werden.

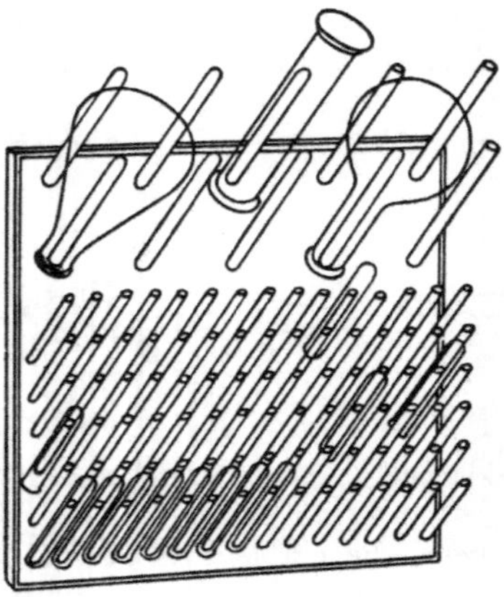

Abb. 30. Abtropfbrett

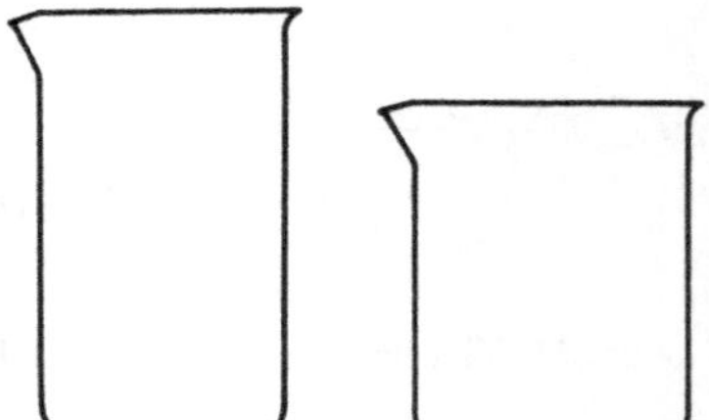

Abb. 31. Bechergläser (Rudolf Brand, Wertheim/Main)

3. Glasgeräte. *Bechergläser* (Abb. 31) verschiedener Größe, mit oder ohne Ausguß, werden in ihrer niedrigen Form (z. B. wenn erhitzt werden soll) oder in ihrer hohen Form (zu empfehlen beim Arbeiten mit Niederschlägen) verwendet.

Stehkolben (Abb. 32) besitzen einen ebenen Boden, *Rundkolben* (Abb. 33) bestehen aus einem unteren kugelförmigen Teil und dem Hals. Letztere werden z. B. verwendet, wenn der Kolbeninhalt bis auf einen kleinen Rest weggekocht werden soll sowie beim Arbeiten unter Vakuum. Beide Kolbenarten sind als Langhalskolben oder

Kurzhalskolben, ohne oder mit verstärktem Rand (z. B. für Extraktionen), in Gebrauch (Abb. 34).

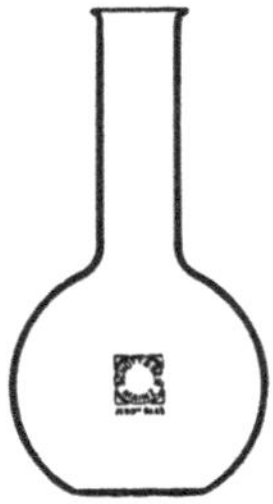

Abb. 32. Stehkolben (Jenaer Glaswerk Schott & Gen., Mainz)

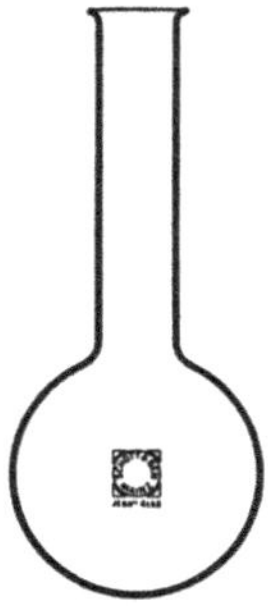

Abb. 33. Langhals-Rundkolben (Jenaer Glaswerk Schott & Gen., Mainz)

Abb. 34. Kurzhalskolben (Jenaer Glaswerk Schott & Gen., Mainz)

Birnen- oder *Walter-Kolben* (Abb. 35) sind wegen ihres kurzen, weiten Halses für präparative Arbeiten geeignet, da sie den leichten Einbau mehrerer Apparateteile gestatten und ein leichtes, vollständiges Entleeren begünstigen.

Über Schliffkolben s. S. 40, Mehrhalskolben S. 40, Destillierkolben S. 174, Kantkolben S. 105.

Kjeldahl-Kolben (Abb. 36) aus schwerschmelzbarem Glas sind birnenförmig und mit langem Hals ausgestattet. Sie können mit direkter Flamme erhitzt werden.

Erlenmeyer-Kolben (Abb. 37) haben durch ihre gerade Wand gegenüber Rundkolben den Vorteil, daß sich Niederschläge leicht her-

Abb. 35

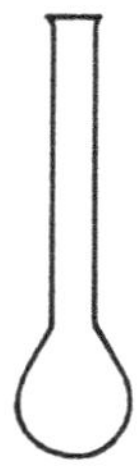

Abb. 36

Abb. 37

Abb. 38

Abb. 39

Abb. 35. Walter-Kolben (Jenaer Glaswerk Schott & Gen., Mainz), **Abb. 36.** Kjeldahl-Kolben (Ernst Keller & Co. AG, Basel), Abb. 37. Erlenmeyer-Kolben (Jenaer Glaswerk Schott & Gen., Mainz), Abb. 38. Philipps-Becher (Jenaer Glaswerk Schott & Gen., Mainz), Abb. 39. Reagenzglas

ausbringen lassen. Sie werden mit Vorteil auch bei Titrationen verwendet.

Philipps-Becher (Abb. 38) liegen in ihrer Form zwischen Becherglas und Erlenmeyer-Kolben.

Dünnwandige Gefäße nicht kugeliger Form (z. B. Erlenmeyer- und Steh-Kolben) dürfen nicht evakuiert werden. (Siehe jedoch Saugflaschen, S. 119).

Kleine Versuche und Proben werden in *Probier-* oder *Reagenzgläsern* (Eprouvetten, Abb. 39) ausgeführt. Sie müssen beim Erhitzen in direkter Flamme etwas schräg gehalten und die darin befindliche Flüssigkeit muß durch kurze, ruckartige Schüttelbewegungen in Bewegung gehalten werden, um ein stoßweises Überkochen zu vermeiden. Der Siedeverzug wird auch verhindert, wenn mit der Erwärmung des oberen Teiles der Flüssigkeit begonnen wird.

Gefäße werden mit *Uhrgläsern* bedeckt.

Zum Eindampfen von Flüssigkeiten verwendet man *Abdampfschalen* mit rundem oder flachem Boden (aus Glas oder Porzellan).

Filtrierstutzen haben die gleiche Form wie Bechergläser, bestehen jedoch aus starkwandigem Glas.

4. Quarzgeräte. Aus der praktisch blasenfreien Qualität Heralux (Haraeus-Schott Quarzschmelze GmbH, Hanau) werden u. a. Kolben (mit und ohne Normschliff), Tiegel, Schalen, Wägegläser, Bechergläser, Pipetten, Verbrennungsrohre, Trichter, Hähne und Kühler gefertigt.

5. Porzellangeräte. Zum Eindampfen von Flüssigkeiten verwendet man *Abdampfschalen* (Abb. 40) mit glasierter oder unglasierter Außenwand. Schalen mit gewölbtem Boden sind gegen schroffen Temperaturwechsel beständiger als solche mit flachem Boden.

Tiegel (Abb. 41) in verschiedenen Formen dienen zum Veraschen und Glühen von Niederschlägen. Man unterscheidet drei Hauptformen: die breite oder Berliner Form, die schlanke oder halbhohe

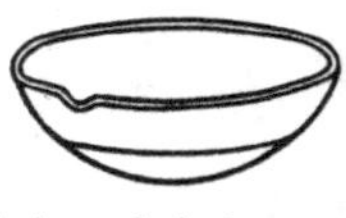

Abb. 40. Abdampfschale aus Porzellan

Abb. 41. Tiegel mit Deckel

Meißener Form und die hohe Form. Die breite Form gestattet der Luft guten Zutritt. Zum Verschließen des Tiegels dient ein Deckel, der mit seinem Rand über den Tiegelrand greift und als Griff eine Öse besitzt.

Über *Porzellan-Filtergeräte* s. S. 115.

6. Kunststoffgeräte. Laboratoriumsgeräte werden aus folgenden Kunststoffen hergestellt: Polyäthylen (PE), Polypropylen (PP), Polyvinylchlorid (PVC), Polystyrol (PS), Polytrifluorchloräthylen und Polytetrafluoräthylen (PTFE), Polymethylpentylen (TPX), Styrolacrylnitril (SAN).

Geräte aus Kunststoffen zeichnen sich durch die hohe Bruchfestigkeit, bei guter Temperatur- und Chemikalienbeständigkeit, aus.

Allgemein verwendet werden Behälter verschiedener Größe, wie Eimer (PE, PP), Kanister (PE), Schalen zum Einstellen gebrauchter Laborgeräte (PVC, PE, PS), Flüssigkeitsballons (PE), runde und quadratische Flaschen (PE, PTFE) und Schaufeln (PE).

Von den in den vorangegangenen Abschnitten behandelten Geräten werden hergestellt: Becher (PE, PP, PS, PTFE, TPX, SAN), Abdampfschalen (PTFE, PP), Tiegel (PTFE), Reagenzglasgestelle (PP, PVC). Auf die übrigen Geräte aus Kunststoff, wie Meßgeräte, Trichter, Hähne, Schläuche usw., wird in den betreffenden Abschnitten hingewiesen.

Die verschiedenen Geräte sind unter den Bezeichnungen Plastibrand (Rudolf Brand, Wertheim/Main), Witeg (Witeg, Wissenschaftlich-technische Glasgeräte GmbH, Wertheim/Main), Vitri (Max Richter KG, Nieder-Ramstadt bei Darmstadt) und C. Petzold GmbH, Melsungen, im Handel. Von den Lieferfirmen sind auch nähere Angaben über die Beständigkeit zu erhalten.

7. Sonstiges. *Gummischläuche* werden je nach Verwendungszweck in verschiedener Ausführung geliefert (s. auch S. 23). Vakuumschläuche haben enges Volumen und große Wandstärke, Druckschläuche besitzen eine Stoffeinlage. Kleine Stückchen aufgeschlitzten Gummischlauches um die Finger gelegt sind ein einfaches Schutzmittel beim Angreifen heißer Gläser. *Kunststoffschläuche* werden aus PE, PP, PVC, PTFE und Siliconkautschuk hergestellt.

Zum Abstellen von Rundkolben dienen *Ringe* verschiedener Größe aus Kork, Holz oder PP.

Zum Einstellen von Apparateteilen auf eine bestimmte Höhe verwendet man verstellbare *Hebebühnen* (Abb. 42).

8. Normung. Die Normung hat den Zweck, die große Zahl der Geräte, Grundbegriffe, verschiedene Bestimmungsmethoden u. a. zu vereinheitlichen (Verminderung der Sortenzahl, leichte Austauschbarkeit und Ersatzbeschaffung, wirtschaftliche Herstellung).

Soweit bereits genormte Geräte geliefert werden, sollten grundsätzlich nur diese verwendet werden.

Normblätter des Deutschen Normenausschusses sind zu beziehen bei der Beuth-Vertrieb GmbH, Berlin 30, Köln und Frankfurt am Main.

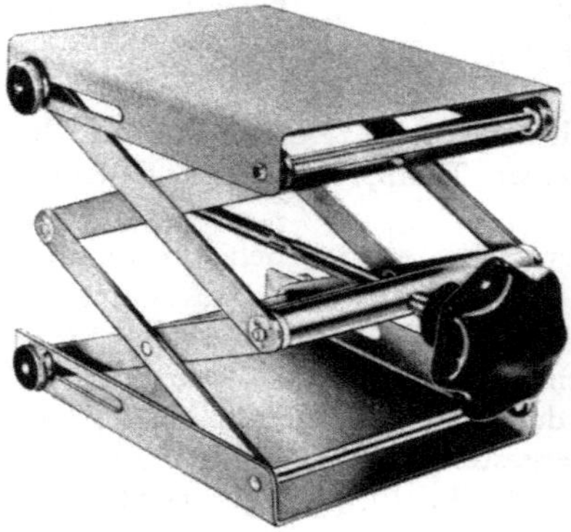

Abb. 42. Hebebühne Labo-Lift (Gebr. Martin, Tuttlingen)

C. Werkstoffe

Für die richtige Behandlung der Geräte ist die Kenntnis der wichtigsten Eigenschaften jener Werkstoffe, aus denen sie hergestellt sind, wichtig.

Glas ist ein schlechter Leiter für Wärme und Elektrizität. Es erweicht bei etwa 500° C und schmilzt bei 1000 bis 1100° C. Von Alkalien wird es angegriffen.

Glas für Laboratoriumsgeräte muß widerstandsfähig gegen chemische Einflüsse und starken Temperaturwechsel sein. Dies wird durch besondere Zusätze (Baryt, Zinkoxid, Bor- und Kieselsäure) erreicht, ferner durch langsames Abkühlen und meist dünnwandige Ausführung. Einige wichtige für Laboratoriumsgeräte verwendete Gläser: Geräteglas 20, Duranglas 50, Supremax 8409 (sämtlich vom Jenaer Glaswerk Schott & Gen., Mainz), Quickfit-Borosilikatglas (Quickfit Laborglas GmbH, Wiesbaden), GW-Glas (Normschliff Glasgeräte, Wertheim/Main), Rasotherm (VEB Jenaer Glaswerk, Jena), Vulkanglas (Stölzle, Wien), Solidex (Sovirel, Levallois-Perret) Hysil (Jobling, England), Pyrex (Corning Glas Works, Corning, New York), Verre Sibore (Verreries de Folembray, Aisne). Einzelheiten müssen den Firmenschriften entnommen werden.

Quarz. Quarzgläser sind in hohem Maße unempfindlich gegen schroffen Temperaturwechsel. Quarzgeräte neigen bei Temperaturen von über 1200° C leicht zum „Entglasen", das durch anhaftende Verunreinigungen beschleunigt wird. Sollen daher diese Geräte hoch erhitzt werden, dürfen sie nach der letzten Reinigung nicht mehr mit der bloßen Hand berührt werden, da schon Schweißspuren (NaCl) ungünstig wirken.

Porzellan ist sehr hitzebeständig, es verträgt Temperaturen bis 1800° C, ist aber empfindlich gegen starken Temperaturwechsel.

Kork muß dicht sein, er darf keine Risse und größere Poren besitzen. Unbeständig ist er gegen Halogene, heiße konzentrierte Alkalien, konzentrierte Schwefelsäure, konzentrierte Salpetersäure.

Gummi darf nicht unmittelbar mit organischen Lösungsmitteln oder deren Dämpfen in Berührung kommen. Extreme Temperaturen lassen ihn vorzeitig altern und brüchig werden. Der künstliche Gummi „Buna" ist bedeutend beständiger und widerstandsfähiger gegen chemische Stoffe und Öle.

Asbest ist feuerbeständig, besitzt schlechtes Leitvermögen für Wärme und Elektrizität und hat eine große Säurebeständigkeit.

Kunststoffe. Polyäthylen (PE) und Polyvinylchlorid (PVC) sind beständig gegen Wasser, Säuren, Laugen und wäßrige Salzlösungen. Angegriffen werden sie von rauchender Schwefelsäure, konzentrierter Salpetersäure, Chromschwefelsäure und freien Halogenen. PE ist temperaturbeständig von —50 bis +100° C, PVC von 0 bis +80° C. PVC ist schwer brennbar, PE brennt wie hochschmelzende Wachse und Paraffine.

Polytrifluoräthylen und Polytetrafluoräthylen (PTFE) sind von —200 bis +275° C verwendbar und werden von Flußsäure, Königswasser und rauchender Salpetersäure auch beim Kochen nicht angegriffen. Gegen die meisten organischen Stoffe sind sie beständig. Alkalimetalle und Natriumperoxid führen zu rascher Zerstörung.

Polystyrol (PS) ist brennbar, es erweicht zwischen 70 und 110° C. Es ist beständig gegen schwache Alkalien und Säuren, von organischen Lösungsmitteln wird es angegriffen.

Polypropylen (PP) ist temperaturbeständig bis ca. +140° C und zeigt ähnliche Eigenschaften wie PE.

Styrolacrylnitril (SAN) ist temperaturbeständig von 0 bis +70° C, Siliconkautschuk (SIL) von —60 bis +350° C. Polymethylpentylen (TPX) ist glasklar, chemikalienbeständig etwa wie PP, mit guter Wärmebeständigkeit.

Gußeisen (C-Gehalt 2 bis 4%) ist leicht schmelzbar und spröde (Vorsicht vor Schlägen!).

Schmiedbares Eisen (C-Gehalt 0,05 bis 0,5%) ist weniger spröde, es erweicht beim Erhitzen allmählich. Es dehnt sich stärker aus als Gußeisen. Härtbarer Stahl (C-Gehalt 0,5 bis 1,5%) hat eine größere Festigkeit und Elastizität.

Eisenlegierungen mit Cr, Ni, Mn, V, W und Mo sind in der Regel härter als ihre Bestandteile, von chemischen Stoffen werden sie weniger angegriffen als Eisen. Durch zunehmenden Cr- und Ni-Gehalt steigt vor allem die chemische Widerstandsfähigkeit. V2A-Stahl enthält z. B. 0,25% C, 20% Cr und 7% Ni.

Kupfer ist mäßig hart und sehr geschmeidig. Es besitzt eine ausgezeichnete Leitfähigkeit für Wärme und Elektrizität. Gegen feuchte Luft ist es widerstandsfähig. Seine wichtigsten Legierungen sind Messing (Cu+Zn) und Bronze (Cu+Sn). Unbeständig gegen Ammoniak.

Nickel ist hart, schmiedbar und schweißbar. Es ist widerstandsfähig gegen Alkalien und sehr luftbeständig.

Silber ist sehr widerstandsfähig gegen Wasser, Salzsäure und Alkalien. Es schmilzt schon bei 960° C, darf daher nicht mit direkter Flamme erhitzt werden.

Blei ist weich und biegsam, wenig fest und giftig! Es ist beständig gegen Schwefelsäure.

Platin schmilzt bei 1770° C. Die richtige Behandlung von Platingeräten ist maßgebend für ihre Lebensdauer (s. S. 33).

3. Hilfsmittel beim Aufbau von Apparaturen

A. Glasblasen

Mit den einfachen Arbeiten des Glasblasens muß sich jeder durch Übung selbst vertraut machen. Im folgenden werden daher nur kurze Anleitungen über die wichtigsten Glasbläserarbeiten gegeben.

1. Hilfsvorrichtungen. a) Stäbe bis 7 mm und Glasröhren bis 15 mm Durchmesser können in der *Bunsenflamme* bearbeitet werden.

b) Bei größeren Durchmessern verwendet man einen *Gebläsebrenner* (Abb. 43). In das Brennerrohr reicht ein zweites Rohr zur

Abb. 43. Gebläsebrenner

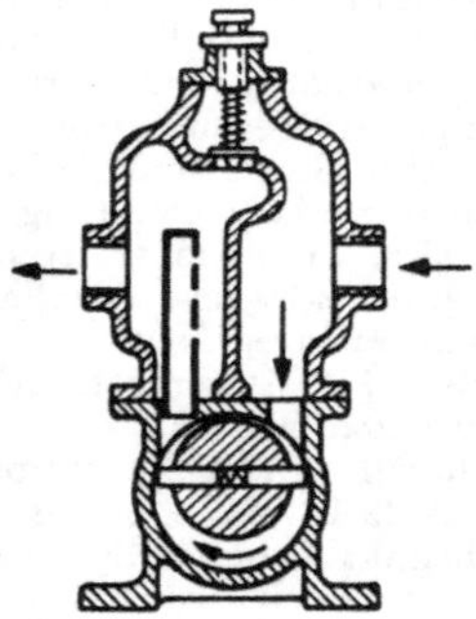

Abb. 44. Schema eines maschinellen Druckluftgebläses (Arthur Pfeiffer, Hochvakuumtechnik GmbH, Wetzlar)

Zuführung der Druckluft. Durch eine aufgeschraubte Hülse wird das Gas von allen Seiten quer in den Luftstrom hineingetrieben, ehe es zur Verbrennung gelangt. Je nach Regulieren des Gas- und Luftzutrittes und Verschieben der Hülse erhält man Flammen zwischen einer breiten, leuchtenden Flamme und einer Stichflamme.

Die *Gebläseluft* kann einer Druckluftleitung oder aus Stahlflaschen entnommen werden (Druckminderventil vorschalten!, s. S. 239).

Maschinelle Druckluftgebläse (Abb. 44) bestehen z. B. aus dem Kolben mit den beiden Schiebern, der im Zylinder exzentrisch gelagert ist, so daß bei der Drehung des Kolbens der Zylinderraum in Saug- und Druckraum geteilt wird. Die Luft wird angesaugt und verdichtet. Der obere Teil fungiert als Windkessel und besitzt eine Ansaug- und Auspufföffnung. Ein Ölabscheider scheidet mitgerissenes Öl ab. Ein Druckluftsicherheitsventil sorgt dafür, daß überschüssige Luft in die Ansaugleitung zurücktreten kann.

Im Bedarfsfall kann die Wasserstrahlpumpe zur Erzeugung der Gebläseluft verwendet werden. Die Wasserstrahlpumpe wird durch einen Gummistopfen in eine größere, unten tubulierte Flasche eingesetzt. Die

Druckluft wird durch E entnommen (Abb. 45). Durch den Tubus führt ein Glasrohr, durch das das in die Flasche eintretende Wasser wieder abfließt. Der Abfluß wird so geregelt (Schraubenquetschhahn), daß das Rohrende in der Flasche stets in das Wasser eintaucht. Druck der Luft ca. 0,5 at (~ 0,5 bar).

Wasserstrahlgebläse dieser Art, aber als Einheit ausgebildet, werden von verschiedenen Firmen geliefert (Abb. 46).

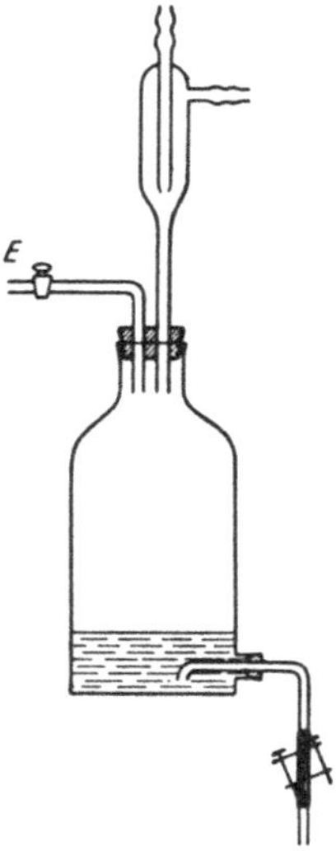

Abb. 45. Selbstangefertigtes Gebläse

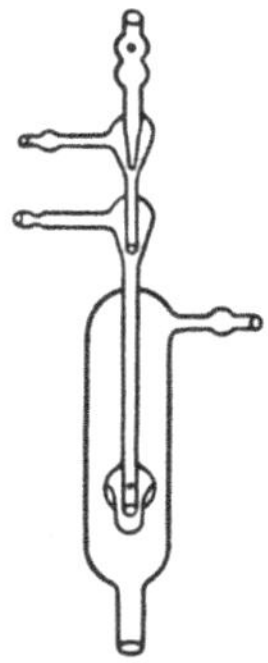

Abb. 46. Wasserstrahlgebläse

Die *Flammen des Gebläsebrenners.* Eine Stichflamme entsteht bei Zutritt von wenig Gas und viel Luft. Sie ist sehr lang und spitz, nichtleuchtend und wird bei kräftigem Luftzutritt sehr heiß. Die Spitze enthält viel Sauerstoff und wirkt oxidierend. Eine Brauseflamme entsteht bei starkem Gaszutritt und reichlicher Luftzufuhr. Sie ist nichtleuchtend und von großer Ausdehnung. Nur die äußerste Spitze wirkt oxidierend. Die höchste Temperatur ist an der Spitze des mittleren Flammenkegels. Eine rußende, leuchtende Flamme entsteht bei starkem Gasstrom und geringem Luftzutritt. Sie ist geräuschlos und dient zum Anwärmen und Abkühlen des Glases.

c) *Hilfsflammen.* Als Aufsatz auf den Bunsen-Brenner wird der Schlitz- oder Fischschwanzbrenner, der eine flache, breite Flamme erzeugt, verwendet (Abb. 231, S.144).

d) Zum *Glasschneiden* dienen Glasmesser, Glasrohrschneider oder Dreikantfeilen.

e) *Sonstige Hilfsmittel.* Eisenblech zum Flachdrücken von heißem Glas. Zum Schließen von Rohrenden verwendet man Kork- oder Gummistopfen (kleine Stopfen durch Ausschneiden mittels Korkbohrer herstellen). Zum Ablegen heißer Glasteile dient eine mit trockenem Sand gefüllte Schale.

2. Das Glasmaterial. *Biegerohre* haben eine Wandstärke von ca. einem Sechstel des inneren Durchmessers, *Blaserohre* eine verhältnismäßig geringe Wandstärke, *Kapillarrohre* sehr enges Lumen.

Manche Gläser (leicht schmelzbare Natrongläser) werden, nach längerer Lagerung, beim Erhitzen matt, undurchsichtig und rauh, sie „entglasen". Das amorphe Glas geht dabei in den kristallinen Zustand über. Es kann nur schwer verschmolzen werden. Der ursprüngliche Zustand ist entgegen vieler Rezepte nur unvollkommen wiederherzustellen.

Gutes Glas muß in der Flamme längere Zeit teigig bleiben, es darf nicht zu rasch erweichen, muß aber andererseits außerhalb der Flamme längere Zeit weich bleiben.

Wichtig ist die *Reinigung* der Glasröhren vor der Verarbeitung. Zu diesem Zweck wird ein Stückchen feuchte Baumwolle, Papier oder ein Wattebausch durch das Rohr gezogen bzw. gestoßen. Bei engen Röhren zieht man einen, an einem Bindfaden befestigten Wattebausch mehrmals durch das Röhrchen.

Größere Verunreinigungen werden durch Chrom-Schwefelsäure oder andere Glasreinigungsmittel entfernt. Mehrmaliges Nachspülen mit Wasser ist wichtig. Getrocknet wird durch Durchsaugen von trokkener Luft (Anschließen an eine Saugpumpe, wobei das andere Rohrende leicht durch Watte zum Schutz gegen Einsaugen von Staub verschlossen wird), durch vorsichtiges Anwärmen oder durch Nachspülen mit Alkohol und schließlich Äther, der leicht verdampft (Vorsicht, Explosionsgefahr!).

Auch die Außenseite der Glasrohre ist gut zu reinigen!

3. Schneiden von Glasrohren und Glasstäben. Um eine glatte Abtrennung eines Glasrohr- oder Glasstabstückes zu erreichen, muß seine Oberfläche angeritzt werden. Das Rohr wird in den Glasrohrschneider gelegt und gedreht, oder es wird gegen die Schneide eines Glasmessers oder eine Dreikantfeile gedrückt und dabei langsam gedreht (etwa ein Fünftel des Rohrumfanges). Wenn möglich, soll dabei das Rohr in der Hand gehalten werden, da man so den Druck besser beurteilen kann als beim Auflegen des Rohres auf eine Tischplatte. Keinesfalls aber darf eine sägende Bewegung ausgeführt werden, da dadurch eine große Zahl feiner Auszackungen entsteht. Der Ritz muß tief sein, nicht flach und breit.

Brechen kann man ein Rohr nur, wenn zu beiden Seiten des Ritzes genügend Platz vorhanden ist, um das Rohr bequem anzufassen. Man faßt es so, daß der Ritz gegen die Brust gerichtet ist und die beiden Daumen etwa einen Finger breit vom Strich entfernt der Länge nach am Rohr liegen. Nun wird mäßig in der Längsrichtung gezogen, ein klein wenig nach außen, so, als ob man den Riß noch weiter öffnen wollte.

Starkwandige Rohre müssen um den ganzen Umfang angeritzt werden. Es ist ratsam, das Glasrohr vor dem Brechen an der Sprengstelle in ein Tuch einzuschlagen (oder gefütterte Lederhandschuhe über die Hände zu ziehen), um Schnittwunden bei einem eventuellen Ausrutschen zu vermeiden. Ist das abzubrechende Stück kurz, so ist das Abbrechen oft schwierig. Man hilft sich, indem man eine Korkbohrerhülse bis zur angeritzten Stelle schiebt.

Sind die Enden zu kurz oder handelt es sich um sehr weite Rohre, muß die Abtrennung durch Absprengen geschehen.

Absprengen: a) Durch direkte Flammenwirkung für Glasstäbe und dickwandige Rohre von nicht zu großem Durchmesser. Man ritzt das Rohr um den ganzen Umfang tief und scharf an und richtet gegen den Ritz eine feine Stichflamme, wobei man das Rohr sehr rasch dreht.

b) Mit Hilfe eines heißen Glastropfens, anwendbar bei gewöhnlichen Blaseröhren. Das Rohr wird scharf angeritzt und die Stelle mit einer zum Schmelzen erhitzten Spitze eines ausgezogenen Glasrohres berührt. Der heiße Glastropfen wird an der Ritzstelle langsam breitgedrückt. Wichtig ist, daß der Glastropfen klein ist, damit das Rohr nicht an verschiedenen Stellen springt.

c) Mittels eines Drahthakens für sehr weite Rohre oder Glasflaschen. Ein Eisendraht, der an einem Ende zu einem halbkreisförmigen Haken (vom gleichen Durchmesser wie das Rohr) gebogen ist, wird so festgeklemmt, daß die Öffnung nach oben gerichtet ist, und zur Rotglut erhitzt. Die Ritzstelle des scharf angeritzten Rohres wird in den Haken gelegt und das Rohr langsam darin gedreht.

d) Durch einen brennenden Faden für sehr dicke Rohre. Ein Faden, der mit Terpentinöl getränkt ist, wird locker um das Rohr gewickelt und angezündet. Die so erhitzte Zone wird nun plötzlich abgekühlt, wodurch ein Sprung entsteht. Dann genügt meist ein leichtes Klopfen zur Abtrennung.

e) Zwischen Papierwülsten. 1,5 cm breite, feuchte Filtrierpapierstreifen werden zu beiden Seiten dicht neben der Ritzstelle aufgewickelt, wodurch zwei Wülste entstehen. Nun wird die Ritzstelle über einen Brenner oder vor eine Stichflamme gebracht, wodurch sich ein glatter Sprung um das Rohr bildet.

4. Abrunden von Glasstäben und Rohrenden. Die scharfen Ränder, die beim Abschneiden von Glasstäben und Glasrohren entstehen, sind Ursache für Verletzungen an den Händen und zerschneiden

Stopfen und Schläuche. Die Ränder werden daher durch Abschmelzen abgerundet. Das Ende des Glasstabes oder Rohres wird schräg gegen die Flamme gehalten und unter Drehen so lange erhitzt, bis die Ränder eben anfangen weich zu werden (Erkennen am beginnenden Leuchten des Glases).

5. Biegen von Glasrohren. a) *Anwärmen des Glases.* Um ein Springen des Glases zu vermeiden, muß es kurze Zeit in der heißen Luft vor der Flamme bewegt und unter ständigem Drehen erst allmählich in die Flamme selbst gebracht werden.

b) *Kühlen des heißen Glases.* Um Spannungen im Glas, die zu Sprüngen führen können, zu vermeiden, ist es nötig, heißes Glas langsam abzukühlen. Dies erreicht man meist schon durch Einhalten desselben in eine rußende Flamme, bis es ganz mit Ruß überzogen ist. Anschließend wird es auf den Tisch festgesteckt, so daß die heißen Teile nirgends aufliegen.

c) *Biegen normaler Biege- und Blaserohre.* Verwendet wird zum Erhitzen der Biegestelle eine Flamme von 4 bis 6 cm Breite (Schlitzbrenner). Bei zu geringer Länge des erhitzten Rohrstückes knickt das Rohr an der Innenseite der Biegung leicht ein.

Während des Erhitzens wird das Rohr auf beiden Seiten gehalten und dauernd in der Flamme gedreht, so daß es gleichmäßig heiß wird. Die Stelle, an der die Biegung liegen soll (vorher anzeichnen), befindet sich dabei in der Mitte der Flamme. Das erweichte Rohr wird außerhalb der Flamme bis zum gewünschten Winkel gebogen, und zwar wird jene Seite, die zuletzt der Flammenhitze ausgesetzt war (die daher etwas heißer und weicher ist), den inneren Teil der Biegung bilden (Abb. 47).

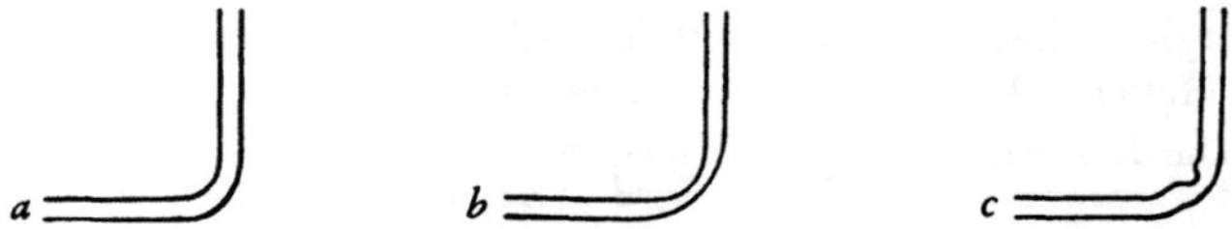

Abb. 47. Biegen von Glasrohren
a richtig, *b* und *c* falsch

Ist das Rohr überhitzt und daher zu weich, fallen die Wände zusammen. Ist es zu wenig oder ungleichmäßig erhitzt, kann es während des Biegens leicht brechen. Sollten, was bei dünnen Rohren oft nicht zu vermeiden ist, im Rohr kleine Knicke entstehen, so bläst man während des Biegens vorsichtig Luft ein, während das andere Ende verschlossen gehalten wird. Die Schenkel des gebogenen Rohres müssen in einer Ebene liegen.

d) *Biegen weiter Rohre.* Sehr weite Rohre müssen in der Gebläseflamme gebogen werden. Das Rohr wird an der Biegungsstelle mit einer möglichst großen Brauseflamme erhitzt. Nach dem Weichwerden schiebt man das Rohr etwas zusammen und wiederholt dies öfters, bis eine hinreichende Menge Glas zum Biegen beisammen ist. Dann läßt man das Rohr außerhalb der Flamme ein klein wenig abkühlen und zieht das verdickte Stück aus, indem man gleichzeitig die Biegung ausführt. Dabei bläst man vorsichtig in das Rohr, um ein Zusammenfallen zu verhindern.

6. Ausziehen von Rohren. Der betreffende Teil des Glasrohres wird unter ständigem Drehen gleichmäßig erhitzt, bis sich die erweichten Teile ein wenig verdicken. Dann zieht man außerhalb der Flamme unter ständigem Drehen beider Enden so weit, wie es der Zweck erfordert, auseinander. Soll eine Spitze entstehen, schneidet man das Rohr an der verengten Stelle ab. Die Spitze muß dabei im Mittelpunkt der Rohrachse liegen. Auf diese Weise können auch Kapillarröhrchen hergestellt werden.

Kapillaren aus Polyäthylen. Das Polyäthylenrohr wird vorsichtig über einem Bunsenbrenner (mit Flammenverteiler) erhitzt, bis die milchige Farbe klarer wird (PE ist entflammbar!). Nun läßt man gerade soweit abkühlen, bis es beginnt festzuwerden und zieht zur Kapillare aus. Hautkontakt mit heißem PE kann zu schlimmen Verbrennungen führen!

7. Aufblasen von Glaskugeln. Das Rohrende wird bis zum Schließen erhitzt, etwas aufgeblasen, wieder erhitzt und aufgeblasen, bis sich eine genügende Menge weichen Glases angesammelt hat, die zu einer Kugel gewünschter Größe aufgeblasen werden kann. Das Aufblasen muß außerhalb der Flamme geschehen, weil sonst die Gefahr besteht, daß das Glas zu einer unförmigen Gestalt aufgeblasen wird. Auch ist es vorteilhafter, eine Reihe kurzer Luftstöße einzublasen als einen dauernden Luftstrom.

8. Seitliches Ansetzen eines Rohres (z. B. Herstellung eines T-Stückes). Das obere Glasrohr (s. Abb. 48) wird an einem Ende

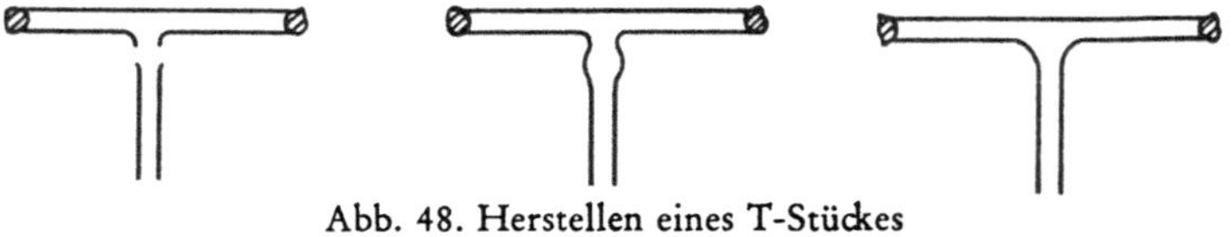

Abb. 48. Herstellen eines T-Stückes

durch einen Stopfen verschlossen und in der Mitte durch Aufblasen eine Öffnung hergestellt, die nicht größer sein darf als der Durchmesser des anzusetzenden Rohres. Nun wird auch das andere Ende des Rohres verschlossen. Das am Ansatzende etwas erweiterte Ansatzrohr und das erste Rohr werden an ihren Ansatzstellen, die eben sein müssen, gleichmäßig erhitzt und außerhalb der Flamme zusammengesetzt. Es ist darauf zu achten, daß das Ansatzrohr genau auf den Rand der Öffnung aufgesetzt wird und kein Loch entsteht. Sollte dies doch eintreten, wird nochmals erhitzt und das Rohr gegen die betreffende Stelle hin geneigt oder man zieht mit einem kalten Glasstäbchen das stark erhitzte Glas über das Loch. Nun wird in die Ecken eine ganz feine Stichflamme gerichtet, die Schmelzstelle innig verschmolzen und vorsichtig aufgeblasen. Nochmaliges Erhitzen und langsames Kühlen sind auch hier erforderlich.

9. Einschmelzen eines Platindrahtes. Man bringt den mit der Zange gefaßten Platindraht in einer Stichflamme zum Glühen und schiebt ihn in das frisch abgeschnittene und verengte Glasrohrende, läßt ganz zusammenfallen, wobei sich der Draht nirgends an der inneren Rohrwand anlegen darf. Schließlich wird ein wenig am Draht gezogen und eventuell außerhalb der Flamme unter Drehen ausgerichtet. Um ein späteres Abspringen des eingeschmolzenen Drahtes vom Glas von vornherein zu verhindern, umwickelt man den etwas erhitzten Draht mit „Einschmelzglas", schmilzt dasselbe auf dem Draht fest, so daß es einen Wulst bildet und verschließt mit diesem die Öffnung des Glasrohres.

B. Die Spritzflasche

Spritzflaschen dienen zur Entnahme von Waschflüssigkeiten (Wasser, Alkohol u. a.). Ihre Wirkung beruht darauf, daß aus einer Vorratsflasche durch Drucksteigerung (Einblasen von Luft oder Zusammendrücken eines elastischen Flaschenkörpers) die Flüssigkeit in ein Rohr mit feiner Öffnung getrieben wird, so daß ein dünner Flüssigkeitsstrahl austritt.

In der Regel verwendet man *Spritzflaschen mit eingeschiffenem Stopfen* (Abb. 49 a).

Selbstherstellung einer Spritzflasche: In einen Langhals-Stehkolben wird ein doppeltdurchbohrter Gummistopfen eingesetzt. In die Bohrung reicht das Steigrohr bis nahe an den Boden des Kolbens. Das obere Ende ist in einem Winkel von 45 bis 60° abgebogen und am äußeren Ende zu einer Spitze ausgezogen oder besser durch Zwischenschalten eines Stückchens Gummischlauch zwischen Rohr und Spitze beweglich gemacht. In die andere Bohrung wird das Blasrohr, das nur bis kurz unterhalb des Stopfens reicht, eingesetzt. Es ist oberhalb des Stopfens in einem Winkel von 135 bis 120° gebogen. Die beiden schrägen Schenkel müssen in einer Geraden liegen (Abb. 49 b).

Ist die Spritzflasche mit heißem Wasser gefüllt, tritt beim Nachlassen des Blasedruckes ein Zurücksteigen von heißem Dampf in das Blasrohr und damit in den Mund ein. Die Spritzflasche ist daher, infolge der Gefahr von Verbrühungen nach dem Aufhören des Spritzens, sofort aus dem Munde zu nehmen. Diese Gefahr kann man auch durch Anbringen eines einfachen kurzen Röhrchens in einer dritten Bohrung des Stopfens verhindern. Das Röhrchen wird während des Blasens mit dem Daumen verschlossen, dann aber sofort wieder geöffnet, so daß der Dampf an dieser Stelle ausströmen kann. Eine andere Sicherung ist das Anbringen eines Bunsen-Ventils (s. S. 49).

Bei Verwendung der Spritzflasche für heiße Flüssigkeiten umwickelt man den Hals des Kolbens zum Schutz gegen die Hitze beim Anfassen fest und eng mit Asbestschnur oder dickerem Bindfaden, verwendet Manschetten aus Kork oder Holz oder zieht ein Stück weiten Gummischlauches eng anliegend über den Kolbenhals.

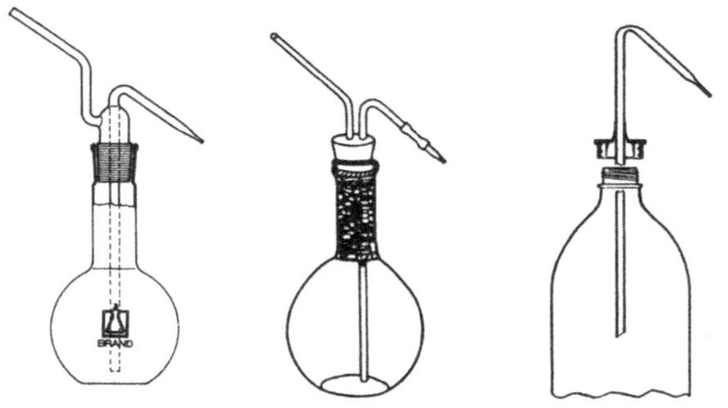

a *b* *c*

Abb. 49. Spritzflaschen
a Spritzflasche mit Schliffstopfen (Rudolf Brand, Wertheim/Main), *b* Selbstgefertigte Spritzflasche, *c* Spritzflasche aus PE (Kautex-Werk, Hangelar)

Abb. 50. Reinigungsbürste

Bei den *Spritzflaschen aus Polyäthylen* (Abb. 49 c) ist kein Blasrohr, sondern nur ein aufschraubbares Spritzrohr vorhanden, da die Betätigung durch mäßiges Zusammendrücken des elastischen Flaschenkörpers mit der Hand erfolgt.

C. Reinigen der Laboratoriumsgeräte

1. Glas und Porzellan. Zur mechanischen Reinigung dienen Rohrbürsten verschiedener Größe (Abb. 50). Dabei spült man gleichzeitig mit warmem Wasser. Ein Abkratzen von Verunreinigungen mit Metalldrähten ist zu unterlassen (Beschädigung der Glaswände!). Führt die mechanische Reinigung nicht zum Ziele, muß zu chemischen Mitteln gegriffen werden. Für anorganische Verunreinigungen verwendet man Salz- oder Schwefelsäure (dabei Vorsicht!, kein Wasser in die Säure gießen). Oft führt schon längeres Stehen mit diesen Säuren zum Erfolg.

Bei fetten und harzigen Verunreinigungen verwendet man Lauge, Chromschwefelsäure oder organische Lösungsmittel. Chromschwefelsäure wird hergestellt durch Lösen von 20 bis 30 g CrO_3

oder Natriumdichromat bzw. Kaliumdichromat in einem Liter konzentrierter Schwefelsäure. Sie ist anfangs braun, wird aber durch den Gebrauch grün und muß dann erneuert werden. Vorsicht bei ihrer Verwendung (sehr starke Säure!, Schutzbrille). Organische Lösungsmittel werden in Flaschen, die nur für diesen Zweck bereitgestellt sind, aufbewahrt. Das Lösungsmittel kann in der Regel mehrmals benutzt und durch Destillation wieder gereinigt werden.

Bewährt haben sich auch Reinigungsmittel mit chemisch-mechanischer Wirkung, wie ATA (Henkel & Cie. GmbH, Düsseldorf), VIM (Lever Sunlicht) u. a., nach deren Gebrauch allerdings sehr gründlich gespült werden muß, da gewisse Inhaltsstoffe (Polyphosphate, Detergentien) gern am Glas haften bleiben.

Ein Nachspülen mit Wasser und schließlich destilliertem Wasser hat nach jeder Reinigung mit Chemikalien zu erfolgen. Die Geräte müssen auch außen gereinigt werden. Getrocknet wird im Trockenschrank oder auf dem Abtropfbrett.

In größeren Laboratorien stehen *Geschirrspülmaschinen* zur Verfügung, in denen die Laboratoriumsgeräte automatisch gereinigt und nachgespült werden können. Als Zusatz zum Waschwasser sind eine große Zahl von Reinigungskonzentraten im Handel. Sie sind alkalisch, einige von ihnen auch aktivchlorhaltig. Die Angaben der Herstellerfirmen über die Eigenschaften (z. B. lösend und emulgierend, Schaumdrücker enthaltend, biologisch abbaubar, desinfizierend u. a.) sowie Hinweise für die anzuwendende Verdünnung, Temperatur und Dauer des Spülens usw. sind genau zu beachten.

Einige Beispiele solcher Reinigungskonzentrate: Extran (E. Merck, Darmstadt), Somat 2002 (Böhme Chemie, Düsseldorf), RBS (Carl Roth, Karlsruhe), Deconex[11] (Borger Chemie, Solothurn), Mucasol und Edisonite (Merz+Co., Frankfurt/Main) u. a.

Über das Reinigen von Glasfiltergeräten s. S. 118.

2. Kunststoffgeräte. Keine Scheuermittel anwenden! Reinigung mit heißer Seifenlauge unter Zusatz von Haushalts-Spülmitteln, bei stark verschmutzten Geräten mit Dichromatreinigungslösung oder verdünnter Salpetersäure, Alkohol nur ausnahmsweise.

3. Metalle. *Entrosten* von Eisengeräten durch Abbürsten mit Drahtbürsten und Abschmirgeln. Verrostete Schrauben werden einige Zeit in Petroleum gelegt und dann abgebürstet. Zum Schutz gegen neuerliches Rosten werden die Eisengeräte mit einem *Korrosionsschutz* versehen, wie z. B.: Anstrich mit Asphaltlack, Aluminiumbronze (angerührt in Firnis, Terpentinöl, gegebenenfalls mit Toluol verdünnen), Chlorkautschuklack, Permatex-Reaktionslacken (Mischen zweier Komponenten vor dem Gebrauch; Permatex-Lackfabrik, Asperg) u. a. In Ermangelung eines Lackes können die Geräte mit einem gut verriebenen Gemisch aus fünf Teilen Paraffinöl und acht Teilen wasserfreier Vaseline eingerieben werden. Metallgewinde sind gut zu ölen.

Platingeräte werden mit Chemikalien (mit Ausnahme von Königswasser und Chlor!) gereinigt. Man verwendet Salz- oder Schwefelsäure, Schmelzen von $KHSO_4$, Na_2CO_3 oder KNO_3 im Platingefäß. Über die Entfernung der Schmelze aus dem Platingefäß s. S. 128.

Eine eventuelle mechanische Reinigung wird mit Seesand (feinster Sand mit vollkommen runden Körnern) vorgenommen.

Schädlich für Platin sind: die rußende Flamme, schmelzende Ätzalkalien, leicht schmelzbare Metalle (Blei, Zinn), Carbide, Phosphide, Silicide, leicht reduzierbare Verbindungen. Ein glühender Platintiegel darf nicht mit glühendem Eisen in Berührung gebracht werden (kein Drahtdreieck verwenden).

D. Behandeln von Kork, Gummi und Asbest

Die Größe eines Stopfens soll so gewählt werden, daß er etwa zu zwei Dritteln in dem zu verschließenden Rohr sitzt.

1. Kork. a) *Weichmachen des Korkes.* Vor jeder Benutzung (auch vor dem Bohren) muß der Kork weichgemacht werden. Dies geschieht durch Pressen mit einer Korkzangenpresse (Abb. 51), wobei der

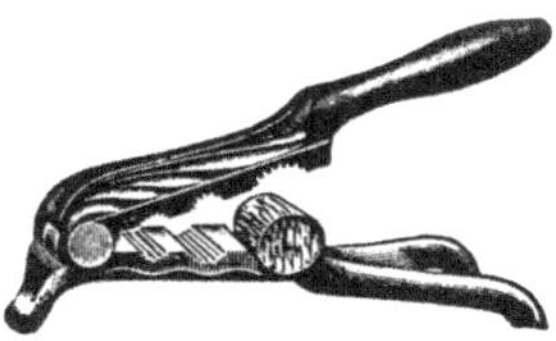

Abb. 51. Korkzangenpresse (Ströhlein & Co., Düsseldorf)

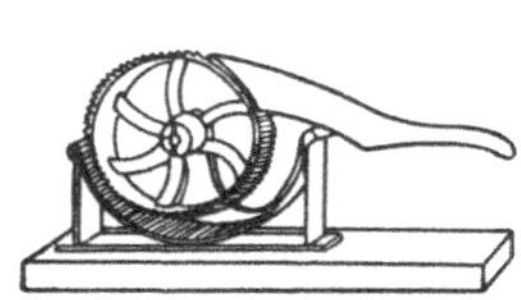

Abb. 52. Korkwalzenpresse

Korkstopfen nach jeder Pressung ein wenig gedreht wird. Die Korkpresse in Radform (Abb. 52) ist für verschieden große Korke gleich gut verwendbar, da der Spielraum zwischen Rad und Unterlage laufend geringer wird. Hier findet gleichzeitig ein Walzen des Korkes statt. Behelfsmäßig kann das Weichmachen auch durch Walzen des Korkes auf der Tischplatte mit Hilfe eines Brettchens unter genügend starkem Druck vorgenommen werden.

b) *Bohren von Kork.* Der Kork wird mit seiner Breitseite auf eine Unterlage (Pappe oder Holz) gelegt und von oben her der Korkbohrer (Abb. 53) unter mäßigem Druck durch den Kork gedreht. Ein Befeuchten des Bohrers mit Glyzerin oder Siliconöl ist ratsam. Kurz vor Durchbruch (der Rand des Bohrers schimmert durch) wird er herausgezogen und die Bohrung von der anderen

Seite endgültig bewirkt. Durch vorsichtiges Feilen mit einer Rundfeile kann die Bohrung etwas erweitert werden.

Bei der Korkbohrmaschine (Abb. 54) können Bohrer verschiedenen Durchmessers eingesetzt werden.

Der Bohrer muß scharf sein. Der zum Schärfen verwendete Korkbohrerschärfer (Abb. 55) besteht aus einem Messingkonus, welcher der

Abb. 53. Korkbohrer-Satz (Ströhlein & Co., Düsseldorf)

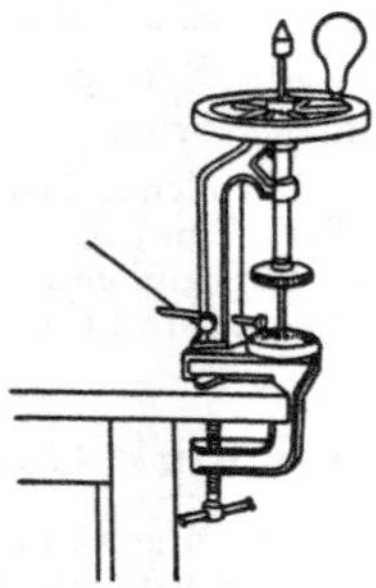

Abb. 54. Korkbohrmaschine

Abb. 55. Korkbohrer-Schärfer (Ströhlein & Co., Düsseldorf)

Länge nach einen Einschnitt besitzt zur mehr oder weniger notwendigen Aufnahme der beweglichen Stahlschneide. Der Bohrer wird auf den Konus soweit wie möglich aufgesteckt und die Stahlschneide gegen den Bohrer gedrückt. Dabei wird der Bohrer gedreht.

Kleine Bohrlöcher erzeugt man durch Durchbrennen mittels eines glühenden Stahldrahtes.

c) *Abdichten von Korkstopfen.* Gegen Entweichen von Dämpfen oder Gasen kann mit folgenden Mitteln abgedichtet werden:

Chromgelatine. Vier Teile Gelatine werden in 52 Teilen kochenden Wassers gelöst, filtriert und ein Teil Ammoniumdichromat zugesetzt. Aufstreichen und zwei Tage dem Licht aussetzen.

Wasserglas mit aufgeschlämmten Asbest aufstreichen und eintrocknen lassen.

Gegen wäßrige Flüssigkeiten wird mit Kollodiumlösung (Nitrocellulose in etwas Alkohol gelöst), Acetonlack (Acetylcellulose in Aceton gelöst) oder Aufstreichen von geschmolzenem Paraffin abgedichtet.

Belegen mit Leichtmetall-Folie.

2. Gummi. Gummi darf nicht direkt mit organischen Lösungsmitteln oder deren Dämpfen in Berührung kommen.

Das *Bohren von Gummistopfen* geschieht prinzipiell ebenso wie bei Korkstopfen. Der Bohrer muß sehr scharf sein und ist mit Glycerin oder Natronlauge zu befeuchten.

Es ist vorteilhaft, den Drehsinn des Bohrers während des Drehens wiederholt zu wechseln, den Bohrer mehrmals zurückzuziehen und frisches Glycerin aufzugeben. Dadurch verhindert man ein Verengen der Bohrung beim Tieferbohren. Sollen mehrere Löcher in einen Stopfen gebohrt werden, so stecke man die Bohrkerne in die bereits gebohrten Löcher, damit sich der Stopfen beim Bohren des nebenliegenden Loches nicht verzieht.

Beim Einsetzen des Glasrohres in die Bohrung soll dieses stets mit etwas Wasser, glycerinhaltigem Wasser oder Siliconöl benetzt werden. Das Glasrohr darf keinesfalls mit Gewalt, sondern muß mit Gefühl eingedreht werden. Ein Zerbrechen des Rohres kann zu schweren Verletzungen führen (Hand mit Tuch schützen).

Auf einem Glasrohr festsitzende Gummistopfen werden gelöst, indem man mit einem Korkbohrer, der eben über das Glasrohr gehen soll, den Stopfen beim Hineinschieben abtrennt. Dabei muß der Bohrer gut angefeuchtet sein. Ist diese Methode erfolglos, schiebt man einen dünnen Draht an verschiedenen Stellen zwischen Glas und Gummi (ebenfalls anfeuchten).

Neue *Gummischläuche* enthalten oft Talkum, das mit Wasser und verdünnter Lauge entfernt werden kann. Sie neigen in der Wärme leicht zum Kleben. Man verwende daher beim Arbeiten mit heißen Gasen ältere Schläuche.

3. **Asbest.** Glasgeräte, die mit direkter Flamme erhitzt werden sollen, hüllt man zweckmäßig in Asbestpapier ein. Angefeuchtetes Asbestpapier wird auf die betreffenden Glasteile gelegt und mit der Hand aufgedrückt. Das so präparierte Gefäß wird im Trockenschrank getrocknet, wodurch das Asbestpapier fest am Glas haftet.

Kleinere Asbeststopfen kann man durch Einrollen von angefeuchtetem Asbestpapier bis zur gewünschten Stärke und Trocknen herstellen.

E. Verbinden von Apparateteilen

1. **Verbindung von Glasrohren.** a) *Verschmelzen.* Vorteil: absolut dicht. Beim Zusammenschmelzen verschiedener Glassorten empfiehlt es sich, die Teile durch ein kurzes Stück „Zusammenschmelzglas" zu verbinden.

b) *Schlauchverbindung.* Beim Überziehen von Gummischläuchen die abgeschmolzenen Rohrenden mit Wasser, Glycerin, Siliconöl oder Spuren Hahnfett schmieren. Hände schützen (Bruchgefahr!). Kunststoffschläuche vorher kurz in heißes Wasser tauchen. Zum leichteren Lösen solcher Verbindungen ist es vorteilhaft, auch hier die Glasrohrenden vorher leicht mit Siliconfett zu bestreichen.

Falls durchfließendes Medium nicht mit der Schlauchverbindung in Berührung kommen soll, müssen sich die Rohrenden berühren, oder man schiebt in die Verbindung noch ein Glasrohrstück ein, das den Ringspalt von innen bedeckt.

MAN-O-LOK-Verbindungen sind einfache, durchsichtige Teflonschlauchstücke, die sich leicht über die Glasrohre streifen lassen und sich durch Hitze (ein elektrisch beheiztes Spezialgerät wird von der Greiner Scientific Corp., N. Y., mitgeliefert) fest anschmiegen. Sie halten Vakuum und erhöhten Druck aus und sind korrosionsbeständig.

c) *Korkverbindung.* Bei überhitztem Wasserdampf kann man zur Verbindung zweier Glasrohre längere, zylindrische Korke (Topeten) verwenden.

d) *Verkitten.* Über beide Rohrenden wird ein passendes Glasrohr geschoben und mit Picein unter gelindem Erwärmen eingedichtet. Picein haftet auch auf Metall. Es ist in Benzin, Benzol und Tetrachlorkohlenstoff leicht löslich (s. auch S. 51).

2. Schlauchanschlüsse. a) Die Verbindung zweier Schläuche geschieht mit *Schlaucholiven* aus Glas oder Kunststoff. Durch die wellige Ausführung (Abb. 56) wird ein besseres Festsitzen erreicht.

Abb. 56. Schlaucholive

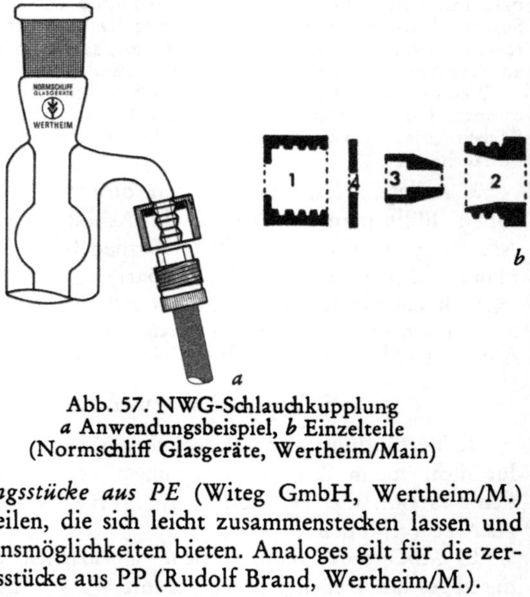

Abb. 57. NWG-Schlauchkupplung
a Anwendungsbeispiel, *b* Einzelteile
(Normschliff Glasgeräte, Wertheim/Main)

Combi-Verbindungsstücke aus PE (Witeg GmbH, Wertheim/M.) bestehen aus zwei Teilen, die sich leicht zusammenstecken lassen und damit große Variationsmöglichkeiten bieten. Analoges gilt für die zerlegbaren Verbindungsstücke aus PP (Rudolf Brand, Wertheim/M.).

b) Die *NWG-Schlauchkupplung* (Abb. 57) befestigt rasch Laborschläuche (4 bis 10 mm lichte Weite, Außendurchmesser max. 14 mm), auch Vakuumschläuche, an die gebräuchlichen Oliven (8 oder 10 mm Außendurchmesser) an vorhandenen Geräten. Montage: Kupplungsgehäuse 1 und die Klemmscheibe 4 (aus gewebeverstärktem Gummi) über die Olive schieben. Den Schlauch durch die Druckschraube 2 schieben und den Befestigungskegel 3 soweit wie möglich in den Schlauch eindrücken. Die Verschraubung von Kupplungsgehäuse und Druckschraube nur leicht zusammendrehen, damit die Klemmscheibe nicht zu stark gequetscht wird. Die Kupplung muß nicht starr mit dem Glasteil verbunden sein.

c) Bei der *Schlauchanschlußkupplung* (Abb. 58) wird mit Hilfe einer Überwurfmutter die Schlauchanschlußtülle (Zwischenlage eines

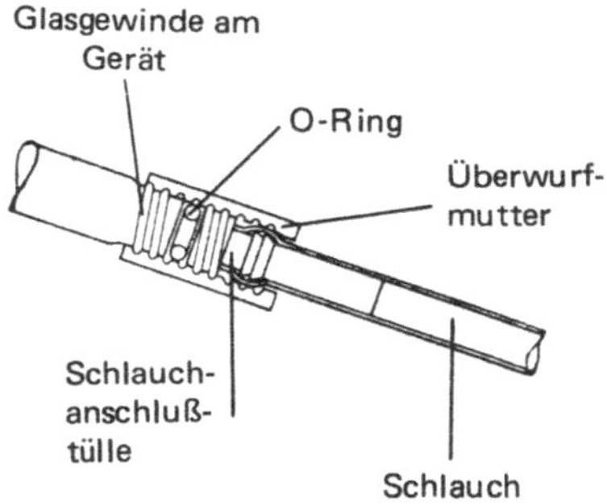

Abb. 58. Schlauchanschlußkupplung (Normag, Otto Fritz GmbH, Hofheim/Ts)

Dichtungs-O-Ringes) mit dem genormten Glasgewinde am Kühlwasseranschlußrohr eines Kühlers verbunden. (Überwurfmutter über den Schlauch ziehen, Schlauch bis zum leichten Anschlag über die Anschlußtülle schieben, Anschlußtülle zusammen mit Schlauch bis zum Gewindeanschlag in die Überwurfmutter hineinziehen, Anschlußtülle an ihrem hinteren Ende greifen und in die Überwurfmutter hineinschrauben. Dichtungs-O-Ring bis zum Sitz auf der Schlauchanschlußtülle leicht in die Überwurfmutter hineinpressen. Überwurfmutter fest auf das Glasgewinde schrauben.)

3. Schraubverbindungen. a) Bei der *S.V.L.-Gewinde-Verbindung* (Abbildung 59) geschieht der Aufbau der Schraubverbindung direkt auf ein Gewindeansatzstück gleicher Größe (es gibt weder Kern- noch Hülsen-Rohrstücke). Die Gewindeansatzstücke werden mit einem Dichtungsring aus Silicongummi und PTFE abgedichtet.

Rotulex ist eine einstellbare, biegsame Verbindung (Abb. 60). Mittels Zangen oder Flanschen zerdrücken zwei halbkugelförmige Ansatzstücke eine biegsame und inerte Dichtung. Betriebstemperatur max. 200 bis 250° C.

b) Die *Schraubenkappen-Verbindung* (Abb. 61) ermöglicht die vakuumdichte und druckfeste Einführung von Thermometern, Einleitungsröhrchen und Rührern sowie deren Befestigung in verstellbarer Höhe. Der Glasteil, der auch einen Schliffkern haben kann, hat ein genormtes Gewinde, auf das eine Kunststoffkappe aufgeschraubt wird. Der Einsatz wird durch die Öffnung oben in der Kappe eingeführt und durch Zusammendrücken des Silicongummi-Ringes innerhalb der angezogenen Kappe festgehalten. Der Gummiring und die Kappe sind vom Glasgerät und seinem Inhalt durch eine PTFE-Scheibe getrennt. Dichtung, Gummiring und

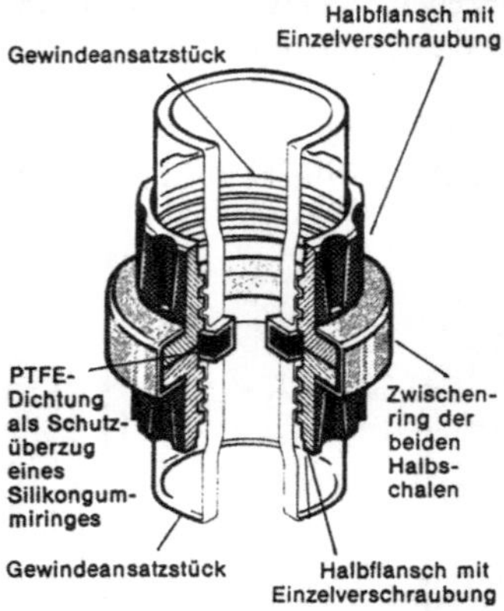

Abb. 59. Starre S.V.L.-Verbindung (Sovirel, Division Produits Techniques, Levallois-Perret)

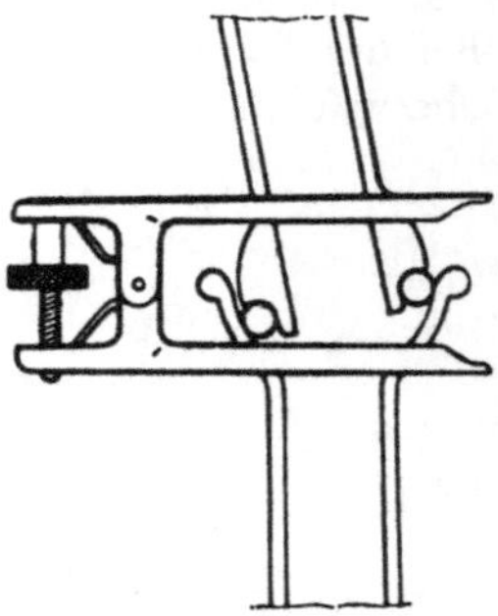

Abb. 60. Biegsame Verbindung, System Rotulex (Sovirel, Division Produits Techniques, Levallois-Perret)

Schraubenkappe werden nacheinander auf den einzuführenden Gegenstand geschoben und dann die Kappe auf das Gewinde aufgeschraubt.

Abb. 61. Einzelteile der Schraubenkappen-Verbindung (Quickfit Laborglas GmbH, Wiesbaden-Schierstein)

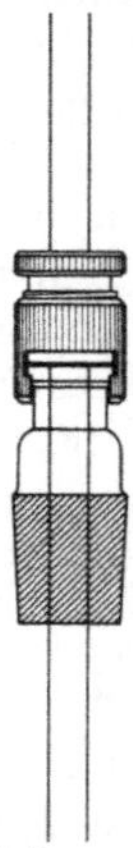

Abb. 62. Universalverschluß (Ernst Keller & Co. AG, Basel)

Ähnlich ist das Schraubverbindungs-System SVS aus Duran 50 (Jenaer Glaswerk Schott & Gen., Mainz), aufgebaut.

c) Der *Universalverschluß Modell Keller* (Abb. 62) besteht aus dem Glasteil (NS-Kern aus Pyrex-Glas mit Planschliff zu Metallteil passend), dem Metallteil (Aluminiumverschraubung, zweiteilig, zum Spannen der Dichtung) und der Dichtmanschette aus PTFE. Der Verschluß schließt geeignete Glasrührwellen, Durchführungsrohre und Thermometer dicht ab gegen Überdruck bis 1 bar und Vakuum (sowohl bei bewegten als auch stillstehenden Durchführungen).

4. Schliffverbindungen. Eine Schliffverbindung dient zum luftdichten Aneinandersetzen zweier Glasteile. Das Reaktionsgut in der Apparatur kommt nur mit Glas in Berührung. Glasschliffe sind weitgehend genormt.

a) *Planschliffe* werden bei größeren Rohrweiten (über 100 mm Durchmesser) und z. B. für Exsikkatoren (s. S. 133) verwendet.

b) *Zylinderschliffe* sind bei Rührverschlüssen und zum Aufbau von Glaskolbenpumpen u. ä. in Gebrauch.

c) *Kegelschliffe.* Kegelschliffe setzen sich zusammen aus dem außen geschliffenen Schliffkern und der innen geschliffenen Schliffhülse, in die der Schliffkern einpaßt (Abb. 63). Sie sind genormt nach

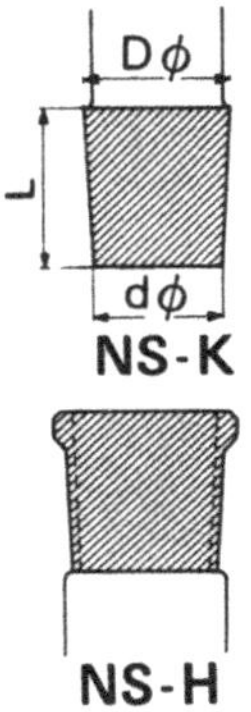

Abb. 63. Normalschliff-Kern (NS-K) und -hülse (NS-H) (Ernst Keller & Co. AG, Basel)

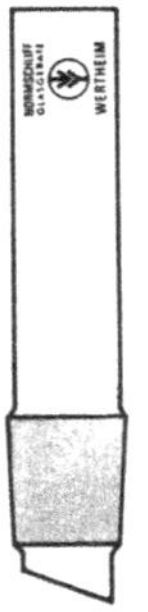

Abb. 64. Kernschliff mit Tropfspitze (Normschliff Glasgeräte, Wertheim/Main)

DIN 12242. Der Schliffkonus hat eine Steigung von 1 : 10 (1 mm Steigung auf 10 mm Länge). Beispiel aus der Hauptreihe 1: NS 24/29 bedeutet, daß der Normschliff (= NS) einen größten Durchmesser von D = 24 mm und eine Schlifflänge L = 29 mm hat. Der kleinste Schliffdurchmesser beträgt dabei 21,1 mm. Es gibt Nebenreihen mit anderer Schlifflänge (Reihe 0: z. B. NS 24/40 mit D = 24 mm und L = 40 mm; Reihe 2: z. B. NS 24/20 mit D = 24 mm und L = 20 mm, Verwendung für Weithals-Standflaschen u. ä.; Reihe 3: z. B. NS 24/12 für Wägegläser u. ä.).

Für besondere Anwendungsbereiche werden NS-Kerne mit Tropfspitze (Abb. 64) verwendet.

Beispiele für Kolben mit NS-Schliffen s. Abb. 65.

d) *Kugelschliffe.* Kugelschliffe (Abb. 66) bestehen aus der Kugelschliff-Pfanne (KS-P) und der Kugelschliff-Kugel (KS-K). Die Maße sind durch DIN 12244 festgelegt.

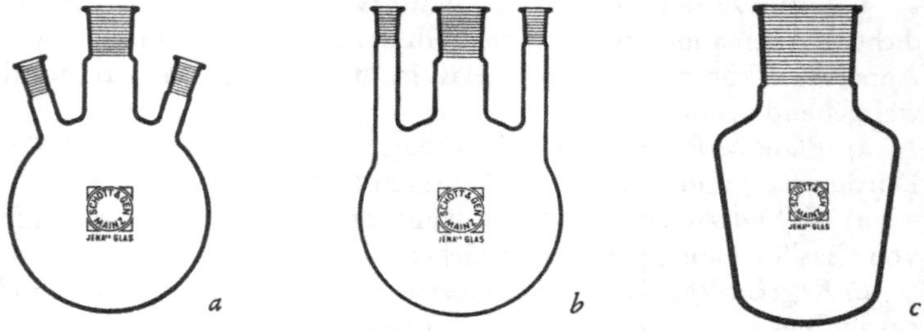

Abb. 65. Schliffkolben
a und *b* Dreihalskolben, *c* Sulfierkolben (Jenaer Glaswerk Schott & Gen., Mainz)

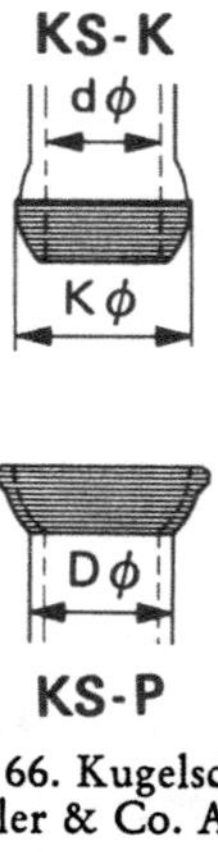

Abb. 66. Kugelschliff
(Ernst Keller & Co. AG, Basel)

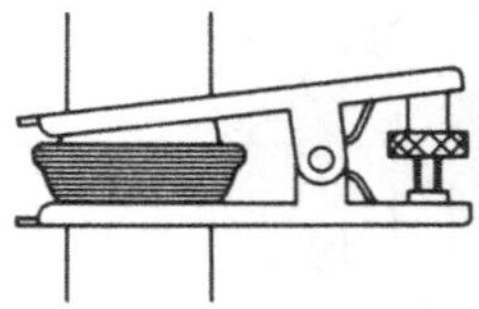

Abb. 67. Kugelschliff-Klemme
(Ernst Keller & Co. AG, Basel)

Kugelschliffe haben den Vorteil, die Apparatur mit einer Winkelabweichung zusammenbauen zu können. Sie sind weniger starr als Kegelschliffe, sie verklemmen nicht. Ein Nachteil ist, daß sie nicht selbsttragend sind und daher mit besonderen Vorrichtungen zusammengehalten werden müssen (Abb. 67 und 68).

e) *NS-Verbindungsstücke.* Zur Verbindung verschiedener Apparateteile werden Verbindungsstücke verwendet, z. B. Krümmer (Abb. 69 a), Destillieraufsätze (Abb. 69 b), Destillierbrücken (Abb. 69 c) u. a.

f) *Übergangsstücke* dienen zur Verbindung zweier Apparateteile, die verschiedene NS- oder KS-Durchmesser haben (Abb. 70), oder für den Übergang vom Kegel- zum Kugelschliff und umgekehrt (Abb. 71).

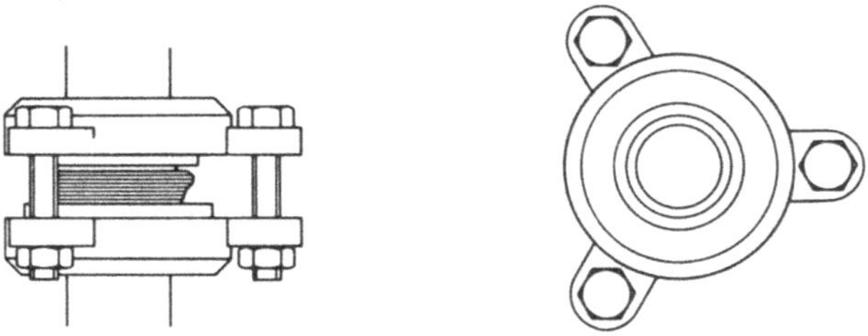

Abb. 68. KS-Bride aus Aluminiumguß
(Ernst Keller & Co. AG, Basel)

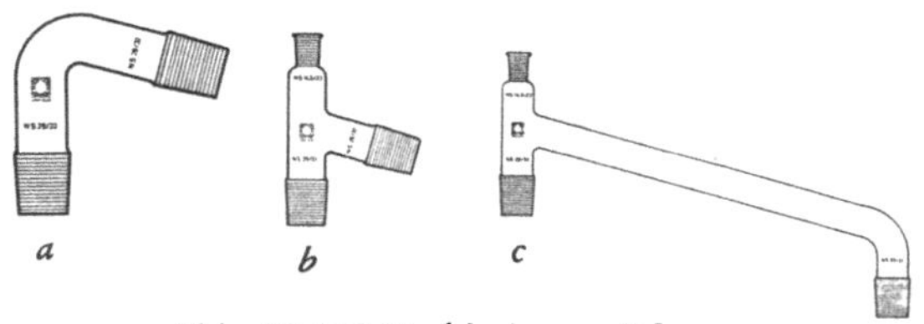

Abb. 69. NS-Verbindungsstücke
a Krümmer, *b* Destillieraufsatz mit Hülse für Thermometer und zwei NS-Kernen, *c* Destillierbrücke
(Jenaer Glaswerk Schott & Gen., Mainz)

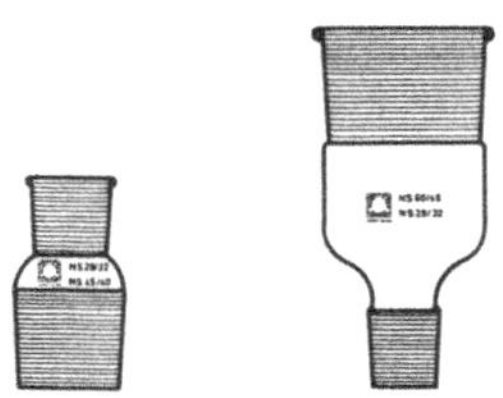

Abb. 70. NS-Übergangsstücke
(Jenaer Glaswerk Schott & Gen., Mainz)

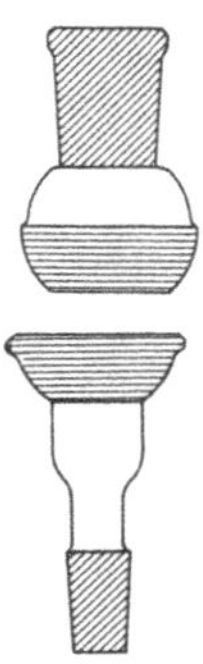

Abb. 71. Übergangsstücke NS/KS
(Ernst Keller & Co. KG, Basel)

g) *Universal-Verbindungsschliffe (UVS).* In diesen hochvakuumdichten Verbindungsschliffen sind Kegel-, Kugel- und Planschliff kompakt zusammengefaßt (Abb. 72). Druckfest zusammengehalten werden die Verbindungsstücke durch Verschraubungen aus Aluminium mit Teflon-Sprengringen.

h) *Schliffbälge* aus PTFE für Normschliffe und KPV (Abb. 73) sind allseitig beweglich, erlauben daher eine elastische Gestaltung von Apparaturen und vermeiden Druckspannungen. Sie sind von —70 bis +270° C verwendbar.

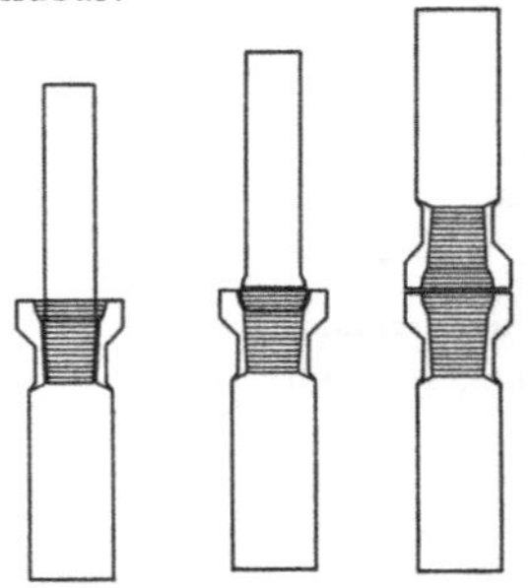

Abb. 72. Universal-Verbindungsschliffe (Normag Otto Fritz GmbH, Hofheim/Ts)

Abb. 73. PTFE-Faltenbalg (Normschliff Glasgeräte, Wertheim/Main)

i) *Hinweise für die Verwendung von Kegelschliffen.* Beim Auseinandernehmen einer Schliffverbindung lege man die Schliffteile auf reines Filtrierpapier (Sandkörnchen zerkratzen die Schliffflächen). Ein Festsetzen des Schliffes während des Aufbewahrens wird durch Zwischenlegen eines Papierstreifchens zwischen die Schliffflächen verhütet. Glasschliffe sind tunlichst vor alkalischen Flüssigkeiten zu schützen. An Stellen, wo sich Schliffe höher erwärmen, soll nach Möglichkeit die Hülse der Heizquelle näher sein als der Kern (sonst Gefahr des Sprengens). Erwärmte Schliffe soll man vor dem völligen Erkalten auseinandernehmen. Beim Zusammensetzen von Schliffteilen aus verschiedenen Materialien wähle man (falls die Schliffe thermisch beansprucht werden) stets die Hülse aus dem Material mit dem höheren Ausdehnungskoeffizienten. Ein solches Schliffpaar muß vor dem Erkalten auseinandergenommen werden.

Man lasse Schliffe möglichst nicht längere Zeit in Chromschwefelsäure liegen (Gefahr des Angriffs der Schliffflächen).

j) *Fetten von Glasschliffen.* Das Fetten hat den Zweck, die Schliffverbindung abzudichten. Es dient aber auch dem Schutz der Schliffoberfläche und begünstigt ein leichteres Auseinandernehmen. Die Art des Schmiermittels richtet sich nach den gegebenen Bedingungen (Lösungsmittel, Temperatur, Vakuum usw.).

Vor dem Fetten muß der Schliff trocken sein. Man bestreicht die obere Hälfte des Schliffkernes mit wenig Fettungsmittel und führt den Kern unter langsamem Hin- und Herdrehen in die Hülse ein. Es ist nicht erforderlich, den ganzen Schliff zu fetten, der untere, ungefettete Teil wirkt dann als hoher Strömungswiderstand, der die Gas- oder Dampfabgabe durch das Fett, z. B. in den Vakuumraum, verhindert.

Die ringförmig um den Schliff gefettete Zone muß glasklar erscheinen. (Ein unter den Schliff gebrachtes Licht läßt entstandene Schlieren erkennen.)

Fettungsmittel: Vaseline oder Mischungen aus Vaseline und Paraffin. Für höhere Temperaturen ist eine Mischung aus Lanolin und Bienenwachs brauchbar, für Vakuumapparaturen Ramsay-Fett (ein Gemisch aus Kautschuk und Vaseline). Ein chemisch sehr resistentes Schmiermittel mit einem bei Raumtemperatur unmeßbar kleinen Dampfdruck ist Silicon-Fett.

Für Hochvakuumapparaturen sind Apiezonfett und L-H-Hochvakuum-Fette (Leybold-Heraeus GmbH & Co. KG, Köln) geeignet. Glisseal (Borer Chemie, Solothurn) ist ein siliconfreies Gelfett auf Aerosylbasis [Dampfdruck ca. 10^{-3}, bei der Hochvakuumqualität 10^{-7} Torr ($\sim 1{,}33 \cdot 10^{-3}$ bzw. $1{,}33 \cdot 10^{-7}$ mbar); Sauerstoffventile dürfen damit nicht geschmiert werden].

Wird in der Apparatur mit fettlösenden Stoffen gearbeitet, kann als Fettungsmittel eine Schmiere aus Zucker, der in Glycerin gelöst ist, verwendet werden.

Schliffstellen, die hohen Temperaturen ausgesetzt sind, werden mit Graphit (weicher Graphitbleistift) eingerieben oder mit Siliconfett abgedichtet.

Einfach ist das Bestreichen der Schliffläche mit dem NGW-Matrix-Stift (Normschliff Glasgeräte, Wertheim/Main) in Lippenstiftform. Der Stift enthält nur Kohlenwasserstoffe einer bestimmten Erdölfraktion und ist frei von Siliconen. Verwendbar bis 250° C.

Das Fetten von NS, KS, KPV und Planschliffen kann auch durch Besprühen vorgenommen werden (NGW-Fett-Spray Tectal und Tectal S, letzteres enthält Siliconfett; Normschliff Glasgeräte, Wertheim/Main).

Altes Fett entfernt man durch Erwärmen, Abreiben mit Papier, Abwaschen mit Lösungsmittel.

Normschliff-Manschetten Plastibrand (Rudolf Brand, Wertheim/Main) aus PTFE zum Aufstecken auf NS-Kerne und NS-Stopfen aus Glas gewährleisten eine einwandfreie Paßform. Sie sind nahtlos in 0,05 mm Stärke hergestellt. Die Manschetten wirken als Dichtung, sie sind chemisch inert, selbstfettend und bis 275° C temperaturbeständig. Sie verhindern ein Festsetzen der Verbindung.

Vollkommene Abdichtung einer Schliffverbindung wird durch Quecksilber erzielt. Bei dem Kahlbaumschen Napfschliff ist um den unteren Schliffteil eine becherförmige Erweiterung angeschmolzen, in die Quecksilber gefüllt wird, welches den Schliff vollständig umgibt (Abb. 74).

k) *Sicherung von Schliffverbindungen.* Gummibänder oder Metallspiralen werden über die an beiden Schliffteilen angeschmolzenen Glashäkchen gespannt (Abb. 75). Sind an Stelle der Glashäkchen

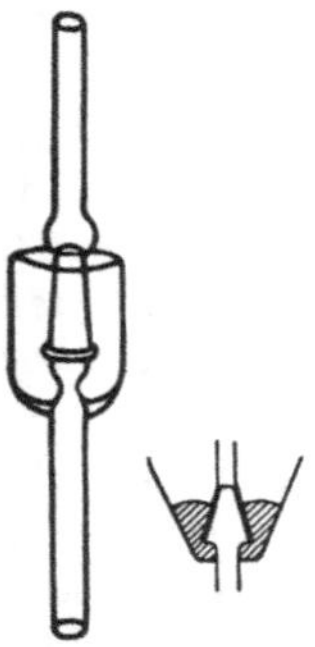

Abb. 74. Napfschliff nach Kahlbaum

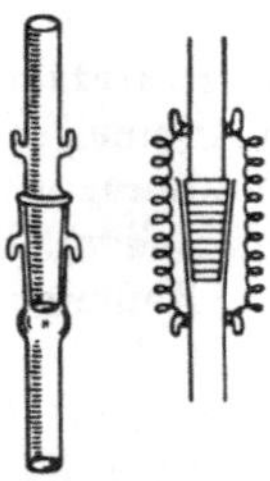

Abb. 75. Schliffsicherung durch Glashäkchen und Metallspiralen

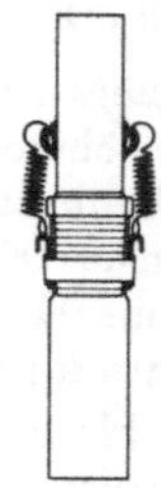

Abb. 76. Schliffsicherung durch Drahtspiralen (Normag Otto Fritz GmbH, Hofheim/Ts)

Glasnocken, die mit einer nach innen gehenden, nutenförmigen Vertiefung versehen sind, angeschmolzen, so werden die hakenförmig umgebogenen Enden der Zugfedern in die Nut eingehakt (Abb. 76). Die Befestigung der Spiralen kann auch durch Metallschellen erfolgen (Abb. 77).

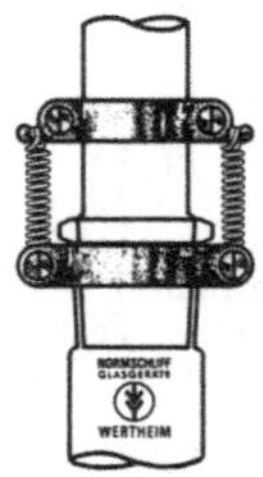

Abb. 77. Schliffsicherung durch Schellen und Stahlfedern (Normschliff Glasgeräte, Wertheim/Main)

Abb. 78. Gabelklemme (Normschliff Glasgeräte, Wertheim/Main)

Einfach zu handhaben sind Gabelklemmen aus Cr-Ni-Stahl. Sie halten Kern und Hülse zusammen (Abb. 78). Bei Verwendung einer Feststellschraube werden selbst Kolben mit schwerem Inhalt fest am Kern gehalten.

Für Kegelschliffverbindungen können auch einfache Drahtklemmen verwendet werden (Abb. 79).

Die Schliffsicherung „Es“ kann mit Hilfe eines Schnellverschlusses rasch um die Schliffverbindung gelegt werden. Sie wirkt nicht nur als Halterung, sondern sichert auch bei Überdruck (Abb. 80).

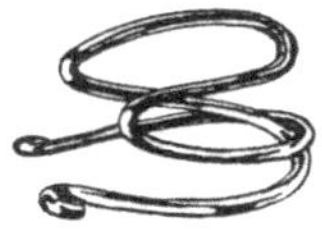

Abb. 79. Drahtklemme aus Cr-Ni-Stahl (Normschliff Glasgeräte, Wertheim/Main)

Abb. 80. Schliffsicherung „Es“ (Witeg, Wertheim/Main)

l) *Lösen festsitzender Schliffverbindungen.* Verklemmte Schliffe werden durch kurzes Erwärmen (Vorsicht mit direkten Flammen, wenn die Apparatur mit leicht entzündlichen Stoffen beschickt war! Schutzbrille!) oder vorsichtiges Klopfen am inneren Schliffteil gelöst. Verquollene und durch ausgeschiedene Stoffe verkittete Schliffe lassen sich durch Erwärmen nur dann lockern, wenn die verkittenden Stoffe leicht schmelzbar sind. Meist wird sich jedoch der Schliff dadurch noch fester setzen.

Wenn Schliffe durch festgewordenes Fett zusammenbacken, hilft mitunter eine Behandlung mit einer gut durchgeschüttelten Mischung aus Glycerin und Äther im Verhältnis 3:1.

Es ist daher auf jeden Fall anzustreben, Schliffe nach beendeter Arbeit sofort auseinander zu nehmen.

5. Klare Präzisionsverbindungen (KPV). Diese, nach einem Patent der Ronor AG, Bern, hergestellten Verbindungen sind völlig glatte (ungeschliffene), feuerpolierte Kegelverbindungen aus Duran 50 in Normschliff-Maßen. Vorteile gegenüber Schliffverbindungen: Zwischen den KPV-Teilen bleibt weniger Flüssigkeit haften und die blanke Glasfläche wird weniger angegriffen. Einfetten der Flächen ist bei Arbeiten unter Normaldruck und Vakuum nicht erforderlich. Die Verbindung ist durchsichtig. Leichtere Reinigung. Kombination mit Normschliffen ist möglich.

6. Hähne. Hähne verbinden zwei Apparateteile oder den Apparat mit der Außenluft.

Die *Abdichtung* geschieht ebenfalls durch Einfetten. Das Hahnküken wird links und rechts neben der Bohrung mit wenig Hahnfett betupft und so lange im Gehäuse gedreht, bis eine völlig gleichmäßige Abdichtung erfolgt, ohne daß die Bohrung des Kükens durch Fett verstopft wird.

Vorteilhaft verwendet man zum Aufbringen des Dichtungsfettes den auf S. 43 beschriebenen NGW-Matrix-Stift.

Undichte Hähne können mit Terpentin, in dem etwas Kampfer gelöst ist, und Schmirgel und Nachpolieren mit feinstem Polierschiefer nachgeschliffen werden.

Liegt die Bohrung mit den beiden Ansatzrohren des Hahngehäuses in einer Linie, kann sich auch bei geschlossenem Hahn etwas Luft entlang dem Hahnküken ziehen, die dann durch das andere Ansatzrohr in die Apparatur gelangt. Um dies zu erschweren, hat man die Bohrung im Hahnküken schräg von oben nach unten geführt (Abb. 81).

Abb. 81. Glashahn mit schräger Bohrung

Für spezielle Zwecke werden *Dreiweghähne* benutzt, die durch Drehung des Kükens die Unterbrechung der einen und gleichzeitig die Öffnung einer anderen Verbindung gestatten. Ausführungsformen s. Abb. 82.

Hähne mit *austauschbarem Teflon-Küken* sind selbstschmierend.

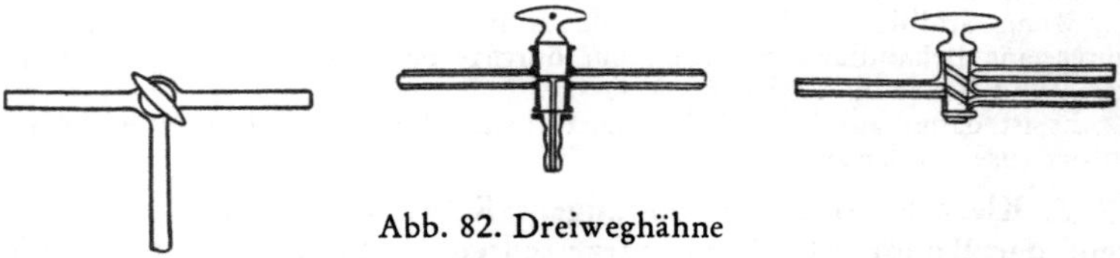

Abb. 82. Dreiweghähne

Sicherung gegen das Herausfallen des Kükens: Man legt in eine, am herausragenden Ende befindliche Nut einen Gummiring oder man sichert mit einer Gummikappe (Abb. 83) bzw. mit der „Secur“-Hahnsicherung (Polypropylengehäuse mit Federspirale, Abb. 84).

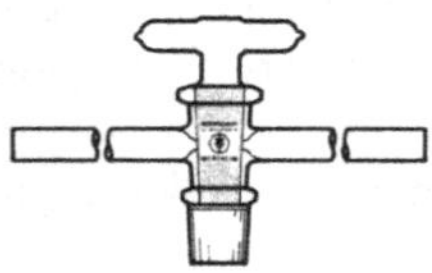

Abb. 83. Hahnsicherung mit Gummikappe (Normschliff Glasgeräte, Wertheim/Main)

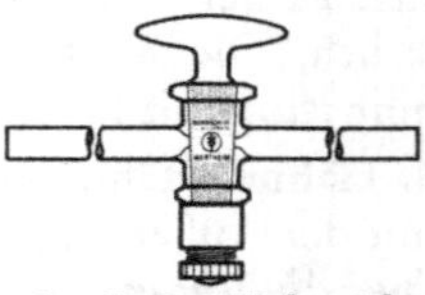

Abb. 84. Secur-Hahnsicherung (Normschliff Glasgeräte, Wertheim/Main)

Bei der Schraubsicherung wird auf das Gewinde des herausragenden Kükens ein Ring unter Zwischenlegen von Dichtungsringen aufgeschraubt (Abb. 85).

Das herausragende Küken kann auch durch eine Spiralfeder gesichert werden (Abb. 86).

Festsitzende Hähne werden auf ähnliche Art gelöst wie festsitzende Schliffverbindungen.

Für Arbeiten unter Vakuum verwendet man *Beutel-* oder *Sackhähne,* die mit Gummisicherung mit Alu-Garnitur gesichert werden (Abb. 87). Einen Sackhahn mit Aufsatz zum Einfüllen von Quecksilber zur Abdichtung zeigt die Abb. 88.

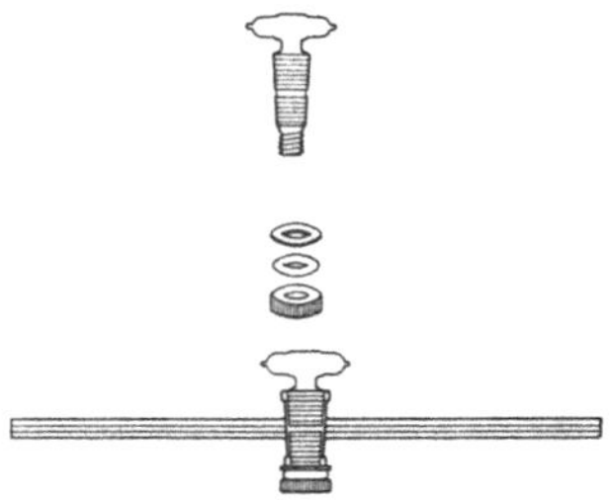

Abb. 85. Schraubsicherung (Normag Otto Fritz GmbH, Hofheim/Ts)

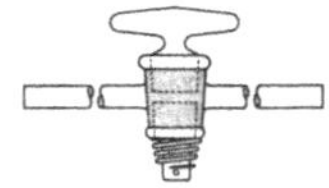

Abb. 86. Federsicherung (Quickfit Laborglas GmbH, Wiesbaden-Schierstein)

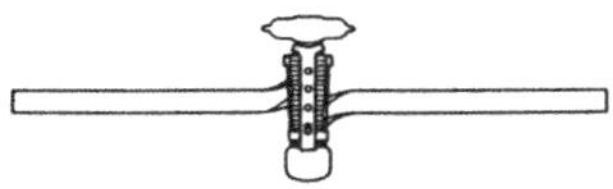

Abb. 87. Sackhahn mit Gummisicherung (Normag Otto Fritz GmbH, Hofheim/Ts)

Besondere Hahnformen: Ventilhähne haben eine selbstdichtende Spindel (PP oder PTFE), die in dem Feingewinde innen am Glaskörper bewegt wird (Abb. 89).

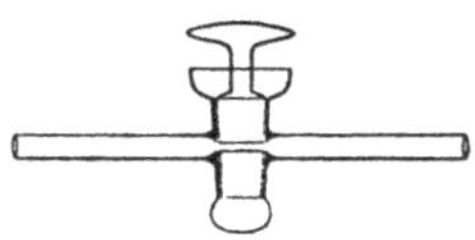

Abb. 88. Hochvakuum-Sackhahn mit Hg-Aufsatz) (M. W. Heinz & Co. KG, Bensheim)

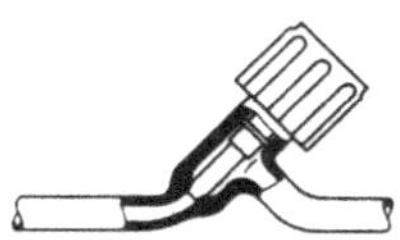

Abb. 89. Ventilhahn Bistabil (Rudolf Brand, Wertheim/Main)

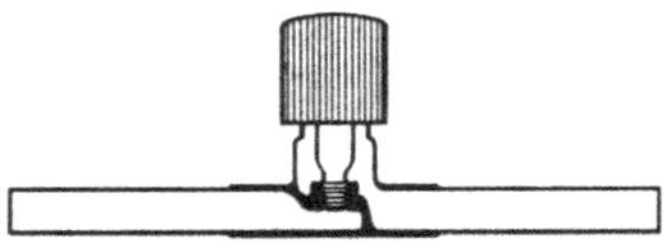

Abb. 90. Glasnadelventil (Normag Otto Fritz GmbH, Hofheim/Ts)

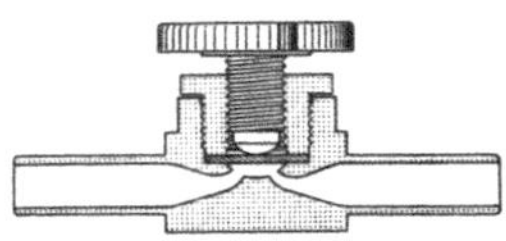

Abb. 91. Durchgangshahn „Proton" (Vestale GmbH Laborgeräte, Entringen)

Bei den Glasnadelventilen erfolgt die Abdichtung nach außen (bis herunter zu ca. 1,33 mbar) durch einen KPG-Schaft, der in einer dicht anliegenden Teflon-Manschette läuft (Abb. 90).

Beim Durchgangshahn „Proton“ aus PP wird eine Membran aus Silicon-Kautschuk durch eine Rändelschraube bewegt, sie öffnet und schließt den Durchgang (Abb. 91).

Der Flachhahn besteht aus zwei vollkommen plangeschliffenen Glasscheiben. Am Unterteil sind die Schenkel angesetzt. Eine Rille im Oberteil öffnet und schließt die Verbindung zwischen den Schenkeln (Abb. 92).

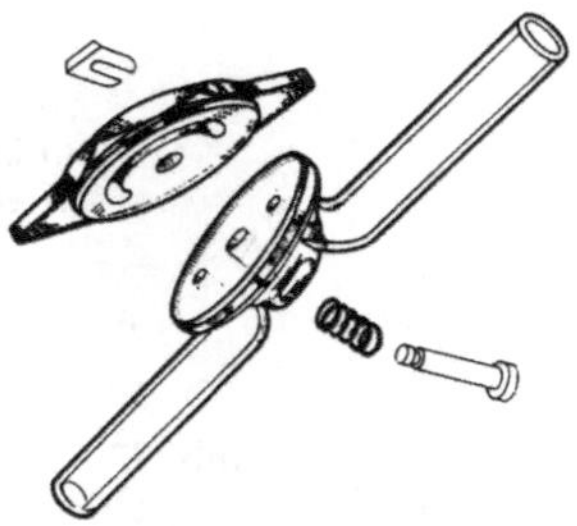

Abb. 92. Austauschbare Einzelteile des Flachhahnes (Vestale GmbH, Laborgeräte, Entringen)

Abb. 93. Quetschhahn nach Mohr

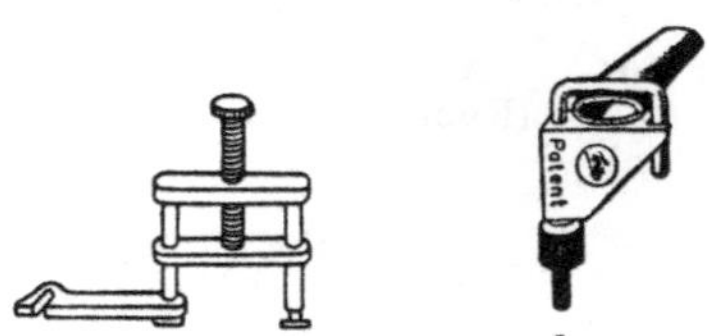

Abb. 94. Schraubenquetschhähne *a* nach Hofmann, aufklappbar; *b* Patent-Schlauchklemme (W. Loth, Wolfenweiler)

Abb. 95. Glaskugelverschluß

Quetschhähne dienen zum Verschließen von Schläuchen. Beim Quetschhahn nach Mohr geschieht das Öffnen durch Zusammendrücken der beiden Knöpfe (Abb. 93), während beim Schraubenquetschhahn die Einstellung durch Herabschrauben eines beweglichen Zwischenplättchens erfolgt. Der untere Teil des Schraubenquetschhahnes ist entweder fest oder beweglich. Letzteres ist dann wichtig, wenn der Quetschhahn nachträglich an eine zusammengestellte Apparatur eingefügt werden muß (Abb. 94).

Für Vakuumschläuche werden Klemmen verwendet, deren Oberteil heruntergeklappt, mit einer starken Stellschraube heruntergepreßt und mit einem Haken eingerastet wird.

Bei Büretten wird mitunter ein *Glaskugelverschluß* verwendet. In den Verbindungsschlauch zwischen Bürette und Auslaufspitze wird eine Glaskugel oder besser ein sehr kurzes, abgeschmolzenes Glasstabstückchen eingesetzt (Glaskugeln verrutschen sehr leicht!). Durch seitlichen Druck an der Kugel a erfolgt die Flüssigkeitsentnahme (Abb. 95).

F. Verschiedenes

1. Sicherheitseinrichtungen an Apparaturen. a) Das *Gummiventil nach Bunsen* besteht aus einem nicht zu dünnwandigen, an einer Seite durch ein kurzes Glasstabstückchen verschlossenen Gummischlauch, der in der Längsrichtung mit einem scharfen, 1 cm langen Schnitt versehen ist. Die andere Seite ist an die Apparatur angeschlossen. Das Ventil öffnet sich bei innerem und schließt sich bei äußerem Überdruck (Abb. 96).

b) *Rückschlagventile* aus Glas dienen z. B. zur Sicherung gegen das Zurückschlagen des Wassers aus der Wasserstrahlpumpe in Filterflaschen und Vakuumleitungen. Der im Ventilgehäuse befindliche

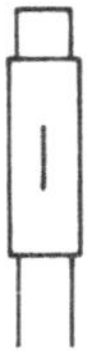

Abb. 96 Bunsen-Ventil

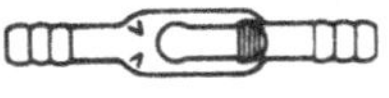

Abb. 97 Rückschlagventil (Rudolf Brand, Wertheim/Main)

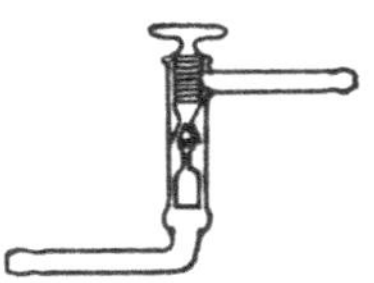

Abb. 98 Zerlegbares Rückschlagventil nach Friedrichs

Abb. 99 Sicherheitsrohr

Ventilkörper schließt beim Zurückschlagen des Wassers selbsttätig das Ventil. Die Abb. 97 zeigt ein Standardmodell, die Abb. 98 ein zerlegbares Rückschlagventil nach Friedrichs mit austauschbarem Ventilkegel. Auch Rückschlagventile aus PE werden verwendet.

c) *Sicherheitsrohre* dienen als Sicherung gegen das Zurücksteigen von Flüssigkeiten, z. B. beim Kippschen Apparat. Es sind lange Rohre mit Kugelansätzen oder Rohrschleifen, die einerseits zur Aufnahme einer geringen Flüssigkeitsmenge beim Zurücksteigen derselben dienen, anderseits aber, wenn sie teilweise gefüllt sind, eine Art Verschluß bilden (Abb. 99).

d) Die Anordnung einer Apparatur ist so zutreffen, daß zwischen Gefäßen mit Flüssigkeiten, deren Vermischung gefährlich werden kann, leere *Sicherheitsflaschen* eingeschaltet werden.

e) Falls *Stative*, die zum Aufbau einer Apparatur verwendet werden, nicht stabil mit an den Tischen oder Wänden angebrachten Haltevorrichtungen verbunden werden können, ist es zweckmäßig, sie zu beschweren, um ihnen einen festen Stand zu sichern.

f) *Überziehen mit einer PVC-Schicht.* Dies wird empfohlen für implosionsgefährdete Geräte (Vakuumexsikkatoren, Dewargefäße; Schutz gegen Verletzungen durch umherfliegende Glassplitter), aber auch als Korrosionsschutz für Stative, Etiketten auf Glasflaschen u. a. Erleichtert wird das Überziehen durch Verwendung von PVC-Spray (in zwei bis drei Arbeitsgängen unter dem Abzug aufsprühen). Voraussetzung ist, daß die behandelte Oberfläche fettfrei ist.

2. Ätzen und Bohren von Glas; Schreiben auf Glas. a) *Ätzen.* Man beschriftet die entfettete Glasstelle mit Hilfe eines Holzspanes mit „Ätztinte" (Flußsäure mit Zusätzen). Lösung und eingeatmete Dämpfe wirken stark ätzend und giftig, daher Vorsicht, besonders auf Haut und Augen! Die beschriebene Stelle wird über einer Flamme etwas angewärmt.

Herstellung von Ätztinte. Lösung 1 : 72 g Natriumfluorid und 7 g Kaliumsulfat in einem Liter destillierten Wasser lösen; 2 : 28 g Zinkchlorid in einem Liter destillierten Wasser lösen und 65 g konzentrierte Salzsäure zugießen. Getrennt in Glasflaschen aufbewahren. Vor Gebrauch gleiche Teile der Lösungen mischen (z. B. in einem ausgehöhlten Paraffinklotz).

b) *Bohren von Glas.* Man spitzt eine kleine Dreikantfeile auf einem rotierenden Schleifstein zu, spannt sie in eine Drehbank ein und drückt die Glasplatte dagegen. Als Schmiermittel dient Terpentinöl oder besser eine Lösung von Kampfer in Terpentinöl. Der Beginn des Bohrens wird erleichtert, wenn man mit einem Diamanten ein kleines Kreuz in die Glasoberfläche ritzt. Wichtig ist, daß die Feile eine genügende Härte besitzt.

Haarfeine Öffnungen in Glas stellt man durch Einschmelzen von Kupferdraht und Wegätzen des Kupfers her.

c) Zum *Schreiben auf Glas* dienen verschieden gefärbte Fettstifte. Die betreffende Stelle muß trocken und vorteilhaft etwas angewärmt sein. Für feinere Beschriftungen bestreicht man die betreffende Stelle mit einer 4%igen Lösung von Mastix in Äther. Sofort nach dem Trocknen kann die Fläche mit einem Bleistift beschrieben werden (gut haltbar). Reinigung mit Äther.

Gut eingeführt haben sich auch Filzstifte unterschiedlicher Schreibbreite, deren Tinte in ihrer Haftfähigkeit auf Glas, Porzellan oder Kunststoff wählbar ist.

d) Zum *Gravieren* verwendet man einen Stift mit Karborundumstein oder Glas-Schreibdiamanten. Ein handliches, elektrisch betriebenes Gerät ist der Vibroscript (Gebr. Martin, Tuttlingen) zur dauerhaften Markierung von Glas, Metall, Keramik und Kunststoff. Die auswechselbare Hartmetallspitze wird beim Schreiben in Vibration versetzt.

3. Kitten. a) *Reversible Kitte* (die bei höherer Temperatur erweichen). Käuflicher Siegellack erweicht bei 70° C. Lösungsmittel für Siegellack ist Spiritus.

Zusammenschmelzen gleicher Teile Kolophonium und gelben Bienenwachses. Der erhaltene Kitt wird bei 55° C dünnflüssig und erstarrt bei 47° C. Er dient zur Verbindung von Metall und Holz. Lösungsmittel: eine Mischung von Tetrachlorkohlenstoff und Spiritus.

Krönigscher Glaskitt: 1 Teil weißen Wachses wird mit 4 Teilen Kolophonium zusammengeschmolzen. Anwendung in erwärmtem Zustand. Er dient zum Fixieren von Schliffverbindungen. Löslich in Benzol.

Das bereits auf S. 36 erwähnte Picein, das bei 60° C plastisch wird und bei 80° C schmilzt, besitzt eine sehr große Klebkraft. Ihm ähnlich ist Apiezonwachs, das vor allem in der Vakuumtechnik Verwendung findet, da sein Dampfdruck bedeutend niedriger liegt als der aller übrigen Schmelzkitte.

Silberchlorid für höhere Temperaturen (Fp 455° C) haftet gut an Glas, Quarz und Metallen. Durch Zusatz von Thalliumchlorid wird der Schmelzpunkt herabgesetzt. Ein Gemisch von 27,2 g TlCl mit 18,2 g AgCl schmilzt bei 210° C, ein solches von 3 g TlCl, 4 g AgCl und 6 g AgJ bei 131° C.

Beim Arbeiten mit explosiven Gasen verwendet man den bei 70° C erweichenden Metallkitt nach Rawson (bestehend aus 40 Teilen Bi, 25 Teilen Pb, 15 Teilen Hg, 10 Teilen Sn und 10 Teilen Cd), der gut auf Metall und auf mit Wasserglaslösung aufgerauhtem Glas haftet.

Kunststoffkitte: Polyvinylacetat (Vinnapas B5, Mowolith 20) ist unlöslich in Wasser und aliphatischen KW, löslich in Estern, Ketonen, Chlor-KW und Benzol; schmort bei Berührung mit einer Flamme. Polyäthylen, als Folie zwischen die erhitzten Schliffflächen gebracht, ist ein gutes Dichtungsmittel bei erhöhter Temperatur.

b) *Irreversible Kitte.* Wasserglas wird mit feingepulvertem Talkum oder Asbest zu einem steifen Brei verrieben. Solche Mittel erhärten in wenigen Stunden und halten Glühtemperaturen aus.

Dickflüssiges Glycerin und etwas Bleiglätte (die zuvor einige Zeit auf einem Eisenblech auf ca. 300° C erhitzt wurde) zu einem Brei verrühren. Dieser erstarrt binnen einer halben Stunde; beständig bis 260° C. Die zu kittenden Flächen werden vorher mit Glycerin bestrichen. Er ist für eine gewisse Dauer unempfindlich gegen Wasser, die meisten Säuren, alle Alkalien und Chlordämpfe. Verwendung für Porzellangegenstände.

Mischung aus carbonatfreiem Zinkoxid und einer 60%igen Zinkchloridlösung. Der Kitt wird nach wenigen Minuten sehr hart.

9 Teile Kaolin werden mit 1 Teil Borax und Wasser oder Leinölfirnis zu einem Brei verrührt, mit diesem die Kittstelle bestrichen und eintrocknen gelassen. Dann wird langsam auf helle Rotglut erhitzt. Der Kitt hält Temperaturen bis 1600° C aus.

Kunststoffkitte: Araldit, ein Epoxidharz, wird mit einem Härter gemischt. Nach dem Erhärten entsteht eine sehr feste und vakuumdichte Verbindung zwischen Metall, Glas, Porzellan oder gehärteten Kunststoffen.

4. Aufbewahren von Chemikalien. Zum Aufbewahren von Chemikalien am Laboratoriumstisch dienen *Enghalsflaschen* für Flüssigkeiten und *Weithalsflaschen* für feste Stoffe (Abb. 100). Für rauchende Säuren werden Flaschen mit *aufgeschliffener Kappe* verwendet (Abb. 101).

a *b* *c*

Abb. 100. Glasflaschen mit NS-Stopfen
a Enghalsflasche, *b* Enghalssteilbrustflasche,
c Einheits-Steilbrustflasche
(Jenaer Glaswerk Schott & Gen., Mainz)

Abb. 101. Säurekappenflasche
(Glaswerk Wertheim OHG, Wertheim/Main)

Für Flaschen mit alkalisch reagierenden Stoffen verwendet man an Stelle des Glasstopfens Gummi- oder Kunststoffstopfen.

Vielfach sind auch Schraubverschlüsse mit Kunststoffdeckel (und eingelegter Korkplatte) in Gebrauch.

Lichtempfindliche Stoffe werden in braunen oder mit Alu-Folie belegten Flaschen aufbewahrt. Für Stoffe, die Glas angreifen, werden Kunststoffbehälter verwendet.

Über das *Aufbewahren größerer Mengen* von Lösungsmitteln s. S. 2. Giftige Stoffe sind in verschlossenen Schränken aufzubewahren.

Größere, gefüllte Flaschen trage man aus Sicherheitsgründen nie am Hals, sondern unterstütze sie stets am Boden. Einstellen in einen festgebauten Holzkasten mit Tragleisten oder Kunststoffeimer.

Beim *Ausgießen* aus der Flasche behalte man den Stopfen in der Hand oder lege ihn umgekehrt auf die Kappe, damit Verunreinigungen des Tisches beim Wiederaufsetzen des Stopfens nicht in die Flasche gelangen. Die Flüssigkeit stets auf der dem Etikett gegenüberliegenden Seite aus der Flasche gießen, um eine Verunreinigung des Etiketts durch den Flascheninhalt zu vermeiden.

Flüchtige Substanzen werden am besten in Einschmelzröhrchen eingeschlossen. Das vorbereitete, vorn mit einer Verengung versehene Röhrchen wird nach der Füllung rasch abgeschmolzen.

Lockerung festsitzender Glasstopfen. Zuerst versucht man die Lockerung stets durch Klopfen mit Holz zu erreichen, und zwar soll dauernd mit einem Holzklotz gegen den überstehenden Stopfenrand von unten geklopft werden, wobei die Flasche jedesmal ein Stückchen weitergedreht wird. Diese Methode erfordert Geduld, führt aber meist zum Ziele (Stopfenrand nicht auf die Tischkante aufklopfen!).

Erscheint diese Methode aussichtslos, wendet man der Reihe nach folgende Methoden ein: Befeuchten mit Wasser oder Säure, Reiben des Flaschenhalses mit einem Tuch (dadurch tritt Erwärmung und somit Ausdehnung des Glases ein), vorsichtiges Erhitzen über ganz kleiner Flamme und schließlich Einstellen der ganzen Flasche bis über den Stopfen in kaltes oder warmes Wasser. Von Zeit zu Zeit ist bei allen beschriebenen Möglichkeiten die Lockerung durch Klopfen mit Holz festzustellen. Beim Erhitzen und Einlegen in Wasser ist *größte Vorsicht* geboten, die Flaschen dürfen weder brennbare, noch Gase oder Dämpfe entwickelnde Stoffe enthalten!!

5. Ankleben von Etiketten auf Glasgefäße. Als Klebemittel dient Dextrin- oder Gummilösung. Beschriftung mit Tusche. Zum Schutz gegen die Einwirkung der Laboratoriumsluft bestreichen mit Schellack (gelöst in Spiritus) oder einreiben mit Paraffin. Auf keinen Fall alte Etiketten überkleben! Das obere Etikett kann abfallen, so daß die alte, unrichtige Beschriftung zutage tritt.

Immer mehr werden *selbstklebende Etiketten* verwendet. Zur Entfernung der beim Abziehen der Selbstklebe-Etiketten von Glas- oder Kunststoffgeräten oftmals zurückbleibenden Reste hilft folgender Kunstkniff: Man drückt auf den zurückgebliebenen Rest ein Stück Tesa-Film oder ähnliches fest an und zieht es langsam wieder ab. Dies mehrfach mit einem frischen Stückchen wiederholt, führt in der Regel zum Ziele.

Vorteilhaft sind die aus drei Schichten bestehenden plastischen *Kunststoff-Klebebänder* (Labelon-Band; B. Braun, Melsungen), bei denen die Schrift mit einem spitzen Stift eingedrückt wird. Sie ist unauswischbar, weil sie nicht auf der Oberfläche sitzt.

4. Zerkleinern, Sieben und Sichten

A. Zerkleinern

Vor Durchführung einer Reaktion oder Analyse muß die Substanz fast immer weitgehend zerkleinert werden. Durch das Zerkleinern eines festen Stoffes wird seine Oberfläche um ein Vielfaches vergrößert.

1. Grobzerkleinerung. Grobstückiges, hartes Material wird durch Hammerschläge zerkleinert (gegebenenfalls in ein Tuch eingeschlagen, um ein Wegspringen von Stücken zu verhindern). Die maschinelle Vorzerkleinerung geschieht in Laboratoriums-Steinbrechern, Walzenbrechern oder Hammermühlen.

2. Feinmahlen. a) *Mörser.* Sehr harte Stoffe werden in tiefen Mörsern zerstoßen. Weniger harte Stoffe werden mit Hilfe des Pistills in *Reibschalen* aus Porzellan oder Glas (Abb. 102) zerrieben.

Größere Substanzmengen werden in mehreren kleinen Portionen fein zerrieben. Zum Schluß wiederholt man dies mit der gesamten Menge, so daß gleichzeitig eine gute Durchmischung stattfindet. Es ist ratsam, die Reibschale auf einen größeren Papierbogen zu stellen, um verspritzte Substanz leicht wieder einsammeln zu können.

Zum Zerreiben von Kleinstproben bis 3 cm^3 dient der *Mikro-Handmörser* (Abb. 103). Reibschale und Reiber bestehen aus synthe-

Abb. 102. Reibschale mit Pistill aus GW-Glas mit rauher Reibfläche (Rudolf Brand, Wertheim/Main)

Abb. 103. Mikro-Handmörser „pulverisette 4“ (Alfred Fritsch OHG, Laborgerätebau, Idar-Oberstein)

tischem, monokristallinem Korund. Der Mikromörser ist mit einem Auswurf für die Reibschale ausgestattet, die in die Fassung eingesetzte Reibschale wird beim Arbeiten durch ein Gummihütchen abgedeckt. Dem gleichen Zweck dienen *Achatreibschalen*.

b) *Mühlen. Mörsermühlen* sind mechanisch arbeitende Mörser mit Pistill. Das zur Mahlung eingefüllte Material soll eine Korngröße von unter 5 mm haben. Das durch Federdruck oder Gewicht beschwerte Pistill wird durch Friktion in Rotation versetzt. Die abnehmbare Reibschale (Mörser) steht frei auf dem sich drehenden Teller der Maschine. Das Festkleben von Substanz an der Mörserwand wird durch einen Abstreifer aus Vulkollan verhindert (Abb. 104).

Kugelmühlen bestehen aus einer sich langsam drehenden Trommel aus Porzellan oder Eisen, die außer mit dem Mahlgut noch mit Kugeln aus Stahl, Stein oder Porzellan beschickt wird. Bei den Porzellankugelmühlen (Abb. 105) wird der Deckel durch einen Bügel-

Abb. 104. Mörsermühle (F. Kurt Retsch, Haan/Rhld.)

Abb. 105. Kugelmühle mit eingeschliffenem Deckel, Metallverschluß und Gummidichtung (W. Haldenwanger, Berlin-Spandau)

schraubverschluß (Einlage einer Gummidichtung) gegen selbsttätiges Öffnen gesichert. Die Kugelmühle wird auf einen durch Motor angetriebenen Laborroller, bestehend aus mehreren, in engem Zwischenraum laufenden Walzen, gelegt und dadurch in Drehung versetzt (Abb. 106). Die Kugeln fallen immer wieder auf das Mahlgut zurück und rollen auf ihm, so daß sowohl ein Zerschlagen als auch ein Zerreiben stattfindet. Es ist darauf zu achten, daß sich die Kugeln nicht in das Mahlgut einbetten und mitrutschen, sondern auf ihm rollen. Die Mahlmenge soll daher so bemessen sein, daß der Zwischenraum zwischen den Kugeln gerade ausgefüllt ist; dies entspricht etwa einem Drittel des von den Kugeln eingenommenen Mahlraumvolumens.

Höchste Mahlfeinheit wird in *Schwingmühlen* erzielt. Ein Motor versetzt die in Vibrationsfedern aufgehängten Mahlgefäße in Schwingung. Dadurch beginnen sich die in den Mahlgefäßen befindlichen Mahlkugeln einzeln und als Gesamtmasse zu drehen und rasch aufeinanderzuschlagen. Die Vermahlung kann trocken oder naß erfolgen.

Bei den *Fliehkraft-Kugelmühlen* führen die mit Mahlgut und Mahlkugeln beschickten Mahltrommeln gleichzeitig eine Rotation um

Abb. 106. Laborroller mit Kugelmühlen
(Alpine AG Maschinenfabrik, Augsburg)

ihre eigene Achse und um eine exzentrische Achse aus. Je nach der eingestellten Umdrehungsgeschwindigkeit lassen sich sehr hohe Kräfte entwickeln.

Die Labor-Planeten-Kegelmühle pulverisette 5 (DBP, nach Prof. Rumpf) besteht aus drei Mahlbechern (die verschieden groß sein können), die sich mit der Tragscheibe drehen und gleichzeitig gegensinnig um ihre eigene Achse rotieren (Abb. 107). Gegenüber den Schwerkraftkugelmühlen haben

Abb. 107. Labor-Planeten-Kugelmühle „pulverisette 5"
(Alfred Fritsch OHG, Laborgerätebau, Idar-Oberstein)

hier die Kugeln eine erheblich höhere Schlagenergie. Je nach Mahlgut werden Kugeln aus Achat, Sinterkorund, Spezialstahl oder Wolframcarbid verwendet. Zur Sicherung gegen Unfallgefahr ist das Gerät mit einer Plexiglashaube und Sicherheitsschalter versehen.

Vielfach werden auch *Mixgeräte* (Haushaltsgeräte), die mit einem Messerkreuz ausgestattet sind, zum Zerkleinern von Substanzproben verwendet. Sie mischen, schneiden und mahlen. Zur Explosion oder Zersetzung neigende Stoffe dürfen darin nicht gemahlen werden. Die Abb. 108 zeigt eine derartige *Analysenmühle.*

Die Apparatebaufirmen stellen auch die entsprechenden Laboratoriumsmodelle von Großapparaturen her, z. B. *Zahnscheibenmühlen* für zähe, faserige und elastische Stoffe und zum Vermahlen nasser Substanzen; *Schlagstiftmühlen* zur Feinzerkleinerung von Pulvern u. a.

B. Sieben und Sichten

Zweck des Siebens ist die mechanische Trennung eines festen Stoffes nach der Teilchengröße.

1. Handsiebung. Man schüttet die Substanz durch Siebe unterschiedlicher Maschenweite und erhält so mehrere Anteile (Fraktionen), die sich durch ihre Korngröße unterscheiden.

Das Sieb wird trommelartig auf einen Rahmen oder Metallzylinder gespannt. Bei kleinen Laboratoriumssieben ist es zu empfehlen, das Sieb zwischen zwei aufeinanderschiebbare kreisrunde

Abb. 108. IKA-Analysenmühle A 10 (IKA-Werk Janke & Kunkel KG, Staufen i. Br.)

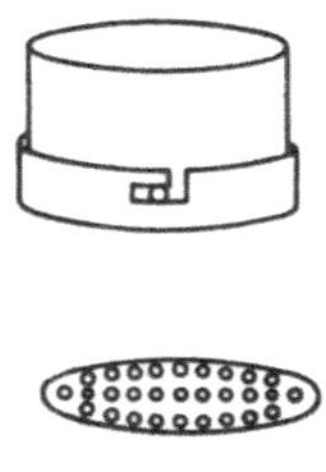

Abb. 109. Auswechselbares Sieb

Metallrahmen, von denen der äußere mit Hilfe einer Schraube enger oder weiter gestellt werden kann, einzuklemmen, wodurch eine rasche Auswechslung sowie einfache und gründliche Reinigung ermöglicht wird (Abb. 109).

Das Siebgut muß auf dem Sieb hin und her bewegt werden, damit alle Teilchen einmal an die Siebfläche gelangen. Dies geschieht durch ruckweises Bewegen des Siebes oder durch ständiges Durchrühren des Siebgutes auf dem Sieb mit einem Spatel, Pistill oder Pinsel (wobei jedoch die Gefahr besteht, das Sieb zu beschädigen oder die Siebmaschen zu verändern).

Zu beachten ist bei jeder Siebung, daß das Siebgut tatsächlich durch das Sieb fällt. Manche Stoffe, insbesondere organische Präparate, neigen dazu, auch bei kleinster Teilchengröße beim Rütteln auf dem Sieb eine zusammenhängende Decke zu bilden, die ein weiteres Sieben verhindert. Man kann sich so helfen, daß man während des Rüttelns das geschlossene Sieb in kurzen Zeitabständen auf eine Filzunterlage aufstößt (falls ein mechanisches Durchdrücken durch das Sieb nicht in Frage kommt) oder man schlägt mit dem Handballen gegen den Siebrand, wodurch die Substanzdecke zerstört wird.

Da sich beim Sieben feinster Materialstaub in Bewegung befindet, sind entsprechende Vorsichtsmaßnahmen gegen das „Verstauben" im Raum zu treffen und die Atmungsorgane zu schützen (Staubschutzmaske).

2. Maschinelle Siebung. Analysensiebungen werden in *Prüfsiebmaschinen* durchgeführt, bei denen die Siebe durch Motorantrieb in eine schwingende Bewegung versetzt werden.

Abb. 110. Jel-Prüfsieb
(J. Engelsmann AG, Ludwigshafen am Rhein)

Die Abb. 110 zeigt einen Siebapparat mit Exzenterantrieb, in den ein bis fünf Siebe verschiedener Maschenweite in das Trägergestell eingesetzt werden können, das gröbste oben. Eine Schaltuhr dient zum Einstellen der Siebzeit (automatische Abschaltung). Eine vollständige Siebanalyse kann also in einem einzigen Arbeitsgang ausgeführt werden.

Ein periodisches Unterbrechen des Siebvorganges bewirkt eine intensive Absiebung in kürzester Zeit. Dies wird erreicht durch ein Klopfwerk mit Unterbrecher-Kontaktlaufwerk (DBP). Zwischen den Deckel der in der Abb. 111 gezeigten Laborsiebmaschine EML 200 und dem obersten Prüfsieb wird eine Aufschlagplatte eingesetzt, deren Amboß durch die Plexiglasscheibe des Deckels ragt. Auf diesen Amboß schlägt der Hammer des Klopfwerkes und die Aufschlagplatte überträgt den Schlag auf den Prüfsatz.

Abb. 111. Laborsiebmaschine EML 200 mit Klopfwerk (Haver & Boecker, Oelde/Westf.)

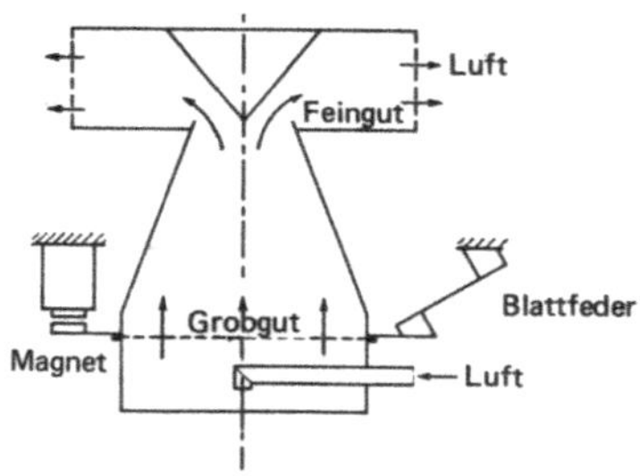

Abb. 112. Schema der „analysette 8“ (Alfred Fritsch OHG, Laborgerätebau, Idar-Oberstein)

Die *Bespannung* der Prüfsiebe besteht in der Regel aus Messing- oder Phosphorbronze-Drahtgewebe, in besonderen Fällen aus V4A, Seide, Perlon u. a.

Die Siebe sind genormt in bezug auf die lichte Maschenweite und den Drahtdurchmesser (DIN 4188). So hat beispielsweise ein Sieb der lichten Maschenweite $w = 0{,}2$ mm (Sollwert) einen Drahtdurchmesser von $d = 0{,}125$ mm. Die offene Siebfläche beträgt dabei 37,9%.

Prüfsiebe sind zu *Siebreihen* zusammengefaßt, gestaffelt von 0,04 bis 25 mm lichte Maschenweite. Sie sind in glatter Webart (Leinenbindung) hergestellt.

Falls erforderlich, werden auf die Siebe kleine Gummiwürfel oder Dreieckbürstchen (s. Abb. 110) gelegt, um ein Zusammenballen des Siebgutes zu verhindern. Diese Hilfsmittel dienen auch zur Reinigung der Siebe.

Eine schonende Reinigung der Prüfsiebe kann mit *Ultraschall* erreicht werden, z. B. mit dem Haver Ultraschall-Reinigungsgerät (Haver & Boecker, Oelde/Westfalen). Es besteht aus einer Schwingwanne mit Ablauf, dem Tankschwimmer und der Ummantelung. Mit Hilfe eines Drahtbügels wird das zu reinigende Sieb in das mit der Reinigungsflüssigkeit beschickte Gerät eingesetzt. Nach Schließen des Deckels wird der Hochfrequenzgenerator eingeschaltet.

3. Sichten. Beim Sichten wird die Trennung eines Pulvers in zwei Fraktionen durch einen Luftstrom bewerkstelligt.

Der Labor-Schwerkraft-Sichter analysette 8 wird zur präparativen Trennung pulverförmiger Feststoffe und zum Messen von Korngrößen-Verteilungen im Bereich von etwa 10 bis 100 µm verwendet. Das auf einen luftdurchlässigen, porösen Boden aufgegebene Siebgut wird in der aufwärts strömenden Luft in eine von dieser mitgenommenen Feingutfraktion und in eine zurückbleibende Grobgutfraktion getrennt (Abb. 112).

Hauptbestandteil des Gerätes ist das Steigrohr, bestehend aus einem nur wenige Millimeter hohen, zylindrischen Rohr, an das sich nach oben eine konische Verengung zum beschleunigten Austrag von Sichtluft und Feingut anschließt. Die zylindrische Sichtzone ist unten durch einen porösen Boden (Membranfilter) verschlossen, der von der Sichtluft durch-

Abb. 113. Labor-Schwerkraft-Sichter „analysette 8" mit Zubehör (Alfred Fritsch OHG, Laborgerätebau, Idar-Oberstein)

strömt wird. Das zu trennende Gut wird direkt auf das Membranfilter aufgegeben und durch eine Vibrationseinrichtung gleichmäßig auf diesem verteilt. Die Bewegung des Siebgutes wird mit einem Taktgeber, der die einzelnen Magnete nacheinander aus- und einschaltet, verstärkt. Die Sichtgut-Bewegung läßt sich durch den Plexiglasdeckel beobachten. Die Abb. 113 zeigt die Anordnung der gesamten Apparatur.

4. Schlämmen. Bei der Schlämmanalyse wird die Aufschlämmung eines Stoffes einer aufsteigenden Strömung unterworfen. Dabei werden alle Teilchen, deren Sinkgeschwindigkeit kleiner ist als die Strömungsgeschwindigkeit, ausgetragen.

In der Regel werden mehrere *Schlämmzylinder* mit zunehmendem Durchmesser und daher abnehmender Strömungsgeschwindigkeit bei gleicher Durchflußmenge hintereinander geschaltet. Da in jedem der Zylinder das aufgeschlämmte Gut in zwei Fraktionen getrennt wird, können auf diese Weise mehrere Fraktionen erhalten werden. Die Methode ist anwendbar im Korngrößenbereich 0,01 bis 1 mm.

5. Sedimentieren. Sedimentieren ist das Absitzenlassen der Aufschlämmung eines pulverförmigen Stoffes in einer geeigneten Flüssigkeit. Die größeren Teilchen sinken rascher ab.

Bei der *Pipettenmethode nach Andreasen* wird dabei die Konzentrationsänderung gemessen. Mit einer speziellen Pipette saugt man nach bestimmten Zeitabständen einige Zentimeter über dem Boden des Gefäßes jeweils das gleiche Volumen der Suspension ab. Man trocknet und wägt die Gutmenge. Anwendungsbereich 0,1 bis 60 μ.

Die *Sedimentationswaage 4600* ist ein automatisch kompensierendes und registrierendes Gerät, das vorwiegend zur Korngrößenbestimmung dient (Abb. 114). Sie registriert die Gewichtszunahme des

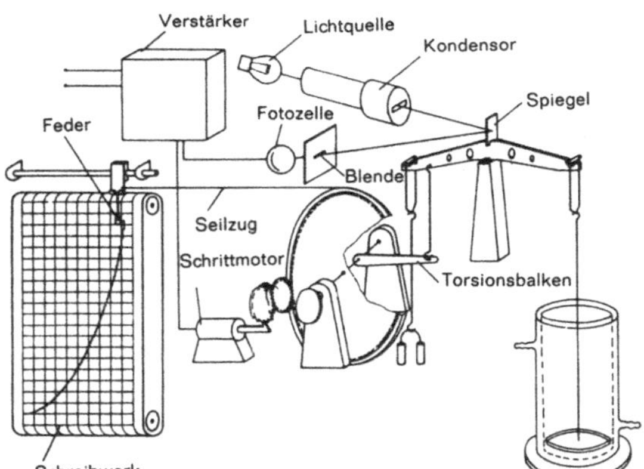

Abb. 114. Sedimentationswaage 4600 (Sartorius-Werke GmbH, Göttingen)

Abb. 115. Imhoff-Trichter (Glaswerk Wertheim OHG, Wertheim/Main)

Sedimentes in Abhängigkeit von der Zeit. Am rechten Haken des Hauptbalkens hängt die Fallplatte in das Sedimentationsgefäß hinein, am linken Balkenhaken werden durch Tariergewichte Auftrieb der Fallplatte und Auftriebsdifferenzen bei Verwendung von Sedimentationsflüssigkeiten verschiedener Dichte ausgeglichen.

In der Abwasser-Untersuchung werden zur Ermittlung der Höhe des sich absetzenden Schlammes *Imhoff-Gläser* (Abb. 115) verwendet. Vorteilhaft sind Imhoff-Trichter aus Styrolacrylnitril mit Entleerungsstopfen an der Spitze. Sie sind bruchsicher und von hoher Transparenz (Max Richter KG, Vitri-Erzeugnisse, Nieder-Ramstadt/Darmstadt).

5. Mischen

Das Mischen hat den Zweck, aus zwei oder mehr Komponenten ein homogenes (einheitliches) Stoffgemisch herzustellen.

A. Rühren

1. Rühren von Hand. Gerührt wird mit einem Glasstab. Um ein Durchstoßen des Gefäßes zu vermeiden, zieht man über das Ende des Glasstabes ein kurzes Stück Gummischlauch (vorausgesetzt, daß die Flüssigkeit den Gummi nicht angreift).

Flüssigkeiten können auch mittels eines durchgeleiteten, indifferenten Gasstromes gemischt werden.

2. Mechanische Rührvorrichtungen. Sie bestehen aus der Antriebsvorrichtung und dem Rührer.

a) *Elektrisch betriebene Rührvorrichtungen.* Angetrieben wird in der Regel durch einen Elektromotor. Es ist Einzelantrieb (also keine Transmissionen, die mehrere Rührer gleichzeitig betreiben) zu verwenden.

Eine einfache, transportable Rührvorrichtung zeigt die Abb. 116. Die Kraftübertragung erfolgt von einem Motor über einen Regulierwiderstand und eine biegsame Welle.

Kleine Flüssigkeitsmengen sind leicht mit Rührern, die in eine Klemme eingespannt oder auch nur in der Hand gehalten werden, zu mischen. So kann z. B. der IKA-RM 10 Mix auch in Reagenzgläsern arbeiten (Abb. 117).

Der NGW-Aufsteckrührer, der durch einen Batteriemotor angetrieben wird, hat zwei Schliffzonen, durch die er auf eine Schliffhülse, z. B. einen Kolbenhals, aufgesteckt wird.

Allgemein anwendbar sind die *Rührstative.* Bei ihnen sind Motor und Getriebe auf Dauerbetrieb ausgelegt (auf Wunsch auch explosionsgeschützt). Durch Befestigungsklemmen kann das Rühraggregat rasch am Stativ fixiert werden. Die Drehzahl ist stufenlos einstellbar, die Rührorgane sind verstell- und auswechselbar. Die Rührerspindel wird von unten eingeschoben und durch Drehen des Spannringes festgeklemmt.

In der Abb. 118 ist ein Beispiel einer solchen Rührvorrichtung dargestellt.

Die starre Verbindung zwischen Motor und Rührwelle kann durch eine *flexible Kupplung* (Abb. 119) elastisch gemacht werden. Die Unterschiede in der Flucht der Wellen werden dabei durch einen hochelastischen Gummizylinder aufgenommen, wodurch das störende Anschleifen der Führungshülse verhindert wird.

Den gleichen Zweck erfüllt die *NGW-Gelenk-Kupplung* (Normschliff Glasgeräte, Wertheim/Main). Mit ihr kann man bewußt mit schrägliegendem Motor arbeiten oder mit einer Verlängerungswelle, falls der Motor entfernter angebracht werden muß.

Abb. 116. EKATO-Laboratoriums-Elektrorührer (EKATO-Werk, Schopfheim/Baden)

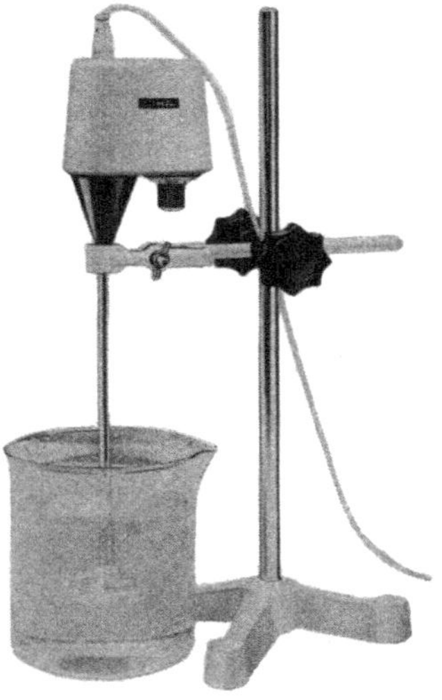

Abb. 117. IKA-RM 10 Mix (IKA-Werk Janke & Kunkel KG, Staufen i. Br.)

b) *Preßluftrührer.* Bei diesen erfolgt der Antrieb durch Preßluft. Der ex-sichere Preßluft-Laborrührer (Preßluft-Götz, Mannheim) hat als Hauptbestandteil einen Lamellenmotor und ein Planetengetriebe. Die eintretende Druckluft muß ein Doppelfilter (Grob- und Feinsieb) passieren. Das Gerät ist für Dauerbetrieb geeignet und kann zum Zwecke der Reinigung oder zum Ersatz der Kugellager leicht auseinandergenommen werden.

3. Rührerformen. Wichtig für die Rührwirkung ist die Form des verwendeten Rührers.

Die selbstangefertigten *Glasstabrührer* sollen möglichst dem Reaktionsgefäß angepaßt sein (Abb. 120). Für Enghalskolben wählt man Glasstabrührer mit schräg abgebogenem und flachgedrücktem Ende. Die Rührerspindel läßt man in einer Glasrohrführung (mit wenig Hahnfett schmieren!) laufen, die durch eine Klammer am Stativ gehalten wird.

Von den Laborgerätefirmen werden verschiedene Rührer angeboten, hier die wichtigsten:

Flügel- oder Propellerrührer mit zwei oder vier waagrechten, meist etwas schräg gestellten Flügeln (Abb. 121 a).

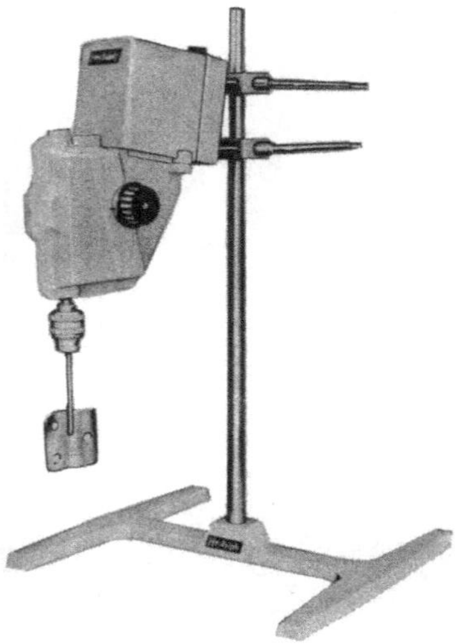

Abb. 118. Rührer, Typ RZR III ex (Heidolph-Elektro KG, Kelheim)

Abb. 119. Flexible Kupplung (Normschliff Glasgeräte, Wertheim/Main)

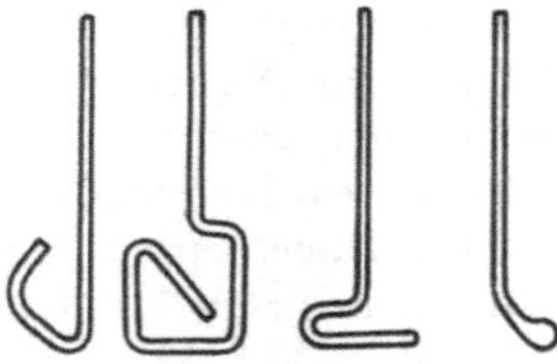

Abb. 120. Glasstabrührer

Zentrifugalrührer mit klappbaren oder beweglichen Flügeln (Abb. 121 b), die sich erst beim Rotieren spreizen und daher in Ruhelage auch in Enghalskolben eingeführt werden können. Dem gleichen Zweck dienen *Schraubenrührer* (Abb. 121 c).

Für weite Gefäße werden *Flächenrührer* aus Porzellan oder V2A (Abb. 121 d), *Korbrührer* (Abb. 121 e), *Dissolverrührer* (Abb. 121 f) und *Schleuderrührer* (Abb. 121 g) verwendet. Letzterer ist gut geeignet zum Durchmischen von Flüssigkeiten verschiedener Dichte. Bei seiner Rotation wird die Flüssigkeit durch die Zentrifugalkraft aus dem Innenraum des Rührers durch die seitlichen Löcher herausgeschleudert und dabei die Flüssigkeit aus dem unteren Teil des Gefäßes in den Rührer gezogen, wieder herausgeschleudert usw.

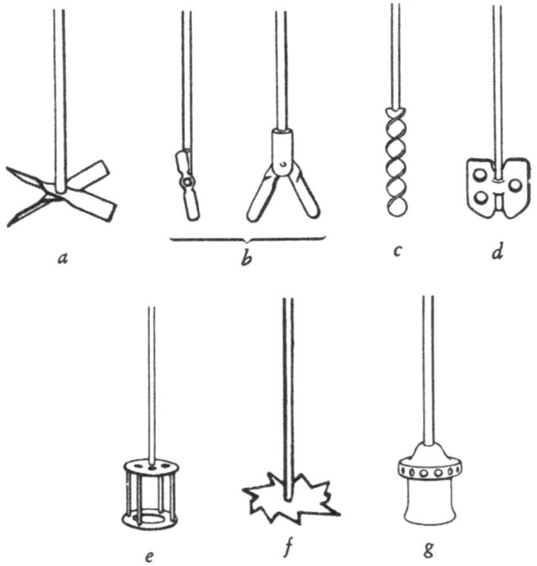

Abb. 121. Rührerformen
a Flügelrührer, *b* Zentrifugalrührer, *c* Schraubenrührer, *d* Flächenrührer, *e* Korbrührer, *f* Dissolverrührer, *g* Schleuderrührer

Besonders gute Effekte erzielt man mit dem *Ultra-Turrax* (Ika-Werk Janke & Kunkel, Staufen i. Br.), der in flüssigen Phasen Flüssigkeiten, feste oder gasförmige Stoffe dispergiert. Er beruht auf dem Prinzip der Zentrifugalturbine (Generator, bestehend aus Rotor und Stator). Siehe Abb. 168, S. 94.

Eine schnelle Durchmischung durch intensive Wirbelbildung erzeugen *Gegenlaufrührer* (Abb. 122). Der Abstand der Rührwerkzeuge zueinander ist verstellbar. Gut geeignet für Flüssigkeiten höherer Viskosität.

Gegen ein „*Mitrotieren*“ der Flüssigkeit in der Drehrichtung des Rührers hilft eine außermittige Anordnung, d. h. Verschieben der Rührspindel zur Gefäßwand hin.

Über das Rühren unter Vakuum und KPG-Rührer s. S. 270.

4. Magnetrührer. Beim Magnetrührer (Abb. 123) wird ein Rührstäbchen lose eingelegt und das Gefäß auf einen Metallfuß gestellt. In diesem wird ein Dauermagnet zur Rotation gebracht und es tritt Mitrotieren des Stäbchens ein. Die Einrichtung kann mit einer Heizplatte kombiniert sein. Das Rührstäbchen wird mit einem „Magnetentfernungsstab" aus der Lösung gehoben. Der Stab ist am unteren Ende mit einem Magnet, korrosionsgeschützt durch einen PTFE-Überzug, versehen.

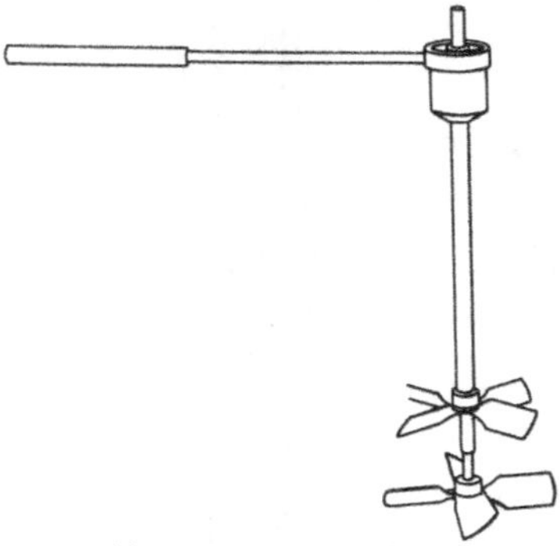

Abb. 122. Gegenlaufrührer
(IKA-Werk Janke & Kunkel KG, Staufen i. Br.)

Bei den einfachen Rührstäbchen ist es mitunter der Fall, daß sie, besonders bei höheren Drehzahlen, „außer Takt" fallen, sie beginnen zu taumeln. Zur Behebung dieses Mangels wurde der Magnetrührstab Circulus entwickelt (E. Angst, Ehingen/Donau). Er besteht aus einem mit PTFE überzogenen Stäbchen mit zwei an den Enden befindlichen PTFE-Rundscheiben, die als Stabilisatoren wirken.

5. Vibrationsmischer. Sie arbeiten ohne rotierende Teile. Eine gelochte Scheibe, die mittels eines Stabes mit einem Wechselstrom-Vibrationsantrieb verbunden wird, taucht in die Flüssigkeit. Durch die Schwingung der Scheibe in Längsrichtung des Schaftes wird die Flüssigkeit in Bewegung, bei gleichzeitiger Sogwirkung, versetzt (Vibro-Mischer; Sartorius-Membranfilter GmbH, Göttingen).

B. Schütteln

1. Schütteln von Hand. Feste Stoffe können durch Schütteln in einer Flasche gemischt werden. (In manchen Fällen genügt schon ein öfteres Umschaufeln.)

Flüssigkeiten werden durch Schütteln in *Flaschen, Schütteltrichtern* (s. Abb. 298, S.193) oder *Mischzylindern* (Abb. 124) gemischt. Während des Schüttelns muß von Zeit zu Zeit der Stopfen oder bei Schütteltrichtern in umgekehrter Lage der Hahn sehr vorsichtig kurz geöffnet werden, um einen eventuell entstandenen kleinen Überdruck auszugleichen. Zu betonen ist, daß heiße Flüssigkeiten oder solche, bei denen Gase entweichen, nicht durch Schütteln in einer verschlossenen

Abb. 123. Magnetrührer
(IKA-Werk Janke & Kunkel AG,
Staufen i. Br.)

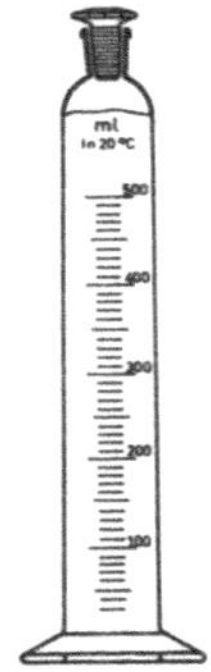

Abb. 124. Mischzylinder mit
Sechskantfuß
(Jenaer Glaswerk Schott & Gen., Mainz)

Flasche gemischt werden dürfen, sondern nur durch Umgießen in ein anderes Gefäß.

2. Schüttelapparate. Sind größere Flüssigkeitsmengen längere Zeit in Bewegung zu halten, werden Schüttelapparate verwendet, in die man die gut verschlossenen Gefäße, die das Reaktionsgemisch enthalten, einspannt.

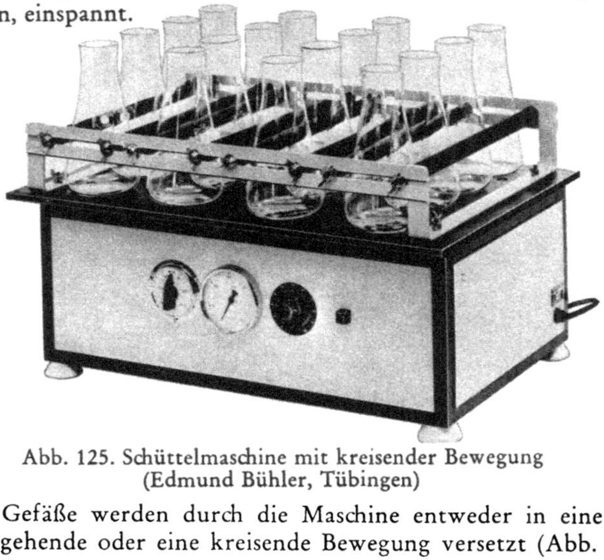

Abb. 125. Schüttelmaschine mit kreisender Bewegung
(Edmund Bühler, Tübingen)

Die Gefäße werden durch die Maschine entweder in eine hin- und hergehende oder eine kreisende Bewegung versetzt (Abb. 125).

Die Bewegungsmöglichkeiten sind bei manchen Apparateausführungen auch kombiniert. Die Apparate sind oftmals so eingerichtet, daß die zur Aufnahme der Gefäße dienenden Aufsätze auswechselbar sind. So werden Aufsätze für größere Flaschen, Scheidetrichter, Reagenzgläser u. a. geliefert.

Abb. 126. IKA-Schüttler MA 52
(IKA-Werk Janke & Kunkel KG, Staufen i. Br.)

Es gibt auch Modelle, die wahlweise als Schüttel- und Siebmaschine (mit entsprechendem Aufsatz zum Einspannen eines Prüfsieb-Satzes) verwendet werden können.

Die Abb. 126 stellt einen Kleinschüttelapparat mit Haltevorrichtung für Flaschen, Kolben und Reagenzgläser dar.

Abb. 127. Labor-Taumelmischer
(J. Engelsmann AG, Ludwigshafen a. Rh.)

Auch Magnetrührer (Abb. 123) können als Schüttelapparat ausgebildet sein, so daß gleichzeitig gerührt und geschüttelt wird.

Für feste Stoffe geeignet ist der *Taumelmischer* mit variabler Tourenzahl (Abb. 127).

Das Mischen fester Stoffe wird häufig mit ihrer Vermahlung kombiniert, z. B. in Kugelmühlen (s. S. 55).

Pastöse Stoffe werden durch *Kneten* (Laboratoriumskneter) homogenisiert.

C. Umlaufpumpen

Zum Umwälzen, Mischen und Dosieren von Reaktionsgemischen, Lösungsmitteln, aber auch von Hilfsflüssigkeiten (z. B. des Kühlmittels in Thermostaten) werden Pumpen verwendet, z. B. Kreisel-, Kolben-, Zahnrad- oder Schlauchpumpen.

a) Bei der *Schlauchpumpe* (Abb. 128) wird ein elastischer Schlauch in die Kurvenbahn der Pumpe eingelegt. Beim Rotieren des Pumpen-

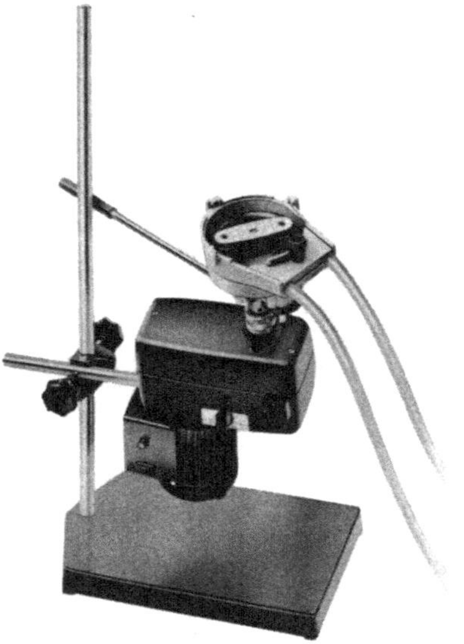

Abb. 128. IKA-Schlauchpumpe P 20 (IKA-Werk Janke & Kunkel KG, Staufen i. Br.)

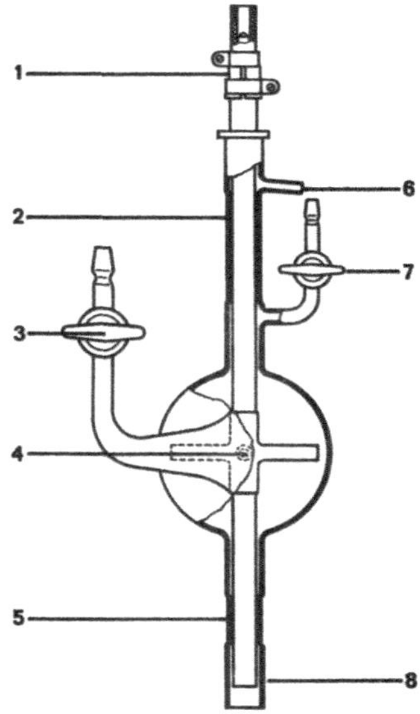

Abb. 129. KPG-Umlaufpumpe UP 100 (Jenaer Glaswerk Schott & Gen., Mainz)

rotors greifen die auf dem Rotor drehbaren Walzen oder Rollen nacheinander in die Kurvenbahn ein und drücken den Schlauch auf dem höchsten Punkt ihrer Berührung zusammen. Die ständige Wiederholung dieses Vorganges ergibt fließendes Schieben des Mediums, wobei nach jedem Quetschen des Schlauches ein kräftiges Saugen in der Zuleitung eintritt. Die Schlauchpumpe arbeitet ohne Stopfbüchse. Die Durchflußmenge ist abhängig vom inneren Schlauchdurchmesser und der eingestellten Drehzahl der Pumpe. Mit ihr können auch Gase gefördert werden.

b) Die *KPG-Umlaufpumpe UP 100* aus Duran 50 (Abb. 129) kann auf Grund ihrer Ganzglaskonstruktion auch für aggressive Flüssigkeiten verwendet werden.

Aufbau und Betrieb: Die Pumpe wird mit zwei Klammern oder Schellen, deren Backen mit Kork oder Gummi ausgelegt sind, befestigt. Der Elektromotor (etwa 100 W Leistung) wird über die vertikale Kupplung 1 mit der Pumpenwelle verbunden, und zwar ist er so hoch über der Pumpe zu befestigen, daß sich das Schleuderrad 4 (vier übers Kreuz angeordnete Röhrchen) in der Mitte des Pumpengehäuses befindet. Pumpe und Motor müssen axial ausgerichtet sein. Als Schmiermittel dient die zu fördernde Flüssigkeit. Damit die KPG-Lager 2 und 5 bei Inbetriebnahme nicht trocken laufen, sind sie mit Glycerin zu benetzen, das beim Einsetzen der Eigenschmierung aus den Lagern verdrängt wird. Der Saugstutzen 8 (eventuell verlängern durch einen Schlauch) wird in die Förderflüssigkeit eingetaucht. Nach Anschließen des Druckstutzens 3 an die Druckleitung wird die Pumpe bei geschlossenem Hahn 3 durch Ansaugen am Entlüftungshahn 7 vollständig mit Förderflüssigkeit gefüllt (Lufteinschlüsse vermeiden!). Nun wird 7 geschlossen und während des Betriebes nur zeitweise kurz geöffnet, um möglicherweise mitgerissene Luft aus dem Gehäuse entweichen zu lassen. Durch Drehen der Pumpenwelle ist zu prüfen, ob sie einwandfrei läuft. Erst jetzt wird der Motor so eingeschaltet, daß die Pumpe langsam anläuft. Die Drehzahl darf auf maximal 1750 U/min erhöht werden. Während der Erhöhung der Drehzahl bleiben die Hähne solange geschlossen, bis Eigenschmierung einsetzt. Die das obere Lager 2 schmierende Förderflüssigkeit tritt tropfenweise bei 6 aus. Der Hahn 3 wird geöffnet und der Pumpprozeß beginnt. Vor Abschalten des Motors ist 3 zu schließen, um das Ansaugen und Entlüften bei Fortführung des Pumpvorganges zu ersparen. Während des Betriebes ist darauf zu achten, daß der Schmierspiegel im oberen Lager 2 nicht absinkt. Sollte das Lager trocken sein, verbindet man bei laufender Pumpe den Hahn 7 mit dem Stutzen 6 durch einen Gummischlauch und öffnet 7 kurz, bis etwas Flüssigkeit in das Lager 2 gefördert worden ist. Bei Verschmutzung der Pumpe oder Übergang auf andere Flüssigkeiten sind die Lager gut zu spülen. Vor erneuter Inbetriebnahme sind zwei Tropfen Glycerin am Lagerende auf die Welle zu geben und durch Auf- und Niederschieben im Lager zu verteilen.

6. Wägen

A. Allgemeines

Durch Wägung wird die Masse $\left(= \frac{\text{Gewicht}}{\text{Fallbeschleunigung}}\right)$ eines Körpers bestimmt.

Bei *Hebelwaagen* geschieht dies durch Vergleich mit einer bekannten Masse. Da sich die Fallbeschleunigung auf beiden Seiten des Hebels auswirkt, geht sie nicht in das Ergebnis ein.

Bei Waagen mit *elastischem Meßglied* werden die Anziehungskraft und eine elastische Kraft miteinander verglichen. Da die Fallbeschleunigung ortsabhängig ist, muß dies bei absoluten Bestimmungen berücksichtigt werden.

Bei *elektrischen Waagen* wird das Drehmoment des zu bestimmenden

Gewichtes durch eine elektromagnetische Kraft kompensiert. Der hiefür notwendige Strom kann mit großer Genauigkeit gemessen werden.

Unter *Höchstlast* versteht man die obere Grenze des Wägebereiches einer Waage.

Die *Empfindlichkeit* einer Waage ist definiert durch das Verhältnis des Ausschlages zum Übergewicht, z. B. die Größe des Zeigerausschlages bei Mehrbelastung einer Schale von 1 mg.

Als *Genauigkeit* bezeichnet man die Übereinstimmung der Anzeige einer Waage mit dem wahren Gewicht des Wägegutes.

Unter *Reproduzierbarkeit* versteht man die Übereinstimmung der Gewichtsangaben bei beliebig vielen Wägungen des gleichen Körpers.

Waagen sollen also reproduzierbare Ergebnisse liefern, eine hohe Genauigkeit besitzen und genügend empfindlich sein.

Nach dem *relativen Wägefehler* $(= \frac{\text{Fehlergrenze}}{\text{Höchstlast}})$ werden die Waagen wie folgt eingeteilt:

Waagenart	Relativer Wägefehler	bei Höchstlast
Feinwaagen	$\pm 10^{-8}$ bis $\pm 5 \cdot 10^{-6}$	1 g bis 1 kg
Präzisionswaagen	$\pm 10^{-5}$ bis $\pm 10^{-3}$	1 g bis 10 kg
Technische Waagen	$> \pm 10^{-4}$ bis $\pm 10^{-3}$	100 g bis 5000 kg

B. Feinwaagen

1. Die Analytische Waage. a) Obzwar die *herkömmlichen Analytischen Waagen* (zweiarmige Hebelwaagen mit drei Schneiden) mehr

Abb. 130. Zweischalige Analysenwaage (August Sauter KG, Ebingen)

und mehr von den modernen Waagen verdrängt werden, sind sie doch noch in manchen Laboratorien in Verwendung, so daß hier näher auf sie eingegangen werden soll (Abb. 130).

Der Waagebalken ruht in der Mitte mittels einer Messerschneide auf einer Unterlage (Pfanne) aus Stahl oder Achat, in gleicher Weise sind auch die beiden Waagschalen aufgehängt, um die Bewegungshindernisse möglichst klein zu halten. Der Schwerpunkt der Waage muß unter dem Drehpunkt der Mittelschneide liegen. Die Endschneiden sind die Angriffspunkte der Belastung (Schalen und Last).

Jede Hälfte des Waagebalkens ist in 100 Teilstriche geteilt (Reiterlineal mit Nullpunkt in der Mitte), kenntlich gemacht durch Kerben auf der oberen Seite zum Auflegen des Reitergewichtes. Dieses wird mit Hilfe der verschiebbaren Stange mit einem Haken durch Drehung der Stange aufgelegt und abgenommen. Das Reitergewicht aus Platin oder Aluminium wiegt 10 mg. Infolge der Teilung des Waagebalkens können damit Bruchteile von mg gewogen werden. Die Verschiebung des Reiters wirkt sich so aus, als wenn die Waagschale der gleichen Seite belastet würde. Schräubchen an den Seiten der Waagebalken dienen zur Berichtigung seiner Länge. Die Empfindlichkeit wird durch Hinauf- oder Herabschrauben eines in der Mitte befindlichen Laufgewichtes reguliert.

Mit dem Waagebalken fest verbunden ist der nach unten gehende Zeiger, dessen Ende auf einer Skala spielt. Eine vor ihr befestigte Lupe trägt dazu bei, Ablesefehler zu vermeiden.

Bei Nichtgebrauch der Waage werden Waagebalken und Waagschalen festgelegt (arretiert), d. h., die Schneiden werden von den Pfannen getrennt. Unter den Waagschalen heben sich dabei je ein gepolsteter Stempel, auf die die Waagschalen zum Aufliegen kommen.

Zum Schutz vor Staub und Luftzug steht die Waage in einem Gehäuse, dessen Vorderseite als Schieber, der durch ein Gegengewicht in jeder Lage gehalten wird, ausgebildet ist. Die Gehäuseseiten sind als Türen ausgestaltet. Das Aufsetzen des Reiters muß bei geschlossenem Gehäuse vorgenommen werden.

Mit Hilfe der Fußschrauben am Gehäuse und des Senkels an der Waage oder einer Libelle wird die Horizontalstellung der Waage bewerkstelligt.

b) Der *Gewichtssatz* soll bei der Waage selbst aufbewahrt werden, und zwar in einem eigens dafür geformten Kästchen, in dem jedes Einzelgewicht seinen bestimmten Platz hat. Die Gewichte dürfen ausschließlich mit einer Pinzette mit Elfenbeinspitze angefaßt werden.

Gestückelt ist der Gewichtssatz nach Dreier-Einheiten, er enthält also je ein Gewichtsstück zu 100, 50, 30, 20, 10, 5, 3, 2, 1 g usw. auch bei Bruchgrammen. Auf diese Weise sind Verwechslungen gleicher Gewichtsstücke, die in älteren Gewichtssätzen enthalten waren, ausgeschlossen.

c) *Ausführung der Wägung.* Vor Ausführung einer Wägung überzeugt man sich durch Entarretierung (Arretierung vorsichtig betätigen!), ob der Zeiger richtig schwingt. (Korrektur mittels der Schräubchen am Waagebalken.) Dann wird das Wägegut auf die linke Waagschale gebracht und auf die rechte soviel Gewichte (mg mit Hilfe der Reiterverschiebung am Reiterlineal) aufgelegt, bis wieder die gleiche Ruhelage (oder Ausschwingung) des Zeigers eintritt. Die Gewichte dürfen nur bei jeweils arretierter Waage aufgelegt werden, möglichst bei geschlossenem Schieber durch die Seitentür. Man geht dabei systematisch vor. Die Gewichte werden der Reihe nach aufgelegt, vom größten in Frage kommenden angefangen; wenn es sich als zu hoch herausstellt, wird es sofort wieder in das Gewichtskästchen zurückgebracht. Zur Kontrolle des Endgewichtes vergleiche man die auf der Waagschale liegenden Gewichtsstücke mit den Lücken im Gewichtssatz. Ein Herumstellen der Gewichte im Waagengehäuse oder gar auf dem Tisch ist auf jeden Fall zu unterlassen.

d) *Spezielle Einrichtungen an Analytischen Waagen.* Um die Wägung einfacher und rascher zu gestalten, wurden diese Waagen mit folgenden Einrichtungen ausgestattet:

Dämpfungszylinder (s. Abb. 130) bewirken, daß sich die Ruhelage der Waage nach einer Schwingung einstellt.

Die Gewichtsauflage der Bruchgramme geschieht von außen mittels eines Hebels, der durch einen Drehknopf betätigt wird.

Eine Projektionsablesung des Neigungsausschlages des Zeigers gestattet die Ablesung der mg.

Bei manchen Ausführungen ist die Gewichtsschale nicht zugänglich, da der gesamte Wägebereich mit Schaltgewichten erfaßt ist.

e) Wegen des durch nicht völlige Gleicharmigkeit verursachten Wägefehlers und zur Vermeidung der Empfindlichkeitsänderung bei verschiedener Belastung durch unterschiedliche Balkendurchbiegung wurden *Hebelwaagen mit zwei Schneiden* entwickelt.

Es wurde eine der Schalen durch ein festes Gegengewicht am Waagebalken ersetzt. Der Gewichtssatz dieser einschaligen Analysenwaage (Abb. 131) ist über der Waagschale angebracht. Bei der Wägung werden von der mit Höchstlast belasteten Schale soviel Gewichte abgehoben (Schaltgewichte), bis die Waage wieder Gleichgewicht anzeigt. Durch die konstante Belastung wird eine konstante Empfindlichkeit für alle Gewichte bewirkt. Auf einer Gewichtsskala wird das Totalgewicht des Wägegutes abgelesen.

Zur Schonung der Schneiden können Waagen mit einem *Vorwiegebalken* ausgestattet werden. Im Vorwiegebereich wird die richtige Tarierung durch Lichtsignale angezeigt, beim abschließenden Wägen ist dann nur noch der Neigungsbereich abzulesen.

Bei dem Sauter-Duplosystem (Abb. 132) übernimmt der erste Waagebalken das Vorwiegen, der zweite das Feinwiegen. Die empfindlichen Saphirlager und Schneiden des Feinwiegebalkens befinden sich während der Vorwägung nicht im Eingriff und werden nicht belastet. Bei Grobwägungen kann ausschließlich mit der Vorwaage gearbeitet werden.

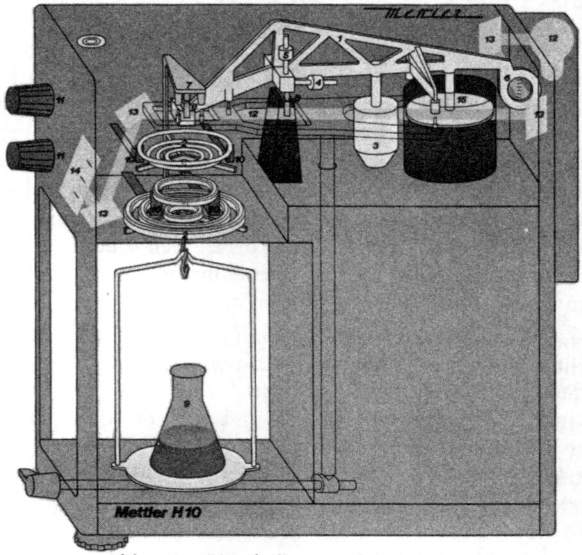

Abb. 131. Einschalige Analysenwaage
1 Waagebalken, *2* Gewichtssatz, *3* festes Gegengewicht, *4* Nullpunktschraube, *5* Empfindlichkeitsschraube, *6* Strichplatte, *7* Gehänge, *8* Schneiden, *9* Wägegut, *10* Gewichtsabhebung, *11* Gewichtsschaltknöpfe, *12* Lampe (Lichtweg), *13* Spiegel, *14* Ablesebild, *15* Luftdämpfung
(Mettler Instrumente AG, Greifensee ZH/Schweiz)

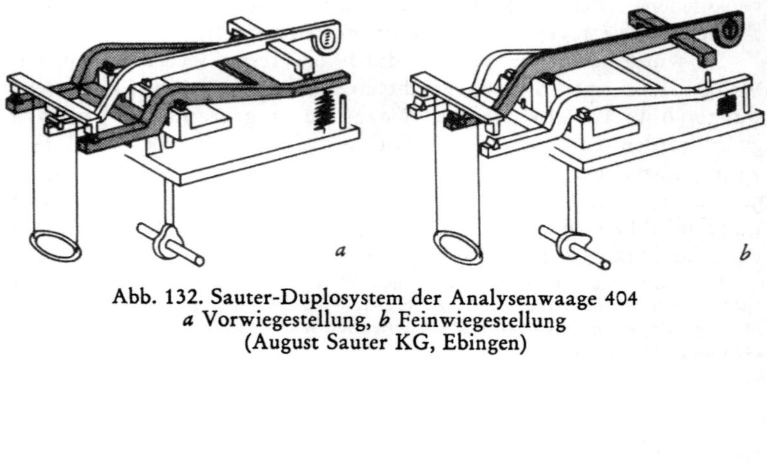

Abb. 132. Sauter-Duplosystem der Analysenwaage 404
a Vorwiegestellung, *b* Feinwiegestellung
(August Sauter KG, Ebingen)

Die Anzeige der Wägung geschieht bis zur letzten Dezimale volldigital, d. h. das Ergebnis kann als eindeutige Ziffernfolge auf der ausgeleuchteten Projektionsskala abgelesen werden.

2. Waagen mit elastischem Meßglied. Zu den Waagen mit elastischem Meßglied gehören die Torsions- und Federwaagen. In der Abb. 133 ist ihre Wirkungsweise dargestellt. Das Gegenmoment der Belastung wird durch die Verdrillung eines Spannbandes, das ist eine sehr dünne Stabfeder, angezeigt (a), die im allgemeinen gleichzeitig die Mittelschneide als tragendes Element ersetzt. Bei der Spiralfederwaage (b) wird das Gegenmoment der Belastung durch Spannung einer Spiralfeder, bei der Schraubenfederwaage (c) durch Spannung einer Spiralfeder erzeugt.

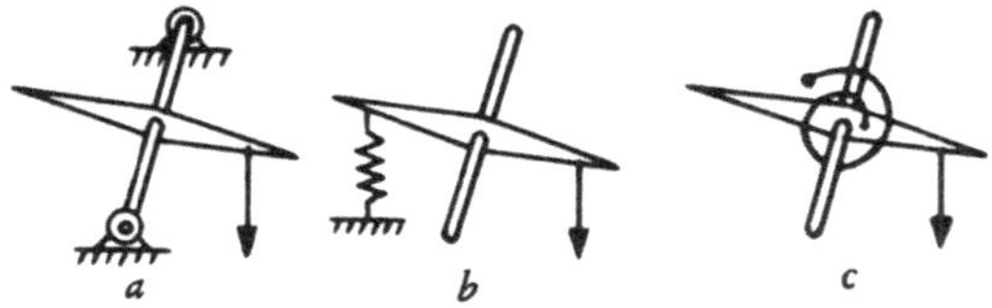

Abb. 133. Wirkungsweise einer Torsionswaage *(a)*, Spiralfederwaage *(b)* und Schraubenfederwaage *(c)*

Durch den Wegfall der Tragschneiden erreicht man mit Waagen mit elastischem Glied eine höhere Empfindlichkeit als bei Hebelwaagen. Sie sind jedoch geringer belastbar (höchstens einige Gramm), so daß der relative Wägefehler wesentlich größer ist als bei Hebelwaagen.

3. Elektrische Waagen. Bei ihnen wird der Waagebalken, falls das Gleichgewicht durch Auflegen des Wägegutes gestört ist, durch eine elektromechanische Rückstellkraft in die Nullage zurückgeführt. Der hiefür benötigte Strom fließt auf einen Meßanzeiger, der in Gewichtseinheiten geeicht ist. Dieser kann ein Anzeigepotentiometer, ein Digital-Voltmeter oder ein potentiometrischer Schreiber sein. Auf jeden Fall ist die Stromzufuhr zur Drehspule mit Hilfe des Potentiometers so geregelt, daß das magnetische Drehmoment genau gleich dem Drehmoment ist, das durch Auflegen des Probegutes hervorgerufen wird (Abb. 134).

Mit der *magnetischen Schwebewaage* können gravimetrische Untersuchungen von Proben in verschiedenen Atmosphären, z. B. in aggressiven Gasen oder Dämpfen sowie Drucken vom Normaldruck bis Hochvakuum, durchgeführt werden, da Wägesystem und Probenraum voneinander getrennt sind. Die Kraftankopplung der Last an das Wägesystem geschieht durch eine elektronisch gesteuerte magnetische Aufhängung des Probenhalters („Schwebemagnet"). Hiezu ist ein über Bandgehänge mit dem Balken verbundener Permanentmagnet („Balkenmagnet") mit einer Steuerwicklung versehen, die über einen Regelkreis bewirkt, daß der Abstand

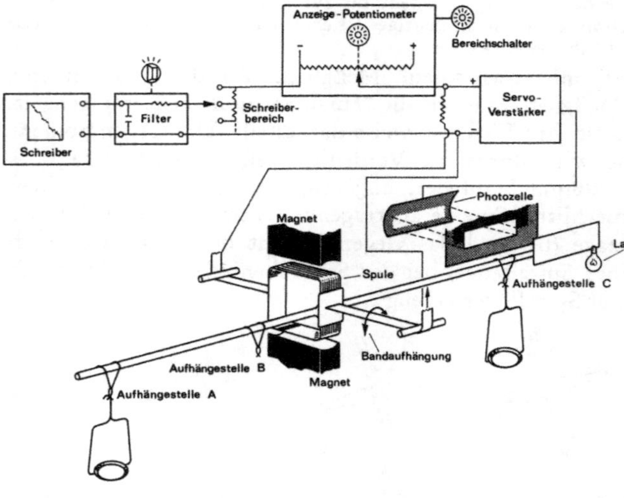

Abb. 134. Prinzipschaltbild der Elektrowaage, System Cahn (Messtec GmbH, Hamburg)

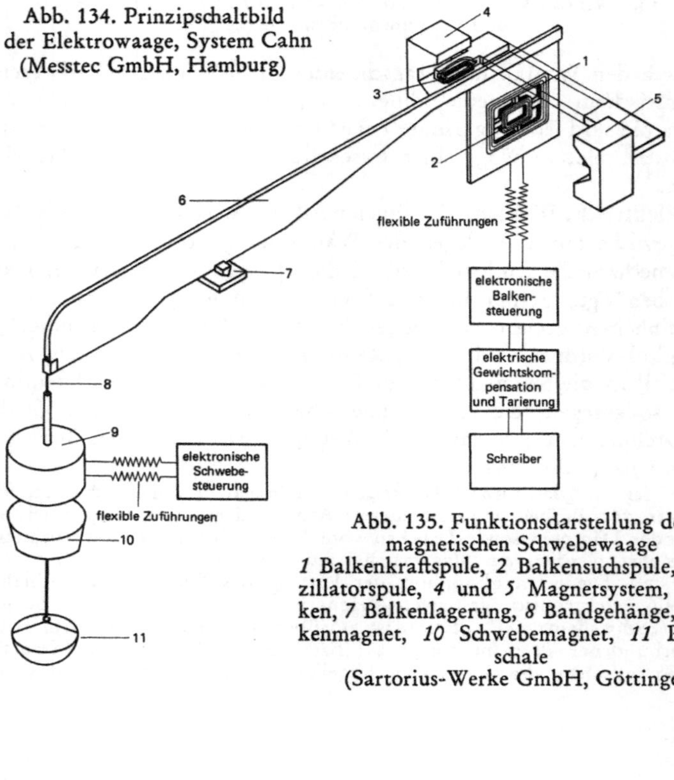

Abb. 135. Funktionsdarstellung der magnetischen Schwebewaage
1 Balkenkraftspule, *2* Balkensuchspule, *3* Oszillatorspule, *4* und *5* Magnetsystem, *6* Balken, *7* Balkenlagerung, *8* Bandgehänge, *9* Balkenmagnet, *10* Schwebemagnet, *11* Probenschale
(Sartorius-Werke GmbH, Göttingen)

zwischen Balkenmagnet und Schwebemagnet während der Wägung konstant bleibt. Die Höchstlast im Schwebeteil beträgt 30 g. Die Abb. 135 zeigt das schematische Schaltbild.

C. Präzisionswaagen

Zu den Präzisionswaagen zählen neben den verschiedenen Ausführungen von zweischaligen Hebelwaagen (Apothekerwaagen) die oberschaligen Präzisionswaagen.

Die Abb. 136 zeigt die Einrichtung der *oberschaligen Präzisionswaage* Toppan, Typenreihe S. Ein großdimensioniertes Hebelsystem

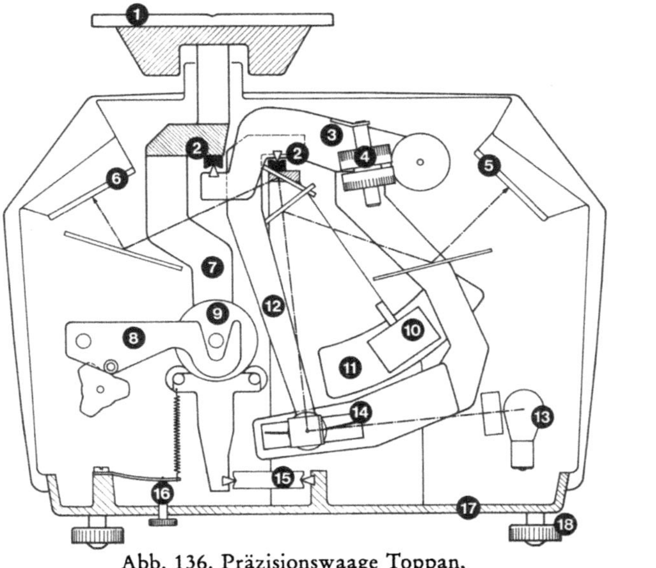

Abb. 136. Präzisionswaage Toppan,
Typenreihe S

1 Waagschale, *2* Lager, *3* Waagebalken, *4* Balkenjustiergewicht, *5* Hintere Gewichtsanzeige, *6* Vordere Gewichtsanzeige, *7* Schalenträger, *8* Schaltmechanismus, *9* Schaltgewicht, *10* Dämpfungsmagnet, *11* Dämpfungsflügel, *12* Ausgleichspendel, *13* Projektionslampe, *14* Projektionsskala, *15* Lenker, *16* Nullregulierung, *17* Grundplatte, *18* Stellfuß
(August Sauter KG, Ebingen)

macht die Waage unempfindlich gegen Verschleißerscheinungen. Die Bedienungsgriffe befinden sich auf beiden Seiten des Gehäuses, die Ablesung erfolgt entweder nur auf einer Seite oder doppelseitig (s. Abb.). Sonderausführungen werden mit optisch-elektronischer Meßwertabnahme mit Registrierung der Gewichtswerte ausgestattet. Explosionsgeschützte Ausführungen sind möglich.

D. Technische Waagen

Die *zweischalige Tafelwaage,* auf dem Prinzip des gleicharmigen Hebels beruhend, enthält ein doppeltes Stangensystem, das bewirkt, daß sich beide Waagschalen nur parallel zu sich selbst auf- und abbewegen können.

Die *Dezimalwaage* ist nach dem Prinzip des ungleicharmigen Hebels gebaut. Das Verhältnis der beiden Waagebalken ist 10 : 1, daher betragen die auf der Waagschale liegenden Gewichtsstücke nur den zehnten Teil des Gewichtes der Last.

Mitunter sind auch *Laufgewichtswaagen, Federwaagen* sowie die in den Verkaufsläden üblichen *Zeigerwaagen* in Verwendung.

E. Besondere Maßnahmen beim Wägen

1. Aufstellung der Analysenwaagen. Der Waagenraum soll möglichst fern von Räumen, in denen Maschinen laufen, liegen. Sonneneinstrahlung verdirbt die Wägung auf viele Stunden. Auch keine Strahlungsheizkörper im Waagenraum aufstellen! Als Beleuchtung sind Leuchtstofflampen zu empfehlen.

Die Waagen sind so erschütterungfrei wie möglich aufzustellen, am besten auf *Wägetischen* oder Konsolen, die eine schwere Steinplatte, auf Schwingmetallpuffern gelagert, besitzen. Der Wägetisch soll an oder in der Nähe einer trennenden Gebäudeinnenwand stehen.

2. Vorsichtsmaßnahmen beim Wägen. Die zu wägenden Gegenstände müssen die gleiche Temperatur wie die Waage haben. (Nie heiße Tiegel auf die Waage bringen!). Das Wägegefäß ist einige Zeit in der Nähe der Waage (z. B. in einem Exsikkator im Waagenraum) zu halten. Die Wägung von Niederschlägen oder Trockenrückständen ist zu wiederholen, bis sich das Gewicht nicht mehr ändert (Gewichtskonstanz).

Der Schieber des Waagengehäuses ist geschlossen zu halten, die Arretierung der Waage vorsichtig zu betätigen.

Bei der Wägung hygroskopischer Stoffe (rasch arbeiten!) Trockenmittel in das Waagengehäuse stellen. Zu empfehlen ist Kieselgur, zu warnen ist vor reinem Calciumchlorid (dieses muß stets mit frisch gebranntem Kalk gemischt sein).

Reduktion der Wägung auf den luftleeren Raum: Der durch den Luftauftrieb bedingte Fehler ist in der Regel so klein, daß er vernachlässigt werden kann. Bei feinsten Arbeiten muß er jedoch berücksichtigt werden.

F. Wägegefäße

Nie soll auf der Analytischen Waage eine Substanz auf Papier oder einem Kartenblatt abgewogen werden, weil diese leicht Feuchtigkeit anziehen und dadurch während des Wägens ihr Gewicht ständig verändern können.

Man mache es sich zum Prinzip, wenn möglich, die Substanz gleich in das Gefäß einzuwägen, in dem gearbeitet werden soll, um Substanzverluste durch Umfüllen zu vermeiden. Da dies jedoch in den meisten Fällen unmöglich ist, verwendet man zum Abwägen eigene Wägegefäße. Anfassen derselben mit einer Pinzette.

Als Wägegefäße dienen die mit einem eingeschliffenen Deckel verschließbaren *Wägegläschen* (Abb. 137) oder Wägedöschen aus Glas oder Kunststoff. *Wägeschiffchen* (Abb. 138) gestatten ein leichteres Einfüllen der abgewogenen Substanz in das Analysengefäß. Die nach dem Umfüllen an den Wandungen des Wägegefäßes haftenden Substanzreste werden mit einem Pinsel, einer Federfahne oder durch Abspritzen in das Analysengefäß gebracht.

Der in der Abb. 139 gezeigte *Wägetrichter* aus Glas (oder Kunststoff) kann ähnlich wie ein Trichter nach der Wägung auf einen passenden Kolben aufgesetzt und die gewogene Substanz leicht ohne Verlust überspült werden.

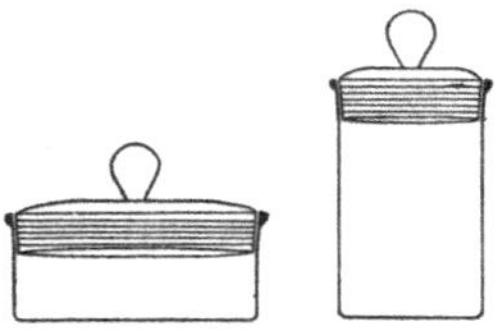

Abb. 137. Wägegläser (M. W. Heinz & Co. KG, Bensheim)

Abb. 138. Wägeschiffchen

Abb. 139. Wägetrichter E-MIL (Quickfit Laborglas GmbH, Wiesbaden-Schierstein)

Zum *Einfüllen* der Substanzen in das Wägegefäß verwendet man für feste Stoffe Löffel oder Spatel.

Mit dem Vibro-Spatel LV2 können pulverige und körnige Stoffe auf 0,1 mg genau eingewogen werden. Der Griff kann ruhig gehalten werden, während der eingesetzte Löffel in regulierbare Vibration versetzt wird.

Kleinste Substanzmengen kann man in kleinen, aus einem Glasrohr hergestellten (Zuschmelzen und Plattdrücken, so daß es auf der Waagschale stehen kann) Näpfchen einwägen und das Ganze (Näpfchen+Substanz) in das Analysengefäß bringen.

Flüssigkeiten werden mittels *Tropfröhrchen* oder *Pipetten* in das Wägegefäß gebracht, oder man verwendet eine Wägepipette, passend auf ein Zylinderglas (Abb. 140) oder einen Erlenmeyer-Kolben.

Möglichst rasches Abwägen ist anzustreben. Daher verwendet man Wägegefäße, deren Gewicht man bis auf 1 bis 2 mg voraus kennt, dieses auf das Wägegefäß einätzt und am besten auch eine eigene Tara dafür anfertigt.

Die Wägung kann ausgeführt werden: a) direkt (z. B. 1,4325 g), b) als genaue Einwaage, z. B. 1,0000 g, oder c) indirekt als Differenzwägung, die für hygroskopische und sehr zähflüssige Stoffe zu empfehlen ist. Dabei wird zuerst das Gewicht des gefüllten Wägegläschens (eventuell samt kleinem Glasstäbchen) bestimmt, dann ein Teil des Inhaltes in das Analysengefäß gebracht und das Wägegläschen mit dem zurückbleibenden Rest abermals gewogen. Die Differenz ergibt das Gewicht der zur Analyse eingewogenen Substanzmenge.

Für rauchende Säuren, z. B. Oleum, wird ein *Einschmelzröhrchen* benutzt (Abb. 141). Man stellt sich eine dünnwandige Glaskugel, die in eine

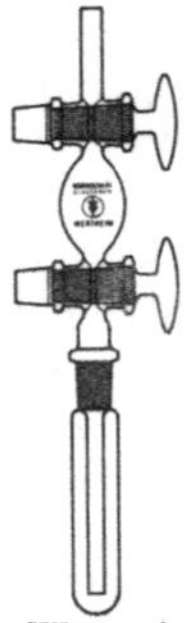

Abb. 140. Wägepipette nach Lunge-Ray (Normschliff Glasgeräte, Wertheim/Main)

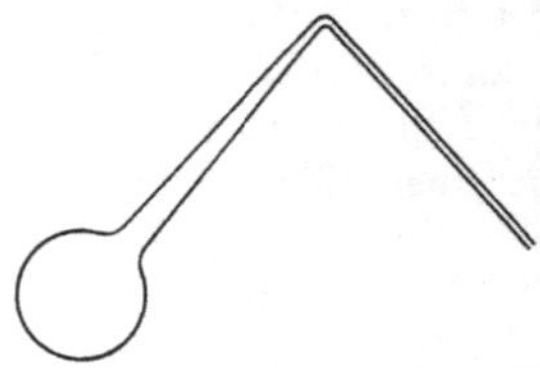

Abb. 141. Einschmelzröhrchen

Kapillare endigt, her und bestimmt ihr Gewicht. Durch schwaches Erwärmen der Kugel über einer Flamme dehnt sich die darin befindliche Luft aus und entweicht teilweise. Nun wird das Ende der Kapillare in die einzuwägende Flüssigkeit eingetaucht. Die sich nun abkühlende Kugel füllt sich von selbst teilweise mit der Flüssigkeit, worauf das Kapillarende mit Filtrierpapier abgetrocknet und rasch in der Flamme zugeschmolzen wird. Die Differenz der Wägungen vor und nach dem Füllen ergibt die Einwaage. Das Röhrchen wird im Analysengefäß (nach Zugabe von Wasser) zertrümmert.

Das Einschmelzen leicht flüchtiger Stoffe gelingt nur nach Tiefkühlung der Proben mit Eis-Kochsalz oder Trockeneis.

7. Abmessen von Flüssigkeiten

A. Allgemeines

Da das Volumen temperaturabhängig ist, muß bei genauen Messungen berücksichtigt werden, daß die Temperatur der Flüssigkeit mit der Temperatur, auf die das Meßgefäß geeicht ist (in der Regel 20° C), übereinstimmt. Bei Abweichungen muß durch Rechnung korrigiert werden.

Meßgefäße sind auf Ausguß („Ex") oder Einguß („In") geeicht. So ist z. B. bei einem 100-ml-Meßzylinder, der auf *Ausguß* geeicht ist, die ausgegossene Menge genau 100 ml. Ein Gefäß ist auf *Einguß* geeicht heißt, daß die auf dem Meßgefäß angebrachte Marke genau das angegebene Volumen enthält. Es ist nicht möglich, die enthaltene Flüssigkeitsmenge durch Ausgießen vollständig zu entleeren, da immer ein wenig an der Gefäßwand haften bleibt.

Zu betonen ist, daß Meßgefäße sauber sein müssen, um einen glatten Ablauf zu gewährleisten; die Glaswand muß überall gleichmäßig benetzt werden.

Meßgefäße, die eine bestimmte Menge einer Lösung aufnehmen sollen, sind vorher zu trocknen. Wird ein noch innen feuchtes Meßgefäß benutzt, kann man es mit Hilfe eines hindurchgesaugten Luftstromes nach vorhergegangenem Ausspülen mit etwas reinem Alkohol oder Äther (Vorsicht!) trocknen. Um das zeitraubende Trocknen zu vermeiden, kann man das Meßgefäß mit geringen Mengen der abzumessenden Lösung ausspülen (Spülflüssigkeit weggießen!).

B. Tropfgefäße

Tropfgefäße dienen der tropfenweisen Zugabe einer Flüssigkeit.

1. Tropfröhrchen und Tropffläschchen. a) Im einfachsten Fall verwendet man ein *Tropfröhrchen.* Es besteht aus einem kurzen, zu einer Spitze ausgezogenem Glasröhrchen, das in die Flüssigkeit eingetaucht wird. Verschluß des oberen Endes mit dem Finger. Bei Lüften des Fingers fließt die Flüssigkeit aus. Besser ist, man schiebt ein Schlauchstückchen auf das obere Ende, welches durch ein Glasstabstück verschlossen wird. Durch vorheriges Zusammendrücken des Schlauches und Lösen des Druckes in der Flüssigkeit füllt sich das Röhrchen und kann nun durch vorsichtiges Zusammendrücken des Schlauches wieder entleert werden.

b) *Tropffläschchen* (Abb. 142) enthalten einen gewissen Vorrat an Tropfflüssigkeit.

2. Tropftrichter. *Tropftrichter* sind in der zylindrischen Form oder in birnenförmiger Ausführung (Abb. 143) in Verwendung. Die Geschwindigkeit des Ausfließens wird durch den Glashahn reguliert. Die Tropfgeschwindigkeit kann durch einen Tropfenzähler (Abb. 143 rechts) kontrolliert werden.

Soll eine Flüssigkeit in eine geschlossene Apparatur eingetropft werden, muß für Druckausgleich im Tropftrichter gesorgt werden (Abb. 144).

Dosiertrichter mit Mariott'schem Rohr (Druckausgleich) ermöglichen eine über längere Zeit konstante Tropfgeschwindigkeit. Nach Füllen des Trichters wird mit dem Stopfen verschlossen und am Glasventil die Tropffolge eingestellt. Zum Eintropfen in geschlossene

Systeme wird die Olive des hohlen Ventilschaftes mit einer Schutzgaszufuhr verbunden. Bei den Modellen mit Temperiermantel (Abb. 145) kann der Trichterinhalt gekühlt oder vorgewärmt werden.

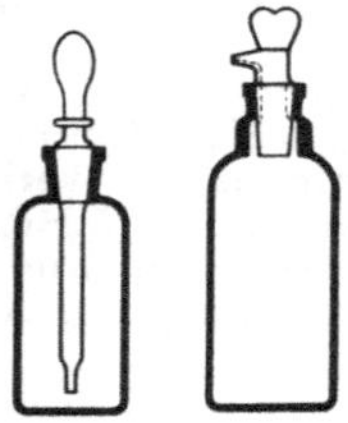

Abb. 142. Tropffläschchen (Rudolf Brand, Wertheim/Main)

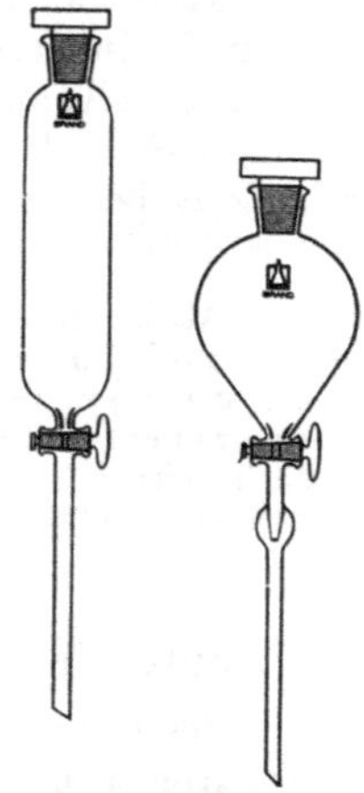

Abb. 143. Tropftrichter (Rudolf Brand, Wertheim/Main)

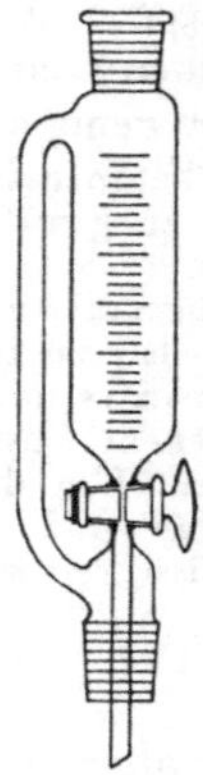

Abb. 144. Tropftrichter mit Druckausgleichsrohr (M. W. Heinz & Co. KG, Bensheim)

C. Meßzylinder und Meßkolben

1. Meßzylinder. Meßzylinder (Mensuren) gestatten nur eine rohe Abmessung. Um eine annähernde Genauigkeit zu erreichen, muß der Meßzylinder dem abzumessenden Volumen möglichst angepaßt sein (für kleine Flüssigkeitsmengen keine großen Meßzylinder verwenden!). Geeicht sind Meßzylinder fast stets auf Ausguß. Beim Ausgießen wird er langsam geneigt, und nachdem der zusammenhängende Ausfluß aufgehört hat, wird nach einer Wartezeit von 30 Sekunden die Mündung (Schnäuzel) an der Gefäßwand abgestrichen. Meßzylinder sind je nach ihrer Größe mit einer ml-Teilung oder Zehntel-ml-Teilung versehen, die größeren haben eine 5- oder 10-ml-Teilung (Abb. 146). Bei der Ablesung des Volumens muß der Meßzylinder stets senkrecht gehalten werden, um Ablesefehler zu vermeiden (Flüssigkeitsmeniskus in Augenhöhe).

Meßzylinder mit Sechskantfuß haben den Vorteil, daß sie beim Hinlegen nicht weiterrollen. Aus diesem Grunde werden auch ansetzbare Kunststoff-Füße empfohlen, ebenso das Aufschieben von sechseckigen Sicherheitsringen wenige Zentimeter unter den oberen Rand, die auch einen gewissen Schutz beim Umfallen eines Meßzylinders darstellen. Nahezu vollständig bruchsicher sind Geräte aus Kunststoff.

Für sehr rohe Abmessungen werden *Meßbecher* verwendet (Abb. 147).

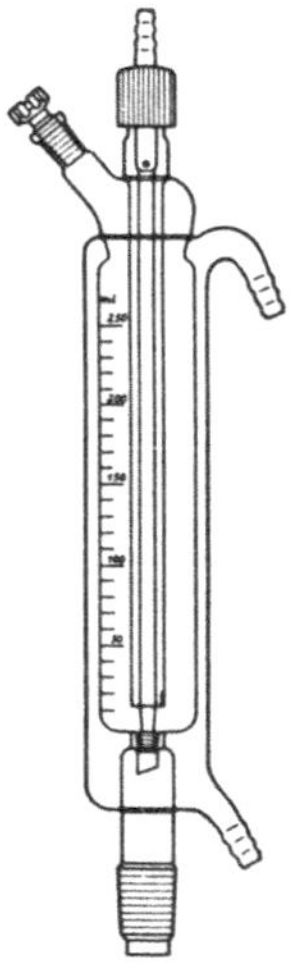

Abb. 145. Dosiertrichter mit Mariotteschem Rohr (Normag Otto Fritz GmbH, Hofheim/Ts)

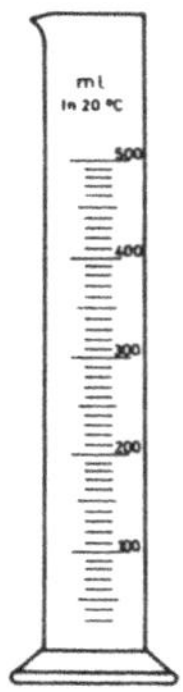

Abb. 146. Meßzylinder (Jenaer Glaswerk Schott & Gen., Mainz)

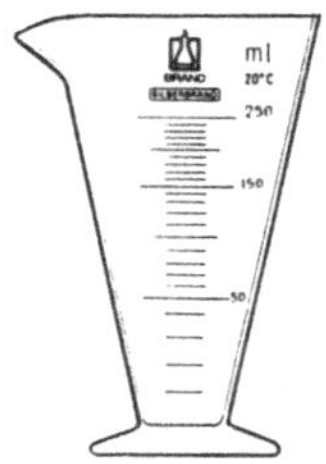

Abb. 147. Meßbecher (Rudolf Brand, Wertheim/Main)

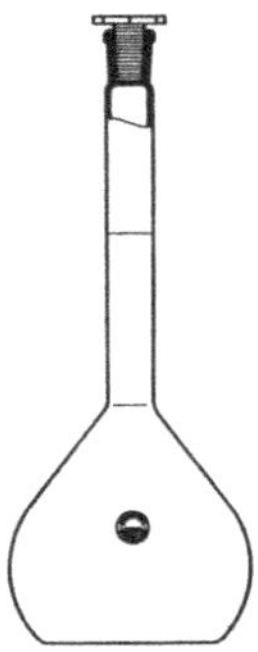

Abb. 148. Enghals-Meßkolben mit NS-Stopfen (Glaswerk Wertheim/Main)

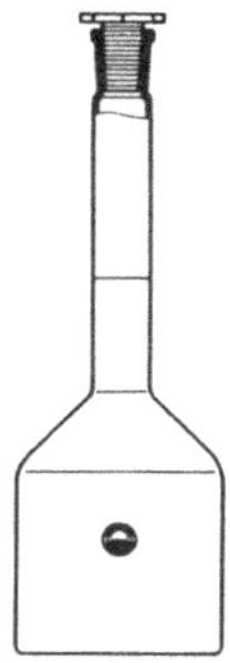

Abb. 149. Meßflasche nach Stohmann (Glaswerk Wertheim/Main)

2. Meßkolben. Meßkolben dienen zur Einstellung von Lösungen auf ein festgelegtes Volumen. Es sind enghalsige Standkolben (Abb. 148) oder Flaschen (Abb. 149) mit NS-Stopfen. An seiner

Stelle kann auch ein NS-Polyäthylenstopfen mit einer mehrkantigen Kappe (Rudolf Brand, Wertheim/M.) verwendet werden, der umfallende Geräte vor Bruch schützt.

Gebräuchliche Größen: 25, 50, 100, 250, 500 und 1000 ml. Die Strichmarke ist rings um den Hals gezogen, um Ablesefehler zu vermeiden. Meßkolben sind auf Einguß geeicht.

Die im Kolben befindliche Flüssigkeit schneidet nicht mit der gezeichneten Marke genau ab, sondern die Flüssigkeitsoberfläche bildet einen nach unten konvexen Meniskus. Alle Einstellungen und Ablesungen geschehen am tiefsten Punkt des Meniskus.

Meßkolben sollen nicht erhitzt werden, weil sich ihr Volumen dadurch verändert und beim Abkühlen nur sehr langsam auf den ursprünglichen Wert zurückgeht. Ist beim Lösen eines Stoffes Erwärmen erforderlich, stellt man die Lösung in einem beliebigen anderen Kolben her, läßt sie abkühlen und spült sie erst dann in den Meßkolben.

Gefüllt wird der Meßkolben, indem man die Flüssigkeit bis nahe an die Marke eingießt und den Rest vorsichtig zutropft (z. B. mittels einer Spritzflasche). Der verschlossene Kolben wird nun aufgehoben und durch öfteres Umdrehen (Stopfen dabei festhalten!) und Rollen in der Hand bewegt, um den Inhalt gleichmäßig zu vermischen. Nach der Entnahme von Flüssigkeit muß er sofort wieder verschlossen werden (Stopfen tunlichst immer in der Hand halten).

Neu sind Meßkolben aus Duran mit genormtem Glasgewinde (Jenaer Glaswerk Schott & Gen., Mainz), die mit aufschraubbarer Kunststoffkappe und einer PTFE-beschichteten Dichtung verschlossen werden.

D. Pipetten und Büretten

Pipetten sind Saugrohre aus Glas (oder Kunststoff) von bestimmtem Rauminhalt, die in der Mitte zylindrisch erweitert sind.

1. Vollpipetten. Sie dienen zur Abmessung eines genau festgelegten, auf der Pipette angegebenen Flüssigkeitsvolumens. Sie werden in Größen für 1, 2, 5, 10, 20, 25, 50, 100 und 200 ml Inhalt hergestellt (Abb. 150). Pipetten sind auf Auslauf geeicht und hinsichtlich ihrer Ausführung, Abmessung, Ablaufzeiten und Fehlergrenzen genormt. Die Eichmarke im oberen dünnen Rohr umfaßt den ganzen Umfang. Die Eichtemperatur ist 20° C.

Handhabung: Die Pipette wird mit der Spitze ziemlich tief in die Flüssigkeit eingetaucht und die Flüssigkeit (z. B. mit dem Munde) langsam angesaugt, zunächst bis etwas über die Eichmarke. Dann wird das obere Ende rasch mit dem (schwach angefeuchteten) Zeigefinger verschlossen und durch vorsichtiges Lüften des Fingers außerhalb der Flüssigkeit der Flüssigkeitsmeniskus in der Pipette gesenkt, bis er die Eichmarke berührt. Bei Füllung einer feuchten Pipette verfährt man so, daß man etwas Flüssigkeit ansaugt, rasch verschließt (damit nichts in das Gefäß zurückfließen kann) und nun die Pipette fast waagrecht hält und dreht, so daß sie innen von der Flüssigkeit bespült wird. Dies wird zwei- bis dreimal wiederholt, wobei die Entleerung stets in den Ausguß erfolgen muß. Dann erst wird die eigentliche Füllung vorgenommen.

Das Ansaugen mit dem Munde ist bei gefährlichen Flüssigkeiten verboten. Über Sicherheits-Pipettiervorrichtungen s. S. 86.

Um ein späteres Ablaufen der an der Außenseite haftenden Flüssigkeit zu vermeiden, wischt man die Spitze mit Filtrierpapier ab, wobei darauf zu achten ist, daß die Öffnung nicht berührt wird, da sonst ein Teil des Pipetteninhaltes herausgesaugt würde (daher besser vor Einstellen auf die Marke abwischen).

Beim Entleeren wird die Pipettenspitze nach dem Auslaufen der Flüssigkeit an der Wandung des Aufnahmegefäßes nach einer Wartezeit von z. B. 15 Sekunden abgestrichen. Beim Auslaufen bleibt an der Innenwand zunächst ein Flüssigkeitsfilm haften, der langsam nachläuft (Nachlauf). Dieser ist je nach der Dauer der Auslaufzeit verschieden. Die Wartezeit nach dem Auslaufen bis zum Abstreifen

Abb. 150. Vollpipette (Normschliff Glasgeräte, Wertheim/Main)

Abb. 151. Pipettengestell

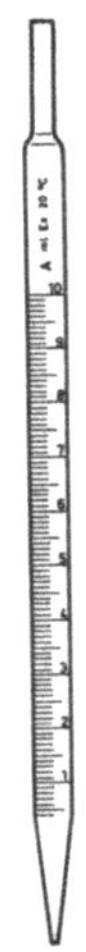

Abb. 152. Meßpipetten mit Vollablauf (Jenaer Glaswerk Schott & Gen., Mainz)

ist daher für die verschiedenen Größen unterschiedlich, genau festgelegt und muß eingehalten werden. (Analoges gilt auch für Meßpipetten und Büretten!)

Um die Wartezeit zu ersparen, werden *Ausblaspipetten*, die eine wesentlich kürzere Auslaufzeit haben, verwendet. Bei ihnen wird nach dem Auslauf der Nachlauf aus der Pipette ausgeblasen. Diese Art der Entleerung ist jedoch nur bei den Ausblaspipetten anwendbar, normale Pipetten dürfen nicht durch Ausblasen entleert werden. Ein Abbrechen der Pipettenspitze zum Zwecke der Verkürzung der Auslaufzeit verfälscht das Ergebnis und muß als grober Unfug bezeichnet werden.

Pipetten sollen möglichst hängend aufbewahrt werden (oben durch ein Papierhütchen vor Hineinfallen von Staub schützen). Zum Aufbewahren dienen *Pipettengestelle* aus Holz, Kunststoff oder Metall in verschiedenen Ausführungen, z. B. bestehend aus zwei mit Löchern versehenen und übereinander angeordneten Scheiben (Abb. 151) oder man verwendet *Pipettenkörbe* aus Kunststoff. Trockene Pipetten können auch in *Pipettenschalen* mit flachen Fächern zum Einlegen der Pipetten aufbewahrt werden.

2. Meßpipetten. Meßpipetten (Abb. 152) sind zylindrische, mit z. B. Zehntel-ml-Teilung versehene Glasrohre, die innerhalb gewisser Grenzen, z. B. 0,5 bis 25 ml, beliebige Flüssigkeitsmengen abzumessen gestatten. Sie werden hauptsächlich dann verwendet, wenn es sich um das Abmessen kleiner, gebrochener ml-Mengen handelt. Die Handhabung ist die gleiche wie bei Vollpipetten.

Die Teilungsstriche müssen mindestens um den halben Rohrumfang reichen, um Ablesefehler zu vermeiden. Beim Ablesen ist die Pipette senkrecht zu halten, mit dem gewünschten Teilstrich in Augenhöhe.

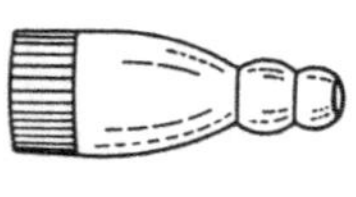

Abb. 153. Universal-Pipettenansatz UPA (Karl Hammacher GmbH, Solingen-Aufderhöhe)

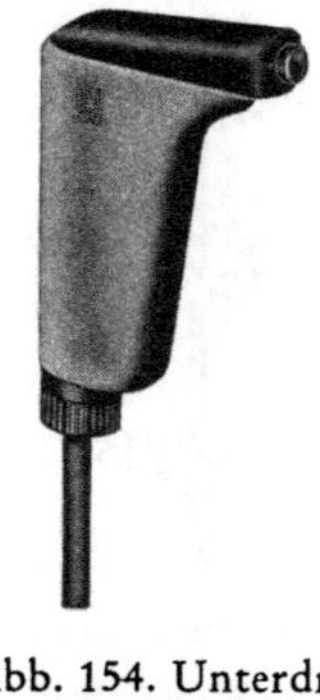

Abb. 154. Unterdruck-Pipettierhelfer (Rudolf Brand, Wertheim/Main)

Abb. 155. Peleus-Ball (F. Bergmann KG, Berlin-Zehlendorf)

3. Sicherheits-Pipettiervorrichtungen. Ein gefahrloses, rücklaufsicheres Pipettieren wird beispielsweise durch folgende Vorrichtungen erreicht:

Der *Universal-Pipettenansatz UPA.* In der abschraubbaren Randschraube (in der Abb. 153 links) sitzt ein mit einem Loch versehenes Gummiplättchen. In dieses wird die Pipette mit einer leichten Drehung eingesteckt und sitzt dann fest. Die Olive des UPA paßt auf die üblichen, einer Wasserstrahlpumpe angeschlossenen Druckschläuche (zum Zwecke des Ansaugens der Pipette). Der Pipettenansatz eignet sich auch zum Trocknen der Pipette.

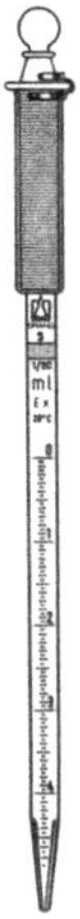

Abb. 156. Saugkolben-Pipette (Rudolf Brand, Wertheim/Main)

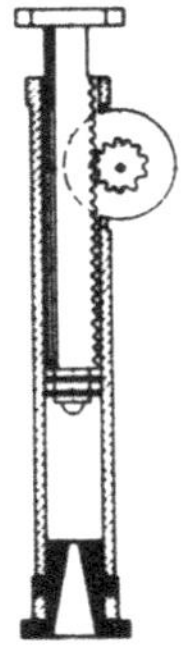

Abb. 157. Pi-Pump (Glasfirn, Gießen-Wieseck)

Eine Vorrichtung zum Ansaugen mit Vakuum ist der *Unterdruck-Pipettierhelfer* (Abb. 154) für größere Volumina. An den Ventilkopf aus PP wird ein Schlauch angeschlossen, der zur Vakuumversorgung (Wasserstrahlpumpe oder Hausvakuumleitung) führt. In die Leitung wird ein kleiner, selbsttätig wirkender Regler eingebaut, der die Sauggeschwindigkeit auf das richtige Maß reduziert. Niederdrücken des Stempels des Ventilkopfes öffnet die Verbindung zur Vakuumleitung. Geringeres Drücken auf den Stempel schließt das Ansaugventil. Durch leichtes Neigen des Fingers auf dem Stempel stellt man den Meniskus in der Pipette ein und entleert.

Bei dem *Peleus-Ball* (Abb. 155) wird die Pipette in die untere Öffnung eingeschoben und der Gummiball in die hohle Hand gelegt. Durch Zusammendrücken des Ventiles A (Luftauslaß) und gleichzeitigem Zusammenpressen des Balles wird letzterer evakuiert. Das Ansaugen geschieht durch vorsichtiges Zusammendrücken des Ventils S, bis der gewünschte Flüssigkeitsstand erreicht ist, die Entleerung durch Zusammendrücken des Ventils E, wobei es möglich ist, auch einzelne Tropfen zum Ausfluß zu bringen. Der in der Pipette verbliebene Rest wird durch Zusammendrücken der Luftkammer neben dem Ventil E bei gleichzeitigem Druck auf E entleert.

Bei der *Saugkolben-Pipette* geschieht das Ansaugen und Entleeren mit Hilfe eines oben eingeschiffenen Glaskolbens (Abb. 156). Die Betätigung kann leicht mit einer Hand erfolgen. Verbessert wurde diese Pipette durch Anbringen einer seitlichen Luftöffnung in der Saugvorrichtung. Die Öffnung ist wie beim üblichen Pipettieren mit dem Finger verschließbar, wodurch auf jede Teilungsmarke rasch und sicher eingestellt werden kann.

Die *Pi-Pump* (Abb. 157) ermöglicht die tropfenweise Entnahme aus einer Pipette mit Hilfe einer Zahnstange. Das Triebrad wird mit dem Daumen nach oben oder unten bewegt.

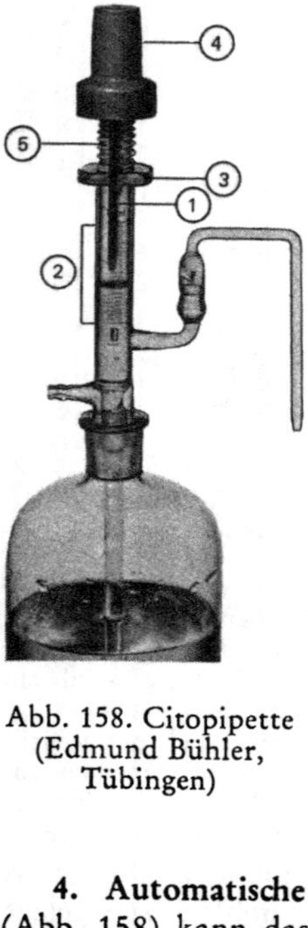

Abb. 158. Citopipette (Edmund Bühler, Tübingen)

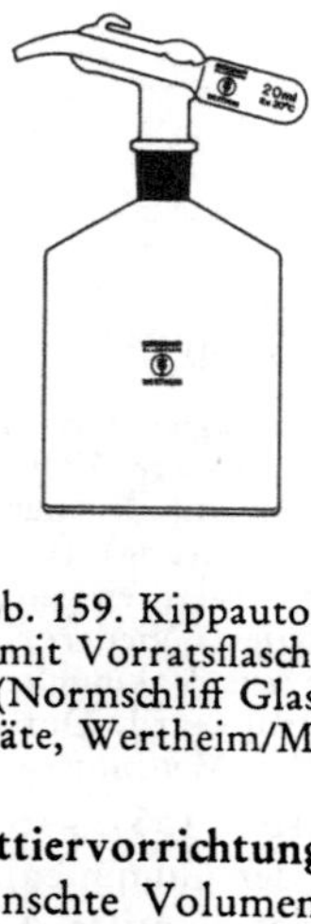

Abb. 159. Kippautomat mit Vorratsflasche (Normschliff Glasgeräte, Wertheim/Main)

Abb. 160. Abfüllautomat E-MIL (Quickfit Laborglas GmbH, Wiesbaden-Schierstein)

4. Automatische Pipettiervorrichtungen. Mit der *Citopipette* (Abb. 158) kann das gewünschte Volumen vorher mit dem Zeiger 1 an der Skala 2 eingestellt werden. Nun wird die Anschlagmutter auf der gegenüberliegenden Gewindespindel solange nach oben gedreht, bis sie am Flansch 3 des Meßzylinders anschlägt; Sicherung durch die Kontermutter. Beim Pipettieren ist darauf zu achten, daß der Kolben 4 zügig, jedoch nicht ruckartig nach unten gedrückt wird. Die kunststoffbeschichtete Schraubendruckfeder 5 führt den Kolben wieder nach oben und füllt dadurch die Spritze automatisch mit dem eingestellten Volumen.

Der *Kippautomat* (Abb. 159) ist eine automatische Pipette, mit der aus einer Vorratsflasche eine bestimmte Flüssigkeitsmenge entnommen werden kann.

Mit dem *Abfüllautomaten E-Mil* (Abb. 160) wird das gewünschte Volumen durch Auf- und Herunterschieben des Meßgerätes in eine Stellung gebracht, bei der die Öffnung des Innenrohres genau auf der Höhe der entsprechenden Graduierungsmarke steht. Durch Druck auf die Plastikflasche füllt sich das Meßgerät, nach Beendigung des Druckes stellt sich die Flüssigkeit auf die eingestellte Marke ein.

5. Büretten. Büretten sind auf Ausfluß („Ex") für 20° C Bezugstemperatur geeicht.

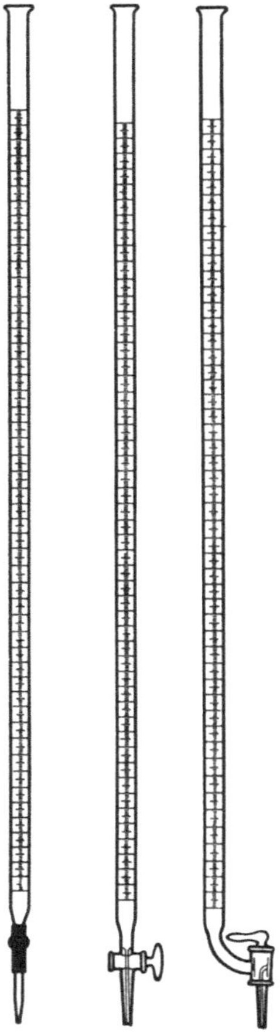

Abb. 161. Büretten

Der *Verschluß* wird gebildet: a) Durch ein Stück Gummischlauch mit einem in eine auslaufenden Spitze Röhrchen. Die Schlauchverbindung (für alkalische Flüssigkeiten) enthält einen Quetschhahn oder Glaskugelverschluß (s. S. 49). b) Durch einen Glashahn, der sowohl in horizontaler als auch in vertikaler Stellung angebracht sein kann (Abb. 161).

Büretten werden auch mit austauschbarem Teflon-Hahnküken geliefert. Diese Hähne sind selbstfettend, chemikalienbeständig und abriebfest.

Büretten mit Flachhahn s. S. 48, über Hahnsicherungen S. 46.

Zum Gebrauch wird die Bürette mit einer Bürettenklammer (s. S. 17|) in ein Stativ eingespannt und durch ein trockenes Trichterchen derart mit der Flüssigkeit gefüllt, daß ihr Meniskus auf die Marke Null, die sich oben befindet, eingestellt ist (etwas über die Nullmarke anfüllen und dann tropfenweise bis zur Marke ablassen). Dabei ist darauf zu achten, daß sich im Glasrohr unterhalb des Verschlusses keine Luftblasen ansammeln. Dies wird bei Glashahnbüretten so verhindert, daß man den Ablaufhahn der gefüllten Bürette mehrmals ruckweise öffnet, um die Luftblasen mitzureißen, und bei Büretten mit Gummischlauchverschluß derart, daß man die Glasspitze nach aufwärts biegt und dabei Flüssigkeit auslaufen läßt.

Soll eine feuchte Bürette gefüllt werden, muß man sie zwei- bis dreimal mit der abzumessenden Flüssigkeit ausspülen.

Büretten läßt man frei auslaufen und streicht anhaftende Tropfen mit einem Glasstab oder mit der Wand des Aufnahmegefäßes ab. In jedem Fall hat ein Abspülen der Gefäßwand zu erfolgen.

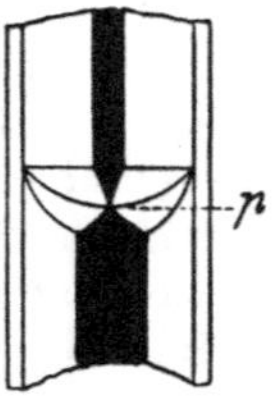

Abb. 162. Schellbachstreifen

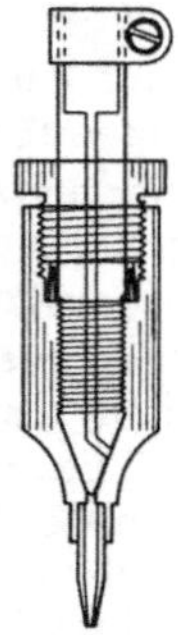

Abb. 163. Feindosierventil aus Teflon (Normag Otto Fritz GmbH, Hofheim/Ts)

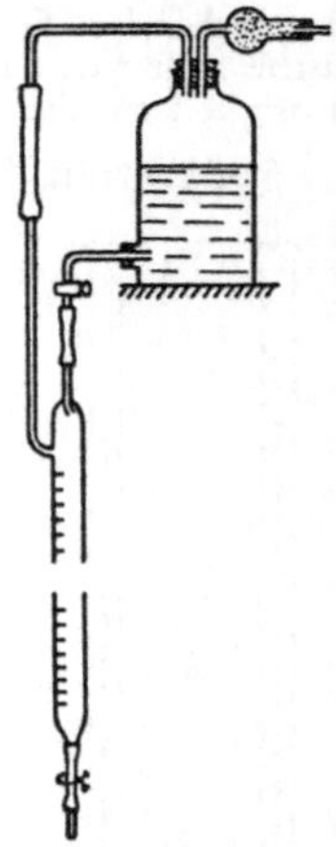

Abb. 164. Bürettenfülleinrichtung

Die endgültige Ablesung des Flüssigkeitsstandes kann erst nach 30 Sekunden erfolgen, wenn das Nachlaufen der an der Bürettenwandung anhaftenden Flüssigkeit beendet ist.

Abgelesen wird bei hellen Flüssigkeiten stets der untere Meniskusrand, bei dunklen der obere Rand, da dieser dann besser zu erkennen ist. Um Ablesefehler zu vermeiden, muß die Bürette genau senkrecht stehen und die Augen müssen sich in der gleichen Höhe mit dem Meniskus befinden.

Büretten sollen eine Skalenteilung über den halben Rohrumfang haben, um Ableseungenauigkeit zu vermeiden. Erleichtert wird das Ablesen durch Dahinterhalten eines Papierblattes.

Vorteilhaft sind Büretten mit *Schellbachstreifen* (Abb. 162). Die Bürette ist auf ihrer Rückseite mit einem schmalen, dunklen Streifen auf Milchglashintergrund versehen. Bei richtiger Ablesung muß dieser Streifen (d. h. die Spiegelbilder, die von ihm durch die obere und untere Meniskushälfte entworfen werden) zwei Spitzen (p) bilden.

Das *Feindosierventil aus Teflon* (Abb. 163) ermöglicht durch Drehen einen festen Strahl oder kleinste Tröpfchen zu entnehmen.

Füllvorrichtungen für Büretten. Bei ständigem Gebrauch der Bürette oder für Flüssigkeiten, die vor Lufteinwirkung geschützt werden sollen (z. B. Laugen), verwendet man vorteilhaft Füllvorrichtungen. Die Flüssigkeit befindet sich in einer Vorratsflasche, die mit der Bürette unter Zwischenschaltung eines Hahnes in Verbindung steht (Natronkalkröhrchen als Schutz gegen die Außenluft anbringen). Abb. 164.

Bei den Füllvorrichtungen mit automatischer Einstellung auf die Nullmarke erfolgt die Füllung der Bürette aus einer, gleichzeitig als Fuß dienenden Vorratsflasche mit Hilfe eines Gummiballgebläses. Man unterscheidet Büretten mit *Rücklaufeinstellung* (Abb. 165), bei denen das enge Röhrchen im Oberteil der Bürette überflüssige Titrierlösung in die Vorratsflasche zurückzieht und Büretten mit *Überlaufeinstellung* (Abb. 166), bei denen die zuviel aufgepumpte Flüssigkeit in die Vorratsflasche zurückfließt.

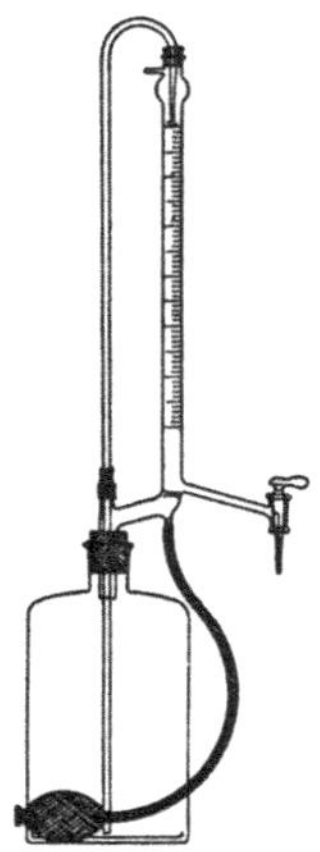

Abb. 165. Bürette mit Rücklaufeinstellung

Abb. 166. Bürette mit Überlaufeinstellung nach Daffert (Normschliff Glasgeräte, Wertheim/Main)

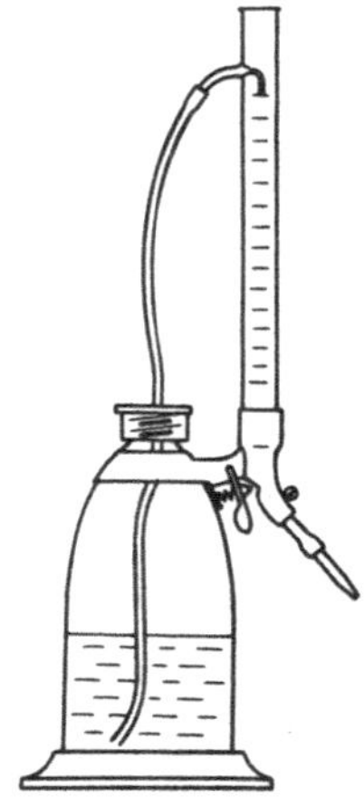

Abb. 167. Schnellbetriebsbürette (W. Bätz & Co., Hofheim/Ts)

Bei der *Schnellbetriebsbürette nach Schilling* (Abb. 167) wird durch leichten Druck auf die frei in der Hand gehaltene Vorratsflasche aus Kunststoff die Kurzbürette automatisch auf den Nullstrich eingestellt. Durch Fingerdruck auf den Quetschhahn wird der Flüssigkeitsauslauf ermöglicht. Die Bürette kann in einen Kunststoff-Fuß gestellt werden.

Bei den automatisch zu füllenden Büretten muß, wie bei allen anderen, die Vorratsflasche einmal täglich umgeschüttelt werden, da sich im Oberteil der Flasche Tropfen von kondensiertem Wasser angesetzt haben. Bei Flüssigkeiten, die einen Bodensatz abscheiden (z. B. $KMnO_4$-Lösung), darf, damit dieser nicht aufgewirbelt wird, nur vorsichtig geneigt werden.

Mikrobüretten sind in Hundertstel-ml geteilt. Ablesen mit Lupe.

6. Titrieren. Titrieren heißt, die unbekannte Menge eines gelösten Stoffes mit einer in ihrem Wirkungswert bekannten Menge eines anderen gelösten Stoffes umsetzen. Der Endpunkt des Umsatzes wird mit Hilfe eines Indikators erkannt. Die Titrierlösung wird aus einer Bürette entnommen und der Verbrauch an ihr abgelesen.

Als Ort der Titration wähle man einen Platz in Fensternähe, da gute Beleuchtung für die Feststellung des Indikator-Umschlagpunktes wichtig ist. Das Titriergefäß stellt man auf eine reine, weiße Unterlage (Porzellanplatte oder Papier). Als Titrationsgefäß verwendet man Bechergläser, Erlenmeyer- oder kurzhalsige Titrierkolben sowie Porzellanschalen.

Während des Titrierens, besonders gegen Ende der Titration, muß die Flüssigkeit dauernd bewegt werden (Umschwenken oder Rühren). Vorteilhaft ist die Verwendung von Magnetrührern (s. S. 66). Zum Schluß muß die Wandung des Titriergefäßes nochmals sorgfältig abgespült werden.

Einige wichtige Titrierregeln: Man arbeite möglichst mit starken Normallösungen (1 n, 0,5 n) und vermeide unnötiges Verdünnen der vorgelegten Lösung.

Wichtig ist die richtige Wahl des Indikators und man verwende stets die geringstmögliche Menge (möglichst nur einen Tropfen). Alkohol beeinträchtigt die Empfindlichkeit des Indikators (wenig Alkohol zur Lösung von Indikatoren verwenden). Bei stark gefärbten Flüssigkeiten verwendet man Reagenzpapiere.

Man fülle die Bürette vor jeder neuen Titration stets auf die Nullmarke. Nichtgebrauchte Titrierflüssigkeit soll nie in die Vorratsflasche zurückgegossen werden.

Die Einwaage der Probe wähle man so, daß ca. 30 bis 40 ml Titrierflüssigkeit verbraucht werden.

Titrierfehler: a) Methodische Fehler, und zwar Kalibrierungsfehler (Ungenauigkeit der Bürette), Ablesefehler, Nachlauffehler, Temperaturfehler (Abweichung von der Eichtemperatur). Diese Fehler lassen sich bei sorgfältigem Arbeiten fast gänzlich vermeiden. b) Chemische Fehler. Dazu gehören Tropfenfehler, die um so größer sind, je konzentrierter die Titrierlösung ist. Sie kommen dadurch zustande, daß man einen Tropfen Titrierlösung zuviel zugeben muß, um den Umschlagspunkt zu erkennen. Indikatorfehler kommen dadurch zustande, daß der Umschlagspunkt des Indikators vom Neutralpunkt verschieden sein kann.

Indikatoren. In der *Alkali- und Acidimetrie* verwendet man Indikatoren, die in Abhängigkeit vom pH-Wert der wäßrigen Lösung eine Farbänderung ergeben. Es ist zu beachten, daß die Farbe des Indikators nicht plötzlich umschlägt, sondern einen gewissen Umschlagsbereich umfaßt. Dieser liegt beispielsweise für Methylorange bei 3,1 bis 4,4 (also bereits in schwach saurer Lösung), für Phenolphthalein zwischen 8,2 und 9,8 (also im schwach alkalischen Bereich).

Herstellung der am häufigsten gebrauchten Indikatorlösungen: a) Methylorange. 0,02 g werden in 100 ml heißem destilliertem Wasser gelöst und die Lösung nach dem Erkalten filtriert. Der Übergang zwischen rot und gelb ist (besonders in der Hitze) unscharf, man titriert auf die sogenannte „Zwiebelfarbe". Vom chemischen Standpunkt wäre es richtiger, bei Anwendung dieses Indikators eine saure Lösung mit Alkali zu titrieren. Da aber der Umschlag von Gelb in Rot leichter wahrgenommen werden kann, wird meist so gearbeitet, daß man die Titration mit Säure beendet.

b) Methylrot. Man löst 0,02 g in 100 ml heißem Wasser, läßt erkalten und filtriert oder bereitet eine alkoholische Lösung. Der Umschlag ist sehr scharf, von schwach Gelb (alkalisch) in Violettrot (sauer).

c) Phenolphthalein. 1 g reines Phenolphthalein wird in 100 ml 96%igem Alkohol gelöst. Umschlag von Farblos (sauer) nach Rot (alkalisch).

d) Über weitere Indikatoren für die Acidimetrie/Alkalimetrie s. S. 290. Über Indikatorpapiere (pH-Papiere) s. S. 291.

In der *Jodometrie* wird als Hilfsmittel zur Erkennung des Endpunktes der Titration Stärkelösung verwendet. Herstellung der Stärkelösung: 5 g lösliche Stärke werden mit wenig kaltem Wasser zu einem Brei verrieben und unter Rühren zu einem Liter kochendem Wasser gegossen. Dann wird noch ein bis zwei Minuten gekocht, bis eine klare Lösung entstanden ist, die ziemlich rasch abgekühlt wird. Stärkelösung wird durch freies Jod blau gefärbt.

In der *Komplexometrie* wird die Probenlösung mit Komplexonen (Äthylendiamintetraessigsäure und ihre Abkömmlinge) titriert. Als Indikatoren verwendet man Stoffe, die mit freien Metallionen gefärbte Komplexe ergeben, z. B. Eriochromschwarz T bei der Bestimmung von Mg; Murexid und Calconcarbonsäure für Ca; Dithizion für Zn; Chromazurol S für Al u. a.

Als Reagens auf *salpetrige Säure* und Oxidationsmittel (z. B. Chlor) wird Jodkalistärkepapier verwendet. Es färbt sich durch Betupfen mit wenig Oxidationsmittel blauviolett bzw. bei stärkerer Einwirkung braun. Man soll es betupfen, nicht bestreichen. Herstellung: 10 g reine Stärke werden mit wenig Wasser verrieben und unter gutem Rühren mit einem Liter heißem Wasser übergossen. Nach dem Erkalten mischt man eine Lösung von 1,5 Kaliumjodid zu. Ein mit dieser Lösung zubereitetes Filtrierpapier zeigt mit einer Salzsäure von 1% einen Tropfen 1n-Natriumnitritlösung im Liter noch deutlich an.

Bleipapier dient zur Erkennung von H_2S. Man tränkt Filtrierpapier mit einer Lösung von 10 g Bleiacetat im Liter und trocknet in schwefelwasserstofffreier Luft.

E. Dosieren von Flüssigkeiten

Bei manchen Reaktionen ist eine Dosierung (Zugabe einer genau vorgeschriebenen Menge pro Zeiteinheit) erforderlich.

a) *Tropftrichter mit Tropfenzähler:* Zahl der Tropfen in einer bestimmten Zeiteinheit mit Stoppuhr messen. Dosiertrichter mit Mariotte'schem Rohr s. S. 81.

b) Mit *Durchflußmessern* (s.S.256) wird die Durchflußgeschwindigkeit und damit die Menge pro Zeiteinheit gemessen.

c) Der *Ultra-Turrax* (s. S. 65) kann in Verbindung mit einer Durchlaufkammer, die den Generator hermetisch umschließt, zur Dosierung mehrerer Flüssigkeiten verwendet werden (Abb. 168). Das Gerät kann ebenso für Durchlauf und Umlauf mit Druckausgleich sowie für Arbeiten unter Luftabschluß verwendet werden.

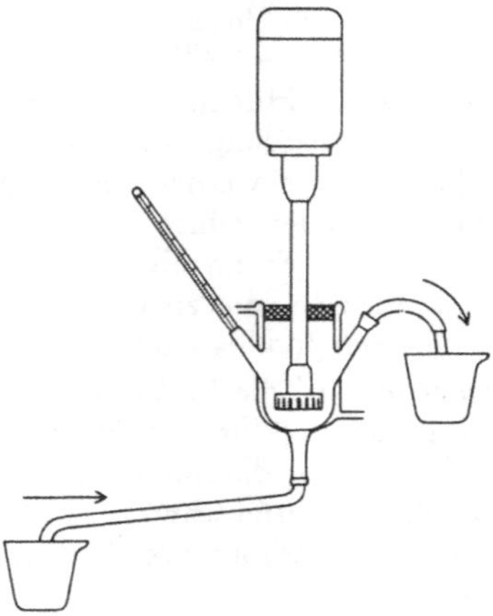

Abb. 168. Ultra-Turrax mit Durchlaufkammer DK 45
(IKA-Werk Janke & Kunkel KG, Staufen i. Br.)

d) *Pumpen.* Von den üblichen Pumpenaggregaten, wie Kreiselpumpe (s. Umlaufpumpe S. 70), Kolbenpumpen, Zahnradpumpen und Schlauchpumpen (s. S. 69) wurden auch Laboratoriumsmodelle entwickelt.

Abb. 169. Dosierpumpe
(Ernst Haage, Mülheim/Ruhr)

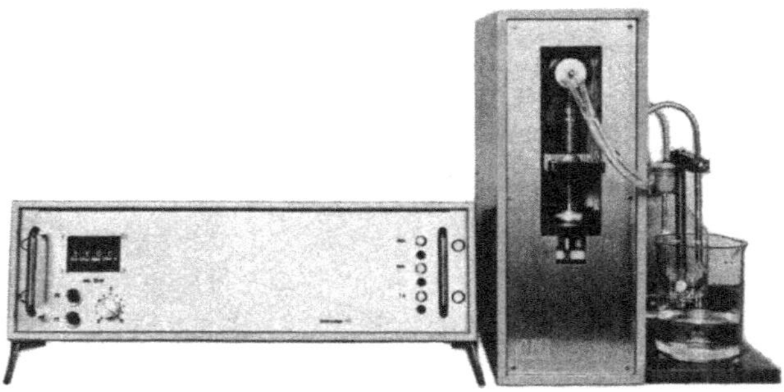

Abb. 170. Dosierautomat für Flüssigkeiten
(Gebr. Klees, Düsseldorf)

Bei der *Dosierpumpe* (Abb. 169) besteht das Pumpaggregat aus einem Steuerventil und dem Faltenbalg, der über einen Exzenter des Schneckengetriebes, welches direkt mit dem Antriebsmotor gekuppelt ist, zusammengedrückt und entspannt wird. Die dadurch bewirkte ständige Volumenänderung im Faltenbalg wird durch die Doppelwirkung des Ventils in eine Pumpwirkung umgewandelt. Durch Änderung des Faltenbalghubes an einer feststellbaren Rändelmutter läßt sich die Fördermenge stufenlos regeln. Von dieser Pumpe gibt es auch Ausführungen für die Dosierung von Gasen.

Der *Dosierautomat* (Abb. 170) dient zum automatischen Dosieren von Flüssigkeiten mit einer Genauigkeit von ±0,1%. An einem Vorwahlzähler wird die Häufigkeit der Dosierungen eingestellt. Der Automat kann auch mit einem automatischen Probentransport ausgerüstet werden, wobei die Dosiergeschwindigkeit stufenlos einstellbar ist.

F. Umfüllen von Flüssigkeiten

a) Werden Flüssigkeiten durch vorsichtiges *Umgießen* aus einem Gefäß in ein anderes umgefüllt, ist, vor allem bei gefährlichen Flüssigkeiten, eine Schutzbrille zu tragen. Als Hilfsmittel verwendet man einen möglichst großen, kurzen, aber weithalsigen Trichter.

Das Eingießen kleiner Mengen in ein Gefäß geschieht am besten durch Herablaufenlassen an einem Glasstab (Abb. 171). Beim Ausgießen aus Bechergläsern kann man, um ein Hängenbleiben oder Herabfließen von Flüssigkeit am Rand zu verhindern, die Ausgußstelle vorher leicht einfetten (oft genügt ein Überstreichen mit dem Finger; Wirkung des Hautfettes).

Abb. 171. Eingießen entlang eines Glasstabes

Abb. 172. Ballonkipper

b) Aus größeren Gefäßen (z. B. Ballons) oder dann, wenn ein in der Flüssigkeit befindlicher Schlamm nicht aufgewirbelt werden soll, füllt man mit Hilfe eines *Winkelhebers* ab. Der Heber muß vor Gebrauch durch Ansaugen oder Eingießen der Flüssigkeit vollständig mit dieser gefüllt sein und dann ohne Flüssigkeitsauslauf (Verschließen) rasch in das zu entleerende Gefäß gebracht werden. Das zu füllende Gefäß muß naturgemäß tiefer stehen als das zu entleerende. Keinesfalls darf die Flüssigkeit mit dem Munde angesaugt werden.

Wird ein Glasheber benutzt, so kann das Anhebern mit Hilfe einer Anheberzange vorgenommen werden. Dabei wird der am Heberende aufgesteckte Schlauch oben zwischen die beiden Walzen der Zange gelegt und durch leichten Druck zusammengepreßt. Nun wird die Zange nach unten gezogen, wodurch der gequetschte Schlauch durch die Walzen läuft und das entstehende Vakuum die Flüssigkeit nachsteigen läßt (W. Sternberg, Freiburg i. Br.).

c) Flüssigkeitsmengen von 30 bis 60 Litern werden in Glasballons, die in Körbe eingesetzt sind, oder in Kunststoff-Fässern be-

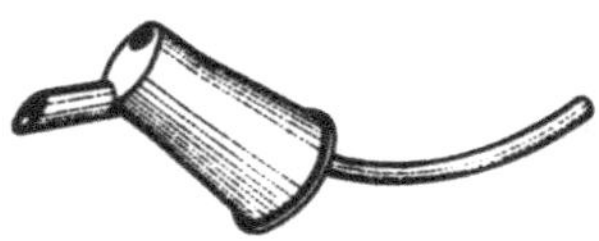

Abb. 173. Universal-Ausgießer (Peters & Westebbe KG, München)

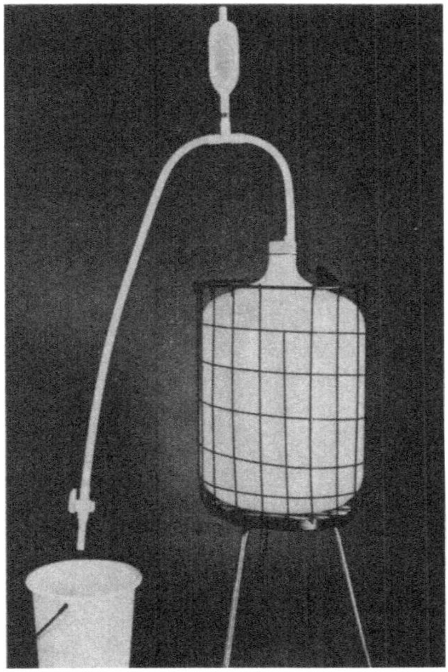

Abb. 174. Unitas-Heber (Peters & Westebbe KG, München)

fördert. Zur bequemen Entleerung wird der Ballon in einen *Ballonkipper* (Abb. 172) eingestellt und mit einer Kette gegen Herausfallen gesichert und zusätzlich über den Ballonhals ein mit der Kippstange festverbundener Eisenring geschoben. Zum Entleeren wird nun der Ballon mit Hilfe der Kippstange gekippt. Die Fallhöhe der Flüssigkeit ist gering zu halten, der Standort beim Kippen ist seitlich zu wählen; Schutzbrille tragen!

Zur Vermeidung des stoßweisen Austretens der Flüssigkeit beim Kippen steckt man einen *Ballonausgießer* aus Gummi oder Kunststoff über den Ballonkopf. Der Ausgießer (Abb. 173) ist mit einer Luftzuführung versehen.

Auf Metallfässer, die gegen Weiterrollen gesichert sein müssen (Auflegen auf einen Bock), werden Hähne aufgeschraubt.

d) Groß ist die Zahl der empfohlenen Einrichtungen, die ein gefahrloses Abhebern durch einfache *Hand-* oder *Fußpumpen* gestatten. Dazu einige Beispiele:

Bei den *automatischen Saughebern* wird durch Betätigen eines Saugkörpers Unterdruck erzeugt und die Flüssigkeit eingesaugt. Der

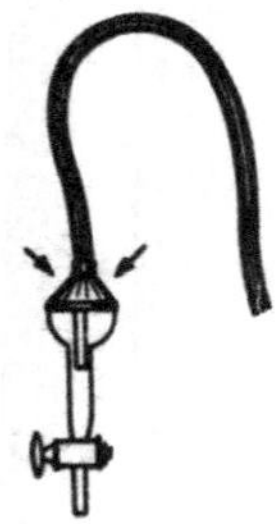

Abb. 175. Monopolheber

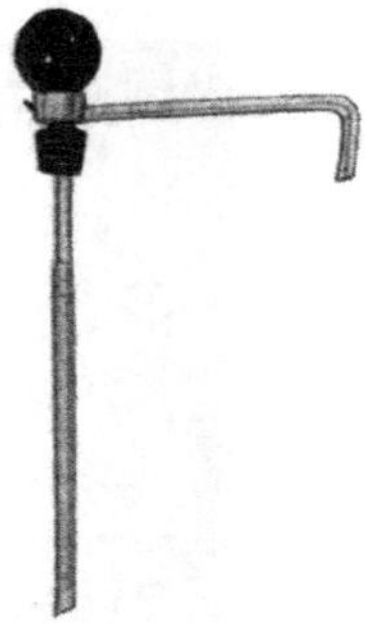

Abb. 176. Otal-Abfüllpumpe (Otto Bürkle KG, Stuttgart)

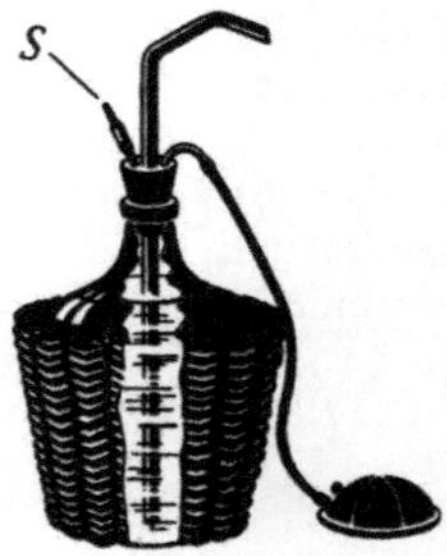

Abb. 177. Frinet-Abfüllapparat
S = Sicherheitsventil zum Unterbrechen des Ausfließens

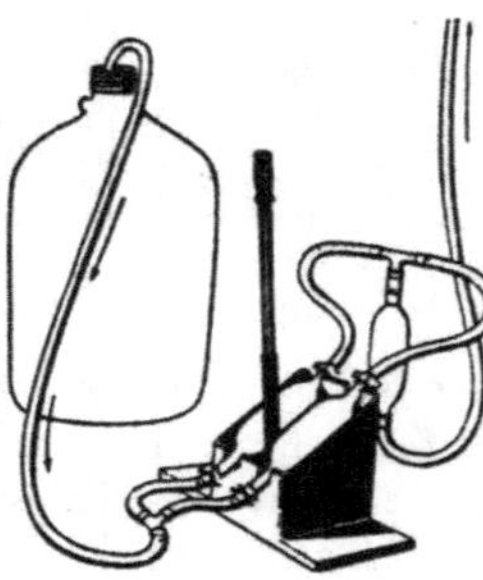

Abb. 178. Arietas-Handpumpe (Fritz Bayer OHG, Frankfurt-Nied)

Abb. 179. Flux-Pumpe 60 K (Flux-Geräte-Gesellschaft mbH, Stuttgart-Botnang)

Heber ist nunmehr gefüllt; der Ablauf, der beliebig reguliert und unterbrochen werden kann, geschieht nach Öffnen des Hahnes (Abb. 174).

Ebenfalls auf Saugwirkung beruht der *Monopolheber* (Abb. 175), bei dem der Unterdruck durch Ein- und Ausstülpen einer Saugkappe in einem trichterförmigen Unterteil erzeugt wird.

Druckluftentleerer arbeiten mit einem Gummi- oder PVC-Ball (Abb. 176) bzw. Fußgebläse (Abb. 177).

Abfülleinrichtungen können auch mit einer *Handpumpe* ausgestattet sein (z. B. Arietas-Handpumpe; Abb. 178).

Die leicht transportable *Motor-Flux-Pumpe* (Abb. 179) kann sowohl als Pumpe zum Entleeren von Ballons als auch als Mischgerät verwendet werden. Sie wird in die Flüssigkeit gestellt und am Motorknopf eingeschaltet.

8. Lösen

1. Allgemeines. Eine Lösung besteht aus dem Lösungsmittel und dem darin gelösten Stoff.

Jene Menge eines Stoffes, die in einem bestimmten Lösungsmittel gelöst werden kann, nennt man seine Sättigungs-Löslichkeit (Grenzkonzentration). Sie wird angegeben in Gramm Substanz, die sich in 100 g Lösungsmittel lösen. Sie ist abhängig von der Lösetemperatur. Bei festen Stoffen ist sie in den allermeisten Fällen bei höherer Temperatur größer.

Beim Lösen fester Stoffe beobachtet man fast immer eine gleichzeitige Abkühlung der Lösung, der Stoff verbraucht zum Lösen Wärme, die er seiner Umgebung entzieht. Die zum Lösen erforderliche Wärmemenge nennt man Lösungswärme. Man löst daher in der Regel unter Erwärmen und Rühren.

Beim Verdünnen konzentrierter Säuren oder Laugen mit Wasser tritt starke Erwärmung ein (freiwerdende Verdünnungswärme), so daß unter Umständen gekühlt werden muß. Es ist streng darauf zu achten, daß beim Verdünnen stets die Säure langsam und unter Rühren in das Wasser gegossen wird. Schutzbrille!

Über die Berechnung des Verdünnungsverhältnisses siehe Wittenberger, W.: Rechnen in der Chemie, I. Teil.

2. Arten der Lösung. a) Nach Gewichts-%, z. B. g Substanz in 100 g der Lösung (nicht in 100 g Lösungsmittel).

b) Nach Volumen-%. Vol.-% geben an, wieviel Volumteile des reinen Stoffes in 100 Volumteilen der Lösung enthalten sind.

c) Angabe der Gewichtsmenge des gelösten Stoffes in 100 Gewichtsteilen des reinen Lösungsmittels (z. B. für Löslichkeitsangaben).

d) Angabe der Gewichtsmenge des gelösten Stoffes, die in einem bestimmten Volumen der Lösung enthalten ist, z. B. 1 g/Liter, d. h., 1 g Stoff ist in 1 Liter der Lösung enthalten.

e) Angabe des Mischungsverhältnisses, z. B. Salzsäure 1 : 3. Sie besteht aus einem Volumenteil konzentrierter Salzsäure und drei Volumenteilen Wasser.

f) Angabe der molaren Konzentration (Molarität). Z. B. enthält eine 2-molare Lösung 2 Mol in 1 Liter Lösung.

g) Angabe der Normalität (Normallösungen). Z. B. enthält eine 0,1-normale Lösung in 1 Liter 0,1 Gramm-Äquivalent (Val) an gelöstem Stoff.

h) Eine gesättigte Lösung enthält die der Löslichkeit entsprechende Menge an gelöstem Stoff.

i) Eine übersättigte Lösung enthält bei der betreffenden Temperatur mehr von dem gelösten Stoff, als seiner Löslichkeit entspricht. Sie kann z. B. beim langsamen Abkühlen einer gesättigten Lösung bei ruhigem Stehen erhalten werden. Die Ausscheidung der zu viel in Lösung gebliebenen Substanz erfolgt beim Schütteln, Rühren oder Reiben mit einem Glasstab an der Innenwand des Gefäßes („Kitzeln") oder durch Hinzufügen eines Kristalles derjenigen Substanz, die in der Flüssigkeit gelöst ist („Impfen"). An den scharfen Kanten des hinzugefügten Kristalles beginnt die Auskristallisation.

3. Lösungsmittel. a) Über die Gewinnung von *destilliertem oder entsalztem Wasser* s. S. 13.

b) *Anorganische Lösungsmittel,* wie Säuren oder Alkalien. Bei ihrer Verwendung findet oftmals kein eigentliches Lösen statt, sondern bereits eine chemische Umsetzung.

c) *Organische Lösungsmittel.* Flaschen mit niedrig siedenden Flüssigkeiten dürfen höchstens zu vier Fünftel gefüllt sein (Raum für entstehende Dämpfe).

Nach der „Verordnung über brennbare Flüssigkeiten" gilt folgende Einteilung:

Gruppe A. Brennbare Flüssigkeiten, Mischungen und Lösungen, die sich nicht oder nur teilweise in Wasser lösen. Sie gehören zu der Gefahrenklasse I, wenn ihr Flammpunkt unter 21° C liegt; Gefahrenklasse II, wenn sie einen Flammpunkt von 21 bis 55° C haben; Gefahrenklasse III, wenn sie einen Flammpunkt von über 55° C bis 100° C haben.

Gruppe B. Brennbare Flüssigkeiten, Mischungen oder Lösungen mit einem Flammpunkt unter 21° C, die sich bei 15° C in jedem beliebigen Verhältnis in Wasser lösen.

Brennbare Flüssigkeiten der Gefahrenklassen IA und B sollen an Arbeitsplätzen nur in Standgefäßen von höchstens 0,5 Liter Fassungsraum aufbewahrt werden. Größere Mengen können in Standgefäßen bis zu 5 Liter bzw. in bruchsicheren Behältern bis zu 10 Liter Fassungsvermögen an geschützten Stellen vorrätig gehalten werden. Noch größere Mengen sind in besonderen Lagerräumen unterzubringen.

Arbeiten mit brennbaren Flüssigkeiten dürfen nicht in der Nähe offener Flammen oder nicht exgeschützten elektrischen Einrichtungen vorgenommen werden.

Nachstehend einige häufiger verwendete Lösungsmittel mit Angabe über Siedepunkt bei 760 Torr = 1013,2 mbar, (Kp in °C), Dichte bei Zimmertemperatur (ϱ) und Gefahrenklasse (G-Kl).

	Kp	ϱ	G-KL	
Äther	34,5°	0,71	A I	Entfernen von Alkohol durch wiederholtes Spülen mit Wasser. Trocknen mit $CaCl_2$, Na_2SO_4 oder P_2O_5 und schließlich mit Na-Draht. Nach dem Trocknen muß abdestilliert werden.
Methanol	64,5°	0,79	B	Trocknen durch Kochen mit Ätzkalk oder entwässertem $CuSO_4$ und abdestillieren.
Äthanol	78,3°	0,79	B	
Petroläther (Leichtbenzin)	unter 100°	bis 0,72	A I	Reinigung durch Schütteln mit konz. H_2SO_4, Waschen mit Wasser, destillieren.
n-Hexan	68,7°	0,66	A I	Trocknen mit $CaCl_2$ oder Na_2SO_4.
Benzol	80,1°	0,88	A I	Trocknen mit $CaCl_2$ oder Na_2SO_4 und abdestillieren über Na-Draht.
Toluol	110,6°	0,87	A I	
Aceton	56,2°	0,79	B	Reinigen durch Erhitzen mit geringen Mengen $KMnO_4$ und abdestillieren. Trocknen mit $CaCl_2$, entwässertem $CuSO_4$ oder Schütteln mit K_2CO_3 durch mehrere Stunden.
Schwefelkohlenstoff	46,3°	1,26	A I	Trocknen über $CaCl_2$ oder P_2O_5.
Eisessig	117,7°	1,05		Entwässern durch mehrfaches Ausfrieren.
Chloroform	61,2°	1,49		Befreiung von Alkohol durch Waschen mit Wasser, Schütteln mit konz. H_2SO_4 und Destillieren über etwas P_2O_5. Trocknen über K_2CO_3 (alles unter Ausschluß von hellem Tageslicht). Aufbewahren in braunen Flaschen. Ist nicht brennbar.
Tetrachlorkohlenstoff	76,8°	1,59		Trocknen mit festem KOH, sodann mit P_2O_5 und abdestillieren. Ist nicht brennbar. (Nicht mit Na trocknen, Explosionsgefahr.)

	Kp	ϱ	G-KL	
Pyridin	115,6°	0,98	B	Trocknen mit festem Alkali und fraktionierte Destillation.
Nitrobenzol	210,8°	1,20	A III	Trocknen mit $CaCl_2$ oder P_2O_5; Destillieren im Vakuum.
Chlorbenzol	131,9°	1,11	A II	Trocknen mit $CaCl_2$ oder P_2O_5.
N, N-Dimethylformamid	153,0°	0,95		Reinigen durch Destillation im Vakuum.

Mit Hilfe von „Molekularsieben" (E. Merck, Darmstadt) können von den angeführten Lösungsmitteln Äther, Alkohole, Benzol, Toluol, Chloroform, Tetrachlorkohlenstoff, Pyridin und Dimethylformamid getrocknet werden (Näheres s. S. 141).

4. Herstellen einer Lösung. a) *Feste Stoffe* werden zerkleinert und in der Regel unter Rühren und oftmals auch unter Erwärmen gelöst.

Flüssigkeiten löst man durch Verrühren oder Schütteln.

Über das Lösen (Absorbieren) von *Gasen* s. S. 251.

b) *Herstellung einer Lösung im Meßkolben.* Bei Lösungen, die eine feste Einwaage enthalten, z. B. 1 g/l, wird die genau gewogene Menge quantitativ in den Meßkolben gespült, dieser bis nahe zur Marke mit destilliertem Wasser aufgefüllt, auf seine Eichtemperatur eingestellt und die noch fehlende Wassermenge tropfenweise bis zur Marke zugesetzt. Nach Verschluß wird gut durchgemischt (s. auch S. 84).

Normallösungen werden wie folgt bereitet:

1. Durch genaue Einwaage des Äquivalentgewichtes des chemisch reinen Stoffes, Auflösen und quantitatives Einfüllen in den Litermeßkolben und Auffüllen mit destilliertem Wasser.

2. Man stellt eine Lösung her, die ungefähr der gewünschten Normalität entspricht, und stellt die Abweichung durch Titration fest (Bestimmung des „Faktors"). Diese Methode wird man bei Verwendung von nicht ganz reinen Substanzen stets anwenden müssen.

3. Verwendung von genau dosierten Mengen des betreffenden Stoffes in Ampullen, die nach quantitativer Überführung des Inhaltes in den Meßkolben und Verdünnen mit destilliertem Wasser Normallösungen (1 n, 0,5 n, 0,1 n u. a.) ergeben. Die Genauigkeit dieser Lösungen beträgt $\pm 0{,}2\%$.

Die Ampullen sind aus Glas oder Kunststoff. Besondere Sorgfalt muß auf die quantitative Überführung in den Meßkolben gelegt werden. Dazu dienen folgende Hilfsmittel:

Die Titrisol-Ampulle (E. Merck, Darmstadt) ist an beiden Seiten röhrenförmig ausgezogen. Das obere Rohr ist trichterförmig erweitert und oberhalb der Ansatzstelle durch eine Kunststoff- oder Glasmembran verschlossen. Das andere Ansatzrohr hat als Verschluß ebenfalls eine dünne Membran. Die Ampulle (s. Abb. 180) wird mit dem dünnen Rohr in den Hals

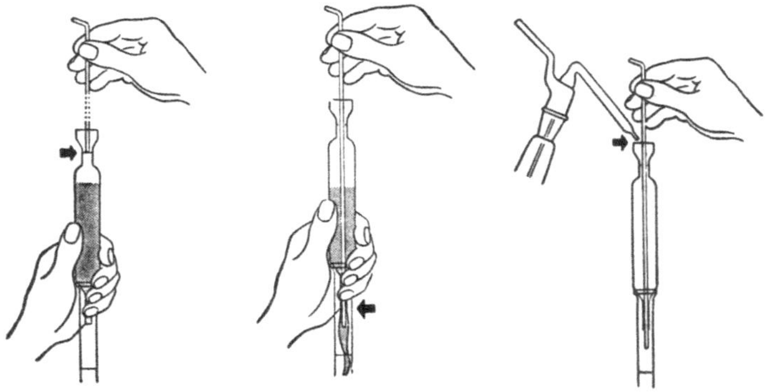

Abb. 180. Entleeren der Titrisol-Ampullen (E. Merck, Darmstadt)

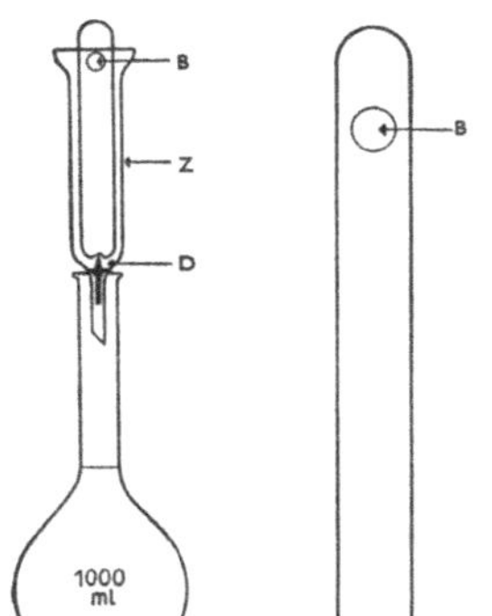

Abb. 181. Entleeren der Fixanal-Ampullen (Riedel-de Haën, Seelze-Hannover)

des Meßkolbens eingesetzt, dabei hält die Hand gleichzeitig den unteren Teil der Ampulle und den oberen Teil des Meßkolbens. Nun durchstößt man mit einem Glasstab (rund abgeschmolzen bei Kunststoff-Ampullen, zugespitzt bei Glasampullen) von ca. 5 mm Durchmesser und 25 cm Länge (oben umgebogen als Schutz gegen ein Durchrutschen) zunächst die obere, dann die untere Membran. Nach Entleerung der Ampulle in den Kolben wird der Glasstab unter Abspülen herausgezogen, schließlich die Ampulle unter langsamem Drehen mit destilliertem Wasser nachgespült. Nach Entfernen der Ampulle wird wie üblich bis zur Eichmarke aufgefüllt. Die kleinen, in den Meßkolben fallenden Kunststoffteilchen oder Glassplitter sind wegen ihres geringen Volumens für die Genauigkeit des Titers ohne Bedeutung.

Bei Fixanal-Glasampullen (Riedel-de Haën AG, Seelze-Hannover) wird der Inhalt mit Hilfe des Fixanal-Ampullenöffners in den Meßkolben überführt (Abb. 181). Das Gerät, bestehend aus dem Trichterteil Z mit eingelegtem korrosionsfestem Stahldorn D, wird auf den Hals des Meßkolbens gesetzt und die Ampulle in den Trichterhals gleiten gelassen. Die Ampulle hat zwei einwärtsgewölbte, dünne Stellen A und B. Beim Auffallen der Ampulle auf den Dorn D wird ihr Boden bei A durchstoßen und der Inhalt entleert sich in den Kolben. Nach Auslauf der Hauptmenge des Ampulleninhaltes wird die obere Einbeulung B mit einem beigegebenen Glasdorn durchstoßen und die Ampulle mit destilliertem Wasser ausgespritzt und der Rest in den Kolben gespült.

Fixanal-Plastikampullen sind an der Halsöffnung mit einer dünnen Folie verschlossen und im zylindrischen Teil mit einer Einbeulung dünner Wandstärke versehen. Zum Entleeren wird der Schneidedorn, mit der Spitze nach oben, in den Trichter des Ampullenöffners gebracht, die Ampulle auf den Dorn leicht aufgedrückt, so daß das Verschlußhäutchen am Hals durchstoßen wird. Dann durchstößt man mit einem Glasstab die dünne Wandung der seitlichen Einbeulung und kann durch das entstandene Loch die Ampulle sorgfältig ausspülen.

9. Trennung fest/flüssig

Beim *Dekantieren* läßt man den in einer Suspension enthaltenen Feststoff absetzen und zieht darüberstehende Flüssigkeit vorsichtig durch Abhebern oder Abgießen ab.

Als *Filtrieren* oder Filtern bezeichnet man die Trennung eines festen Stoffes von einer Flüssigkeit oder einem Gas (letzteres s. S. 249) mit Hilfe von Siebgeweben oder porösem Material, das nur die flüssige Phase oder das Gas durchläßt.

A. Dekantieren

Zur vollständigen Gewinnung des festen Bestandteiles (Niederschlag) verbindet man das Dekantieren zweckmäßig mit einer nachfolgenden Filtration. Der Vorteil liegt darin, daß das Filter, solange wenig Niederschlag vorhanden ist, die Flüssigkeit rascher hindurchläßt, aber auch darin, daß das Auswaschen sich meist besser mit der im Gefäß zurückbleibenden Suspension ausführen läßt als auf dem Filter, wo sich leicht Kanäle im Niederschlag bilden, die ein gründliches Auswaschen erschweren.

Von dem im Becherglas oder Kolben abgesetzten Niederschlag (Becherglas etwas schief stellen, damit der Niederschlag beim späteren Abgießen der überstehenden Flüssigkeit nicht aufgewirbelt wird) gießt man die Hauptmenge der überstehenden Flüssigkeit auf das Filter, rührt den Niederschlag im Gefäß mit frischer Waschflüssigkeit gründlich durch, läßt abermals absitzen, gießt wieder ab und wiederholt dies einige Male, bis man schließlich die Hauptmenge des Niederschlages mit auf das Filter bringt.

Vorteilhaft ist die Verwendung eines *Kantkolbens* (Abb. 182).

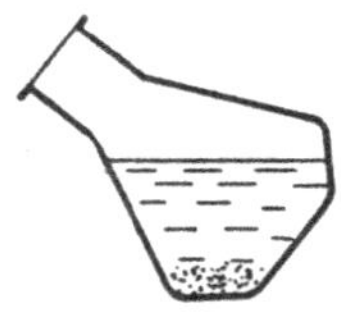

Abb. 182. Kantkolben

Soll die Flüssigkeit quantitativ gewonnen werden, ist darauf zu achten, daß kein Tropfen an der Außenwand des Gefäßes herabfließt. Damit kein Verspritzen der Flüssigkeit eintritt, läßt man sie entlang eines Glasstabes, der an den Rand des Gefäßes angelegt wird, gegen die Innenwand des Aufnahmegefäßes laufen.

In besonderen Fällen genügt auch das Dekantieren an sich. Für geringe Feststoffmengen werden dazu Kelchgläser oder Sedimentiergefäße nach Imhoff (s. S. 62) verwendet. Man läßt in ihnen normalerweise mehrere Stunden absitzen.

B. Filtermaterial

1. Papier. Die Güte des verwendeten Filtrierpapieres richtet sich nach der durchzuführenden Arbeit. Für qualitative Filtrationen wird ein geringer Aschegehalt des Filtrierpapieres keine Rolle spielen. Bei quantitativen Analysen sollte „aschefreies" Filtrierpapier oder solches von bekanntem Aschegehalt (der auf der Packung angegeben ist) verwendet werden. Filtrierpapier ist hygroskopisch, es enthält im lufttrockenem Zustand 5 bis 6% Wasser. Der Aschegehalt beträgt bei qualitativen Sorten etwa 0,1 bis 0,2%, bei quantitativen ist er kleiner als 0,01%. Er besteht vorwiegend aus Calciumsilikaten und Eisenoxid.

Die *Filtriergeschwindigkeit,* die von der Porengröße des Papieres abhängt, wird nach DIN 53137 gemessen. Sie gibt an, welche Zeit 10 ml destilliertes Wasser unter festgelegten Bedingungen zur Filtration durch ein freihängendes Filter benötigen.

Die Herstellerfirmen haben eine große Zahl von Sorten entwickelt. Sie geben in ihren Schriften Hinweise, welche Filtrierpapiersorte für den jeweiligen Zweck geeignet ist. Siehe Tabelle auf S. 106.

Filtrierpapiere für besondere Zwecke: Gehärtete Filter, früher ausschließlich durch Behandlung mit konzentrierter Salpetersäure stark naßfest gemachtes Filtrierpapier, werden heute auch durch Zusatz von Naßverfestigungsmitteln (z. B. Madurit, Navadin, Polymin u. a.) hergestellt. Sie zeichnen sich durch eine sehr geringe Faserabgabe und glatte Oberfläche (leichtes Abschaben oder Abspritzen des Niederschlages!) sowie hohe Naßfestigkeit aus. Sie sind, je nach

Die für quantitative Arbeiten meist angewandten Filtrierpapiersorten sind:

Herstellerfirmen und Filtrierpapiersorten				Filtriergeschwindigkeit	Anwendungsbereich
Carl Schleicher & Schüll, Dassel „Selecta“	Macherey, Nagel & Co., Düren „MN“	J. C. Binzer, Hatzfeld/Eder „Ederol“	Whatman W. & R. Balston Ltd., Maidstone „Whatman“	Filtrationszeit in sec	
589/1 (Schwarzband)	640 w	1	41	6— 12	Schnellfiltrierend, für grobe Niederschläge, z. B. Kieselsäure, Sulfide, Eisenhydroxid
589/2 (Weißband)	640 m	2	40	17— 30	Mittelschnell filtrierend. Für die meisten analytischen Arbeiten, z. B. unlösliche Rückstände, mittelfeine Sulfide, Erdalkalicarbonate, Magnesiumammoniumphosphat
589/5 (Rotband)	640 md	3	40	40— 90	Für feine Niederschläge, z. B. ZnS (ammoniakalkalisch gefällt), $BaSO_4$ (grobkörnig), Calciumoxalat
589/3 (Blauband)	640 d	4	42	110—180	Langsame Filtration, für sehr feine Niederschläge, z. B. ZnS (sauer gefällt), $BaSO_4$ und Calciumoxalat (feinkörnig)

Sorte, widerstandsfähig gegen H_2SO_4 und HNO_3 bis 40% und 50° C, HCl 20% bis 60° C und Laugen bis 10% bei Normaltemperatur.

Gekreppte und genarbte Filtrierpapiere sind schnellfiltrierend. Für Spezialarbeiten dienen extradickes Filtrierpapier und *Filterkarton* (z. B. zur Filtration schwierig zu klärender Flüssigkeiten und Ölen sowie für Filterpressen).

Schwarzes Filtrierpapier wird zur Erkennung feinster Spuren weißer Niederschläge verwendet.

Weitere Spezialsorten sind u. a.: Stickstoffarmes Filtrierpapier (für Stickstoffbestimmungen), phosphatarmes (Eisen- und Stahlindustrie, Bodenuntersuchungen, Düngemittelanalysen) und entfettetes Filtrierpapier (z. B. Untersuchung von Naturstoffen).

Kieselgurpapier, mit einem Gehalt von 20% Kieselgur, ist dicht und langsam filtrierend und wird zur Entfernung feinster Trübungen, auch halbkolloider Art, verwendet.

Aktivkohlepapier, mit einem Gehalt von 50 oder 65% Aktivkohle, dient zur Aufhellung von Lösungen (z. B. von Harn zwecks polarimetrischer Zuckerbestimmung) und zum Zurückhalten organischer Verunreinigungen.

Ionenaustauschpapiere sind Filtrierpapiere mit eingelagerten, stark sauren bzw. basischen Ionenaustauschharzen. Sie werden verwendet in der radiochemischen Wasseranalyse und bei Entsalzungs- oder Austauschvorgängen.

Polyäthylenbeschichtetes Filtrierpapier (z. B. Selecta 295 PE) wird bei Arbeiten mit radioaktiven Stoffen verwendet. Die PE-beschichtete Seite liegt auf der Arbeitsunterlage und verhindert das Durchdringen von Flüssigkeit. Die saugfähige Seite nimmt verschüttete Flüssigkeit auf (Auslegen von Laboratoriumstischen).

Darüber hinaus gibt es eine große Zahl von Spezialpapieren, z. B. für Blutzuckerbestimmungen, Bodenuntersuchungen, Fettbestimmungen, Malzanalysen usw.

Spezielle Filtrierpapiere werden für die Papier-Chromatographie und Elektrophorese hergestellt.

Die meisten Filtrierpapiersorten werden sowohl als *Bögen* als auch in Form von *Rundfiltern* verschiedenen Durchmessers geliefert, einige davon auch als *Faltenfilter* (s. S. 113).

Aus Papier werden ferner hergestellt: *Extraktionshülsen* (Abb. 183, Anwendung s. S.191) und *Abwägeschiffchen* (aus stickstofffreiem Pergamentpapier) zum Abwiegen pastenförmiger Stoffe in der Lebensmittelanalyse (z. B. MN Nr. 122).

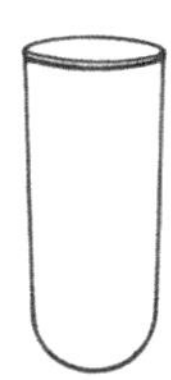

Abb. 183. Extraktionshülse

Sterilisationspapier ist ein nichtfusselndes Papier, das auch bei längerer Einwirkung von höherer Temperatur seine Festigkeit behält und zum Einpacken von Glasgeräten, die sterilisiert werden sollen, geeignet ist.

Wasserundurchlässige Filtrierpapiere (z. B. hydrophobiertes Selecta 597 hy von Schleicher & Schüll, WA-Filtrierpapiere von MN oder PS-Phasentrennpapier von Whatman) können einen Scheidetrichter ersetzen. Durch einen einzigen Filtrationsvorgang kann damit Wasser aus mit Wasser nicht mischbaren organischen Lösungsmitteln abgetrennt werden. Das Wasser wird von dem siliconimprägnierten Filter zurückgehalten, während die organische Phase ungehindert durchläuft („Einwegscheidetrichter"). Für die *„Phasenfiltration"* ist es unerheblich, ob das organische Lösungsmittel spezifisch schwerer oder leichter als Wasser ist. Die Phasentrennung gelingt nicht, wenn die Oberflächenspannung der wäßrigen Schicht durch polare Lösungsmittel (z. B. Alkohole) merklich herabgesetzt ist oder stabile Emulsionen vorliegen.

2. Kunststoffe. *Polyesterpapier* hat im trockenen und nassen Zustand eine sehr hohe mechanische Festigkeit, eine Widerstandsfähigkeit gegen verdünnte Säuren und ist bei 150° C dauerhitzebeständig (Selecta-Polyesterpapier Nr. 0022 und MN 52 K).

PVC-Papier ist beständig gegen die meisten anorganischen Chemikalien bis 60° C. Es ist resistent gegen Schimmelpilze (Selecta-Rhovylfaserpapier und MN 53 K).

Diese Papiere sind schnellfiltrierend.

3. Asbest. Hervorragend säure-, alkali- und hitzebeständig. Verwendung in Form von Fasern und Geweben.

4. Glas. Glas wird zur Filtration starker Säuren verwendet, z. B. als *Glaswolle,* die leicht in die Spitze eines Trichters eingedrückt wird oder als *Sinterglasplatten* in den Glasfiltergeräten (s. S. 116).

Glasfaserpapiere, hergestellt aus extrem dünnen Glasfasern, werden in der Chromatographie, ferner bei der Staub- und Abwasserfiltration verwendet.

5. Steinfilter. Material für Steinfilter sind Porzellan, Schamotte, Quarz, Kieselgur, Kohle von bestimmter Körnung, die durch Bindemittel so miteinander vereinigt sind, daß Platten von definierter Porengröße entstehen. Die Seite der Platte, die mit dem Filtergut in Berührung kommt, ist glatt und engporig, die untere Seite in der Regel geriffelt und weitporig.

Als Steinfilterträger werden Nutschen verwendet, in die der runde, möglichst eng anpassende Filterstein eingelegt wird. Die Fugen zwischen Nutschenwand und Filterstein werden mit Schwefel ausgegossen oder durch Ausstopfen mit Bleiwolle oder Asbestschnur ausgefüllt.

6. Gewebe. Gewebe werden angewandt wie Papierfilter, hauptsächlich für Nutschen, Zentrifugen und Filterpressen:

Baumwolle für neutrale und alkalische Medien.

Wolle für saure Flüssigkeiten.

In Anlehnung an den Chemiebetrieb werden auch im Laboratorium Gewebe aus verschiedenen *Kunststoffen* verwendet (z. B. PVC, Polyacrylnitril, Polyester u. a.). Ihre Anwendung richtet sich nach den zu filtrierenden Stoffen und der Temperatur.

C. Filtrieren unter normalem Druck

1. Durchführung der Filtration. Verwendet wird ein Trichter (Abb. 184), dessen Öffnungswinkel 60° betragen soll.

Soll das Filtrieren sehr rasch vor sich gehen (z. B. Filtrieren heiß gesättigter Lösungen, aus denen sich beim Erkalten der gelöste Stoff rasch wieder ausscheidet), verwendet man kurze Trichter mit weitem Rohr, um ein Verstopfen zu vermeiden.

Für analytische Zwecke nimmt man langhalsige Glastrichter mit engem Rohr. Dieses wirkt infolge der langen Wassersäule saugend und dadurch beschleunigend. Diese Saugsäule kann noch verlängert werden durch Anlegen des Trichterrohres an die Wand des Aufnahmegefäßes. Die Flüssigkeit darf also nicht vom Trichter abtropfen, sondern soll an der Wand des Gefäßes abfließen.

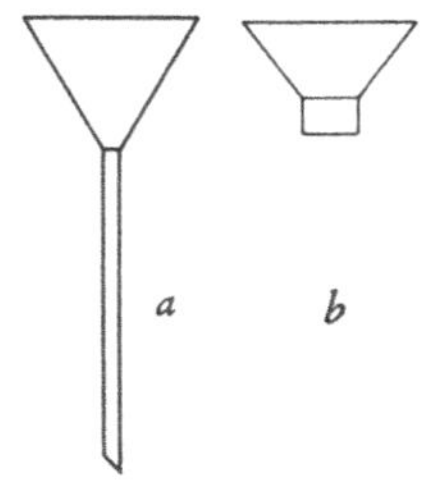

Abb. 184. Trichter
a Trichter mit langem Stiel, *b* Pulvertrichter (Rudolf Brand, Wertheim/Main)

Auch Trichter aus PE und PP sind in Gebrauch.

Einlegen des Filters: Das Rundfilter wird zweimal zusammengelegt, so daß ein Viertelkreis entsteht. Nun faßt man mit dem Zeigefinger so in die entstandene Tüte, daß unter dem Finger eine dreifache Papierschicht liegt. Diese Tüte wird in den Trichter eingelegt, das Filter mit Wasser befeuchtet und mit dem Finger an die Trichterwand so angedrückt, daß zwischen Filter und Trichter und ebenso unter der Spitze des Filters und im Trichterrohr keine Luftblasen vorhanden sind. Das Wasser soll im Trichterrohr, auch wenn das Filter leer ist, in einer luftblasenfreien, hängenden Säule stehen.

Bei Verwendung von Trichtern, deren Öffnungswinkel nicht genau 60° beträgt, falte man das Filter bei der zweiten Faltung um einen ganz kleinen Winkel (1—2°) über 60° hinaus und benutze je nach der Beschaffenheit des Trichters die größere oder kleinere Öffnung.

Für analytische Arbeiten darf das eingelegte Filter nur so groß sein, daß zwischen Filter- und Trichterrand noch ca. 5 mm Abstand bleiben. Die Größe des Filters richtet sich immer nach der Menge des zu filtrierenden Niederschlages und nicht nach der Menge der Flüssigkeit. Man wähle daher ein möglichst kleines Filter.

Das Filter soll höchstens bis zu einem Drittel mit Niederschlag gefüllt werden. Um ein sauberes Arbeiten zu gewährleisten, darf das Filter nur bis etwa 1 cm unterhalb des Randes vollgegossen werden.

Nachdem nach vorangegangenem Dekantieren die Hauptmenge des Niederschlages auf das Filter gebracht wurde, werden die an der Wandung des Becherglases noch anhaftenden Reste des Niederschlages durch Losreiben mit einem Gummiwischer und unter Zuhilfenahme der Spritzflasche entfernt. Ganz hartnäckig haftende Teilchen sollten nochmals aufgelöst und erneut ausgefällt werden.

Ein *Gummiwischer* wird durch Überziehen eines ca. 15 mm langen, dünnen Stückchens Bürettenschlauch über einen Glasstab (eng anliegend) hergestellt, das Schlauchende soll mit der Stabkuppe abschneiden. Eine andere, häufig benutzte Art des Gummiwischers s. Abb. 185.

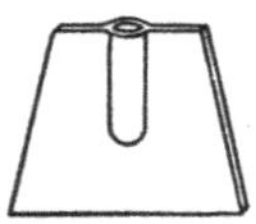

Abb. 185. Gummiwischer

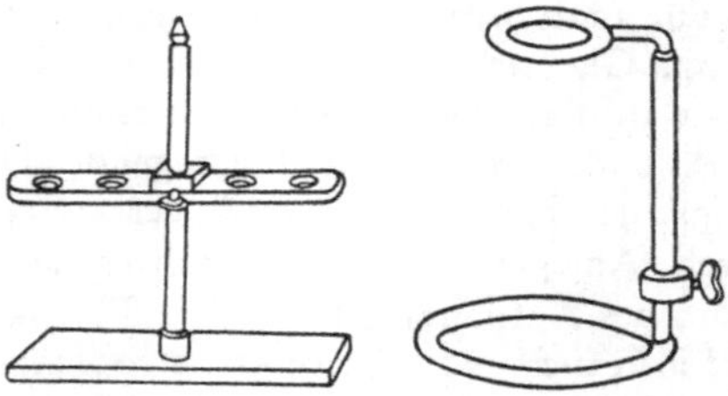

Abb. 186. Filtrierstativ

Die Flüssigkeit läßt man entlang eines Glasstabes gegen die Filterfläche laufen und nimmt mit ihm den letzten, am Rande des Becherglases haftenden Tropfen weg. Man filtriere stets über die gleiche Stelle des Becherglasrandes. Der Glasstab wird in das Becherglas mit der zu filtrierenden Suspension zurückgestellt. Während der Filtration muß das Filter immer Flüssigkeit enthalten, damit die Flüssigkeitssäule im Trichterrohr (Filtrationsbeschleunigung) erhalten bleibt. Erst beim Auswaschen eines Niederschlages lasse man das Filter jeweils leerlaufen, damit der Niederschlag stets mit frischer Waschflüssigkeit behandelt wird. Es empfiehlt sich, vor Beginn des Waschens das Auffanggefäß zu wechseln. Dadurch wird vermieden, daß bei plötzlich eintretendem Trüblaufen während des Waschens das gesamte Filtrat nochmals filtriert werden muß.

Filtrierpapiere wirken nicht nur als Siebe, sondern es treten an ihnen auch Adsorptionswirkungen auf. Filtriert man z. B. eine trübe Lösung durch ein trockenes Filter, um im Filtrat aus einem aliquoten Teil eine Gehaltsbestimmung durchzuführen, müssen die ersten Tropfen weggeschüttet werden, denn sie sind infolge der Adsorption an den Papierfasern von geringerer Konzentration.

Aufstellen des Trichters: Der Trichter wird in die runde Öffnung eines Filtrierstatives aus Holz, mit in der Höhe verstellbarem Arm, eingesetzt oder man verwendet ein Metallstativ mit einem in der Höhe verstellbaren Ring (der untere Ring dient als Auflage auf den Tisch; Abb. 186). Im einfachsten Fall benutzt man ein normales Stativ mit einem angeklemmten Eisenring (möglichst mit Porzellaneinlage). Entbehren lassen sich Stative bei Verwendung von Erlenmeyer-Kolben, die einen Ausguß besitzen, durch den die Luft entweichen kann.

2. Filtrierhilfen. Wichtig ist die Wahl der richtigen Filtrierpapiersorte. Gegen ein „Durchgehen" feiner Niederschläge durch das Filter hilft in manchen Fällen die Anwendung eines doppelten Filters (zwei aufeinandergelegte Filter).

Oft genügt es bereits, das trübe Filtrat, das zu Beginn des Filtrierens hie und da erhalten wird, auf das Filter zurückzugießen, und zwar solange, bis das Filtrat klar abläuft.

Günstig wird der Filtrationseffekt in bezug auf die Scheidefähigkeit (z. B. bei schleimigen und stark quellfähigen Niederschlägen) durch Zugabe von *Filterhilfsmitteln*, z. B. Kieselgur, beeinflußt. Zu empfehlen ist Filterflockenmasse, je nach Zweck in normaler oder aschefreier Qualität. Die Filterflocken bestehen aus reinen, sehr fein verteilten Cellulosefasern. Sie werden kurz vor dem Filtrieren zugesetzt, in der Regel reichen 0,5 g für ein Volumen von 300 ml. Der Filterkuchen bleibt porös und besser auswaschbar, auch bei feinkörnigen Niederschlägen, die an sich wegen ihrer großen Oberfläche stark adsorbieren. Das Filter verstopft nicht und die Filtrationsleistung bleibt lange erhalten. Die lockere Struktur des Filterkuchens begünstigt außerdem rascheres Trocknen und Veraschen.

An Stelle der Filterflocken werden auch Filtertabletten, das sind leicht zerschlagbare Rundscheiben aus aschefreiem Filterstoff, wegen ihrer größeren Faserlänge verwendet.

Die „Selecta-Filterhilfe flüssig" ist kapillaraktiv, Verwendung bei veraschbaren Niederschlägen. Sie verhindert das „Kriechen".

Oft wird die Korngröße eines Niederschlages schon durch längeres Digerieren in der Wärme vergrößert oder das Zusammenballen durch anhaltendes Schütteln gefördert.

3. Beschleunigung des Filtrierens. a) Die *Filtration heißer Flüssigkeiten* verläuft im allgemeinen rascher als diejenige kalter. Man hält daher die Suspension am Wasserbad heiß und gießt sie in kleinen Portionen auf das Filter.

Um den Trichterinhalt warm zu halten, bedient man sich folgender Mittel: Bedecken mit einem Uhrglas, Anwendung eines Heißwassertrichters, eines elektrisch geheizten Trichters oder eines Heizmantels (für feuergefährliche Flüssigkeiten).

Beim *Heißwassertrichter* (Abb. 187) wird der Glastrichter in den mit Wasser gefüllten Doppelmantel eingesetzt. Geheizt wird am Sporn des Gerätes mit einer Flamme. Ein an die Wasserleitung angeschlossener Niveauhalter verhindert ein Leerkochen des Doppelmantels.

Behelfsmäßig kann man um den Glastrichter eine Dampfschlange aus Blei oder eine elektrisch beheizte Heizbandage wickeln.

b) *Veränderung der Trichterform.* Man verschafft der Flüssigkeit einen möglichst glatten Ablauf an der Innenwand des Trichterkonus. Dies wird erreicht durch Schaffung einer gerieften Innenwand beim *Rippentrichter* (Abb. 188). Die Wirkung ist ähnlich der des Faltenfilters.

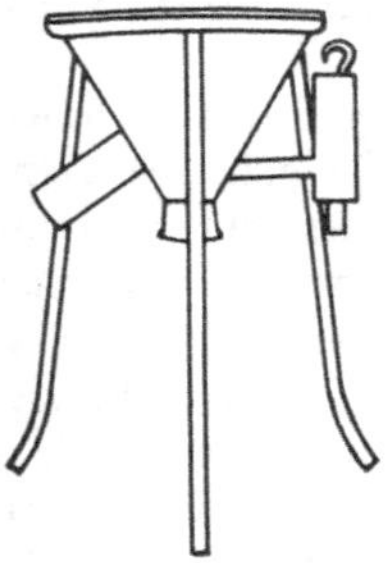

Abb. 187. Heißwassertrichter (Ströhlein & Co., Düsseldorf)

Abb. 188. Rippentrichter (C. Desaga GmbH Nachf. Erich Fecht, Heidelberg)

Abb. 189. Analysentrichter (Jenaer Glaswerk Schott & Gen., Mainz)

Beim *Analysentrichter* (Abb. 189) beträgt der Trichterwinkel genau 60°, das gefaltete Rundfilter liegt daher vollkommen glatt an, ein Ansaugen von Luft ist unmöglich. Im unteren Teil des Trichters sind drei oder sechs Aussparungen, die einen ungehinderten Durchlauf des Filtrats ermöglichen. Die zwischen den Aussparungen befindlichen Stege sichern das Filter gegen Zerreißen. Außen sind dünne Rippen angebracht, um beim Aufsetzen auf den Kolbenhals die Luft entweichen zu lassen.

Ungenaue Trichterwinkel gleicht man durch entsprechendes Falten des Filters aus (s. S. 109).

Zur Filtration größerer Mengen oder dort, wo der Niederschlag nicht interessiert (Abfiltrieren grober Verunreinigungen) bzw. nicht quantitativ ausgewaschen werden muß, verwendet man *Faltenfilter* (Abb. 190) wegen der größeren Filterfläche.

Bei Faltenfiltern ist infolge der Faltung die Spitze gefährdet (Reißen des Filters). Bei größeren Durchmessern empfiehlt es sich daher, die Spitze durch vorheriges Einlegen eines kleinen, normal gefalteten

Abb. 190. Faltenfilter

Abb. 191. Siebkonus

Filters oder eines Siebkonus (Abb. 191) zu verstärken oder man verwendet Faltenfilter mit gehärteter Spitze (z. B. Selecta- Faltenfilter Nr. 580½).

Die zu filtrierende Flüssigkeit soll man nicht in die Spitze, sondern auf die Wandung gießen.

Selbstherstellung eines Faltenfilters: Man schneidet aus einem Bogen Filtrierpapier ein quadratisches Stück und faltet dieses einmal, also zu einem Rechteck, zusammen. Es wird nochmals gefaltet, so daß ein Quadrat entsteht. Dieses öffnet man wieder in die vorige Lage. Das entstandene Rechteck wird so gelegt, daß die offene Breitseite nach oben liegt und der mittlere Falt mit der Kante nach oben zeigt. Nun werden das linke und rechte Achtel eingefaltet, wobei der Falt nicht genau zur Spitze, sondern ein wenig davon entfernt, läuft und öffnet es abermals zur vorigen Lage. Würden alle Falten genau in die Spitze laufen, könnte das fertige Filter leicht einreißen. Zum Schluß wird jedes Achtel in drei Teile gefaltet, und zwar von außen nach innen begonnen, der zweite Falt geht auf die verkehrte Seite, der dritte fällt bereits mit dem Achtelfalt zusammen, der vierte (erster Falt des zweiten Achtels) nach außen, der fünfte nach innen, der sechste nach außen (fällt mit dem bereits vorhandenen mittleren Falt zusammen). Ebenso wird von der anderen Seite aus verfahren, bis das ganze Filter in der Art einer Ziehharmonika gefaltet ist. In diesem Zustand wird es oben abgeschnitten und hat nach dem Öffnen eine Kreisform. Bei Gebrauch wird es zu einer Tüte aufgemacht und lose in den Trichter eingelegt.

4. Selbsttätige Filtration. Zum Filtrieren großer Mengen und zum Auswaschen größerer Mengen schleimiger Niederschläge bedient man sich mit Vorteil eines Gerätes zur selbsttätigen Filtration (Abb. 192).

Arbeitsweise: Wichtig ist, daß das Papierfilter überall am Trichterrand vollkommen dicht aufliegt (Luft darf die Filterschicht nicht passieren), um konstantes Niveau zu halten. Bei offenem Hahn am Stielrohr des Trichters bringt man den Niederschlag auf das Filter. Man fettet den Deckelrand mit Vaseline, setzt den Deckel auf den

Trichter, befestigt ihn mit Klammern und verbindet das Zulaufrohr am Deckel durch einen Gummischlauch mit dem Ablaufrohr des mit Waschflüssigkeit (bzw. zuerst mit der zu filtrierenden Flüssigkeit) gefüllten Vorratsbehälters (Mariottesche Flasche). Bei offenem Niveauhahn am Deckel und geschlossenem Ablaufhahn am Trichterstiel

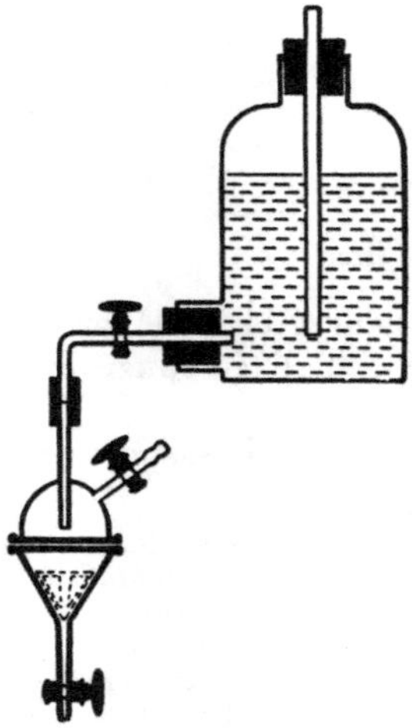

Abb. 192. Selbsttätige Filtration nach Kapsenberg (Jenaer Glaswerk Schott & Gen., Mainz)

läßt man soviel Flüssigkeit langsam zutropfen, bis das gewünschte Niveau, etwas unterhalb der Oberkante des Papierfilters, erreicht ist. Hierauf wird der Deckelhahn geschlossen, wodurch das Zutropfen der Waschflüssigkeit fast sofort aufhört. Jetzt öffnet man den Ablaufhahn am Trichterrohr vorsichtig, so daß die Flüssigkeit langsam unten abtropft und unter Einhaltung des Niveaus in genau gleichem Tempo oben zuläuft. In dieser Weise, also bei langsamen Tropfen und gelindem Überdruck, wird die dichte Auflage des Papierfilters nicht gestört.

Man vergewissert sich nach einiger Zeit, ob das Niveau konstant bleibt. Ist dies ausnahmsweise nicht der Fall, so prüft man erst die Dichtheit des Planschliffrandes. Dann untersucht man, ob das Filter undicht anliegt. Ist dies der Fall, stellt man die Waschflüssigkeit ab, öffnet den Niveauhahn und läßt das Filter unten auslaufen. Dann dichtet man den oberen Rand des Filters vorsichtig mit einem Glasstäbchen gegen die Trichterwand und nimmt die selbsttätige Arbeit wieder auf.

D. Filtrieren unter vermindertem Druck (Absaugen)

Beim Absaugen wird unterhalb des Filters ein Unterdruck erzeugt (Anschluß an eine Vakuumleitung).

Über die Erzeugung des Vakuums s. S. 258.

1. Porzellanfiltergeräte. a) *Porzellan-Filtertiegel* mit porösem Boden sind glühbeständig. Sie können nach sorgfältigem Trocknen bei langsamem Erwärmen und Abkühlen durch Einstellen in ein Glühschälchen (Tiegelschuh), das gleichzeitig eine etwaige Reduktion des Niederschlages durch Flammengase verhindert, direkt über der Gebläseflamme geglüht werden (Abb. 193).

Porzellan-Filtertiegel
(Hersteller und Bezeichnung der Porengröße):

Staatl. Porzellan-Manufaktur Berlin	W. Haldenwanger, Berlin	Rosenthal Stemag Techn. Keramik GmbH, Marktredwitz	Porengröße etwa
A 1	P 1	1	6 (geringste Durchlässigkeit)
A 2	P 2	2	7 (mittlere Durchlässigkeit)
A 3	P 3	3	8 (größte Durchlässigkeit)

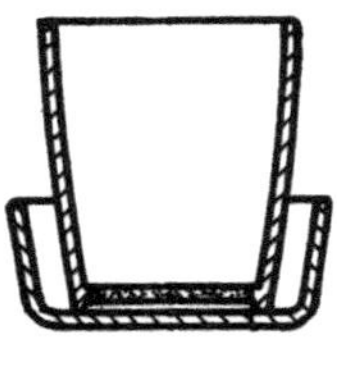

Abb. 193. Filtertiegel aus Porzellan, eingestellt in ein Glühschälchen (Staatl. Porzellan-Manufaktur, Berlin)

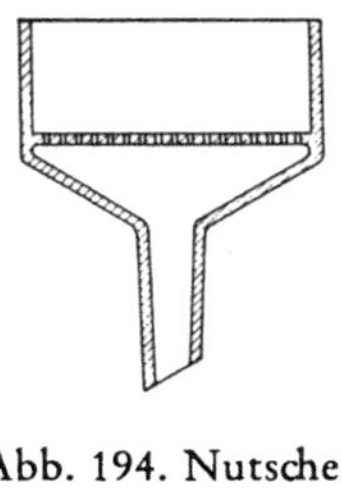

Abb. 194. Nutsche (Staatl. Porzellan-Manufaktur, Berlin)

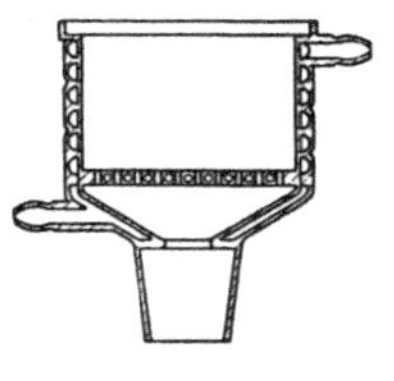

Abb. 195. Einteilige heizbare Nutsche (Staatl. Porzellan-Manufaktur, Berlin)

Die Niederschläge sind rasch auswaschbar. Reinigung der Tiegel durch Auskochen, auch mit konzentrierter Säure oder Ammoniak ohne Beeinträchtigung der Brauchbarkeit. Dauernde Einwirkung heißer, konzentrierter Laugen greift den porösen Boden an.

b) *Porzellan-Filterstäbchen* sind ähnlich den Glasfilterstäbchen (Eintauchfilter s. S. 118).

c) *Nutschen oder Büchner-Trichter* (Abb. 194) besitzen einen Siebboden, auf den das Filter aufgelegt wird. Wichtig ist die richtige Rundfiltergröße. Die Lochreihen müssen bedeckt sein, jedoch darf das Filter nicht an der Wandung hochstehen. Bei großen Nutschen gegebenenfalls Einlegen von zwei Schichten Filtrierpapier.

Nutschen haben eine ziemlich große Saugfläche. Zu beachten ist, daß der Raum unter dem Siebboden gut gereinigt ist.

Das aufgelegte Filter wird in der Regel mit der Waschflüssigkeit angefeuchtet und durch kurzes Ansaugen auf die Filterplatte gedrückt, es muß gleichmäßig aufliegen.

Vorteilhaft sind Nutschen mit auswechselbaren Sieb- oder Filterschalen, deren Ober- und Unterteil aufeinander geschliffen sind.

Bei *heizbaren Nutschen* zirkuliert Dampf oder Heizflüssigkeit in Kanälen der Nutschendoppelwand (Abb. 195).

Zur Filtration starker Säuren können passende *Steinfilterplatten* eingelegt werden (s. S. 108).

2. Glasfiltergeräte. a) *Allgemeines.* Die Filterplatte besteht aus gekörntem und gesichtetem Glas, das gesintert ist. In der Regel wird ein Druckunterschied von etwa 1 bar von den Sinterplatten ausgehalten.

Neue Geräte müssen mit heißer Salzsäure und Wasser gut gewaschen werden, um etwaige Fremdkörper und Staubteilchen sicher zu entfernen. Der Boden der Glasgeräte ist eben, erst Filter von 90 mm Durchmesser aufwärts besitzen der höheren Druckfestigkeit halber einen gewölbten Boden. Die Geräte werden mit verschiedener Porenweite geliefert.

Glasfiltergeräte des Jenaer Glaswerkes Schott & Gen., Mainz, sind aus Geräteglas 20 und Duran 50 gefertigt; Kennbuchstaben am Gerät „G“ bzw. „D“. Die Porösität ist aus der Angabe hinter dem Kennbuchstaben ersichtlich, die Angabe vor dem Kennbuchstaben gilt für die Form und Größe des Glasfiltergerätes. Z. B. trägt ein Tiegel der Form 1 aus Geräteglas, Korngröße 3, die Bezeichnung 1G3.

Glasfilterplatten dienen außer der Filtration von Flüssigkeiten und Gasen auch zur gleichmäßigen Verteilung eines Gases in einer Waschflüssigkeit (s. S. 247).

b) *Glasfiltertiegel* (Abb. 196). Sie werden besonders dann verwendet, wenn Niederschläge bis zur Gewichtskonstanz getrocknet werden müssen. Wichtig ist die Auswahl der Porengröße des Filters. Filter der Größe 4 filtrieren sicher klar, wenn der Niederschlag in der zu filtrierenden Flüssigkeit nicht dauernd in Schwebe bleibt.

Auszug aus der Tabelle der mittleren Porenweiten der Glasfiltergeräte des Jenaer Glaswerkes Schott & Gen., Mainz:

Porosität	Nennwert der max. Porenweite in µ	Hauptanwendungsgebiet (N bedeutet Niederschläge)
0	160—250	Gasverteilung in Flüssigkeiten bei geringem Gasdruck. Filtration gröbster N.
1	100—160	Filtration grober N, Gasverteilung in Flüssigkeiten, Flüssigkeitsverteilung, in Extraktionsapparaten für grobkörniges Material. Unterlage für lose Filterschichten bei gelatinösen N.
2	40—100	Präparative Arbeiten mit kristallinen N. Quecksilberfiltration.
3	16—40	Analytische Arbeiten mit mittelfeinen und präparative Arbeiten mit feinen N. Feine Gasfilter. Extraktion bei feinkörnigem Material.
4	10—16	Analytische Arbeiten mit sehr feinen N (z. B. $BaSO_4$, Cu_2O). Präparatives Arbeiten mit sehr feinen N. Rückschlag und Sperrventil für Hg.
5	1,0—1,6	Bakterienfiltration

Bei Pyrex- bzw. Sovirel-Glas (Sovirel GmbH, Brühl) wird die Porosität der Glasfilter-Platten wie folgt angegeben:

Porosität	Porenweite in µ	Porosität	Porenweite in µ	Porosität	Porenweite in µ
0	150—200	3	20—40	7	unter 1,7
1	90—150	4	10—20		
2	40—90	5	4—6		

Beim Absaugen harzartiger Stoffe wird die Fritte leicht verstopft. Es kann daher von Vorteil sein, eine wenige Millimeter hohe Schicht Mikrofil (Glaspulver definierter Körnung; Mikrotechnik GmbH, Miltenberg-Bürgstadt) in den Tiegel zu bringen. Man schafft damit eine „bewegliche Fritte“, für die die Sinterglasschicht des Tiegels nur als Träger dient. Eine längere Brauchbarkeit des Filtertiegels wird zusätzlich erreicht. Bei quantitativen Arbeiten wird der Tiegel samt der Mikrofilschicht gewogen.

c) *Glasfilternutschen* (Abb. 197). Je nach der Größe der Nutsche ist die Filterplatte eben oder gewölbt (Durchmesser der Filterplatte bei a = 35—60, b = 90—120, c = 150—210 mm).

d) *Filtertrichter* sind normale Trichter mit einer Sinterplatte.

e) *Filterrohre* enthalten eine Filterplatte in der Mitte (Filtration von Niederschlägen im Gasstrom).

f) *Filterkerzen* (Abb. 198) werden als Extraktionshülsen in Soxhlet-Apparaten verwendet.

g) *Eintauchfilter* (Abb. 199) werden zum Absaugen des Filtrates über dem abgesetzten Niederschlag („umgekehrte Filtration“) verwendet.

Abb. 196. Glasfiltertiegel (Jenaer Glaswerk Schott & Gen., Mainz)

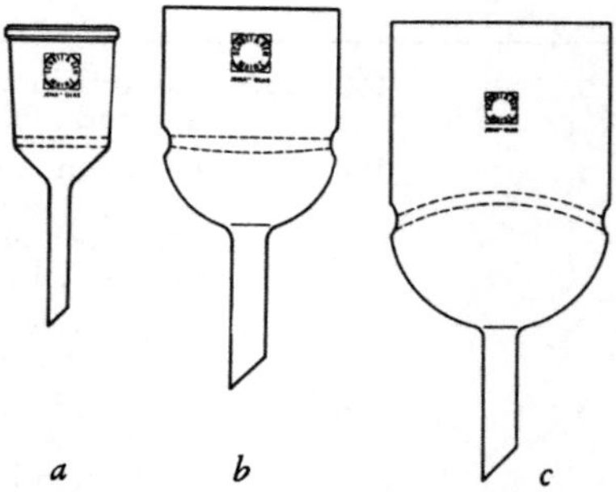

Abb. 197. Glasfilternutschen aus Duran 50 (Jenaer Glaswerk Schott & Gen., Mainz)

h) *Reinigen der Glasfiltergeräte.* Plötzlichen Temperaturwechsel vermeiden! Die Reinigung soll stets unmittelbar nach der Benutzung erfolgen.

Ist kein Niederschlag in die Poren eingedrungen, genügt meist ein Abspritzen der Oberfläche. Diese kann dabei mit einem Pinsel oder Gummiwischer abgewischt werden. Enthalten die Poren Niederschlag, ist Rückspülung nötig. Bei den Porengrößen 0 bis 2 kann dies direkt an der Wasserleitung geschehen (Wasserdruck nicht über 1 atü).

Abb. 198. Filterkerze (Jenaer Glaswerk Schott & Gen., Mainz)

Abb. 199. Eintauchfilter (Jenaer Glaswerk Schott & Gen., Mainz)

Bei den Porositäten 3 bis 5 wird Wasser entgegengesetzt zur Filtrationsrichtung durchgesaugt.

Zur chemischen Reinigung eignen sich:

für Fett	Tetrachlorkohlenstoff,
für Eiweiß	heißes Ammoniak oder Salzsäure,
für organische Stoffe	heiße Schwefelsäure mit Zusatz von Natriumnitrat oder Natriumperchlorat,
für Kupferoxid	heiße Salzsäure und Kaliumchlorat,
für Bariumsulfat	heiße konzentrierte Schwefelsäure (100° C),
für Silberchlorid	Ammoniak oder Natriumthiosulfat.

Für die Reinigung von Sinternutschen hat sich auch die Verwendung von Trilonen bewährt.

Ausgiebiges Nachwaschen mit Wasser ist selbstverständlich.

3. Kunststoff-Filter. An Stelle der Glasfilterplatten werden auch Filterplatten aus Kunststoffen, z. B. Flexolith (Wilhelm Schuler Filtertechnik GmbH, Eisenberg), das gegen 60%ige Natronlauge bei 160° C beständig ist, sowie Filtermassen aus PTFE verwendet.

Auch Nutschen aus PE sind in Verwendung.

4. Durchführung der Filtration. Als Auffanggefäß für das Filtrat dienen *Saugflaschen,* das sind starkwandige Flaschen in Erlenmeyer-Form oder bei einem Inhalt von drei Litern oder mehr in Flaschenform (Abb. 200). Das seitliche Ansatzrohr (Olive) oder der Tubus

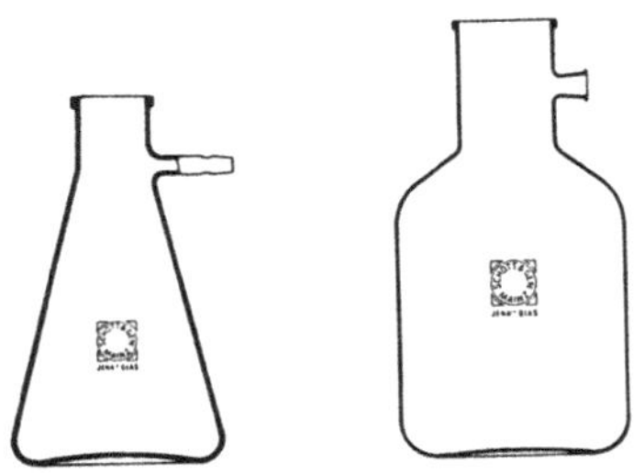

Abb. 200. Saugflaschen (Jenaer Glaswerk Schott & Gen., Mainz)

Abb. 201. Ansatzstück zur Saugflasche

zum Einsetzen eines Gummistopfens wird mit der Vakuumleitung, unter Zwischenschaltung einer Woulfeschen Flasche als Sicherheit, verbunden.

Das Aufschieben des Vakuumschlauches auf das dicke Ansatzrohr der Saugflasche bereitet häufig Schwierigkeiten und gefährdet bei einem plötzlich notwendigen Unterbrechen und Wiederherstellen dieser Verbindung den Inhalt der Nutsche. Man verbindet daher vorteilhaft das Ansatzrohr von vornherein mit einem Stückchen Vakuumschlauch, der am anderen Ende ein kurzes, nicht zu weites Glasröhrchen trägt und beläßt dieses

Ansatzstück ständig an der Saugflasche. Die Verbindung und Trennung des Glasröhrchens mit einem Vakuumschlauch, der zur Sicherheitsflasche führt, kann gefahrlos und rasch vorgenommen werden (Abb. 201).

Anordnung einer Filtration: Das Ablaufrohr des Verstoßes oder der Nutsche muß unterhalb des Saugstutzens der Saugflasche enden, da sonst Filtrat in die Leitung gesogen werden könnte.

Die Schlauchverbindung zwischen Saug- und Sicherheitsflasche bzw. zwischen letzterer und der Pumpe wählt man starkwandig (Vakuumschlauch), damit der Luftdruck sie nicht zusammenpreßt. Handelt es sich um niedrig siedende Filtrate, ist unter Umständen doch ein dünnwandiger Schlauch vorzuziehen, der als selbsttätiges Ventil wirkt und übermäßiges Verdunsten des Filtrates verhütet.

Nach Abfließen des Filtrates ist, ehe man die Pumpe abstellt, die Verbindung dieser mit der Saugflasche zu unterbrechen, da sonst bei Verwendung einer Wasserstrahlpumpe Wasser aus der Pumpe in die Saugflasche steigt.

Abb. 202. Guko-Dichtung (Jenaer Glaswerk Schott & Gen., Mainz)

Abb. 203. Filtriergerät mit Saugflasche (Jenaer Glaswerk Schott & Gen., Mainz)

Das Lüften des Schlauches an der Saugflasche hat auch nach Abstellen des Vakuums langsam zu geschehen, um ein Reißen des Filters oder ein Heben desselben durch den plötzlich starken Luftzutritt zu verhindern.

Filtertiegel werden auf der Saugflasche mit Hilfe eines *Filtriervorstoßes* befestigt. Dieser wird entweder mit einer Guko-Dichtung aus Gummi (Abb. 202) oder behelfsmäßig auch mittels eines Gummistopfens, durch dessen Bohrung das Ansatzrohr des Vorstoßes in die Saugflasche reicht, auf die Saugflasche gesetzt und damit abgedichtet. Der Tiegel wird in diesem Fall mit einer Gummimanschette auf den Vorstoß aufgesetzt. Die Abb. 203 zeigt die Anordnung einer Filtration.

Nutschen werden mit Hilfe einer Guko-Dichtung oder eines durchbohrten Gummistopfens auf die Saugflasche aufgesetzt. Im einfachsten Fall verwendet man eine dicke, mit einem Loch versehene Gummiplatte. Durch Ansetzen des Vakuums wird die Nutsche auf die Saugflasche gepreßt.

Für kleine Flüssigkeitsmengen stellt man in die Saugflasche ein Reagenzglas, in das die Flüssigkeit direkt hineinlaufen kann.

Die Filtration selbst geschieht bei Filtertiegeln nach vorhergegangenem Dekantieren ebenso wie beim Filtrieren durch einen normalen Trichter.

Bei Anwendung von Nutschen wird der Niederschlag so auf das Filter gebracht, daß kein „Trockensaugen“ eintritt, also rechtzeitig nachgießen! Beim Auswaschen wird nach dem vollständigen Durchsaugen der Filterkuchen mit einem Spatel (oder der Kappe eines flachen Glasstopfens) glatt verstrichen, um die entstandenen „Risse“ im Filterkuchen, durch die Luft hindurchgesaugt würde, zu schließen. Vorteilhaft ist es, vor dem letzten Waschen das Vakuum abzustellen (Saugflasche belüften!), neue Waschflüssigkeit aufzugießen und erst nach einiger Zeit wieder anzusaugen.

Beim Filtrieren oder Waschen mit heißem Wasser ist es angezeigt, die Saugflasche zuvor im Trockenschrank oder durch Eingießen von warmen Wasser anzuwärmen, um ein Platzen der Saugflasche zu vermeiden. Die Saugflasche wird in ein durchsichtiges Plexiglasgehäuse (Abb. 204) gestellt, als Schutz bei einer eventuell eintretenden Implosion.

Für Substanzen, die sehr langsam filtrieren und sich auch mit heißem Wasser nur langsam auswaschen lassen, ist es zweckmäßig, ständig mit heißem Wasser zu waschen. Man kann so verfahren, daß man durch einen verkehrt übergestülpten Trichter aus einem Dampfentwicklungskolben ständig Dampf auf die Nutsche leitet.

Hochsiedende Lösungsmittel können aus dem Filterkuchen in manchen Fällen durch Auswaschen mit einem niedrig siedenden Lösungsmittel verdrängt werden (z. B. Verdrängen von Nitrobenzol durch Methanol, falls der Niederschlag nicht in Methanol löslich ist; Methanol läßt sich durch Trocknen leicht aus der Substanz entfernen).

Die *Entfernung des Filterkuchens* vom Filter geschieht, falls getrocknet wurde, durch Abkratzen. Feuchte Niederschläge werden durch „Abklatschen“ vom Filter getrennt. Dazu wird die Nutsche samt Inhalt verkehrt auf eine Glasplatte oder einen Teller gestellt, der Nutschenstiel mit der hohlen Hand umfaßt und kurz hineingeblasen, wodurch das Filter samt Filterkuchen auf die Unterlage fällt. Das Filter, das nun obenauf liegt, kann dann vom Niederschlag abgezogen werden. Haftet das Filter durch zu starkes Absaugen zu fest am Niederschlag, wird es durch Aufspritzen von sehr wenig Waschflüssigkeit angefeuchtet, um es dann leicht abziehen zu können. Ist der Feuchtigkeitsgehalt dagegen zu groß, wird das Filter durch Betupfen mit trockenem Filtrierpapier von überschüssiger Waschflüssigkeit befreit.

5. Absaugen kleiner Substanzmengen. In einen kleinen Glastrichter wird ein dünner, plattgedrückter Glasstab (mit einer Scheibe von etwa 0,5 bis 1 cm Durchmesser) eingesetzt. Eine passende Scheibe Filtrierpapier wird an Trichter und Plättchen angelegt und nach dem Befeuchten mit dem betreffenden Lösungsmittel mit Hilfe eines Glasstabes angedrückt und dann festgesaugt (Abb. 205).

Für kleinste Substanzmengen, z. B. zur Befreiung weniger Kristalle von der Mutterlauge oder zur Entfernung zähflüssiger oder schmieriger Verunreinigungen, bewährt sich ein *Aufstreichen auf Ton.* Die poröse Tonplatte saugt die Mutterlauge auf.

6. Absaugen großer Substanzmengen. Dazu dienen Saugtöpfe (Abb. 206), das sind zylindrische Steinguttöpfe mit aufgeschliffener Siebplatte. Die Töpfe haben zwecks Verbindung mit der Pumpe am oberen Rand, unterhalb der Siebplatte und gegebenenfalls zum Ablassen des Filtrats dicht über dem Boden einen Tubus.

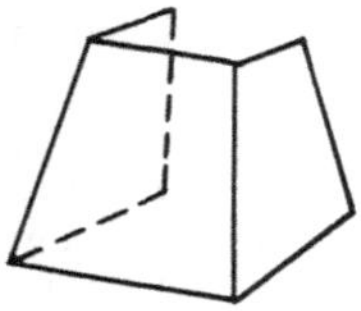

Abb. 204. Schutzgehäuse für Saugflaschen

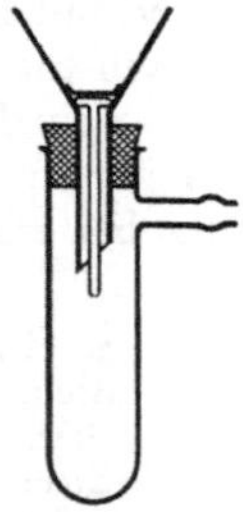

Abb. 205. Absaugen kleiner Substanzmengen

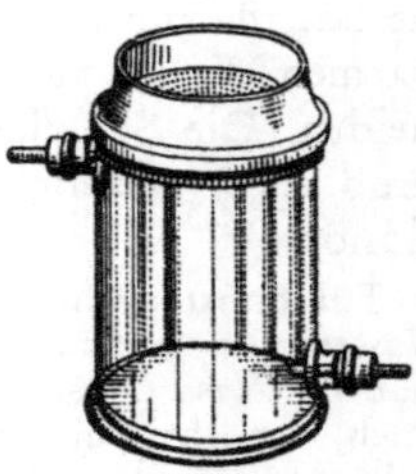

Abb. 206. Saugtopf

Zum Abfiltrieren von Verunreinigungen (für Teilchen bis 2μ) aus großen Flüssigkeitsmengen werden mit Vorteil *Filterröhrchen aus Mikroglasfasern* mit Harzverstärkung verwendet. Dadurch werden große, unhandliche Trichter überflüssig. Das Filterröhrchen wird mit Vakuumschlauch an eine Faßpumpe, Wasserstrahlpumpe oder eine vorhandene Saugleitung angeschlossen (Abb. 207).

E. Filtrieren unter Druck

Die Druckfiltration bewährt sich vor allem, wenn der Dampfdruck der zu filtrierenden Flüssigkeit hoch ist, also bei der Filtration heißer, gesättigter Lösungen, um Lösungsmittelverluste und ein Verstopfen der Filterplatte zu vermeiden. Sie wird ferner angewandt zum Filtrieren in inerter Atmosphäre und von Flüssigkeiten, die gelöste Gase enthalten.

a) *Glasfiltergeräte.* Bei dem Druckfilter nach Dannley (Abb. 208) reißt die in die aufgeschraubte Kunststoffkappe eingelegte Überdrucksicherung, wenn der Druck 1,5 atü (∾ 1,5 bar Überdruck) übersteigt und schließt damit eine Beschädigung der Filterplatte aus.

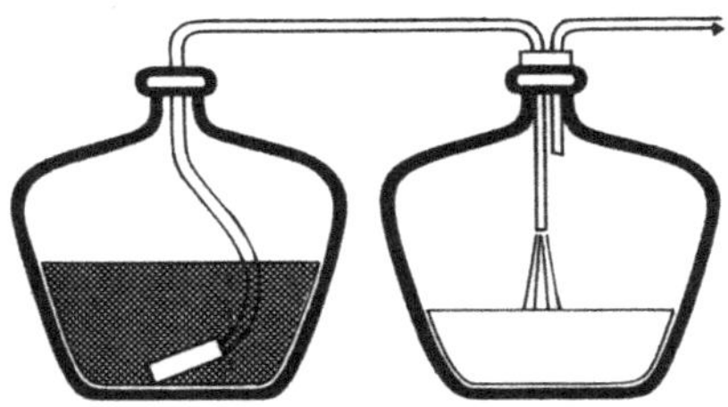

Abb. 207. Abfiltrieren aus Flüssigkeitsballons mit Whatman-Filterröhrchen (Hormuth-Vetter, Wiesloch/Baden)

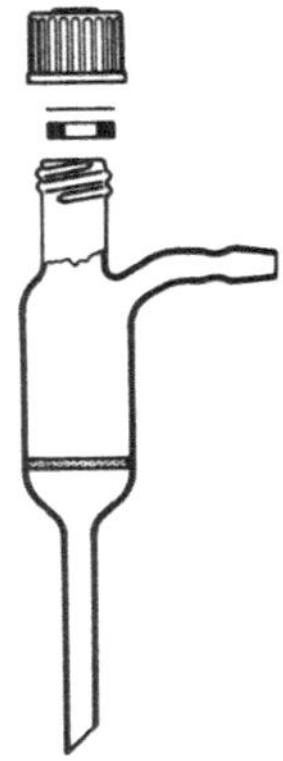

Abb. 208. Druckfilter nach Dannley aus Duran 50 (Jenaer Glaswerk Schott & Gen., Mainz)

b) *Drucknutschen.* Die Apparatur besteht aus einem Druckfaß, aus dem durch Eindrücken von Luft oder Schutzgas das Filtergut auf die geschlossene Nutsche gedrückt wird. Diese Methode wird hauptsächlich dann angewandt, wenn es sich um die Filtration gesundheitsschädlicher Stoffe handelt, oder wenn das Filtrat aus einem Lösungsmittel besteht, das zurückgewonnen werden soll.

c) *Laboratoriumsmodelle großtechnischer Apparaturen* gestatten es, die Filtration in gleicher Weise vorzunehmen wie im Großbetrieb, z. B. Filterkerzen, Einschichtenfilter, Filterpressen, Scheibendruckfilter u. v. a.

F. Schleudern (Zentrifugieren)

Bei den im Laboratorium verwendeten Sedimentierzentrifugen setzt sich der, infolge der bei der Rotation erzeugten Fliehkraft nach außen geschleuderte Niederschlag ab. Die überstehende Flüssigkeit kann vorsichtig abgegossen oder abgehebert werden.

Zentrifugen mit Handbetrieb sind fast völlig durch Zentrifugen mit Motorantrieb und einer Ummantelung (als Schutz) verdrängt.

Bei den *Becherzentrifugen* mit frei ausschwingenden Bechern hängen mehrere bewegliche Metallhülsen, in die die Zentrifugengläser eingesteckt werden, in einem Gehänge senkrecht nach unten (Abb. 209). Über eine Kegel- oder Schneckenradübersetzung werden die Gläser in rasche Umdrehung versetzt, so daß sie sich in horizontale Lage stellen. Der Schleuderaufsatz kann in einen sich mitdrehenden Windschutzkessel eingebaut sein, der die bremsend wirkende Luftreibung erheblich vermindert.

Bei der *Winkelzentrifuge* sind die Becher in einer Schräglage fixiert. Die Sedimentation verläuft aus allen Teilen der Füllung gleichmäßiger. Die Laufzeiten sind meist kürzer, das Sediment sammelt sich entlang der äußeren Becherwand, sinkt an ihr ab und ist somit auf eine größere Fläche verteilt als in freischwingenden Bechern. Die Zentrifugen gestatten eine hohe Drehzahl. Die Abb. 210 zeigt im linken Teil ein Modell mit sechs Bechern je 50 ml Inhalt, im rechten Teil ein solches für zwanzig Becher je 12,5 ml. Die maximale Drehzahl (stufenlos regelbar) beträgt 15.000 U/min. Das Gerät ist mit einem Kühlmantel versehen.

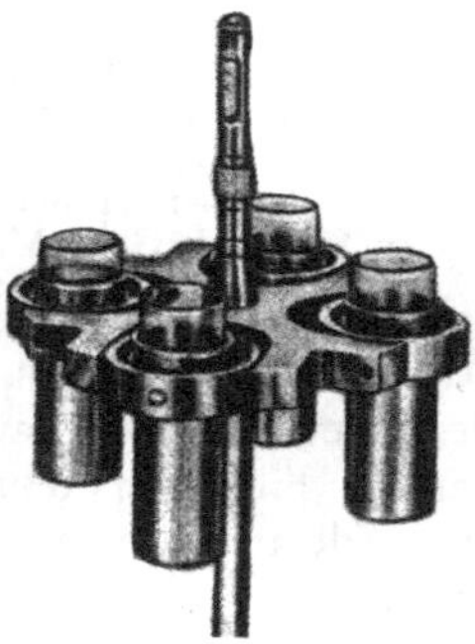

Abb. 209. Becherzentrifuge mit frei ausschwingenden Bechern. Kardan-Aufsatz nach Silverstolpe (B. Hermle KG, Gosheim/Württ.)

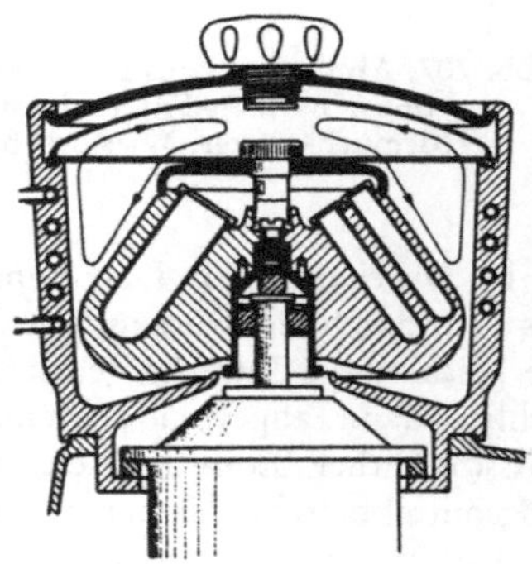

Abb. 210. Winkelzentrifuge „Pirouette“ (Phywe AG, Göttingen)

Wichtig für einen guten Gang der Zentrifuge ist die gleichmäßige Beschickung der Röhrchen.

Zentrifugen sind auch für die Trennung von Emulsionen aus zwei Flüssigkeiten verschiedener Dichte geeignet.

Die Abb. 211 zeigt das Prinzip einer Zentrifuge mit Direktantrieb nach dem *KSB-Durchfluß-System* für kontinuierliches Zentrifugieren geringer Partikelmengen aus großen Suspensionsmengen. Besondere Verteiler ermöglichen das Arbeiten mit zwei, vier bzw. acht Bechern. Durchflußraten bis max. 500 ml/min werden erreicht.

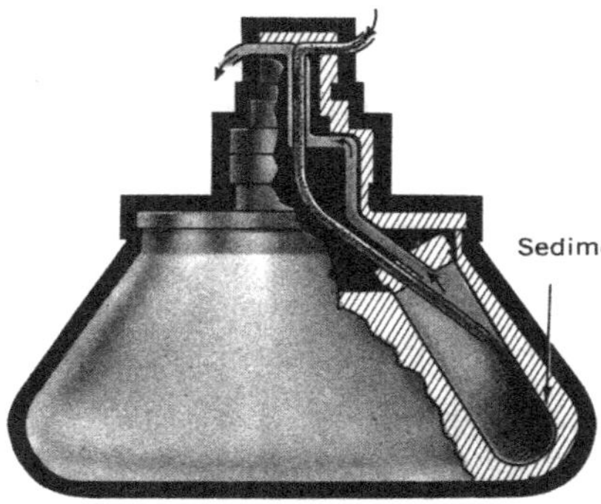

Abb. 211. Sorvall-Zentrifuge für kontinuierliches Zentrifugieren (Hormuth-Vetter, Wiesloch/Baden)

G. Ultrafiltration. Dialyse

a) Zum Anreichern, Abscheiden und Trennen von Stoffen grobdisperser und kolloider Teilchengrößen aus Flüssigkeiten oder Gasen bedient man sich der *Ultrafiltration* mit Hilfe von Membranfiltern.

Membranfilter sind teildurchlässige Schichten aus Cellulosederivaten oder anderen Polymerstoffen. Von der Sartorius-Membranfilter GmbH, Göttingen, werden Membranfilter in 17 abgestuften Porengrößen geliefert, und zwar als Standard-Membranfilter von 12 bis 0,01 µm (Mikrometer, 1 µm = 10^{-6} m) und als Ultrafilter von 150 nm bis 5 nm (Nanometer, 1 nm = 10^{-9} m). Die Filter haben eine schaumartige, gleichmäßige Struktur. Ihr Hohlraum beträgt 85 bis 65%.

Die Abscheidung der Partikel erfolgt auf der Oberfläche des Filters, so daß eine direkte Untersuchung des Rückstandes auf dem Filter ermöglicht wird.

Die Filtration muß durch Unter- oder Überdruck unterstützt werden. Die Verwendung eines Glasfaser-Vorfilters bedingt eine wesentliche Entlastung des Membranfilters und damit eine erhebliche Verbesserung der Filtrationsleistung. Das Glasfilter kann entweder direkt auf das Membranfilter aufgelegt (der Durchmesser des Glasfilters soll lediglich der lichten Weite des Dichtungsringes entsprechen) oder getrennt in einem anderen Filtrationsgerät verwendet werden. Zur Untersützung des Membranfilters dient ein teflonisiertes Lochblech aus Streckmetall mit geringem Durchflußwiderstand und guter Reinigungsmöglichkeit.

Ultrafilter werden in feuchter Ausführung geliefert, da sie durch

Austrocknen schrumpfen und nahezu undurchlässig werden. Aufbewahrung in 30%igem Äthanol, wobei ein Wechsel der Flüssigkeit nach jeweils drei bis vier Wochen zu empfehlen ist. Vor Gebrauch werden die Filter 30 bis 60 Minuten in destilliertes Wasser gelegt. Durch Einlegen in eine 2%ige Formalinlösung über 24 Stunden wird Entkeimung erreicht, sie müssen anschließend durch mehrmaliges Filtrieren mit sterilem, destilliertem Wasser ausgewaschen werden.

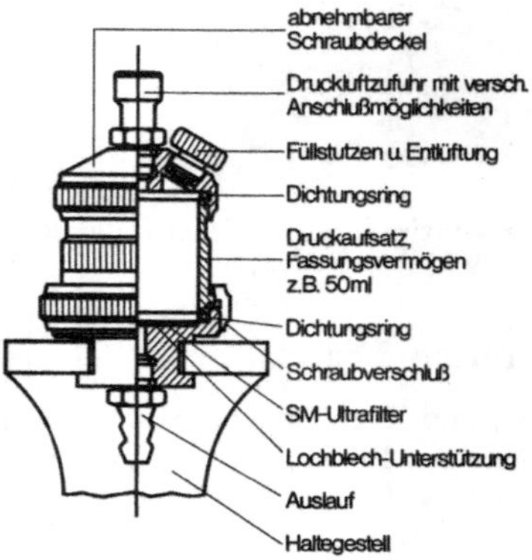

Abb. 212. Ultrafiltrationsgerät SM 16224 aus Edelstahl (Sartorius-Membranfilter GmbH, Göttingen)

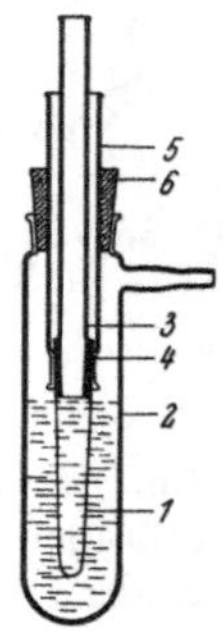

Abb. 213. Kollodiumhülse mit Haltevorrichtung (Sartorius-Membranfilter GmbH, Göttingen)

Die Abb. 212 zeigt ein Ultrafiltrationsgerät aus Edelstahl. Es stehen auch Ausführungen mit Teflonauskleidung zur Verfügung.

b) Durch *Dialyse* können molekulargelöste Stoffe von Kolloiden auf Grund der Diffusion des gelösten Anteils durch Membranen getrennt werden. Auf diese Weise wird eine schonende Anreicherung proteinhaltiger Lösungen (z. B. Einengen von Eiweißlösungen zum Zwecke der elektrophoretischen Auftrennung der Proteine) mit Hilfe von *Kollodiumhülsen* erreicht. Die Abscheidung der Eiweißstoffe erfolgt auf der Filteroberfläche der Hülse. Auch für die Gewinnung der eiweißfreien Ultrafiltrate sind Kollodiumhülsen geeignet.

Die Anordnung ist in Abb. 213 dargestellt. Die Kollodiumhülse 1 wird ca. einen Zentimeter auf die Kunststoffmanschette 4 des Einsatzrohres 3 gezogen und in den Normschliff des Mantelrohres 5 eingepaßt. Das Ganze wird mit Hilfe des Gummistopfens 6 möglichst gerade in den mit destilliertem Wasser, physiologischer Kochsalzlösung oder Puffer (dadurch Vermeidung von pH-Änderungen der anzureichernden Probe) gefüllten Absaugstutzen 2 eingesetzt. Dabei ist es zweckmäßig, den Absaugstutzen bis in die Höhe des Schliffes von Mantel- und Einsatzrohr zu füllen. Die Haltevorrichtung wird an einem Stativ befestigt. Nun wird die Hülse mit der einzuengenden Lösung mittels Pipette gefüllt und der Absaugstutzen mit einer Elektro- oder Wasserstrahlpumpe bei einem Unterdruck bis zu 500 Torr (∾ 667 mbar) evakuiert.

Nach Beendigung wird das eingeengte Konzentrat vom Boden der Hülse mit einer Mikropipette entnommen. Die Filtrationszeit ist abhängig vom Flüssigkeitsvolumen und der Eiweißkonzentration; durchschnittlich kann für 5 ml mit einer Anreicherungszeit von drei Stunden gerechnet werden.

Geliefert werden die Kollodiumhülsen in 20%igem Äthanol verpackt, sie müssen vor Gebrauch 30 bis 60 Minuten in destilliertes Wasser eingelegt werden.

10. Hinweise für analytische Arbeiten

1. Lösen fester Stoffe auf chemischem Wege. Eine beim Lösen auftretende Gasentwicklung kann durch Mitreißen der Lösung zu Verlusten führen. Daher bedecke man das Becherglas mit einem Uhrglas. Über den Rand des Becherglases wird ein kleines, winkelig gebogenes Glasstabstück gehängt, damit das Uhrglas nicht direkt auf dem Gefäßrand aufliegt (Entweichen des entstehenden Gases). Auf Kolben wird ein Trichterchen oder ein Kugelrohr (Abb. 214) aufgesetzt, von denen sich mitgerissene Flüssigkeitsteilchen leicht in das Analysengefäß zurückspülen lassen.

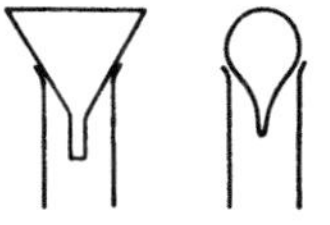

Abb. 214. Bedecken des Kolbens

2. Aufschließen unlöslicher Stoffe. Die feinstgemahlene Substanz wird mit dem im Tiegel befindlichen Aufschlußmittel (fünf- bis sechsfache Menge) durch Verrühren mit einem dünnen Glasstab oder einem Platindraht vermischt und das Gemisch noch mit etwas reinem Aufschlußmittel bedeckt.

Nun wird der mit einem Deckel verschlossene Tiegel langsam erhitzt, damit zuerst das enthaltene Wasser entweicht, und hierauf die Temperatur allmählich gesteigert; 10 bis 15 Minuten sind in den meisten Fällen ausreichend. Die Beendigung der Reaktion ist nicht immer leicht erkennbar. Bei der Sodaschmelze findet nach Beendigung, auch nach Zugabe neuer Soda, keine CO_2-Entwicklung mehr statt. Bei anderen Schmelzen erkennt man die Beendigung z. B. an dem vollständigen Klar- und Durchsichtigwerden der flüssigen Schmelze.

Wichtige Aufschlußmittel: Soda, Gemisch Soda-Salpeter, festes Ätznatron, Soda + Kaliumchlorat, Kaliumhydrogensulfat, Kaliumperoxodisulfat, Natriumperoxid („Verpuffung" im Nickeltiegel).

Das Schmelzen wird in Tiegeln aus Platin, Porzellan, Quarz oder Nickel vorgenommen (Analysenvorschrift beachten!).

Zum Aufschluß organischer Substanzen kann zur Bestimmung von Halogen, S, P, Si u. a. die IKA-Universalbombe nach Wurzschmitt herangezogen werden. Der Aufschluß erfolgt mit Natriumperoxid.

Flüssige Aufschlußmittel (rauchende Salzsäure, Brom-Eisessig) werden als „Lösungsmittel" angewendet. Der Aufschluß erfolgt in Bechergläsern, Kolben oder Schalen.

3. Auflösen erstarrter Schmelzen. Bei leichtlöslichen Schmelzaufschlüssen wird der in einer Schale liegende Tiegel mit destilliertem Wasser übergossen, der Deckel wird gesondert abgespritzt (Anfassen mit Tiegelzange). Der Tiegel wird nach dem Zerfallen des Schmelzkuchens mit einem Glashaken aus der Lösung gehoben, außen mit Wasser abgespritzt, dann mit der Hand gefaßt und durch Ausspritzen des Inneren vollkommen entleert.

Bei schwerlöslichen Schmelzaufschlüssen (z. B. Sodaschmelze im Platintiegel) schreckt man die glutflüssige Schmelze ab, indem man zum Schluß den kalten Luftstrom des Gebläses gegen den Tiegel richtet oder den heißen Tiegel in kaltes destilliertes Wasser stellt, wodurch sich der Schmelzkuchen zusammenzieht und sich dadurch leicht von der Tiegelwand loslöst. Die erstarrte Schmelze kann auch nachträglich gelockert werden, durch nochmaliges starkes Erhitzen des bereits kalt gewordenen Tiegels, so zwar, daß nur die äußeren Teile des Inhalts weich werden, dann läßt man wiederum erkalten.

Auf keinen Fall darf man einen Platintiegel durch Drücken und Klopfen von der erstarrten Schmelze befreien wollen, da hiedurch der Tiegel rasch unbrauchbar wird.

Abb. 215. Lösen erstarrter Schmelzen

Nach einem anderen Verfahren wird die noch flüssige Schmelze durch Neigen und Drehen des Tiegels während des Erstarrens über die Innenfläche verteilt, an der sie dann in dünner Schicht fest wird.

Ist beim Lösen des Inhaltes eine heftige Gasentwicklung zu erwarten, wird das Lösen beschleunigt, indem man den Tiegel an einen Doppelhaken aus Glas hängt und so in das mit destilliertem Wasser gefüllte Becherglas taucht (Abb. 215). Die entstehende Lösung sinkt zu Boden und frisches Wasser tritt an die noch ungelöste Substanz.

4. Fällen. Beim Fällen eines Niederschlages halte man sich genau an die jeweilige Analysenvorschrift, also z. B. in der Kälte, in der Hitze, durch langsame bzw. rasche Zugabe des Fällungsmittels.

Die Form, in der ein Stoff ausfällt, ist maßgebend für eine sichere und vollständige Trennung von den in der Lösung noch enthaltenen Stoffen. Gallertartige Niederschläge schließen oft winzige Tröpfchen Mutterlauge ein oder sie adsorbieren sie an ihrer Oberfläche.

Das Fällen wird in Bechergläsern, Erlenmeyer-Kolben oder Schalen vorgenommen. Das Reagens läßt man, wenn nicht anders vorgeschrieben, entlang eines Glasstabes in die Lösung fließen und rührt um. Die Gefäße dürfen dabei höchstens bis zur Hälfte gefüllt sein.

5. Filtrieren. Siehe S. 109.

6. Auswaschen von Niederschlägen. Das Waschen eines Niederschlages muß stets im frischen, feuchten Zustand vorgenommen und in der Regel so lange fortgesetzt werden, bis der auszuwaschende Stoff im Filtrat nicht mehr nachgewiesen werden kann. Meist wird das Waschen nach viermaligem Aufgießen der Waschflüssigkeit beendet sein. Es ist besser, mit kleinen Mengen Waschflüssigkeit häufiger, als mit großen Mengen weniger oft zu waschen. Da kein Stoff als völlig unlöslich bezeichnet werden kann, muß man bestrebt sein, den Wascheffekt mit möglichst wenig Waschflüssigkeit zu erreichen.

Gelatinöse Niederschläge erfordern mehr Waschflüssigkeit als kristalline oder pulverige.

Kristalline Niederschläge sollen beim Waschen nicht aufgespritzt werden, da sie häufig zum „Klettern" neigen, d. h., sie steigen von selbst auf dem feuchten Filter über den Filterrand auf die Trichterwand empor (Verlustquelle!).

Die Waschflüssigkeit wird mit einer Spritzflasche auf das Filter gegossen bzw. aufgespritzt. Falls möglich wäscht man mit heißem Wasser. Gegen Ende des Waschens trachtet man den Niederschlag in die Spitze des Filters zu bringen und spült den oberen Filterrand sorgfältig nach.

Das Filtrat (Mutterlauge) bzw. das Waschwasser sammelt man in einem untergestellten Becherglas, einem Filtrierstutzen oder Kolben, die so groß sein müssen, daß sie die gesamte Menge aufnehmen. Die letzten Mengen Waschwasser fängt man getrennt auf, um bei einem etwa eintretenden Reißen des Filters oder Trüblaufen des Filtrats nicht die gesamte Flüssigkeit nochmals filtrieren zu müssen.

Falls die Möglichkeit besteht, soll das Auswaschen durch wiederholtes Dekantieren im Fällgefäß (nach Abfiltrieren der Hauptmenge der überstehenden Flüssigkeit) vorgenommen und der Niederschlag erst zum Schluß auf das Filter gebracht werden.

Hartnäckig an der Wand des Fällgefäßes haftende Niederschlagsreste, die sich auch mit einem Gummiwischer nicht entfernen lassen, löst man mit wenig Lösungsmittel nochmals auf und fällt erneut aus.

Niederschläge, die größere Mengen des Filtrats eingeschlossen oder adsorbiert enthalten, lassen sich auch durch längeres Waschen nicht völlig von der Mutterlauge befreien. In diesem Fall muß der noch feuchte, ungealterte Niederschlag nochmals gelöst und erneut ausgefällt werden („Doppelte Fällung").

Sehr leicht lösliche Niederschläge können unmittelbar vom Filter gelöst werden. Schwerlösliche Niederschläge spült man mit dem Lösungsmittel vom Filter in ein Becherglas, nachdem man das Filter im Trichter mit einem zur Spitze ausgezogenen Glasstab durchstoßen hat.

7. Trocknen, Veraschen und Glühen von Niederschlägen. Handelt es sich um Niederschläge, die zur Wägung nur getrocknet werden dürfen, verwendet man in der Regel Glasfiltertiegel. Der Tiegel mit dem feuchten Niederschlag wird in den bis 150° C heißen Trockenschrank gestellt.

Wurde der Niederschlag auf einem Papierfilter gesammelt, wird das noch feuchte Filter (samt Niederschlag) mit einer Pinzette aus dem Trichter genommen, der Filterrand nach der Mitte zu an mehreren Stellen eingeschlagen und die überall geschlossene Filtertüte (getrocknetes Filter muß vorher gewogen sein) mit der Spitze nach oben in ein Wägeglas gestellt und im Trockenschrank bis zur Gewichtskonstanz getrocknet. Zum Trocknen Wägeglasdeckel so auf den Wägeglasrand legen, daß die Luft entweichen kann.

Größere Mengen gelatinöser Niederschläge werden vor ihrer Veraschung im Filter vorgetrocknet. Zu diesem Zweck überspannt man den Trichter mit einem angefeuchteten Filtrierpapier, stößt einige Löcher ein und stellt ihn für einige Zeit aufrecht in den Trockenschrank.

Beim Veraschen von Filtern sollte man im allgemeinen so vorgehen, daß zunächst das nasse Filter mit dem Niederschlag im offenen Tiegel durch langsames Anheizen getrocknet, dann verkohlt und schließlich geglüht wird. Das Filter im Tiegel wird zuerst mit kleiner Flamme (etwa 10 cm unterhalb des Tiegels) getrocknet, dann wird der in einem Tondreieck sitzende Tiegel gesenkt, die Flamme ein wenig vergrößert, so daß das Filter zu verkohlen beginnt. Die Verkohlung muß langsam vor sich gehen, damit eine „lockere" Kohle entsteht. Zum Verbrennen der Filterkohle stellt man den Tiegel etwas schräg und richtet die Flamme gegen den Boden des Tiegels (Abgase der Flamme dürfen nicht eindringen), erst gegen

Ende richtet man die Flamme an die Tiegelwand, der Tiegel wird von Zeit zu Zeit etwas gedreht, um kohlige Beschläge an der Innenseite wegzubrennen. Zum Schluß wird wieder im aufrecht stehenden Tiegel geglüht. Der heiße, aber nicht mehr glühende Tiegel wird im Exsikkator abkühlen gelassen; letzterer wird nach Einstellen des Tiegels in das Wägezimmer gebracht. Die Wägung kann bei Porzellantiegeln nach 30 bis 40 Minuten erfolgen, bei Platintiegeln nach 15 bis 20 Minuten.

Sollte beim Filtrieren und Auswaschen doch etwas Niederschlag an die Trichterwand gelangt sein, wird er von dieser mit einem Stückchen aschefreiem Filtrierpapier abgewischt und dieses Stückchen mit in den Tiegel gegeben.

Zum Erhitzen von Niederschlägen im Gasstrom verwendet man *Rose-Tiegel* (Abb. 216). Durch den Deckel führt ein gebogenes Porzellanrohr zur Einleitung des Gases in das Tiegelinnere.

Abb. 216. Rose-Tiegel

Abb. 217. Tüpfelplatte nach Feigl (Jenaer Glaswerk Schott & Gen., Mainz)

Das Veraschen und Glühen kann auch in *elektrisch geheizten Tiegelöfen* (s. S. 149) bei entsprechender Temperatureinstellung vorgenommen werden.

Zum Glühen von Niederschlägen in einem Filtertiegel wird dieser in den kalten elektrischen Ofen gestellt. Er kann dort bis max. 500° C erhitzt werden. Nach Abschalten der Heizung soll er im Ofen bis mindestens 200° C abkühlen. Bei richtiger Behandlung und einwandfreier Reinigung verliert ein Filtertiegel bei jeder Analyse nur etwa 0,2 bis 0,3 mg an Gewicht.

8. Abrauchen. Durch die Einwirkung der Filterkohle werden manche Niederschläge chemisch verändert, sie werden dann durch Abrauchen in eine chemisch genau definierte Form übergeführt. Zu diesem Zweck gibt man zwei bis drei Tropfen der in der Analysenvorschrift angegebenen Lösung zu (z. B. konzentrierte Salpetersäure oder Schwefelsäure). Der Niederschlag muß wenig, aber vollständig durchfeuchtet sein. Nun wird mit ganz kleiner Flamme so lange vorsichtig erhitzt, bis keine Dämpfe mehr entweichen (sonst Verspritzen!), dann wird wieder geglüht.

9. Tüpfelanalyse. Beim Tüpfeln werden geringste Mengen von Probe und Reagens zusammengebracht.

Zum Entnehmen und Aufbringen der Reagenzlösung dienen Glasstäbchen, Pipetten bzw. Mikropipetten.

Die Vereinigung der miteinander reagierenden Lösungen geschieht auf Tüpfelplatten oder Filtrierpapier.

Tüpfelplatten aus glasiertem Porzellan oder Glas (Abb. 217) enthalten nebeneinanderliegende Vertiefungen, die etwa 0,5 bis 1 ml Flüssigkeit aufnehmen.

Tüpfelreaktionspapier nimmt den Tropfen als scharf begrenzten Flecken auf. Dabei wird nicht aufgetropft, sondern aus einer Kapillarpipette (lichte Weite 0,5 bis 1 mm) durch leichtes Andrücken der Spitze die Probenlösung in das Papier eindringen gelassen. Das Papier wird entweder vorher mit der Reagenslösung getränkt oder es werden bereits imprägnierte Filterpapiere verwendet. An der Berührungsstelle können Farbreaktionen und Farbtiefe der erhaltenen Verbindung festgestellt werden.

10. Schnelltest für die Bestimmung von Ionen. Dazu dienen Teststäbchen (z. B. Merckoquant von E. Merck, Darmstadt), die kurz in die zu prüfende Lösung eingetaucht werden. Die Testzone muß voll benetzt werden. Bei Gegenwart der angegebenen Ionen tritt eine Farbreaktion ein, deren Tiefe mit einer Farbskala verglichen wird. Die Angaben der Lieferfirma in bezug auf die Anwendung und den Einfluß anderer Ionen müssen beachtet werden. Halbquantitative Bestimmungen sind möglich. Von Macherey, Nagel & Co., Düren, sind „Testpapiere“ für Kationen und funktionelle Gruppen im Handel.

Zur Schnellbestimmung der Wasserhärte dienen Indikatortabletten (z. B. Aquamerck), zur Bestimmung des Chlorgehaltes im Wasser Aquamerck-Indikator (beide E. Merck, Darmstadt).

Über pH-Indikatoren s. S. 290.

11. Schäumen von Flüssigkeiten. Die bei manchen Reaktionen entweichenden Gase führen in der Flüssigkeit zur Schaumbildung, die so stark sein kann, daß ein „Überschäumen“ eintritt. Um dies zu verhindern, werden einige Tropfen eines Antischaummittels, das selbstverständlich den Reaktionsgang nicht beeinflussen darf, auf die Oberfläche aufgetropft und damit ein Zusammenfallen des Schaumes bewirkt. Die Mittel wirken oberflächenaktiv.

Solche Mittel sind für analytische Arbeiten Äther, Amylalkohol und Siliconöle (z. B. Silicon-Antischaummittel der Wacker-Chemie GmbH, München. Angaben des Herstellers für die Anwendung beachten!). Für präparative Zwecke verwendet man außerdem Seifenlösung.

11. Trocknen, Heizen und Kühlen

A. Trocknen fester Stoffe

Feste Stoffe befreit man möglichst vor dem eigentlichen Trockenprozeß weitgehend von der anhaftenden Flüssigkeit, z. B. durch scharfes Absaugen.

Wasser kann in einer Substanz vorhanden sein als:

a) Feuchtigkeit. Entfernen bei Normaldruck durch Erwärmen auf 105 bis 120° C. Stoffe, die beim Liegen an der Luft von selbst Wasser anziehen, nennt man hygroskopisch, sie können bei längerem Stehen an der Luft „zerfließen".

b) Kristallwasser. Die Entfernung gelingt erst bei Erhitzen auf höhere Temperatur, das Kristallgebilde wird dabei zerstört.

c) Chemisch gebundenes Wasser (Hydratwasser). Es kann durch Glühen entfernt werden, wobei Zersetzung der Verbindung eintritt.

Zum Trocknen wird die Substanz in Wägegläschen (s. S. 79) gebracht oder bei präparativen Arbeiten auf Uhrgläsern oder in Schalen bzw. auf Tellern ausgebreitet.

1. Exsikkatoren. Das Trocknen bei gewöhnlicher Temperatur geschieht in der Regel im Exsikkator. Man verwendet heute meist Novus-Exsikkatoren mit austauschbarem (gewölbtem) Deckel (Abb. 218). Der Rand des Exsikkatorgefäßes (Unterteil, Exsikkatorschüssel) und der Deckel (Haube) haben Schliffflächen, die schwach

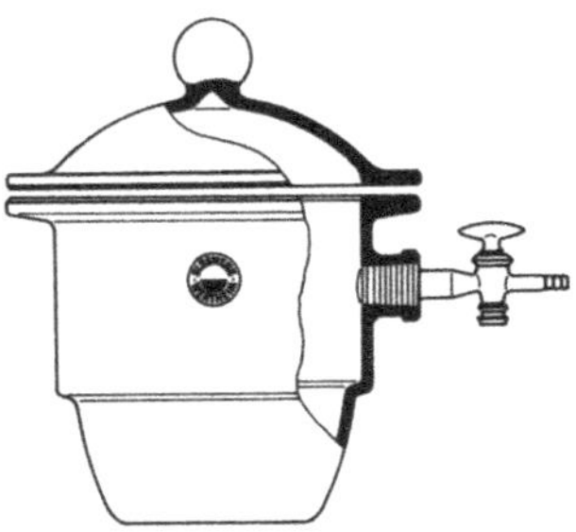

Abb. 218. Exsikkator „Novus" mit Seitentubus und NS-Hahn (Glaswerk Wertheim/Main)

Abb. 219. Exsikkatorplatte

eingefettet werden, um luftdichten Abschluß zu erzielen. Exsikkatoren sollten einen Seiten- oder Deckeltubus haben, der mit einem Gummistopfen oder Hahn verschlossen wird. Dieser Verschluß dient als Entlüftungshahn zum Ausgleich der Druckdifferenz, die entsteht, wenn heiße Gefäße im Exsikkator langsam abkühlen. Wird das einmalige, vorsichtige Öffnen des Hahnes kurze Zeit nach Einstellen des heißen Gefäßes unterlassen, kann es geschehen, daß sich der Deckel von selbst plötzlich kurz hebt.

Beim Aufheben des im Exsikkator gebildeten Unterdruckes kann z. B. Asche aus dem eingestellten Tiegel mitgerissen werden.

Oft macht es Mühe, den Exsikkatordeckel nach dem Abkühlen des eingestellten Gefäßes zu heben. Gelingt dies durch vorsichtiges Schieben des Deckels auf den Schliffflächen nicht, kann man einen Exsikkator-Öffner, der auf alle Exsikkatorgrößen einstellbar ist (System Behrens, C. Desaga GmbH, Heidelberg) ansetzen.

Das *Trockenmittel* befindet sich auf dem Boden des Exsikkators. Zum Einstellen von Wägegläschen, Tiegeln, Schalen u. a. wird auf den Rand des Wulstes im Unterteil eine Exsikkatorplätte aus Porzellan (Abb. 219) gelegt, die mit einigen großen oder vielen kleinen Löchern versehen ist. Gegen das Verrutschen dieser Platte kann man sich durch Einschieben von drei Korkstückchen zum Festklemmen in den Zwischenraum zur Exsikkatorwand schützen.

Abb. 220.
Stopfen des Exsikkators nach Arnold (Normschliff Glasgeräte, Wertheim/Main)

Abb. 221.
Wertex-Spezialverschluß im Deckeltubus (Rudolf Brand, Wertheim/Main)

Abb. 222.
Heizbarer Vakuum-Exsikkator (Jenaer Glaswerk Schott & Gen., Mainz)

Vakuum-Exsikkatoren besitzen einen Tubusdeckel, über den der Anschluß an die Vakuumleitung erfolgt. Beim Evakuieren von Glasgefäßen, besonders bei neuen oder längere Zeit nicht benutzten Exsikkatoren, ist Schutzbrille zu tragen. Man schirme das Gefäß durch eine Schutzwand ab oder beklebe es mit Kunststoff-Folie.

Das Einlassen von Luft vor dem Öffnen (Trockenröhrchen vorschalten) muß vorsichtig geschehen. Gegen die Gefahr des teilweisen Wegblasens des Inhaltes aus dem eingestellten Gefäß kann man sich schützen, in dem man den Zug der einströmenden Luft mindert, z. B.

durch Halten eines Stückchen Filtrierpapieres an die äußere Rohröffnung des Hahnes. Es wird beim Öffnen angesaugt und bildet so einen Widerstand gegen zu starken Luftstrom.

Bei dem Exsikkator nach Arnold kann nach dem Evakuieren der Spezialstopfen (Abb. 220) gedreht werden, so daß der Exsikkator vakuumdicht schließt. Das Saugrohr kann dann ohne Gefahr für das Vakuum aus dem Stopfen entfernt und samt Gummischlauch zum Evakuieren anderer Geräte verwendet werden.

Bei dem *Wertex-Spezialverschluß* (Abb. 221), der den üblichen Hahn ersetzt, wird der Vakuumschlauch direkt in die stark konische Öffnung des Spezialstopfens gesteckt und durch Drehen dieser der Verschluß zum Absaugen geöffnet. Der Schlauch saugt sich während des Evakuierens fest. Durch Drehen des Stopfens um 90° wird der Exsikkator verschlossen. Die Belüftung geschieht nach Herausziehen des Schlauches durch Drehen des Stopfens auf die Ausgangsstellung.

Man benutze keinen Vakuum-Exsikkator, der nicht über Nacht das volle Vakuum hält (Prüfung mit Vakuummeter).

Die Abb. 222 zeigt einen *heizbaren Vakuum-Exsikkator* aus Duran 50 mit O-Ring-Abdichtung. Die Abdichtung geschieht bei diesem Gerät nicht durch eingefettete Planschliffe, sondern durch einen O-Ring aus Silicon. Der Deckel kann daher nicht „festkleben", der Exsikkator kann leicht geöffnet werden. Beheizt wird im Wasser- oder Ölbad. Der Exsikkator ist mit 3 atü Außendruck (das ist ein Überdruck von ca. 3 bar) geprüft.

Exsikkatoren aus Kunststoff (Plastibrand; Rudolf Brand, Wertheim) sind für ein Vakuum bis 5 Torr (= 6,67 mbar) ausgelegt. Die Haube ist aus durchsichtigem Polycarbonat, Unterteil und Einsatz für Trockenmittel aus PP. Der Anschluß trägt ein Rückschlagventil. Ein spezieller Belüftungsstopfen kann langsam betätigt werden. Die Dichtfläche wird eingefettet.

In Exsikkatoren werden folgende *Trockenmittel*, geordnet nach steigender Wirksamkeit, verwendet: konzentrierte Schwefelsäure (zur Vergrößerung der Oberfläche kleine Glasrohrstückchen einlegen, die ein wenig aus der Säure herausragen), gekörntes, calziniertes Calciumchlorid, Ätzkali, Ätzkalk, Magnesiumperchlorat, Phosphorpentoxid.

Ein regenerierbares, hochaktives Füllmaterial für Trockentürme und Exsikkatoren ist Silica-Gel. Durch Zusatz eines Farbindikators ist der Sättigungsgrad (und damit die Notwendigkeit einer Regenerierung) sofort zu erkennen. Im aktiven Zustand ist es blau, es schlägt bei fortschreitender Sättigung mit Wasser nach Rosa um. Regeneriert wird es durch Erwärmen auf 100 bis 200° C in einem Becherglas.

Feuchtigkeits-Exsikkatoren. Für bestimmte Zwecke ist die Konstanthaltung eines geforderten Feuchtigkeitsgehaltes wichtig. In diesem Fall wird der Exsikkator mit der gesättigten Lösung eines der nachfolgend genannten Stoffe beschickt, fester Bodensatz muß vorhanden sein. Es ist zweckmäßig, den Exsikkator zu evakuieren. Die Werte gelten für 25° C.

Fester Bodenkörper	% relative Feuchtigkeit	Fester Bodenkörper	% relative Feuchtigkeit
$K_2Cr_2O_7$	98	NH_4NO_3	65
$BaCl_2 . 2\,H_2O$	90,2	$NaBr . 2\,H_2O$	57,7
KCl	84,3	$Mg(NO_3)_2 . 6\,H_2O$	52,9
KBr	80,7	$LiNO_3 . 3\,H_2O$	47
NaCl	75,3	$MgCl_2 . 6\,H_2O$	33
$SrCl_2 . 6\,H_2O$	70,8	$K(C_2H_3O_2) . 1{,}5\,H_2O$	22,5

2. Trockenschränke. Bei den Trocken- und Wärmeschränken üblicher Bauart wird der Nutzraum von wärmeisolierenden Wänden umschlossen. Eine Wand ist als Tür ausgebildet, in den übrigen sind die elektrischen Heizwiderstände untergebracht. Durch eine Bodenöffnung strömt Frischluft ein, die erwärmte Luft trägt die Feuchte durch eine Öffnung im oberen Teil des Nutzraumes aus. Es entsteht somit ein nach oben gerichteter Luftstrom. Die zu trocknende Substanz wird in offenen Gefäßen auf die eingeschobenen, gelochten Horden gestellt (Abb. 223).

Abb. 223. Wärme- und Trockenschrank FT 420
(W. C. Heraeus GmbH, Hanau)

Die gewünschte Temperatur wird an dem Einstellknopf eingestellt. Bei manchen Ausführungen sind Temperatursicherungen eingebaut, die Tür mit Sichtfenster versehen und Innenbeleuchtung vorhanden.

In diesen Geräten, bei denen die Wärmeübertragung durch natürliche Konvektion stattfindet, ist die Temperatur nicht an jedem Punkt völlig gleich (Unterschiede bis zu 6° C). Die Temperatur wird gleichmäßiger, wenn die Luft zwangsläufig umgewälzt wird (Umluft-Trockenschrank). Die Luft wird von einem Ventilator aus dem Nutzraum abgesaugt und über einen Heizkanal geführt, bevor sie erneut in den Nutzraum eintritt. Dabei kann ein Klappensystem vor dem Ventilator so eingestellt werden, daß die Luft im Schrank ständig umgewälzt oder daß Luft von außen angesaugt wird und nach Durchströmen des Schrankes aus ihm austritt. Die Temperaturunterschiede werden dadurch auf weniger als 2° C reduziert.

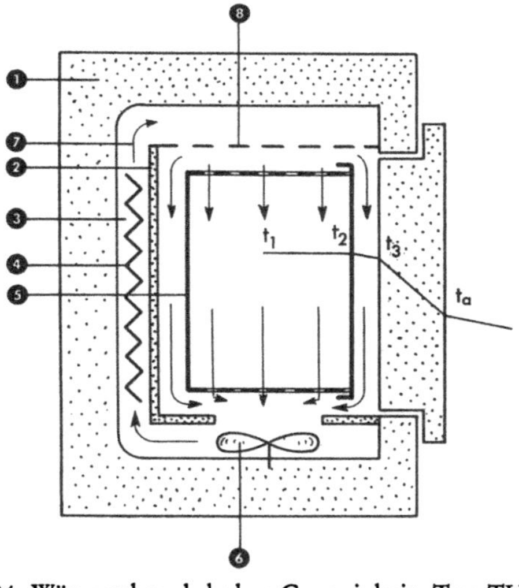

Abb. 224. Wärmeschrank hoher Genauigkeit, Typ TU 0 iso (W. C. Heraeus GmbH, Hanau)

Laboratoriumstrockenschränke arbeiten normalerweise in Temperaturbereichen zwischen 40 und 250° C, durch Verwendung geeigneter Werkstoffe bis 500° C.

Für Spezialzwecke werden *Wärmeschränke mit besonders gleichmäßigem Temperaturfeld* benötigt. In der Abb. 224 ist die Einrichtung eines solchen Umluft-Schrankes, mit einer max. örtlichen Temperaturdifferenz von 0,75° C, bei einer Nutztemperatur von 221° C, schematisch dargestellt. Im Zwischenraum des doppelwandigen Gehäuses 1 befindet sich Wärmeisolationsmaterial. Im Innern trennt die Wand 2 den Heizkanal 3 vom übrigen Raum ab. Darin sind die in Rohren gekapselten elektrischen Heizwiderstände 4 untergebracht.

Den eigentlichen Nutzraum bildet der innere Kasten 5 aus Aluminium, der eine eigene Tür besitzt und dessen Boden und Decke perforiert sind, so daß die Luft auch durch das Innere dieses Kastens strömt. Der Ventilator 6 saugt Luft aus dem Innenkasten und den Luftkanälen an und bläst sie in den Heizkanal zur Erwärmung. Vor Eintritt in den Nutzraum wird die Temperatur der Luft vom Fühlorgan des Reglers 7 geprüft. Mit gleichmäßiger Temperatur strömt sie dann durch das perforierte Deckblech 8 wieder in den Innenraum. Ein Teil der Luft tritt somit über die eingestellten Proben, der Rest strömt an den Außenseiten des Innenkastens entlang. Die Temperaturen t_1 und t_2 sind also gleich.

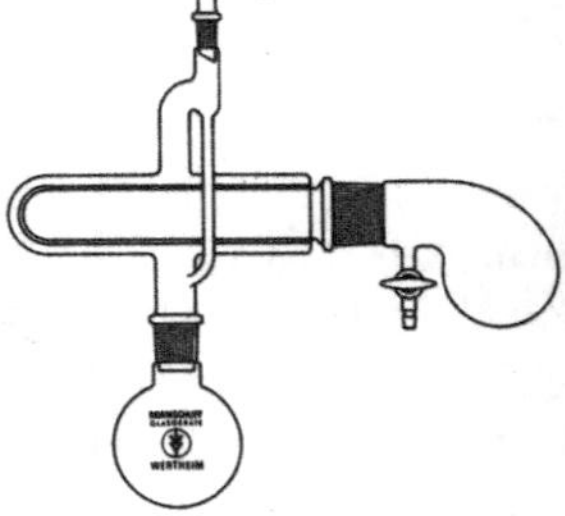

Abb. 225. Vakuumtrockenapparat nach Abderhalden (Normschliff Glasgeräte, Wertheim/Main)

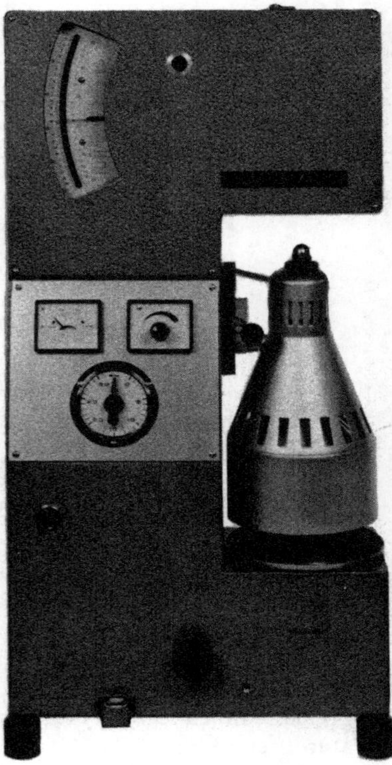

Abb. 226. Ultramat UX 70 (A. Gronert, Lage-Kachtenhausen/Lippe)

Die *Prüfung*, ob ein Stoff bereits trocken ist, kann durch Halten einer kalten, trockenen Glasplatte knapp über die Oberfläche des aus dem Trockenschrank genommenen heißen Trockengutes erfolgen. Ein leichter Beschlag mit Wasserdampf zeigt an, daß die Substanz noch Feuchtigkeit enthält.

In explosionsgefährdeten Räumen oder für Trockenvorgänge, bei denen Dämpfe frei werden, die mit Luft explosionsfähige Gemische bilden, müssen *ex-geschützte Trockenschränke* aufgestellt werden.

Brutschränke können mit einer CO_2-Begasungseinrichtung versehen werden.

Temperaturempfindliche oder leicht zersetzliche Stoffe werden in *Vakuum-Trockenschränken* schonend getrocknet, da der Siedepunkt im Vakuum beträchtlich niedriger ist als bei Atmosphärendruck. Auch die Trockenzeit ist infolge der höheren Verdampfungsgeschwindigkeit kürzer. Auch das zugleich mit dem Trocknen erfolgende Entgasen kann von Bedeutung sein.

Die Trockenschranktür (mit Sichtfenster) wird abgedichtet, z. B. durch eine Silicongummidichtung. Der Vakuumanschluß ist an der Rückseite des Schrankes angebracht. Temperaturmessung und -regelung sowie Vakuummeter sind vorhanden.

Modelle mit direkt beheizten, getrennt regelbaren, herausnehmbaren Einlagen (Horden) ermöglichen den gleichzeitigen Betrieb bei verschiedenen Temperaturen.

3. Trockenpistolen. Bei dem Vakuumtrockenapparat nach Abderhalden (Abb. 225) zum Trocknen bei konstanter Temperatur wird die in einem Schiffchen befindliche Substanz in das Doppelmantelgefäß eingeschoben. Im Kochkolben wird eine geeignete Flüssigkeit zum Sieden gebracht und durch den aufgesetzten Rückflußkühler (getrenntes Rückflußrohr zum Kolben) stetig in den Kolben zurückgeleitet, während der Dampf den Doppelmantel durchströmt. Das Trockenmittel im birnenförmigen Ansatz bleibt dabei auf Zimmertemperatur.

4. Infrarot-Feuchtemesser. Für die Schnellbestimmung des Feuchtegehaltes von Substanzproben werden Infrarot-Feuchtemesser eingesetzt (Abb. 226). Sie arbeiten nach dem Prinzip von Trocknung und gleichzeitiger Wägung. Als Wärmequelle dienen Infrarotstrahler (Leistung 250 Watt). Die Strahlen dringen über 1 cm tief in die zu trocknende Substanz und werden in Wärme umgewandelt. Krustenbildung an der Oberfläche wird also weitgehend verhindert. Die Bestimmung des Feuchtigkeitswertes erfolgt aus einer Einwaage auf ein- und demselben Wägeteller, dessen Gewichtsänderung auf die Anzeigeskala übertragen und in Prozent abgelesen wird. Eine eingebaute Schaltuhr erlaubt die automatische Beendigung des Trocknens einzustellen.

5. Laboratoriumsmodelle großtechnischer Trockenapparaturen dienen in der Hauptsache dazu, eine Substanz auf ihre Eignung für das Trocknen in vorgesehenen Betriebsapparaturen zu testen, z.B. in Walzentrocknern, Zerstäubungstrocknern, Wirbelbetttrocknern u. a. (s. Wittenberger, W.: Chemische Betriebstechnik).

B. Trocknen von Flüssigkeiten

1. Durch Wärme. Durch Erhitzen auf über 100° C gelingt die restlose Entfernung von Feuchtigkeit meist nur mangelhaft; Beschleunigung durch Über- oder Durchleiten eines indifferenten, trockenen Gasstromes.

2. Im Exsikkator. Einstellen in den Exsikkator ist nur bei geringen Flüssigkeitsmengen erfolgreich.

3. Durch Trockenmittel. In der Regel trocknet man durch direkte Zugabe eines Trockenmittels. Längeres (oft mehrtägiges) Stehenlassen und öfteres Umschütteln sind dabei erforderlich. Manchmal ist Erwärmen notwendig. Entscheidend ist, daß das Trockenmittel nicht mit der zu trocknenden Flüssigkeit reagiert.

Nach dem Trocknen wird von Trockenmittel abfiltriert und anschließend gegebenenfalls noch destilliert. In manchen Fällen wird mit dem Trockenmittel unter Rückfluß gekocht und dann abdestilliert (z. B. wird bei der Entfernung von Wasser aus Alkohol unter Zusatz von Kalk destilliert).

Wichtige Trockenmittel:

Calciumchlorid, gekörnt oder geschmolzen (nicht verwendbar bei Alkoholen, Phenolen, manchen Fettsäuren, Estern und Ketonen).

Kaliumcarbonat, wasserfrei (durch Glühen von reinem Kaliumcarbonat hergestellt; für Ester, Nitril u. a.).

Ätzkali (Vorsicht, stark alkalisch; für verschiedene Basen).

Entwässerte Salze (entwässertes, geglühtes, aber nicht geschmolzenes Natriumsulfat, geglühter Gips, bei 200 bis 250° C entwässertes Kupfersulfat) sind sehr indifferent; besonders für empfindliche Stoffe geeignet (z. B. Aldehyde, Ketone, Ester, Alkohole u. a.). Langsame Wirkung.

Natrium. Das in Petroleum aufbewahrte Natrium wird mit Filtrierpapier abgetupft (größte Vorsicht!), die äußeren Schichten weggeschnitten (Vernichtung von Natriumabfällen durch Einwerfen in Spiritus, nicht in Wasser!). Mit einer Natriumpresse wird das Natrium in Drahtform gepreßt. Geeignet zum Trocknen von Äther, der bereits mit Calciumchlorid vorgetrocknet wurde.

Phosphorpentoxid. (Z. B. für Kohlenwasserstoffe, Halogenalkyle,

Äther und Ester. Nicht geeignet für Fettsäuren, Ketone, Pyridinbasen.) Rasche Wirkung.

Aluminiumoxid. Zur Befreiung eines Lösungsmittels von Wasser kann eine adsorptive Filtration über Aluminiumoxid (M. Woelm, Eschwege) vorgenommen werden.

Auch „Molekularsiebe“ (E. Merck, Darmstadt) sind bestens geeignet. Sie bestehen aus kristallinen, synthetischen Zeolithen, deren Kristallgitter zahlreiche Hohlräume enthält, die untereinander durch Poren (je nach Typ 3, 4, 5 und 10 Å Durchmesser) verbunden sind. Wird durch Erhitzen das in den Hohlräumen und Poren enthaltene Wasser entfernt, erhält man äußerst aktive Adsorbentien, die zum Trocknen von Gasen und organischen Lösungsmitteln dienen.

Das Lösungsmittel wird 24 Stunden im Vorratsgefäß über Molekularsieb aufbewahrt und gelegentlich umgeschüttelt („statische Trocknung“). Im allgemeinen sind für einen Liter Lösungsmittel mit einem Wassergehalt von etwa 1% 100 g Molekularsieb erforderlich. Für die „dynamische Trocknung“ wird eine Säule (25 mm Durchmesser, 600 mm Höhe) mit ungefähr 250 g Molekularsieb gefüllt. Rasches Arbeiten ist dabei wegen der Aufnahme von Luftfeuchtigkeit unerläßlich. Das Lösungsmittel wird durch diese Säule laufen gelassen (2 bis 3 Liter/h), die ersten 250 ml sind getrennt aufzufangen, da sie noch Spuren Wasser und Staub enthalten können.

Die getrockneten Flüssigkeiten werden über Molekularsieb aufbewahrt (10 g/l Lösungsmittel). Regeneriert wird Molekularsieb bei 300 bis 350° C im trockenem Gasstrom oder besser im Vakuum, nachdem es vorher unter dem Abzug in eine größere Wassermenge geschüttet wurde (gegebenenfalls mit Alkohol waschen und erneut gründlich mit Wasser spülen), Vortrocknen bei 200 bis 250° C im Trockenschrank. Der Restwassergehalt wird im Ölpumpenvakuum (keine Wasserstrahlpumpe!) unter Vorschalten einer Kühlfalle (mit CO_2-Kältemischung) entfernt.

4. **Ausfrieren** (Gefriertrocknung). Beim Ausfrieren wird das Wasser aus der gefrorenen Substanz durch Sublimation entfernt. Man füllt die Flüssigkeit in einen Rundkolben (Füllung max. ein Zehntel des Kolbenvolumens), dreht ihn in einer Kältemischung (CO_2-Schnee + Alkohol) und trachtet, die Substanzoberfläche möglichst zu vergrößern. Anschließend wird der Kolben 12 bis 48 Stunden über Schwefelsäure an ein Hochvakuum angeschlossen. Man kann dazu auch einen Vakuum-Exsikkator, der in ein Kältebad gestellt ist, verwenden.

C. Direkte Heizung

1. **Gasheizung.** Gashähne, -leitungen und -schläuche müssen dicht sein (s. S. 1). Schläuche sind gegen Abrutschen vom Brenner zu sichern.

In der Regel wird mit Leuchtgas (Stadtgas) gearbeitet, aber auch Propangas wird aus Druckgasflaschen entnommen (Verwendung eines Druckminderventils, sichere Aufstellung der Flasche; ausführliche Hinweise über die Handhabung von Druckgasflaschen s. S. 238).

Die Brenner müssen dem verwendeten Gas angepaßt sein. Propangas-Brenner haben gegenüber Leuchtgasbrennern eine kleinere Düsenöffnung und vergrößerte Luftzufuhr (höherer C-Gehalt des Propans). Bei Verwendung von Erdgas müssen der höhere Gasdruck und die niedere Zündgeschwindigkeit in Betracht gezogen werden (Erdgasbrenner). Allgas-Brenner sind für sämtliche Gasarten geeignet.

Die *Gasflamme.* Leuchtgas verbrennt mit leuchtender Flamme, hervorgerufen durch enthaltene Kohlenwasserstoffe. Diese zerfallen beim Erhitzen in Methan und Kohlenstoff, welcher glüht und das Leuchten verursacht. Alle anderen Bestandteile des Leuchtgases brennen mit nichtleuchtender Flamme. Die Stoffe, die im Leuchtgas enthalten sind, wirken reduzierend. Führt man ihm aber Luft zu, verbrennt der ausgeschiedene Kohlenstoff und die Flamme wird nichtleuchtend.

An der Gasflamme unterscheidet man den inneren Flammenkegel, in dem keine Verbrennung stattfindet, weil hier eine zu niedrige Temperatur herrscht, und den Flammenmantel, der von brennendem, mit Luft gemischtem Leuchtgas gebildet wird. Die höchste Temperatur herrscht etwas unterhalb des ersten Drittels der ganzen Flammenhöhe, gleich weit von der äußeren und inneren Begrenzung des Flammenmantels entfernt („Schmelzraum"). Innerhalb der nichtleuchtenten Spitze des Flammenmantels liegt der „Oxidationsraum", knapp über der Spitze des inneren, dunklen Flammenkegels der „Reduktionsraum". Über die Temperaturunterschiede in der Flamme eines Bunsenbrenners s. Abb. 227.

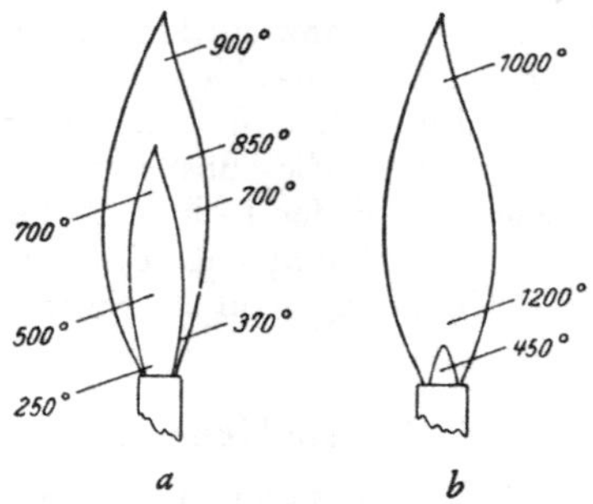

Abb. 227. Flammentemperatur
a nicht rauschende, *b* rauschende Flamme

Gasbrenner enthalten eine Zufuhr für das Heizgas und eine Öffnung für den Eintritt der Luft, die zur Verbrennung benötigt wird.

Durch das aus einer Düse strömende Gas wird die Luft mitgerissen, die Mischung findet auf dem Wege durch das Brennerrohr statt.

Reguliert wird die Luftzufuhr durch Drehung einer Hülse zwecks teilweiser Überdeckung der Zuglöcher am Lufteintritt, z. B. beim Bunsen-Brenner (Abb. 228), Landmann-Brenner und Méker-Brenner. Beim Franke-, Heintz- und Teclu-Brenner geschieht dies mit Hilfe einer Regulierscheibe.

Durch plötzlichen äußeren Luftzug oder zu reichliche Luftzufuhr kann der Brenner „zurückschlagen", d. h., die Verbrennung spielt sich unmittelbar an der Düse ab. Es entweichen unverbrannte, meist unangenehm riechende Gase aus dem Brennerrohr, das Brennerrohr wird heiß (Vorsicht!). Man schließt den Gaszuführungshahn, dann die Luftzufuhr und entzündet den Brenner erneut. Einen Schutz gegen das Zurückschlagen bietet auch ein Schornsteinaufsatz (Abb. 229), der auf den Rand des Brennerrohres aufgesetzt wird.

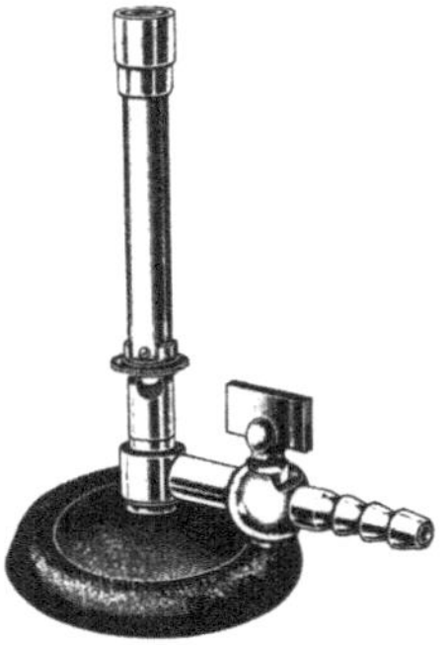

Abb. 228. Bunsen-Brenner (Gebr. Martin, Tuttlingen)

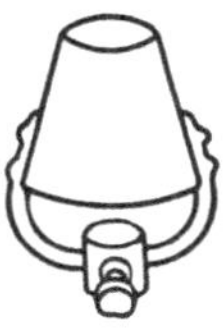

Abb. 229. Schornsteinaufsatz

Sparbrenner besitzen ein zweites, dünnes Röhrchen, auf dem während der Arbeitszeit eine sehr kleine Gasflamme brennt. Durch Umklappen eines Hebels wird auf Vollflamme geschaltet.

Zur Verteilung der Flamme auf eine größere Fläche wird auf das Brennerrohr ein *Pilz-* bzw. *Kreuzbrenneraufsatz* gesteckt (siehe Abb. 231).

Mit dem *Méker-Brenner* (Abb. 230) wird eine gleichmäßige Flamme erzielt. Das Mischrohr B ist nach oben konisch erweitert, seine Mündung ist stark unterteilt, d. h. durch eine mit rechteckigen Löchern versehene Scheibe C abgeschlossen. Dadurch entsteht eine große Zahl von Flämmchen mit hoher, gleichmäßiger Temperatur.

Der *Teclu-Brenner* besteht aus einem unten offenen und trichterförmig erweiterten Brennerrohr, das feststeht, während sich eine mit geriffeltem Rand versehene Scheibe auf der röhrenförmigen Gasdüse zur Regulierung der Luftzufuhr auf- und niederschrauben läßt (Abb. 231). Mit Hilfe dieser Einrichtung kann die Luftzufuhr bis zur äußersten Grenze gesteigert werden. Der Brenner eignet sich daher für große Hitzegrade.

Ähnlich beschaffen ist der *Heintz-Brenner.*

Allgas-Brenner (Abb. 232) besitzen eine durch Drehen der unteren Mutter verstellbare Düse. Für Propangas wird die Düse ganz zurückgedreht. Beim Einstellen des Brenners auf die vorhandene Gasart ist das Kaminrohr weit herunterzuschrauben, damit zuerst wenig Luft eindringt. Erst dann wird es nach Bedarf hochgeschraubt, bis die gewünschte Flamme erreicht ist. Das Kaminrohr wird durch eine Schraubenmutter über dem Bügel eingestellt.

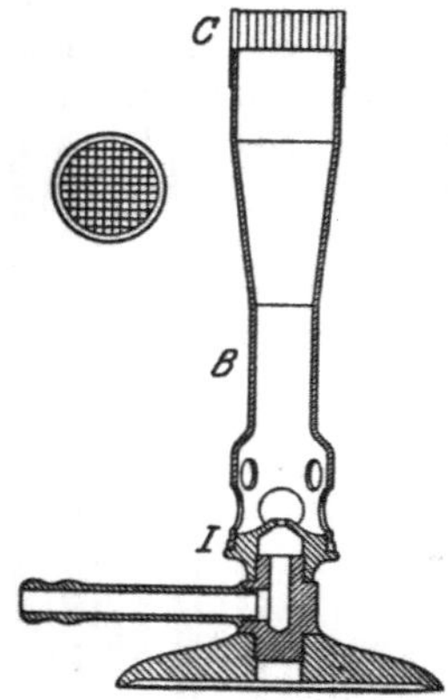

Abb. 230. Méker-Brenner

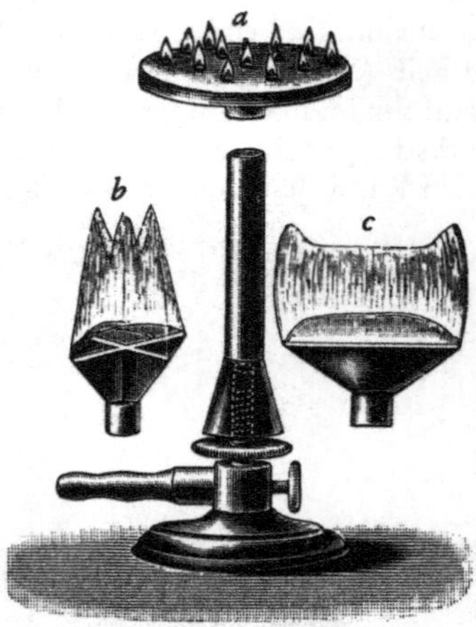

Abb. 231. Teclu-Brenner
a Pilzaufsatz, *b* Kreuzbrenneraufsatz, *c* Schlitzbrenneraufsatz

Zum Beheizen tiefstehender Apparateeinheiten wird ein *liegender Brenner* verwendet (Abb. 233). Zum Beheizen größerer Gefäße dienen *Heizkränze* (Abb. 234) und *Gaskocher* (Abb. 235). Unterlegen von Asbestplatten ist angezeigt.

Rohre werden durch *Reihenbrenner* geheizt, bei denen von einem gemeinsamen Zuführungsrohr einzelne Brennerrohre abzweigen.

Über *Gebläse* s. S. 24.

Für kleinere Arbeiten außerhalb des Laboratoriums wird gelegentlich ein *Spiritusbrenner* aus Glas verwendet. Der Docht wird bei Nichtgebrauch mit einer Schliffkappe abgedeckt, ein seitlicher Tubus dient zum Einfüllen von Spiritus.

Wärmeverteiler. Als Wärmeverteiler verwendet man üblicherweise ein Drahtnetz (mit Asbesteinlage), auf das das Gefäß gestellt wird, um örtliche Überhitzungen zu vermeiden.

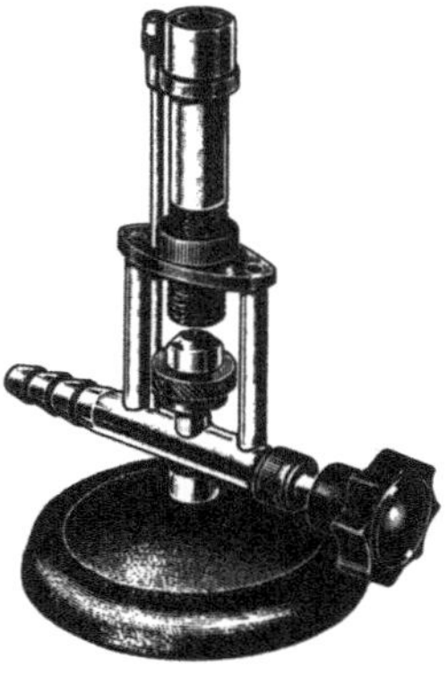

Abb. 232. Allgas-Brenner (Gebr. Martin, Tuttlingen)

Gegen Luftströmungen schützt man die Flamme durch Einstellen in einen Turm aus Asbestpappe oder Blech, was besonders beim Destillieren hochsiedender Flüssigkeiten zu empfehlen ist.

Verwendet werden ferner *Babo-Bleche,* d. s. umgekehrte Kegelstümpfe aus Eisenblech, auf deren Innenwand Asbeststreifen radial

Abb. 233. Liegender Franke-Brenner

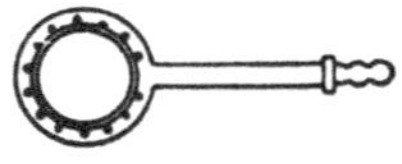

Abb. 234. Heizkranz

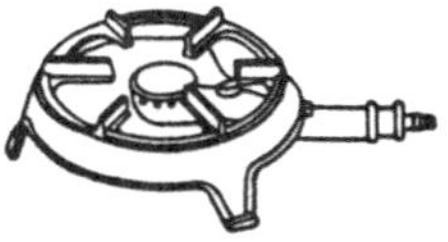

Abb. 235. Gaskocher

angebracht sind, die sowohl eine Berührung des Gefäßes mit dem Blech verhindern als auch den Verbrennungsgasen freien Abzug gestatten (Abb. 236). Um eine möglichst konstante Temperatur zu erzielen, kann gleichzeitig ein Asbest- oder Blechzylinder verwendet werden (Abb. 237).

Falls ausnahmsweise ein Kochkolben mit direkter Flamme erhitzt werden soll, umhüllt man ihn vorteilhaft mit Asbestpapier (s. S. 35).

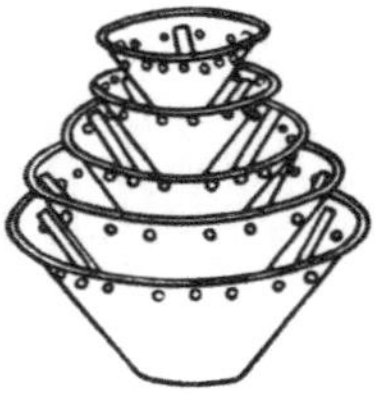

Abb. 236. Babo-Bleche

Abb. 237. Turmschutz

2. Elektrische Heizung. Der *Elektro-Brenner* (Abb. 238) wird ähnlich wie ein Gasbrenner verwendet. Er besteht aus einem Kamin aus hitze-, säure- und laugenbeständiger Keramik mit durchgehender Öffnung. Nach 90 Sekunden Anheizzeit ist der Kamin innen rotglühend und ein kräftiger Hitzestrom tritt aus. Verwendung zum Er-

Abb. 238. Horo-Elektrobrenner nach Dr. Hofmann (Horo Dr. Ing. A. Hofmann, Nellingen/Filder)

Abb. 239. Pilzheizhaube für Rundkolben mit Haltefedern und Regulierschalter (Heraeus-Wittmann GmbH, Heidelberg)

hitzen von Reagenzgläsern, Kolben, Schalen und Tiegeln. Die Geräte werden entweder auf die Nocken gesetzt oder mittels eines Tiegelhalters aus hochhitzebeständigem Draht in die Glühmuffel gehängt. Es werden Temperaturen bis 700° C erreicht.

Den gleichen Zweck erfüllen *elektrische Spiegelbrenner* mit eingebauter stufenloser Einstellung der Heizleistung (Edmund Bühler, Tübingen).

Abb. 240. Ex-geschützte Heizhaube Baureihe U ex (Heraeus-Wittmann GmbH, Heidelberg)

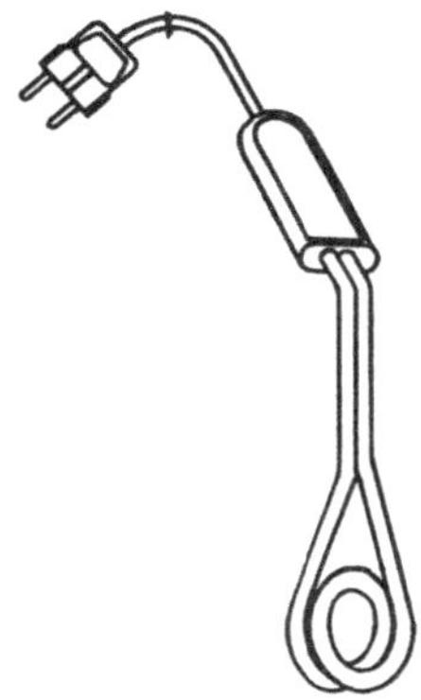

Abb. 241. Schleifentauchheizer (Thermal Quarz-Schmelze GmbH, Wiesbaden-Biebrich)

Bei den *Heizhauben* oder *Heizmänteln* ist ein Anpassen des schmiegsamen Heizkörpers an die Form des Glasgefäßes möglich (Abb. 239). Der isolierte Cr-Ni-Heizleiter ist fest in Glasseide eingebettet. Die Haube kann mit Haltefedern am Kolben festgehalten oder in ein Dreifußgestell eingesetzt werden. Die Form der Heizhaube richtet sich nach dem Gefäß (Kolben, Erlenmeyer, Bechergläser, Trichter).

Bei Tischgeräten ist die Heizhaube in ein Metallgehäuse eingebaut, bei Stativgeräten erlaubt eine am Gehäuse angebrachte Klemmvorrichtung die Befestigung an Stativstangen.

Für feuergefährliche Stoffe oder beim Arbeiten in explosionsgefährdeten Räumen verwendet man ex-geschützte Heizhauben (Abb. 240). Der Heizkörper besteht aus einem der Kolbenform angepaßten Aluminiumblock mit eingeschlossenem Heizleiter für Temperaturen von 110 bis 240° C. Der Heizkörper besitzt ein Bodenblech, durch das die Flüssigkeit bei Gefäßbruch seitlich aus der Haube herausgeführt und aufgefangen werden kann.

Heizbandagen sind flexible Heizelemente, die spiralförmig auf das zu beheizende Gerät, z. B. Rohre, Kolonnen oder Behälter, gewickelt und parallel zu einem Rohr verlegt werden. Ein vorgeschalteter Energieregler ermöglicht eine stufenlose Steuerung der Leistung (Heraeus-Wittmann GmbH, Heidelberg). Die Heizbänder sollen so aufgewickelt werden, daß der Windungsabstand nicht weniger als 5 mm beträgt; die Bänder nicht übereinander wickeln!

Tauchheizer werden direkt in die Flüssigkeit eingetaucht. Im Gegensatz zu den üblichen Metall-Tauchsiedern können Quarzgutheizer längere Zeit auch außerhalb der Flüssigkeit betrieben werden, ohne Schaden zu nehmen. Das Hüllrohr aus Quarzgut ist ein elektrischer Isolator und beständig gegen Säuren, mit Ausnahme von Flußsäure und Phosphorsäure oberhalb 300° C.

Tauchheizer sind in Stabform oder als Schleifenrohr ausgeführt (Heraeus-Schott Quarzschmelze GmbH, Hanau). In der Abb. 241 ist ein Schleifentauchheizer zum Erhitzen von Flüssigkeiten in Bechergläsern, Kolben u. a. gezeigt.

Abb. 242. Elektro-Stativheizplatte (Müller KG, Hüttental-Weidenau)

Heizplatten dienen vor allem zum Heizen von Gefäßen mit ebenem Boden. Sie sind in der Regel als Tischgeräte gebaut, aber auch als Stativplatten (Abb. 242) zum Befestigen an einem Stativ. Darüber hinaus sind Heizplatten in Verwendung, die eine Mulde zum Einsetzen von Kolben besitzen.

Vorteilhaft sind Heizplatten mit eingebautem Kontaktthermometer und Temperatureinstellung auf einer Skala.

Einfache elektrische Heizplatten stellen wegen der zumeist unsichtbar glühenden Heizwendeln eine oft nicht beachtete Zündquelle dar.

3. Tiegel- und Muffelöfen. a) *Tiegelöfen* zum Erhitzen von Tiegeln (Veraschen, Glühen) bestehen aus dem Außengehäuse aus Stahlblech und dem Nutzraum, der durch einen feuerfesten Porzellantiegel gebildet wird. Er trägt an der Außenseite die Heizwicklungen, eingebettet in eine keramische Spezialmasse. Durch Wärmeschutzstoffe wird der Heizkörper gegen das Außengehäuse isoliert. Ein keramischer

Abb. 243. Kippbarer Tiegelofen TiK 11/12 (W. C. Heraeus GmbH, Hanau)

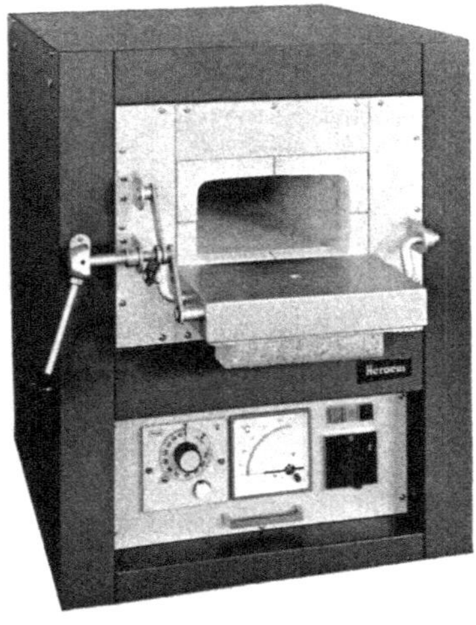

Abb. 244. Rechteckiger Muffelofen KM 170 (W. C. Heraeus GmbH, Hanau)

Deckel dient als Verschluß, meist mit einer durch einen keramischen Stopfen verschließbaren Bohrung zum Einführen eines Thermoelementes. Die Arbeitstemperatur kann durch Regelgeräte eingestellt werden.

Die Abb. 243 zeigt einen kippbaren Tiegelofen mit freistrahlendem Heizelement. Er enthält im Unterbau einen anzeigenden Temperaturregler und Transformator zum Herabsetzen der Netzspannung auf einen Wert unterhalb 42 Volt.

b) *Muffelöfen* werden ebenfalls zum Veraschen und Glühen (gegebenenfalls unter Schutzgas) und außerdem zur thermischen Behandlung von Werkstücken (Glühen und Härten von Stahl und Nichteisen-Metallen, keramische Probebrände, Verkokungen u. a.) verwendet. Die Abb. 244 zeigt einen rechteckigen Muffelofen mit elektronischer Regelung für Temperaturen bis 1150° C. Die Cr-Al-Fe-Heizwicklung ist in die keramische Muffel eingebettet. Die leicht bedienbare Wendetür kann gleichzeitig als Arbeitsplatte benutzt werden.

4. Rohröfen. Rohröfen sind geeignet für Glühungen, Veraschungen sowie für die Durchführung von Reaktionsprozessen, z. B. Oxidationen, Reduktionen u. a. Das Heizrohr hat einen Durchmesser von z. B. 30, 50 oder 65 mm, die beheizte Länge beträgt je nach Typ 200 bis 500 mm und mehr. Zum Schutz des Heizrohres vor Verunreinigungen empfiehlt sich die Verwendung eines einschiebbaren Arbeitsrohres.

Abb. 245. Aufklappbarer Rohrofen Type RoK/A
(W. C. Heraeus GmbH, Hanau)

Der in der Abb. 245 dargestellte Ofen für Temperaturen bis 1100° C und freistrahlender Heizwicklung ist aufklappbar. Dies ist dann wichtig, wenn Reaktionsrohre, die wegen größerer Anschlußteile an den Rohrenden nicht in geschlossene Rohröfen eingeschoben werden können, beheizt werden müssen. Bei Verwendung von Reaktionsrohren aus Quarzglas ist dabei eine gute Beobachtungsmöglichkeit ohne wesentlichen Temperaturabfall gegeben. Leistungsregulierung durch Regeltransformator, Temperaturmessung und -überwachung oder automatische Temperaturregelung und -anzeige mit Hilfe eines Schalt- und Regelaggregats sind möglich.

Auch *Kleinrohröfen* mit 17 mm Innendurchmesser und Einspannstab zur Stativbefestigung stehen zur Verfügung (W. C. Heraeus GmbH, Hanau).

D. Heizbäder

1. Luftbäder. Luftbäder werden in der Hauptsache bei der Destillation flüchtiger Lösungsmittel verwendet. Große Wärmemengen können damit nicht übertragen werden.

Einfachste Luftbäder sind die auf S. 145 beschriebenen Babo-Bleche. Allgemein sind jedoch elektrisch beheizte Luftbäder in Gebrauch, z. B. Infrarot-Heizbäder mit stufenlos einstellbarem Energieregler.

Die Abb. 246 zeigt ein Mehrzweckgerät, das je nach Montage bestimmter apparativer Zusätze als Luftbad (Strahlungsheizung), Flüssigkeitsbad (Wasser, Öl, Weichmetall), Verascher oder Sandbad betrieben werden kann.

Abb. 246. Mehrzweckheizgerät Retotherm (F. Kurt Retsch KG, Haan/Rhld.)

Abb. 247. Dampfentwickler

2. Dampf- und Wasserbäder. Bei den eigentlichen Dampfbädern wird der Wasserdampf aus einer Dampfleitung oder einem Dampfentwickler (Abb. 247) zugeleitet. Als solchen verwendet man einen Kupfer- oder Weißblechtopf, der sich nach oben verengt und oben durch einen Stopfen abgeschlossen wird, durch den ein bis zum Boden reichendes und 80 bis 100 cm nach oben herausragendes Sicherheitsrohr eingeführt ist. Die Dampfentnahme geschieht durch ein seitliches Rohr. Ein Wasserstandsanzeiger ermöglicht die Kontrolle des Wasserstandes.

Bei dem einfachen *Dampfbad* für Flüssigkeiten, die bis zu 80° C sieden, wird das zu erwärmende Gefäß in den Trichter eingesetzt (vorteilhaft in ein Tuch einhüllen zwecks besserer Andrückung an die

Trichterwand) oder auf aufgelegte Ringe gestellt. Kondenswasser und überschüssiger Dampf werden durch das untere, heberartig gebogene Rohr abgeleitet (Abb. 248).

In der Regel werden jedoch elektrisch beheizte *Wasserbäder* benutzt, das zu erwärmende Gefäß in das Wasser eingesenkt (Erhitzen im Wasserbad) oder oben auf abnehmbare Ringe, wodurch Öffnungen verschiedenen Durchmessers erhalten werden können, gesetzt. Beim Aufsetzen von Kochkolben kann es nach dem Erkalten zu einem Verklemmen mit dem Wasserbadring kommen. Um dies zu verhindern, legt man ein Stück zusammengefaltetes Filtrierpapier an einer Stelle zwischen Kolben und Metallring.

Das Leerkochen des Wasserbades wird durch Anbringen eines *Niveauhalters* vermieden, der, angeschlossen an eine Wasserleitung, für einen dauernden Ersatz des verdampften Wassers sorgt (Abb. 249).

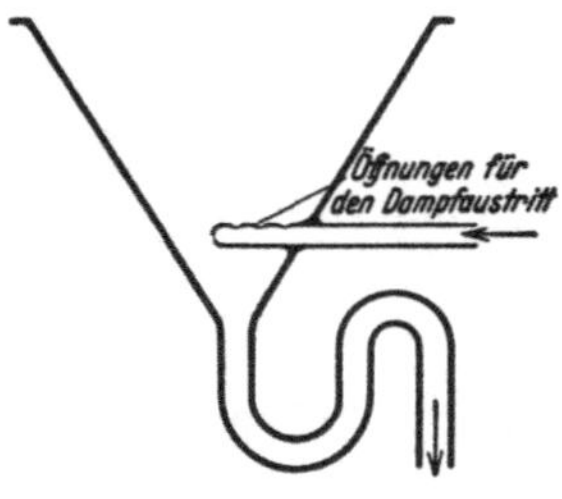

Abb. 248. Dampfbad

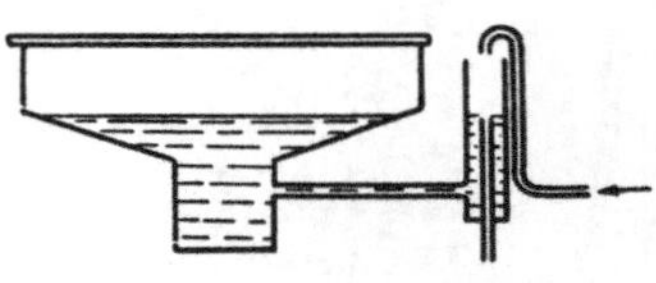

Abb. 249. Niveauhalter

Zum gleichzeitigen Erwärmen mehrerer Geräte werden *Reihen-Heizbäder* verwendet, bei Bedarf in ex-geschützter Ausführung für Flüssigkeiten, bei denen sich explosionsfähige Dampf-Luft-Gemische bilden können (Abb. 250). Temperaturregelung und -kontrolle sowie Wasserstandsregler sind eingebaut.

Bei den *Schüttel-Wasserbädern* ist im Badkörper ein gelochter Schüttelbehälter zur Aufnahme der Schüttelobjekte beweglich gelagert.

Wasserbäder mit *Temperaturregelung und Wasserumwälzung* sind mit einer Umwälzpumpe (s. Thermostaten, S.156) oder einem am Bodenkörper angeflanschten Elektromotor mit Drehmagnet ausgestattet, der sein Drehmoment durch den Boden auf den im Bad befindlichen Rührstab überträgt. Dieser saugt die Badflüssigkeit aus der Mitte des Badkörpers und drückt sie nach allen Seiten wieder in den Badkörper (Abb. 251).

3. Andere Flüssigkeitsbäder. Bei diesen wird das zu erwärmende Gefäß auf jeden Fall in die Badflüssigkeit eingesenkt.

Durch Verwendung von *Salzlösungen* als Badflüssigkeit werden wesentlich über 100° C liegende Temperaturen erreicht. Gesättigte Kochsalzlösung siedet bei 108° C, gesättigte Calciumchloridlösung bei

Abb. 250. Wasserbad P6 ex
(W. C. Heraeus GmbH, Hanau)

178° C (Kupfergefäße werden angegriffen, innen emaillierte Badgefäße verwenden!).

Glycerin ist anwendbar bis etwa 220° C; bei höherem Erhitzen Zersetzung (Acroleinbildung; Geruch!).

Konzentrierte Schwefelsäure könnte bis 280°C verwendet werden, vor allem in Schmelzpunktsapparaten. Vor ihrer Anwendung ist zu warnen (nur unter entsprechenden Schutzmaßnahmen!).

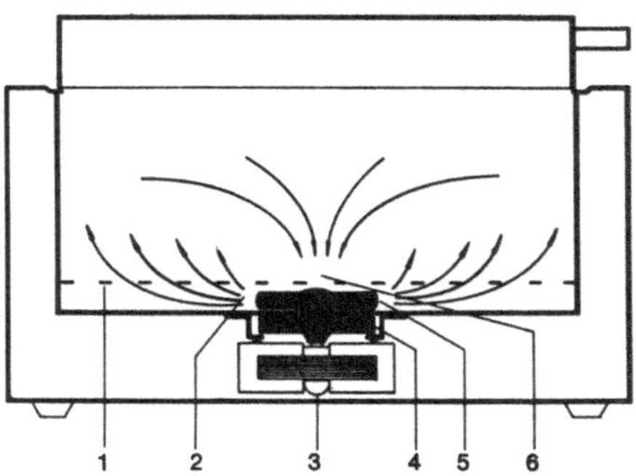

Abb. 251. Prinzip des Wasserbades mit Temperaturregelung und Wasserumwälzung)
1 Lochboden, *2* Wasseraustritt, *3* Elektromotor, *4* Äußerer Magnet, *5* Magnet-Rührstab, *6* Wassereintritt
(Gesellschaft für Labortechnik mbH & Co., Hannover-Vinnhorst)

Ölbäder. Paraffinöl ist für Temperaturen bis 250° C geeignet, es beginnt jedoch schon bei 200° C stark zu rauchen. Vakuumöle können bis 300° C verwendet werden. Sie färben sich nach längerem Gebrauch dunkel und werden sehr zähflüssig.

Bäder mit heißen Ölen (oder Schmelzen) sind standfest aufzubauen. Man wähle ein im Vergleich zum eingesetzten Kolben wesentlich größeres Badgefäß (Ausdehnung des Öles beim Erwärmen) und arbeite möglichst im Abzug.

Ölbäder, in die Wasser geraten ist, oder die längere Zeit unbenutzt waren, müssen durch allmähliches Erhitzen auf über 100° C vom Wasser befreit werden. Vorsicht: Gefahr des Spritzens oder Überschäumens.

Es genügt im allgemeinen, wenn die Badtemperatur ca. 30° C höher liegt als der Siedepunkt der Flüssigkeit, die destilliert werden soll.

Nach Beendigung des Erwärmens hebt man den Kolben aus dem noch warmen Ölbad, läßt das anhaftende Öl abtropfen und wischt mit Filtrierpapier oder Zellstoff ab. Gebrauchte Putzwolle in feuerfeste, verschließbare Behälter werfen!

Es wird auch empfohlen, das am Kolben haftende Öl mit einem trockenen, pulverförmigen Reinigungsmittel (z. B. Pril, Rei o. a.) zu verschmieren und die Schmiere trocken abzustreifen, den letzten Rest nochmals mit dem Pulver zu verschmieren und dann mit Wasser abzuspülen.

Vorteilhafter ist die Verwendung von *Siliconölen* als Heizbadfüllung, z. B. Siliconöl AP (Wacker-Chemie GmbH, München). Diese Phenyl-methyl-polysiloxane sind hitzebeständig bis 250° C und haben eine niedrige Oberflächenspannung. Sie werden in der Hitze nur wenig dünnflüssiger und in der Kälte kaum dickflüssiger. Mit Wasser sind sie emulgierbar. Sie sind oxidationsbeständig und geben keine Verharzungen.

Mit *Salzschmelzen* als Badfüllung erreicht man Temperaturen von über 300° C. Das Gemisch aus 48,7% Natriumnitrat und 51,3% Kaliumnitrat schmilzt bei 219° C. Die Schmelze ist durchsichtig. Gefäß vor Erstarren des Bades herausheben! Vorsicht!

Das *Heben und Senken von Apparaturen* in Heiz- und Kühlbädern oder das Herausheben aus den Bädern von Hand ist stets mit Gefahren verbunden. Man bedient sich daher mit Vorteil einer mit Motor angetriebenen Hebevorrichtung, die auch erlaubt, die Apparatur in jeder beliebigen Höhe zu arretieren (HVM-Hebevorrichtung, Biotec AG, Neuallschwil/Schweiz).

4. Sandbäder. In die Metallschale des Sandbades wird eine dünne Schicht feiner, nicht scharfkantiger Sand gefüllt, auf die das Gefäß gestellt wird; gegebenenfalls kann es durch Streuen von Sand von den Seiten her etwas eingebettet werden. Die Konstanthaltung der

Temperatur ist schwierig. An Stelle von Sand werden auch Eisenfeilspäne oder Schuppengraphit (guter Wärmeleiter) vorgeschlagen.

5. Metallbäder. Metallbäder sind gut wärmeleitend. Die Metallfüllung wird zunächst geschmolzen und der Kolben vor dem Eintauchen mit Hilfe einer rußenden Flamme angerußt, damit das Metall nicht so leicht am Kolben haftet und der Kolben infolge der langsameren Wärmeübertragung nicht so leicht springen kann. Herausnehmen des Kolbens vor dem Erstarren des Metalls.

Als Füllung verwendet man folgende Legierungen:

Woodsche Legierung (50% Bi, 25% Pb, 12,5% Sn und 12,5% Cd; Schmelzpunkt 60° C),

Rosesche Legierung (50% Bi, 25% Pb, 25% Sn; Schmelzpunkt 94° C).

Für höhere Temperaturen: Gemische von Pb und Sn 1:1 (Schmelzpunkt 225° C) oder reines Pb (Schmelzpunkt 327° C; anwendbar im Bereich bis 800° C).

Wegen des Bleigehaltes muß unter dem Abzug gearbeitet werden!

E. Thermostaten und Wärmetauscher

Thermostaten sind Geräte, mit deren Hilfe eine Flüssigkeit und damit die zu erwärmenden Objekte auf eine vorgeschriebene Temperatur gebracht und bei dieser gehalten werden können. Es kann sich dabei sowohl um Wärme- als auch Kältethermostaten (Kryostaten) handeln. Moderne Geräte sind zwecks stufenloser Regelung der Heizleistung mit Elektroniksteuerung ausgerüstet.

1. Badthermostaten. Bei diesen bilden Temperierteil und Bad eine Einheit. Die zu temperierenden Geräte werden durch Einsatzöffnungen in das Bad eingesetzt. (Im weiteren Sinn gehören dazu auch die mit Temperaturregulierung ausgestatteten Wasserbäder; s. S. 152.)

Als Beispiel wird der in der Abb. 252 gezeigte *Super-Thermostat* näher beschrieben: Sein Temperaturbereich reicht von —60 bis +250° C, bei optimalen Verhältnissen mit einer Temperaturkonstanz von ±0,002° C.

Das Gerät besteht aus einem, gegen äußere Temperatureinflüsse isolierten Kessel zur Aufnahme der Thermostatenflüssigkeit. Auf der Abdeckplatte, die ebenfalls wärmeisoliert ist, befinden sich der Motor mit der Saug-, Druck- und Mischpumpe und die Schaltaggregate. Die Öffnung, die durch Einsatzringe abgedeckt werden kann, ermöglicht das Beschicken mit Einsatzgeräten oder dient zur Aufnahme eines

Gefäßes für Kühlmittel, falls unter Zimmertemperatur im Umlaufverfahren gearbeitet werden soll. Auf eine gelochte, in der Höhe verstellbare Platte können die Gegenstände gestellt werden. Die Kühlschlange von etwa 5 m Länge ist so angebracht, daß sie den ganzen Boden des Kessels großflächig bedeckt. Die eingebaute Pumpe dient sowohl zum Umwälzen der Flüssigkeit im Thermostaten, als auch zum Fördern der Thermostatenflüssigkeit in angeschlossene Geräte (Verwendung als Umwälzthermostat). Die Temperatur wird mit einem empfindlichen Kontaktthermometer über ein Transistorgerät gesteuert.

Abb. 252. Super-Thermostat N
(Edmund Bühler, Tübingen)

2. Umwälzthermostaten. Sie dienen der Temperierung angeschlossener Flüssigkeitssysteme. Eine stufenlos regelbare Pumpe sorgt für das Umwälzen der Badflüssigkeit. Sie werden verwendet zum Temperieren geschlossener oder offener Systeme. Wie unter 1 beschrieben, sind solche Thermostaten in der Regel auch als Badthermostaten brauchbar.

3. Einhänge-Thermostaten. Einhänge-Thermostaten können in jeden beliebigen Behälter, meist offene Bäder, eingehängt werden.

Der Einhänge-Thermostat E 52 (Abb. 253) ist auch für kleine

Behälter geeignet. Mit einer Universal-Halterung kann er an Gefäßwänden oder Stativen befestigt werden. An der Frontplatte befinden sich Netzschalter, Heizleistungsregelung und Heizkontroll-Lampe. Die gewünschte Temperatur wird am Kontaktthermometer (0 bis +150° C) eingestellt. Der Rührstrahl der Umwälzpumpe mit schwenkbarem Druckstutzen sorgt für gute Zirkulation im Bad. Wird an den Druckstutzen ein Schlauch angeschlossen, läßt sich das Gerät auch als Umwälzthermostat, z. B. für Viskosimeter, Photometer, Refraktometer u. a. verwenden.

Abb. 253. Einhänge-Thermostat E 52
(Gebr. Haake, Karlsruhe-Durlach)

4. Sonstiges. Eine einfache Möglichkeit zu einer angemessenen Temperierung verschiedener Geräte (Kolben, Destillationsbrücken, Nutschen, Schütteltrichter, Exsikkatoren u. a.) bietet der *Calorex-Wärmeaustauscher* (Abb. 254), hergestellt aus Synthesekautschuk bzw. auf Siliconbasis. Er wird um das Gerät wie eine elastische Profilschnur unter leichtem Zug gewickelt und je nach Bedarf an Kühlsole, Kaltwasser, Warmwasser oder Dampf angeschlossen. Anschluß von Wasser am unteren, von Dampf am oberen Ende der Wicklung. Die Befestigung an der Gefäßwand geschieht mit einem hitzebeständigen

Klebeband. Wird Calorex zum Erhitzen verwendet, kann es notwendig sein, die Wicklung nach erfolgter Erwärmung zu straffen, bevor die endgültige Fixierung durch Klebeband erfolgt. Calorex kann auf jedes passende runde Mundstück einer Dampf- oder Wasserleitung aufgezogen werden (Schlauchklemme ansetzen).

F. Kühlen fester und flüssiger Stoffe

1. Allgemeines. Beim Kühlen eines Stoffes ist folgendes zu beachten: Der Unterschied zwischen der Temperatur des Kühlmittels und des zu kühlenden Stoffes darf nicht zu klein sein. Die Badgefäße sollten mit Wärmeschutzmitteln zur Isolation nach außen umgeben werden. Bei längerer Dauer der Kühlung ist das Kühlmittel zu erneuern. Man soll unter fließendem Wasser kühlen oder mit einem Einhängekühler oder Thermostaten arbeiten.

Feste Stoffe kühlt man in Kühltruhen oder durch Einpacken in Eis.

Gefäße mit Flüssigkeiten stellt man in das Kühlmittel ein.

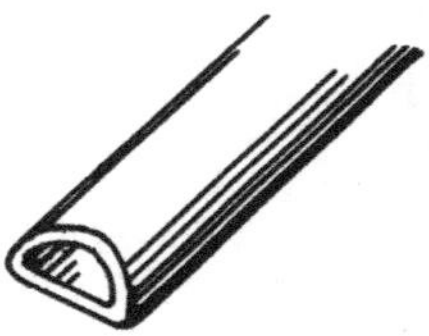

Abb. 254. Calorex-Wärmetauscher (Wärmetechnik Dr. Pogacar Nachf., Heidelberg)

Abb. 255. Dewar-Gefäß

2. Dewar-Gefäße. Für sehr tiefe Temperaturen verwendet man die doppelwandigen Dewar-Gefäße (Abb. 255), deren Mantel evakuiert ist. Der äußere Mantel ist innen versilbert (wie bei Thermosflaschen). Die Gefäße müssen durch einen Drahtkorb mit Filzeinlage, durch Umwickeln mit Papier oder Bekleben mit Kunststoff-Folie gesichert sein. Nur bis 5 cm unterhalb des Randes füllen! Der Rand des Dewar-Gefäßes darf nicht mit kalter Flüssigkeit begossen werden (Schutz: Gummiring über den Rand ziehen), Berühren der Wände mit harten Gegenständen (z. B. Metallspatel) vermeiden!

Zu bemerken ist, daß auch Dewar-Gefäße aus Kunststoff angeboten werden.

3. Kühlmittel. Im einfachsten Fall wird das Gefäß in Wasser eingestellt oder in Schnee oder fein zerstoßenes Eis eingebettet.

Kältemischungen:

Wasser + krist. Calciumchlorid 29:71	— 12° C
Wasser + Ammoniumchlorid + Salpeter 100:33:33	— 12° C
Wasser + Ammoniumchlorid + Salpeter 1:1:1	— 25° C
Eis + Natriumchlorid 77:23	— 21° C
Eis + Magnesiumchlorid 78:22	— 33° C
Eis + krist. Calciumchlorid 70:30	— 55° C

Eis wird durch Zerkleinern (Eismühlen) von Eisblöcken in die verwendbare Form gebracht oder im Fabrikslaboratorium von der Betriebs-Eismaschine als Scherbeneis bezogen.

Kühlsolen für Thermostaten sind wässrige Lösungen verschiedener Salze (z. B. Calciumchlorid).

Für tiefere Temperaturen verwendet man *Kohlensäureschnee* (CO_2 fest, Trockeneis). Der Kohlensäureschnee wird in ein Dewar-Gefäß gebracht und dazu eine organische Flüssigkeit gefügt. Man erreicht mit Äthylenchlorid — 60° C, mit Äthanol — 72° C, mit Amylacetat — 78° C, mit Aceton oder Methylchlorid — 82° C und mit Äther — 90° C.

Selbstherstellung von Kohlensäureschnee: Eine CO_2-Druckgasflasche wird auf ein Gestell schräg abwärts gelegt und das Kohlendioxid durch einen Schlauchansatz in einen Beutel (diesen am besten an die Stahlflasche anbinden) aus festem Leinen oder Leder scharf einströmen gelassen unter gleichzeitig kräftigem Schütteln (Daraufschlagen mit behandschuhten Händen). Das ausströmende CO_2 erstarrt dabei zu einem schneeartigen Pulver, das aus dem Beutel herausgeschüttelt wird. Vorsicht!, Kohlensäureschnee kann Brandwunden verursachen.

Mit dem T-Eistabletter (Kohlensäure-Werke Rud. Buse Sohn, Bad Hönningen) können Trockeneis-Tabletten von 150 g einfach hergestellt werden. Das Gerät wird an eine CO_2-Druckgasflasche für Flüssigentnahme mit Steigrohrventil angeschlossen.

Feste Kohlensäure (Trockeneis) kann auch direkt in isolierten Behältern bezogen werden (BASF, Ludwigshafen/Rh.).

Organische Flüssigkeiten dürfen zur Tiefstkühlung nicht mit flüssiger Luft vermischt werden, da Explosionsgefahr besteht. Falls Trockeneis oder Mischungen aus Trockeneis mit organischen Flüssigkeiten nicht ausreichen, ist zur Kühlung möglichst frisch gewonnener flüssiger Stickstoff zu verwenden.

Sollte nur flüssige Luft zur Verfügung stehen, muß die zu kühlende organische Flüssigkeit in ein unzerbrechliches Gefäß eingefüllt werden. Bei Glasgefäßen ist wegen der Bruch- und damit Vermischungsgefahr nur flüssiger Stickstoff zulässig. Auf jeden Fall ist Schutzbrille zu tragen.

4. Tauchkühler. Bei den Tauchkühlern (Abb. 256) wird das Kühlelement, das durch einen flexiblen Schlauch mit dem z. B. tragbaren Tischgerät verbunden ist, in das zu kühlende Bad eingetaucht.

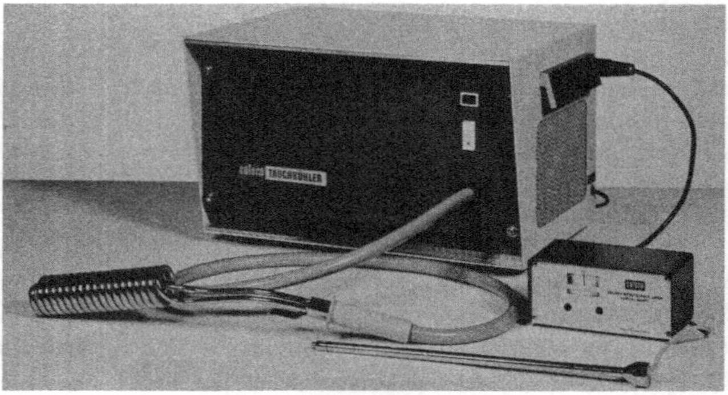

Abb. 256. Tauchkühler TK 67
(Colora Meßtechnik GmbH, Lorch/Württ.)

Der als Kühlelement ausgebildete Verdampfer der Kälteanlage enthält gleichzeitig Einspritzorgan, Wärmetauscher und Kältemittelsammler, der verhindert, daß flüssiges Kältemittel durch den Schlauch zurückströmt.

Abb. 257.
Eistrichter

5. Sonstiges. Zum längeren Aufbewahren von Stoffen in der Kälte dienen *Kühltruhen.*

Zum Kühlen während des Filtrierens verwendet man *Eistrichter*, in die der Filtrationstrichter eingesetzt wird. Der Zwischenraum wird mit Kühlmittel angefüllt (Abb. 257).

Über die Anwendung von Calorex s. S.157.

G. Kühlen von Dämpfen

Dämpfe werden durch Kühler gekühlt und kondensiert.

1. Luftkühler. Bei Übergangstemperaturen von über 140° C verwendet man einen Luftkühler. Das ist ein etwa 1 m langes, dünnwandiges Rohr, das auf den Siedekolben aufgesetzt wird und in dem sich die aufsteigenden Dämpfe durch Luftkühlung kondensieren.

Man kann auch einen Liebig-Kühler verwenden, durch dessen Mantel Luft geleitet wird.

2. Wasser als Kühlmittel. Dient Wasser als Kühlmittel, verwendet man einen Mantelkühler, bei dem durch das innere Rohr die Dämpfe bzw. das Kondensat strömen, während durch den Mantel das Kühlwasser geleitet wird. Dampf und Wasser strömen in der Regel im Gegenstrom, wodurch erreicht wird, daß der noch heiße Dampf von bereits angewärmtem Kühlwasser umspült und vorgekühlt wird, während das bereits weitgehend gekühlte Kondensat durch frisches Kühlwasser weiter gekühlt wird. Dadurch wird eine vollständige Kondensation bzw. Kühlung erreicht. Das Wasser wird so angeschlossen, daß es in dem schräg liegenden Abflußkühler emporsteigt.

Vorteilhaft ist die Verwendung von Kühlern mit Normschliffen.

3. Kühlertypen. Als absteigenden Kühler (bei Destillationen, s. S. 173) verwendet man zumeist *Liebig-Kühler* (Abb. 258). Es ist darauf zu achten, daß das Abgangsrohr für den übergehenden Dampf genügend weit ist.

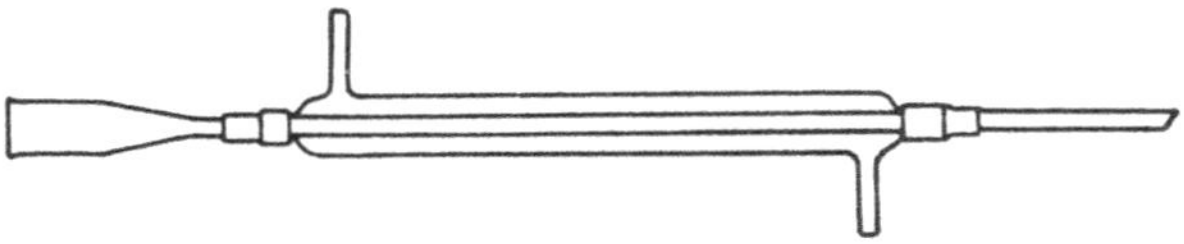

Abb. 258. Liebig-Kühler

Rückflußkühler werden senkrecht oder in steilem Winkel auf das Siedegefäß aufgesetzt, so daß das im Kühler entstehende Kondensat in das Siedegefäß zurückfließen muß. Man nimmt *Kugelkühler* (Allihnscher Kühler, Abb. 259 a), die wegen der größeren Kühlfläche wesentlich kürzer sein können als Liebig-Kühler.

Beim *Schlangenkühler* (Abb. 259 b) müssen Dampf bzw. Kondensat einen langen Weg zurücklegen, wodurch der Kühleffekt erhöht

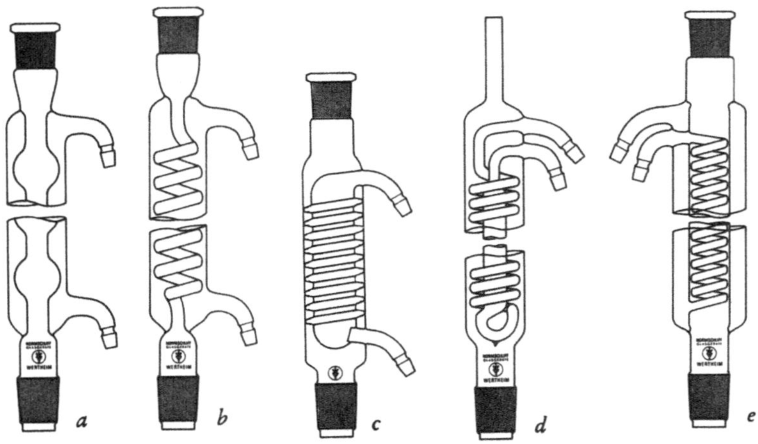

Abb. 259. Kühlerformen
(Normschliff Glasgeräte, Wertheim/Main)

wird. Er wird senkrecht aufgebaut, weil er sich in schräger Lage mit Destillat anfüllen könnte.

Der *Schraubenkühler* nach Friedrichs (Abb. 259 c) hat neben einer großen Kühlfläche den Vorteil, daß die Schraubengänge eng an der Kühlerwand anliegen. Der aufsteigende Dampf wird gezwungen, den Schraubenwindungen zu folgen und muß dadurch in langandauernder Berührung mit der Kühlfläche bleiben.

Beim *Dimroth-Kühler* (Abb. 259 d), der im Prinzip einem mit Mantel versehenen Einhängekühler gleichkommt, wird die Schlange vom Kühlwasser durchströmt. Er hat den Vorteil, daß sich der Mantel nicht beschlägt, da dieser nicht vom Kühlwasser durchströmt wird.

Intensiv-Kühler (Abb. 259 e) haben eine Kühlspirale und einen Kühlmantel und damit einen wesentlich höheren Kühleffekt.

Die *Befestigung* des Kühlers am Stativ geschieht mit Kühlerklammern (Greifer mit einem Stück Gummischlauch überziehen). Abgebogene Zu- und Abflußrohre für das Kühlwasser verhindern ein Abknicken der angeschlossenen Schläuche.

Der *Kühlwasserdurchlauf* muß in jedem Fall vor Beginn der Arbeit in Gang gebracht und kontrolliert werden.

Soll eine Vorlage gekühlt werden, wird diese in einen Trichter eingestellt und durch Berieseln oder Bespülen mit Wasser gekühlt, welches durch einen Trichter in den Ausguß geleitet wird.

12. Temperaturmessung und -regelung

A. Temperaturmessung

1. Temperaturskalen. Im europäischen Bereich wird üblicherweise nach Grad Celsius (°C) gemessen. Als Fundamentalpunkte gelten der Eisschmelzpunkt als 0° C und der Wassersiedepunkt als 100° C, beide bei einem Druck von 760 Torr (= 1013,25 mbar).

In der angelsächsischen Literatur ist noch vielfach die Fahrenheit-Skala (° F) üblich. Bei ihr sind der Eisschmelzpunkt mit +32° F, der Wassersiedepunkt mit +212° F fixiert.

Umrechnung: ° C = 5/9 . (° F — 32); ° F = 9/5 . C+32.

Die Kelvin-Skala (K) ist eine Erweiterung der Celsius-Skala. Sie beginnt mit dem absoluten Nullpunkt. 0° C = 273,16 K.

2. Flüssigkeits-Glasthermometer. Sie beruhen auf der Ausdehnung einer Flüssigkeit in einer Meßkapillare.

Bei den gebräuchlichen Quecksilberthermometern ist der Raum über dem Quecksilber luftleer. Ihr Meßbereich erstreckt sich von — 30 bis +350° C.

Bei Quecksilberthermometern für *höhere Temperaturen* ist der Raum über dem Quecksilber mit Druckstickstoff angefüllt, sie können bis etwa $+750°$ C (Thermometerrohr aus Quarzglas) angewendet werden. Wegen der Gefahr des Platzens: Schutzbrille!

Für Temperaturen bis 1000° C verwendet man als Thermometerfüllung Gallium. Bei diesen Thermometern ist kein Überdruck in der Kapillare nötig.

Zum Messen *niedriger Temperaturen* benutzt man Thermometer mit Toluolfüllung (— 70 bis $+100°$ C), Alkohol (— 120 bis $+50°$ C) oder Pentan (— 200 bis $+20°$ C). Bei diesen Thermometern ist die Flüssigkeit zum besseren Sichtbarmachen angefärbt.

Thermometerformen. Stabthermometer (Abb. 260) enthalten eine dickwandige Kapillare mit angeblasenem, kugeligem oder zylindrischem Raum für die Thermometerflüssigkeit und eine eingeätzte Skala. Zur leichteren Ablesung kann die Rückwand in Milchglas ausgeführt sein.

Einschlußthermometer besitzen eine dünnwandige Kapillare, die in einem Glasmantel eingeschmolzen ist. Die Skala ist eingelegt. Man überzeuge sich, daß die Skala gut im Thermometer befestigt ist und sich nicht verschiebt. Einschlußthermometer mit sehr langem Thermometerrohr bezeichnet man als Stockthermometer (Abb. 261).

Für Schliffapparaturen stehen Thermometer mit NS-Kernen zur Verfügung.

Das Thermometer „Varia" besitzt am Thermometerschaft ein in der Höhe verstellbares NS-Stück, so daß die Eintauchtiefe variiert werden kann (Klaus Mitlacher KG, Labortechnik, Mainz-Gonsenheim).

Thermometer sind weitgehend genormt und geeicht, wobei auch die Fehlergrenzen festgelegt sind.

Die *Ablesung* erfolgt an der höchsten Stelle der Quecksilberkuppe. Das Auge muß dabei senkrecht zur Thermometerachse auf das Ende des Quecksilberfadens gehalten werden. Bei unrichtiger Augenhaltung entste-

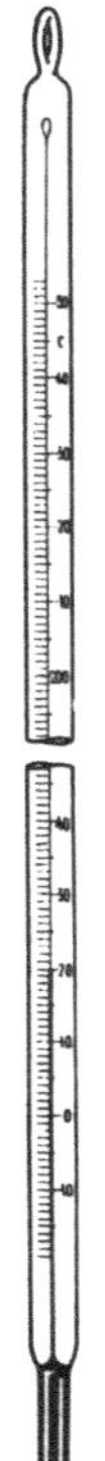

Abb. 260 Stabthermometer (Arno Amarell, Kreuzwertheim)

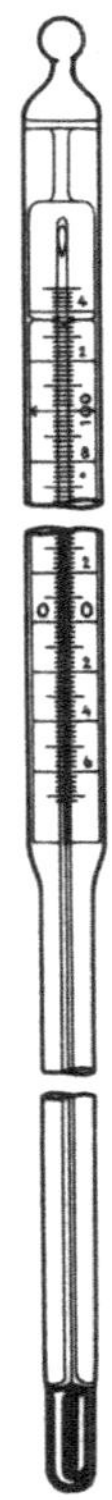

Abb. 261 Stockthermometer (Arno Amarell, Kreuzwertheim)

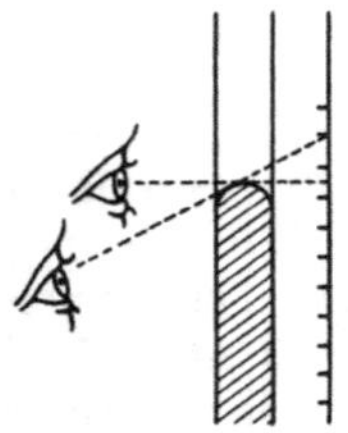

Abb. 262. Thermometerablesung

hen Ablesefehler; ist das Auge zu tief, erscheint die Quecksilberkuppe höher (Abb. 262).

Für genaue Bestimmungen bedient man sich einer *Ableselupe*. Behelfsmäßig kann diese durch einen vor das Thermometer festgeklemmten und mit Wasser gefüllten Kolben ersetzt werden.

Fehlerquellen bei Quecksilberthermometern. Zu einer Nachwirkungserscheinung des Glases kommt es infolge der Alterung, die zu einem bleibenden „Anstieg des Thermometers" führt. Eine vorübergehende Volumenänderung beobachtet man, wenn das Thermometer längere Zeit bei höherer Temperatur benutzt wird.

Besonders zu beachten sind Fehler, die durch den *„herausragenden Faden"* gemacht werden. Der richtige Wert kann nur dann abgelesen werden, wenn das Thermometer nicht nur mit der Quecksilberkugel, sondern mit der gesamten Quecksilbersäule in das zu messende Medium eintaucht. Ein aus dem Gefäß herausragender Quecksilberfaden (z. B. aus dem Stopfen einer Destillationsapparatur) hat eine kältere Umgebung, daher geringere Ausdehnung und gibt folglich eine zu niedrige Temperaturanzeige.

Dieser Fehler kann korrigiert bzw. ausgeschaltet werden:

a) durch Rechnung nach der Formel

$$k \cdot n \cdot (t_a - t_f).$$

Darin bedeuten in Graden:

k	=	scheinbarer Ausdehnungskoeffizient der Thermometer-Flüssigkeit im Thermometerglas (bei Hg = 0,00016, bei Pentan, Alkohol und Toluol = 0,001),
n	=	Länge des herausragenden Fadens in Graden,
t_a	=	abgelesene Temperatur in ° C,
t_f	=	mittlere Temperatur des herausragenden Fadens, die mittels eines angelegten Thermometers bestimmt wird.

b) Auf Stockthermometern ist zumeist angegeben, wie tief sie in das Meßobjekt einzutauchen sind. Wird danach verfahren, entfällt die Korrektur.

c) Durch Verwendung *„abgekürzter Thermometer"* mit einem sehr begrenzten Meßbereich. Solche Thermometer sind in der Regel zu Sätzen zusammengefaßt, bei denen jedes Thermometer nur einen Intervall von etwa 50° C erfaßt, z. B. den Bereich von 200 bis 250° C.

Um den *„toten Gang"* eines Thermometers zu vermeiden, sollte man die Temperatur stets am steigenden Thermometer messen. Es ist also nicht gleichgültig, ob man die Temperatur an einem auf höhere Temperatur ansteigenden oder an einem von einer höheren Temperatur fallenden Thermometer mißt. Im letzteren Fall macht sich der Widerstand, den das Quecksilber in der Kapillare findet, bemerkbar. Durch leichtes Klopfen des Thermometers mit dem Finger unmittelbar vor der Ablesung beseitigt man den größten Teil dieses toten Ganges.

Zu berücksichtigen ist die Einstellzeit des Thermometers. Sie ist bei der Messung von Flüssigkeiten geringer als bei der Messung von Gasen. Bei Flüssigkeiten beträgt sie nur etwa 3 bis 30 Sekunden, je nachdem, ob gerührt wird oder die Flüssigkeit in Ruhe ist.

Selbstkontrolle eines Thermometers:

a) Vergleich mit einem geeichten Normalthermometer in einem Thermostaten. Das Flüssigkeitsbad muß ständig gerührt werden, die Quecksilbergefäße der beiden Thermometer müssen dicht beieinander sein. Die Temperatur darf während der Messung nur langsam gesteigert werden.

b) Mit Hilfe von Fixpunkten, d. h. genau feststehender Temperaturen. 0° C, der Eispunkt des Wassers, darf nur mit Eis aus destilliertem Wasser, fein geschabt, eingestellt werden. Die Eismasse muß dickbreiig sein. 100° C, der Siedepunkt des destillierten Wassers, ist abhängig vom herrschenden Barometerstand, der berücksichtigt werden muß. Man hängt das Thermometer in einen Langhals-Kolben so ein, daß sich der Quecksilberfaden vollständig im Dampfraum befindet. Das Quecksilbergefäß des Thermometers muß mindestens 5 cm über der Oberfläche des siedenden Wassers stehen, um Spritzer auszuschließen. Siedeerleichterer (s. S. 172) sind zuzusetzen.

Thermometer mit veränderlicher Quecksilberfüllung (Beckmann-Thermometer, Abb. 263). Bei diesem Gerät umfaßt die gesamte Temperaturskala bei einer Länge von etwa 25 cm nur fünf oder sechs Grade. Man kann damit hundertstel Grade genau ablesen, tausendstel Grade schätzen (Ableselupe!).

Abb. 263. Beckmann-Thermometer

Beckmann-Thermometer dienen zum Messen von Temperaturdifferenzen innerhalb weniger Grade. Dabei ist es gleichgültig, wie hoch die tatsächliche Temperatur ist. Das gleiche Thermometer kann also für die verschiedensten Temperaturen verwendet werden, indem man die Quecksilbermenge im Thermometergefäß vergrößert oder verkleinert. Aus dem Quecksilbervorratsgefäß wird zu diesem Zweck je nach Bedarf Quecksilber entnommen. Die Kapillare ist am oberen Ende zunächst abwärts-, dann wieder aufwärtsgebogen, der Mittelteil ist zylindrisch erweitert. Dadurch ist erreicht, daß von dem Quecksilber, das oben in die Erweiterung tritt, leicht ein bestimmter Teil abgetrennt werden kann und daß der abgetrennte Teil nie von selbst (etwa durch Erschütterung) in die Kapillare zurücktreten kann.

Überführung des Quecksilbers aus dem Hauptgefäß in das Reservegefäß: Man erwärmt das Quecksilber, bis es in den oberen Teil des Reservegefäßes eintritt und klopft nun das mit der einen Hand in die Mitte gefaßte Thermometer mit dem oberen (das Reservegefäß enthaltende) Ende leicht gegen die andere Hand, wodurch die Abtrennung des Quecksilbers stattfindet. Ist Wiedervereinigung beabsichtigt, kehrt man, nachdem man durch Erwärmen des Gefäßes die Hauptmenge des Quecksilbers in die Erweiterung hat treten lassen, das Thermometer rasch um und bringt das abgetrennte Quecksilber durch leichtes Schleudern zum Zusammenfließen mit der Hauptmenge, worauf es beim Abkühlen mit in die Kapillare gezogen wird.

3. **Flüssigkeits-Federthermometer.** Sie bestehen aus Temperaturfühler, Kapillare und Anzeigeinstrument. Der Innenraum des Thermometers ist vollständig mit Flüssigkeit angefüllt. Bei Temperaturerhöhung macht sich die Volumenzunahme als Drucksteigerung bemerkbar, die auf das Meßgerät (Dehnung einer Rohrfeder) übertragen und auf einer Skala dieses Röhrenfedermanometers angezeigt wird. Meßbereich bei Quecksilber als Thermometerflüssigkeit —30 bis +500° C, bei organischen Flüssigkeiten (z. B. Toluol) —90 bis +260° C.

Abb. 264. Labor-Widerstandsthermometer (W. C. Heraeus GmbH, Hanau)

4. **Dampfdruck-Federthermometer.** Zum Unterschied von dem unter 3. beschriebenen Gerät ist das Temperaturfühler-Gefäß dieses Federthermometers nur zum Teil mit einer organischen Flüssigkeit gefüllt, der Raum darüber wird von dem entsprechenden Dampf eingenommen. Der Druck steigt nicht linear, sondern es stellt sich jeweils der der Meßtemperatur entsprechende Sättigungsdruck ein. Als Meß- und Anzeigegerät dient auch hier eine Rohrfeder, deren Skala am Anfang eng, später auseinandergezogen ist. Meßbereich bis etwa +360° C.

5. **Bimetall-Ausdehnungsthermometer.** Grundlage ist die unterschiedliche Längenausdehnung bei der Temperaturänderung zweier Metalle. Ein Streifen aus zwei aufeinander gewalzten Blechen verschiedener Wärmeausdehnungszahl ist spiralig oder schraubenförmig gewickelt. Das eine Ende ist fest eingespannt, das andere krümmt sich mit steigender Temperatur nach der Seite mit der kleineren Ausdehnungszahl. Die Bewegung wird auf ein Zeigerinstrument übertragen. Meßbereich —50 bis +400° C.

6. **Widerstandsthermometer.** Der Widerstand elektrischer Leiter nimmt in gesetzmäßiger Weise mit steigender Temperatur zu. Die Temperatur kann daher durch eine Messung des Widerstandes ermittelt werden. Widerstandsthermometer benötigen eine Stromquelle mit normalerweise 6 V Spannung. Die Übertragung der Meßwerte auf große Entfernungen ist möglich, eine hohe Meßgenauigkeit wird erreicht. Meßbereich —200 bis +750° C. Die Größe

des Meßdrahtes (z. B. Platin) wird so bemessen, daß bei 0° C der Widerstand genau 100 Ohm beträgt.

Der Widerstandsdraht ist in Form einer Meßwicklung auf einem geeigneten Träger aufgebracht. Um Meßfehler durch Kriechströme auszuschließen, ist eine einwandfreie elektrische Isolation notwendig. Der Pt-Widerstandsdraht ist daher in Glas eingeschmolzen. Auf die verlängerte Glashülse ist der Anschlußkopf aufgesetzt.

Bei dem in der Abb. 264 gezeigten Labor-Thermometer beträgt die Meßunsicherheit im Bereich von 0 bis 100° C ±0,2° C, in den übrigen Bereichen ±0,5° C.

Meßmethode. a) Mit der Wheatstoneschen Brücke. Bei den im Laboratorium üblichen Stöpsel- oder Dekaden-Meßbrücken wird der Widerstand R_v solange verändert, bis im Galvanometerteil G kein Strom mehr fließt. Dann gilt $R_v = R_{Th}$ (Vergleichswiderstand = Thermometerwiderstand) unter der Voraussetzung, daß die oberen Verzweigungswiderstände gleich groß sind. Die Messung ist von der Speisespannung U_{Sp} unabhängig (Abb. 265).

Soll die Temperatur direkt angezeigt werden, läßt man R_v konstant und eicht den Ausschlag des Galvanometers G. Dieser ist allerdings der Speisespannung direkt proportional. Durch einen Regulierwiderstand kann diese jedoch konstant gehalten werden.

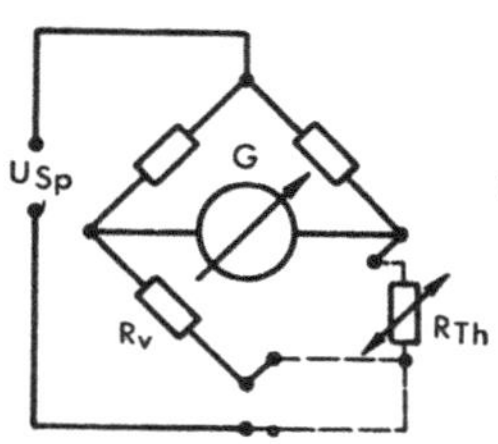

Abb. 265. Meßanordnung mit Wheatstonescher Brücke (aus Druckschrift der W. C. Heraeus GmbH, Hanau)

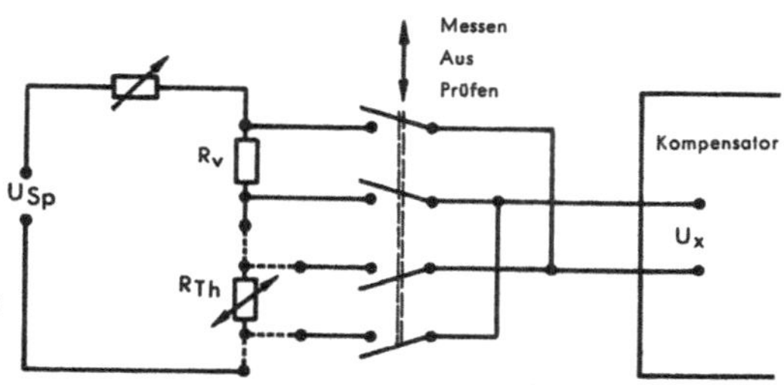

Abb. 266. Widerstandsmessung nach der Kompensationsmethode (aus Druckschrift der W. C. Heraeus GmbH, Hanau)

b) Kompensationsmethode. Sie hat den Vorteil einer sehr hohen Meßgenauigkeit sowie der Unabhängigkeit von der Länge der Zuleitungen. Man benötigt jedoch vier Zuleitungen zum Meßwiderstand. Die Meßstromstärke wird so eingerichtet, daß ein genügend hoher Spannungsabfall auftritt und störende Thermokräfte keinen Einfluß mehr haben (Abb. 266).

7. Thermoelemente. Thermoelemente bestehen aus einem Thermopaar, also aus zwei an einem Ende miteinander verschweißten Drähten verschiedener Metalle (Meßstelle). Die freien Enden bilden die Vergleichsstelle, die auf einer vorgeschriebenen Temperatur gehalten werden muß. Wird die Meßstelle erwärmt, entsteht an der Vergleichsstelle eine Thermospannung, deren Größe von der Temperaturdifferenz zwischen beiden abhängt. Die Thermospannung wird mit einem Millivoltmeter gemessen, das meist auch auf Temperaturanzeige geeicht ist. Vor Einbau des Meßinstrumentes ist der Nullpunkt zu überprüfen.

Als Metallkombinationen kommen u. a. in Betracht (Plusschenkel/Minusschenkel):

Cu/Konstantan	—200 bis + 600° C,
Fe/Konstantan	—200 bis + 900° C,
NiCr/Nickel	0 bis +1200° C,
PtRh/Pt	0 bis +1600° C.

Man sollte jedoch nicht bis zu diesen Höchstgrenzen gehen, bei PtRh/Pt z. B. nur bis 1200° C.

Die Schutzfassung des Thermoelementes trägt die Anschlußkappe mit den Klemmen. Eine Übertragung auf bestimmte Entfernungen ist auch hier möglich.

Schaltung eines Thermoelementes s. Abb. 267. Die Meßstelle wird an die zu messende Stelle gebracht. Die Drähte führen von dort zu der auf konstante Temperatur gehaltenen Vergleichsstelle (in einem Thermostaten) und von da zum Meßinstrument, wobei der +Pol des Elementes mit der +Klemme des Millivoltmeters verbunden werden muß.

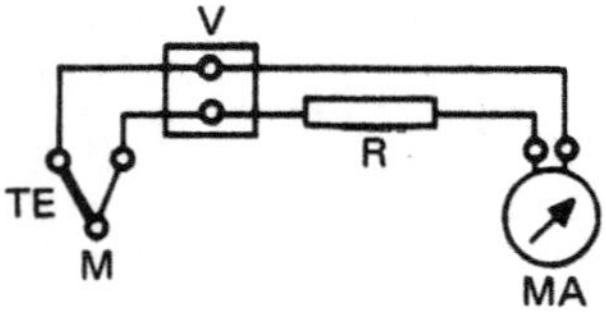

Abb. 267.
Schaltung eines Thermoelementes

8. Optische Temperaturmessung. Bei den Strahlungspyrometern wird die Temperatur auf Grund der von dem zu messenden Körper ausgesandten Strahlung gemessen. Meßbereich +500 bis 2000° C.

Die Strahlung wird durch eine Linse auf einen Strahlungsempfänger z. B. ein Thermoelement, konzentriert. Dieser erwärmt sich, die entstehende Thermospannung wird gemessen.

B. Temperatur-Regulierung

In elektrisch beheizten Geräten, z. B. Trockenschränken und Thermostaten, sind Temperaturregler in fast allen Fällen bereits eingebaut.

1. Kontaktthermometer. Die Geräte werden in Apparaturen und Heizbäder eingebaut. Im Prinzip bestehen sie aus einem Quecksilberthermometer, in dessen Kapillare Kontaktstifte eingeschmolzen sind oder magnetisch verstellt werden können.

Erreicht der Quecksilberfaden den Kontakt, schließt sich ein Stromkreis, der über ein Relais die Heizquelle ein- und ausschaltet.

Die verstellbaren Kontaktthermometer (Abbildung 268) besitzen eine obere Einstellskala und die untere Temperaturskala. Oben sitzt in loser Führung ein Magnet, bei dessen Drehung sich der Eisenanker mitsamt der Gewindestange mitdreht, wodurch die Wandermutter nach oben oder unten verschoben wird. An der Wandermutter ist der Kontaktdraht befestigt, der bis in das untere Kapillarrohr reicht, und zwar genau bis zu dem Grad, den das obere Ende der Wandermutter anzeigt. (In der Abbildung ist das Thermometer auf 30° C eingestellt.) Vor Inbetriebnahme ist darauf zu achten, daß der Quecksilberfaden nicht getrennt ist. (Bei getrenntem Quecksilberfaden wird die Wandermutter so weit nach oben geschraubt, daß sie an den Stellring anstößt; dann wird vorsichtig erhitzt, bis sich das Quecksilber in der erweiterten Kapillare mit dem abgerissenen Quecksilberfaden vereinigt. Bei langsamem Erkalten zieht sich das Quecksilber geschlossen zurück.) Die Leitungsdrähte werden hinter der Skala zu den Anschlußklemmen geführt. Anschluß- und Schaltskizzen werden den Instrumenten von den Lieferanten beigegeben.

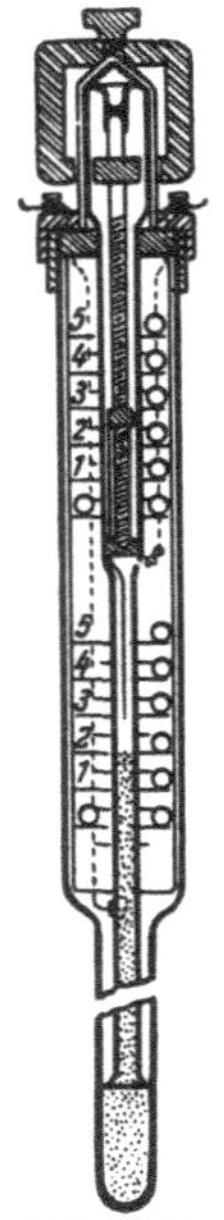

Abb. 268. Kontaktthermometer

2. Ausdehnungsthermostaten. Hauptbestandteil ist ein Stabausdehnungsthermometer. Mit der Temperatur ändert sich die Länge des Ausdehnungsrohres, während ein am Boden eingelöteter Invarstab längengleich bleibt. Die Änderung der Tauchrohrlänge wird von ihm über eine Stellschraube auf den Schalthebel des Reglers übertragen, der einen Springfeder-Umschalter betätigt. Die Soll-Temperatur wird mit der Stellschraube eingestellt.

3. Messung und Regelung mit Widerstandsfühlern. Ein auswechselbarer Pt-Widerstandsfühler wirkt auf eine selbst abgleichende Widerstandsmeßbrücke, deren Ausgangssignal über einen transistorisierten Verstärker einem Schrittmotor zugeführt wird.

Dieser betätigt das Zählwerk zur digitalen Anzeige und stellt die Meßbrücke nach.

Das Gerät (Mettler TM 16; Abb. 269) zeigt die Ist-Temperatur digital auf 0,1° C genau an. Die zwei digital einstellbaren Sollwertgeber ermöglichen es, mit nur einem Fühler gleichzeitig zu messen und zu regeln. Der streng lineare Schreiberausgang mit Nullpunktverschiebung über den gesamten Temperaturbereich (—20 bis +300° C) erlaubt es, Temperaturverläufe mit einem Schreiber zu registrieren.

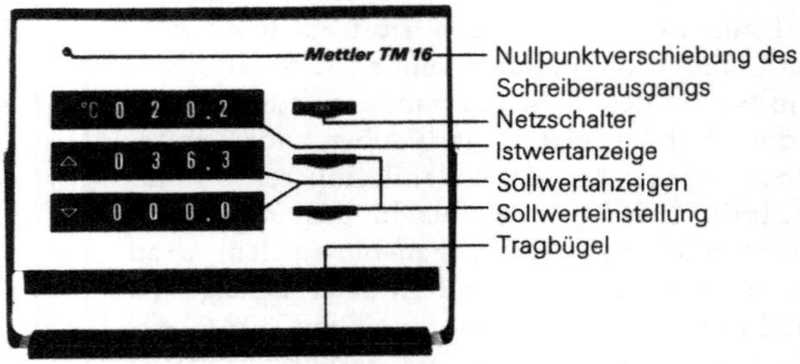

Abb. 269. Mettler TM 16
(Mettler Instrumente AG, Greifensee-Zürich)

4. Programmregler. Programmregler werden verwendet, wenn es sich darum handelt, bestimmte Temperaturen nacheinander zu erreichen und zu regeln.

13. Verdampfen, Destillieren und Sublimieren

A. Verdampfen

1. Eindampfen durch Erhitzen der gesamten Flüssigkeit. Das Eindampfen (Einengen) hat den Zweck, eine Lösung zu konzentrieren oder den Rückstand zu gewinnen. Das Lösungsmittel wird dabei abgedampft. Dies kann entweder unter Sieden geschehen oder unterhalb des Siedepunktes der Flüssigkeit durch Verdunstenlassen.

Soll das Lösungsmittel zurückgewonnen werden (Abdampfen in geschlossenen Gefäßen), wird stets unter Sieden gearbeitet, also „destilliert".

Das Eindampfen oder Abdampfen einer Flüssigkeit geschieht in der Regel in offenen Gefäßen, vor allem, wenn es sich um wäßrige

Lösungen handelt. Man verwendet Schalen, um die Flüssigkeitsoberfläche groß zu halten. Beschleunigt wird der Vorgang, indem man die sich bildenden Dämpfe wegbläst oder absaugt. Eine einfache Vorrichtung zeigt die Abb. 270. Man stülpt einen Trichter mit eingesetztem Glasrohr, durch das Luft gesaugt wird, über die Schale.

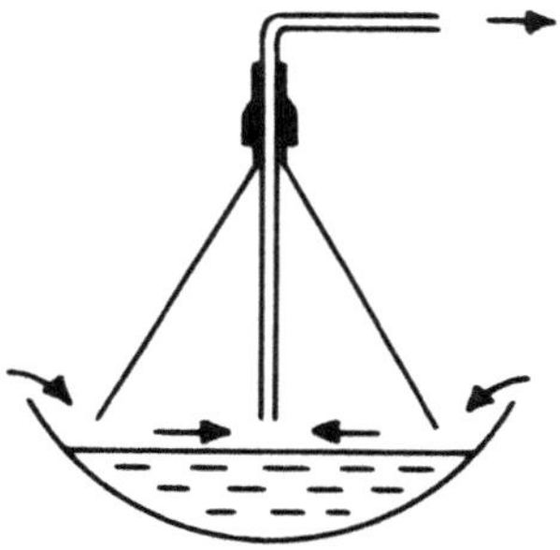

Abb. 270. Eindampftrichter

Das Abdampfen geschieht am besten auf einem Wasserbad.

Schutzvorrichtungen während des Eindampfens: Gegen Hineinfallen von Staub wird ein Trichter übergestülpt oder mit einem Uhrglas bedeckt, das auf kleinen, winkelförmig gebogenen Glasstäbchen, die über den Rand der Schale gehängt werden, sitzt. Man arbeite auf jeden Fall unter dem Abzug.

Manche Stoffe, die während des Eindampfens einer Lösung in fester Form ausgeschieden werden, haben die Eigenschaft, an den Wandungen des Gefäßes in die Höhe zu kriechen (z. B. Ammoniumsalze). Dies wird vermieden, wenn man die Seitenwände der Schale heißer hält als die Flüssigkeit. Auf diese Weise wird die sich hochziehende Salzmasse vollkommen ausgetrocknet, bevor sie den oberen Rand des Gefäßes erreicht.

2. Oberflächenverdampfer. Durch Oberflächenverdampfer — im Prinzip IR-Strahler — wird nur die Oberfläche der zu verdampfenden Flüssigkeit stark erwärmt, es können daher keine Substanzverluste durch Blasenbildung oder Verspritzen entstehen (Abb. 271).

Um die Strahlung des Gerätes bestmöglichst auszunutzen, sollten für das Eindampfen Gefäße mit großem Querschnitt verwendet werden. Die Eindampfgeschwindigkeit wird durch Ändern des Abstandes zwischen Verdampfer und Verdampfungsgefäß reguliert.

Die Temperatur des Quarzgut-Hüllrohres der Heizspirale liegt zwischen 600 und 800° C. Die Geräte sind für 220 V ausgelegt.

3. Verdampfen unter Sieden der Flüssigkeit. Dabei ist auf folgendes zu achten:

Viele Flüssigkeiten, besonders wenn sie feste Stoffe gelöst oder als Bodensalz enthalten und alkalische Lösungen (z. B. starke Natronlauge) neigen zum „Stoßen". Die entwickelten kleinen Dampfbläschen steigen nicht einzeln an die Flüssigkeitsoberfläche, sondern vereinigen sich noch in der Flüssigkeit am Boden des Gefäßes zu größeren Blasen, die dann plötzlich entweichen. Das Stoßen kann zu Verlusten durch Verspritzen führen, ja mitunter so heftig sein, daß ein Umkippen des Gefäßes erfolgt (Unfallgefahr!). Diese Erscheinung des zu späten, dann aber plötzlichen Eintretens der Dampfentwicklung nennt man *Siedeverzug.*

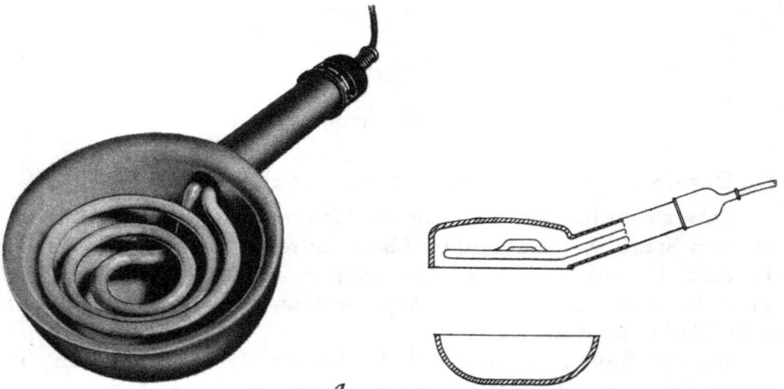

a *b*

Abb. 271. Oberflächenverdampfer OV aus Rotosil
a Ansicht, *b* Anordnung
(Heraeus-Schott Quarzschmelze GmbH, Hanau)

Der Siedeverzug kann durch Zugabe von Siedeerleichterern verhindert werden. Die Zugabe muß bereits zu Beginn erfolgen, da die Zugabe zu einer schon stark erhitzten Flüssigkeit plötzliches Sieden (Herausschleudern der Flüssigkeit aus dem Gefäß) auslösen kann!

Als *Siedeerleichterer* werden verwendet:

Siedesteinchen, das sind höchstens erbsengroße Stücke (Scherben) aus unglasiertem, gebranntem Ton oder Porzellan. Zwei bis drei Steinchen reichen fast immer aus.

Platintetraeder, grobkörniges Glaspulver, Glasperlen mit rauher Oberfläche (z. B. die 1 mm großen Ballotinis).

An den Poren und Kanten der genannten Siedeerleichterer können sich die Dampfbläschen leichter bilden und von dort entweichen.

Siedekapillaren aus Glas (Durchmesser kleiner als 1 mm), oben zugeschmolzen oder beidseitig offen, müssen so lang sein, daß ihr oberes Ende über die Flüssigkeitsoberfläche hinausragt.

Falls sich während des Eindampfens Feststoff ausscheidet, sollte am besten ein ständiger Luft- oder Gasstrom durch die Lösung geleitet werden. Scheiden sich größere Mengen aus, muß gerührt werden. Beim Arbeiten am Rückflußkühler kann auch ein Magnetrührer (s. S. 66) gute Dienste leisten.

B. Einfache Destillation

1. Allgemeines. Eine Destillation setzt sich zusammen aus dem Verdampfen der Flüssigkeit und der Kondensation der erhaltenen Dämpfe.

Bei der einfachen Destillation wird das gesamte Destillat (Kondensat) in einer Vorlage aufgefangen. Zur Trennung eines Flüssigkeitsgemisches kann die einfache Destillation nur angewandt werden, wenn die Komponenten sehr unterschiedliche Siedepunkte besitzen. In der Regel dient die einfache Destillation nur zur Reinigung von Lösungsmitteln oder zum Abdestillieren des Lösungsmittels aus einer Lösung.

2. Apparatives. Die Destillationsapparatur besteht aus dem Destillierkolben, in dem die Flüssigkeit zum Verdampfen gebracht wird, dem Kühler zur Kondensation der Dämpfe und der Vorlage zum Auffangen des Destillats.

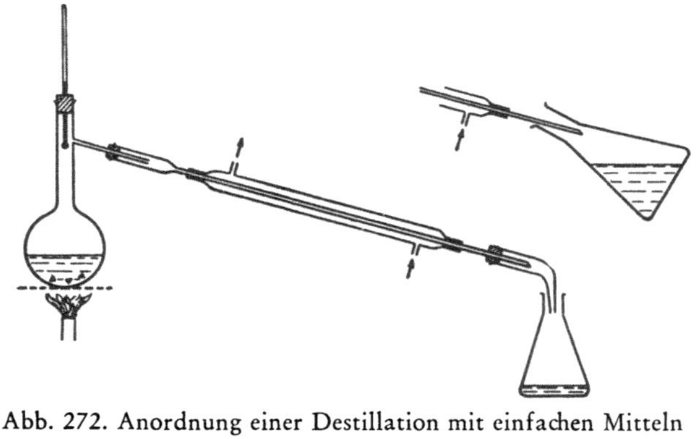

Abb. 272. Anordnung einer Destillation mit einfachen Mitteln

Die Abb. 272 zeigt den Aufbau einer Destillationsapparatur mit einfachsten Mitteln (falls eine Schliffapparatur nicht vorhanden ist). In den Destillierkolben reicht durch eine Stopfenbohrung das Thermometer, wobei sich die Thermometerkugel unterhalb des seitlichen Ansatzrohres befinden soll, damit sie von den übergehenden Dämpfen stets völlig umspült wird. Das seitliche Ansatzrohr des Destillierkolbens wird mit dem absteigenden Kühler (in der Regel ein Liebig-Kühler) verbunden. Am Ende des Kühlers wird ein Vorstoß befestigt, aus dem das Destillat in die Vorlage läuft.

Der Destillierkolben wird nur bis zu zwei Drittel gefüllt, Maßnahmen zur Verhinderung des Siedeverzuges sind zu treffen (s. S.172). Das Kühlwasser ist vor Beginn der Destillation einzuschalten. Die Erwärmung (möglichst durch Heizbad, Heizhaube, Tauch- oder Strahlheizer) muß allmählich erfolgen, um Überhitzung zu vermeiden.

Soll Lösungsmittel direkt aus einem Reaktionskolben abdestilliert werden, versieht man ihn mit einem doppeltdurchbohrten Stopfen, wobei die eine Bohrung zur Aufnahme des knieförmig abgebogenen Rohres, das mit dem absteigenden Kühler verbunden wird, dient, während in die andere Bohrung das Thermometer eingesetzt wird.

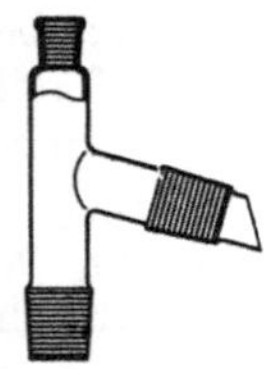

Abb. 273. Destillieraufsatz (Rudolf Brand, Wertheim/Main)

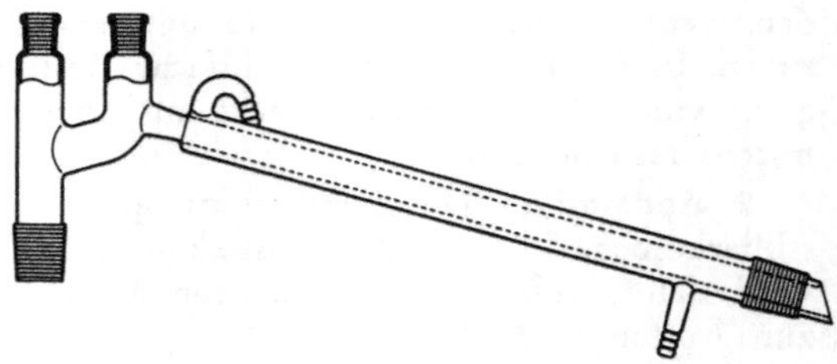

Abb. 274. Destillieraufsatz nach Claisen mit angeschmolzenem Kühler nach Mohr (Rudolf Brand, Wertheim/Main)

Wenn immer möglich, sollte man mit Schliffapparaturen arbeiten.

An Stelle des Destillierkolbens mit seitlichem Ansatzrohr verwendet man einen Rundkolben mit Normschliff. Muß der Kolben mit verschiedenen Apparateteilen (z. B. Rührer, Siedekapillare, Einleitungsrohr u. a.) versehen werden, nimmt man Zweihals- oder Dreihalskolben (s. Abb. 65, S. 40).

In die Schliffhülse des Destillierkolbens wird ein Destillieraufsatz eingesetzt (Abb. 273). Der obere Schliff dient zur Einführung des Thermometers mit NS-Schliff, der seitliche Ansatz wird mit der

Destillationsbrücke mit Kühler verbunden. Vorteilhaft ist ein Aufsatz mit angeschmolzenem Kühler (Abb. 274).

Das untere Ende des Kühlers wird mit dem Vorstoß verbunden. Beim Destillieren giftiger Stoffe nimmt man einen Vorstoß mit seitlichem Ansatzrohr (Abb. 275), ein daran angeschlossener Schlauch wird zum Abzugskamin geführt.

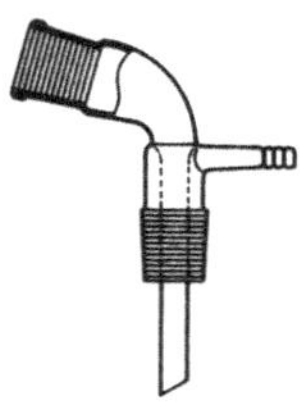

Abb. 275. Destillationsvorstoß (Rudolf Brand, Wertheim/Main)

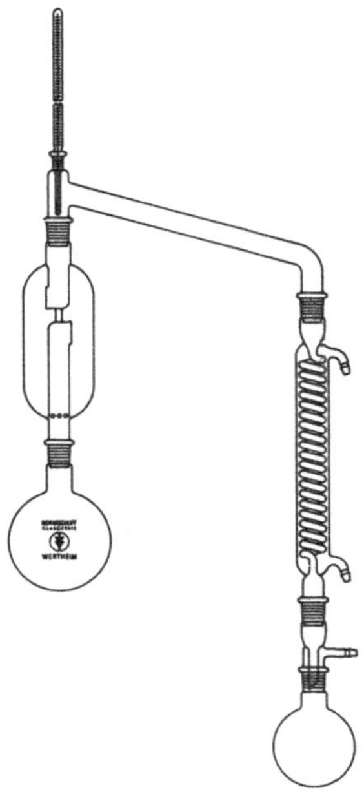

Abb. 276. Destillation schäumender Flüssigkeiten (Normschliff Glasgeräte, Wertheim/Main)

Zur *Destillation schäumender Flüssigkeiten* verwendet man die in der Abb. 276 dargestellte Apparatur, die einen Tropfenfänger enthält.

3. Verlauf der Destillation. Enthält die zu destillierende Flüssigkeit leichtsiedende Verunreinigungen, so gehen diese vor dem Hauptlauf über und bilden den Vorlauf (Auswechseln der Vorlage). Sobald das Sieden beginnt, stellt sich eine konstante Siedetemperatur ein. Die Destillation soll so geregelt werden, daß ein bis zwei Tropfen pro Sekunde in die Vorlage abtropfen. Steigt die Temperatur gegen

Ende der Destillation nochmals stärker an, so wechselt man nochmals die Vorlage, um den Nachlauf aufzufangen. Da Vor- und Nachlauf auch etwas vom Hauptlauf enthalten, destilliert man, falls erforderlich, beide zusammen noch ein zweites Mal.

C. Fraktionierte Destillation

1. Allgemeines. Bei der fraktionierten Destillation wird das Destillat in einzelnen Fraktionen (Anteilen) von verschiedenen Siedepunkten bzw. Siedebereichen aufgefangen. Es handelt sich also um die Trennung eines Flüssigkeitsgemisches.

Fraktioniereinrichtungen arbeiten nach dem Prinzip der Dephlegmation und Rektifikation. Bei der *Dephlegmation* handelt es sich um eine Trennung durch teilweise Kondensation eines Dampfgemisches an Kühlflächen, wobei die leichtflüchtigen Komponenten im verbleibenden Dampf angereichert werden. Die Dephlegmation wird mit Hilfe von Fraktionieraufsätzen erreicht. Bei der *Rektifikation* werden Flüssigkeit (ein Teil des Kondensats) und Dampfgemisch im Gegenstrom zueinander geführt. Dem Dampf fließt ein Rücklauf entgegen, es tritt zwischen ihnen ein inniger Wärme- und Stoffaustausch ein, wodurch weitgehende Zerlegung des aufgegebenen Flüssigkeitsgemisches erfolgt. Die Rektifikation wird mit Hilfe von Kolonnen (Trennsäulen) durchgeführt. Als Rücklauf bezeichnet man die dem Dampf vom Kolonnenkopf aus entgegenströmende Flüssigkeit. Das Verhältnis zwischen der Menge des Destillates und des Rücklaufes (in Mol) im gleichen Zeitabschnitt nennt man Rücklaufverhältnis.

2. Fraktionieraufsätze und Kolonnen. Zu einer Apparatur für die fraktionierte Destillation gehören der Destillierkolben, der Fraktionieraufsatz bzw. die Kolonne (mit Wärmeisolierung) mit dem Kolonnenkopf, der Kühler und die Vorlage. Der Kolonnenkopf dient zur Kondensation der Dämpfe, die aus der Kolonne kommen sowie zur Trennung des Kondensates in Rücklauf und Destillat.

Ein einfacher Fraktionieraufsatz besteht aus einem Rohr, das gegebenenfalls mit Fraktioniererleichterern (z. B. Glasperlen) gefüllt werden kann und an seinem oberen Teil ein seitliches Ansatzrohr für den Kühler besitzt. Das Thermometer wird oben eingesetzt. Die Trennwirkung ist um so größer, je länger der Weg ist, den der Dampf im Rohr zurücklegen muß. Diese Forderung wird von Destillierkolonnen besser erfüllt.

Wichtig ist die *Wärmeisolierung der Kolonne*, d. h., man muß verhüten, daß aus der Destillierkolonne Wärme entweichen kann. Zum Isolieren dürfen keine brennbaren Stoffe, wie Wellpapier oder

Watte, verwendet werden, sondern Glaswolle, Aluminiumfolie, Asbest u. dgl. Eine sehr gute Isolierung bietet ein Vakuummantel.

In Verwendung sind verschiedene Typen von Aufsätzen und Kolonnen:

a) *Mit fallendem Kondensatfilm.* Dieser berührt ständig den aufsteigenden Dampf im Gegenstrom.

Ein einfaches Rohr ohne Füllung weist zwar einen nur geringen Druckverlust auf, hat aber eine kleine Austauschfläche. Diese wird vergrößert durch kugelförmige Erweiterungen (Abb. 277 a).

Beim Kahlbaumschen Aufsatz (Abb. 277 c) wird das Innenrohr durch den Dampf der destillierenden Flüssigkeit geheizt.

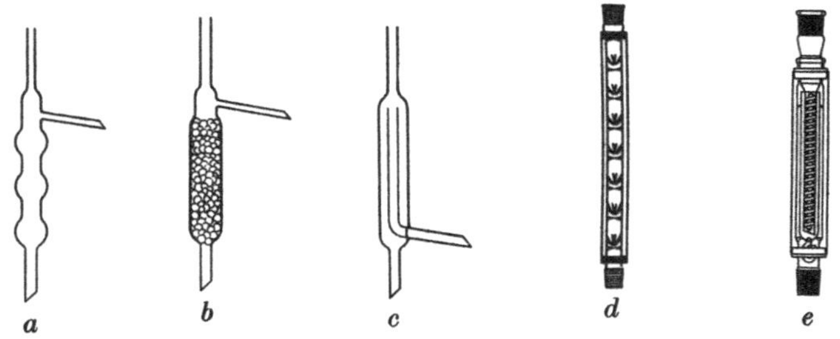

Abb. 277. Fraktionieraufsätze und Destillierkolonnen
a nach Würtz, *b* nach Hempel, *c* nach Kahlbaum, *d* nach Vigreux, *e* nach Widmer

Bei der Vigreux-Kolonne (Abb. 277 d) wird die Oberfläche und damit die Wirksamkeit durch Eindrückungen mit Ablaufnasen erhöht.

Die Jantzen-Kolonne hat ein schraubenförmig gewundenes Kolonnenrohr (Wendelrohr), an dessen Wandung der Rücklauf als dünner Film abfließt. Die Kolonne muß gut isoliert sein (z. B. durch einen versilberten Vakuummantel).

Der Durchsatz dieser Kolonnen ist gering (bei der Jantzen-Kolonne etwa 1 ml/min).

Bei den Füllkörper-Kolonnen ist der freie Kolonnenraum mit Füllkörpern angefüllt, wodurch die Filmoberfläche wesentlich vergrößert wird. Im einfachsten Fall verwendet man als Füllung Glasperlen (Abb. 277 b), Glasrohrstückchen, Raschigringe aus Glas oder Keramik oder andere Spezialfüllkörper (z. B. Maschendrahtringe, Drahtwendeln, Sättel u. a.). Die Füllung wird eingeschüttet, man achte darauf, daß sich keine Kanäle bilden, die den Dampf ungehindert durchlassen; ebenso sind Stellen zu vermeiden, die zu Rückflußstauungen führen.

Der durchtretende Dampfstrom wird durch die Füllung zerteilt, die entstehenden Wirbel begünstigen zusätzlich den Stoffaustausch.

Nach dem „Dechema-Erfahrungsaustausch" sind bei einem Durchmesser des Kolonnenrohres von 12 bis 25 mm Füllkörper vom Durchmesser 1,5 bis 2 mm am geeignetsten, bei 25 bis 40 ... 2 bis 3 mm, bei 40 bis 60 ... 3 bis 4 mm und bei 60 bis 80 ... 4 bis 5 mm.

Beim Arbeiten unter Vakuum verwendet man besser größere Füllkörper (über 3 mm), vor allem im oberen Viertel der Kolonne. Die Arbeitsbelastung für große Füllkörper soll 500 bis 800 ml/h und 1 cm^2 freien Kolonnenquerschnittes nicht überschreiten; bei kleineren Füllkörpern 200 bis 300 ml.

Kolonnen mit stehenden Einsätzen enthalten lose eingesetzte Elemente, z. B. durchgehende Glas- oder Drahtnetzspiralen. Die Glasspiralenkolonne nach Widmer (Abb. 277 e) besteht aus ineinandergesetzten Rohren. Der Dampf strömt im äußeren Mantelrohr nach oben (dieser Weg ist durch das mit Kondensat gefüllte kleine U-Rohr am unteren Kolonnenende erzwungen), dann im zweiten Rohr nach unten (dadurch gleichzeitig Heizung des inneren Rohres) und steigt schließlich im Innenrohr wendelförmig nach oben. Der Rücklauf fließt durch das U-Rohr in den Kolben zurück.

b) *Bodenkolonnen.* In Bodenkolonnen berühren sich Dämpfe und Rücklauf nur auf den einzelnen Böden (Sprudel-, Glocken- oder Siebböden), die mit dem Kolonnenrohr fest verbunden sind. Der innige Kontakt von Dampf und Rücklauf wird durch Ausbildung von Sprudelschichten begünstigt. Die Flüssigkeit soll auf den Böden gerade so hoch stehen, daß der durchperlende Dampf Zeit zum Austausch hat.

Bei den Glockenboden-Kolonnen (Abb. 278 a) muß der nach oben strömende Dampf das auf dem Boden der Glocke stehende Kondensat durchperlen. Durch Rücklaufrohre wird die Stauhöhe der Flüssigkeit auf den einzelnen Böden geregelt. Bei hohen Betriebstemperaturen sind Kolonnen mit silberverspiegeltem Vakuummantel zu empfehlen.

Bei der Siebbodenkolonne nach Oldershaw (Abb. 278 b) sind in den Bodenplatten Löcher von 0,75 bis 1 mm kreisförmig angeordnet. Der Rücklauf wird durch in der Mitte angebrachte Fallrohre zum nächsttieferen Boden geführt. Da die Rücklaufrohre innerhalb der Säule liegen, haben sie die gleiche Temperatur wie diese.

Destillierkolonnen mit Vakuummantel sollen mechanischen Beanspruchungen nicht unnötig ausgesetzt werden. Man befestigt sie mit einer *Kolonnenhalterung*, die eine spannungsfreie Montage ermöglicht (Abb. 279). Die Kolonne wird unterhalb des Wulstes in den Innenring eingehängt und der Ring mit Hilfe der Rändelschraube nur so fest geschlossen, daß sich die Kolonne noch drehen läßt. Dann wird die Halterung mit einer Muffe so am Stativ befestigt, daß die Kolonne von den drei Federn getragen wird und nur noch einen leichten Druck auf den darunter befindlichen Kolben ausübt.

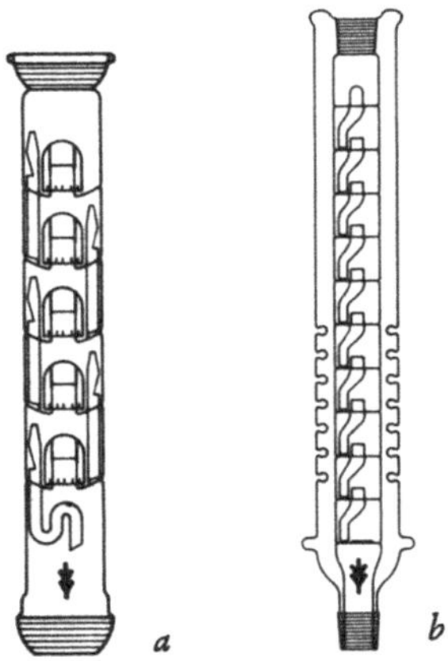

Abb. 278. Bodenkolonnen
a Glockenbodenkolonne mit Kugelschliffen, *b* Siebbodenkolonne nach Oldershaw mit silberversiegeltem Vakuummantel und Sichtstreifen (Normschliff Glasgeräte, Wertheim/Main)

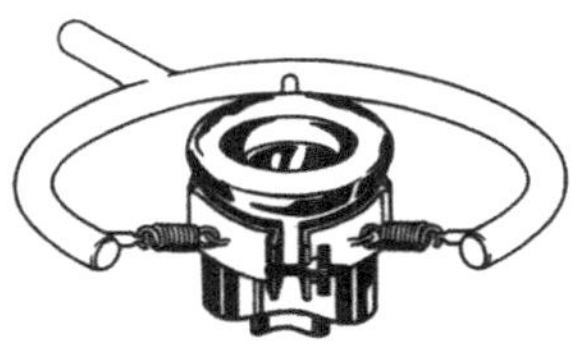

Abb. 279. Shell-Kolonnenhalterung (Normschliff Glasgeräte, Wertheim/Main)

3. Kontinuierliche fraktionierte Destillation. Für die kontinuierliche fraktionierte Destillation verwendet man *Umlaufverdampfer*, die mit Quarz-Stabtauchheizern ausgerüstet sind. Der Flüssigkeitsumlauf erfolgt durch Thermokonvektion. Im Zyklonteil, der mit dem Kühler verbunden wird, trennt sich der aufsteigende Dampf von der ablaufenden Flüssigkeit, die den beiden Tauchheizern unten wieder zugeführt wird (Abb. 280). Die zu destillierende Flüssigkeit wird dem Verdampfer unten zugeführt.

Bei den Geräten mit einem waagrecht angeordneten Stabtauchheizer ist dieser von einem an seinem inneren Ende verschmolzenen, oben und unten auf der ganzen Länge aufgeschliffenen Glasrohr umgeben. Dadurch wird ein stark erzwungener Umlauf erreicht. Die Oberfläche der zu verdampfenden Flüssigkeit ist im Verhältnis zum Flüssigkeitsvolumen groß, daher ist eine hohe Verdampfungsgeschwindigkeit gegeben (Umlaufverdampfer Normag).

Für die kontinuierliche Arbeitsweise werden auch Fallfilm-Verdampfer verwendet.

Kolonnenköpfe als Verbindungsglied zwischen Kolonne und Rückflußkühler dienen zum Einstellen und Messen des Rücklaufverhältnisses. Es wird nur ein Teil des Dampfes kondensiert und das Kondensat in die Kolonne zurückgeführt; der restliche Teil der Dämpfe wird erst im angeschlossenen Kühler kondensiert und als Destillat aufgefangen.

Die Abb. 281 zeigt einen Kolonnenkopf mit Handregelung, also Hahn zur Rücklaufeinstellung und Absperrhahn. Durch die Verwendung von Kapillaren ist ein geringes Totvolumen gewährleistet.

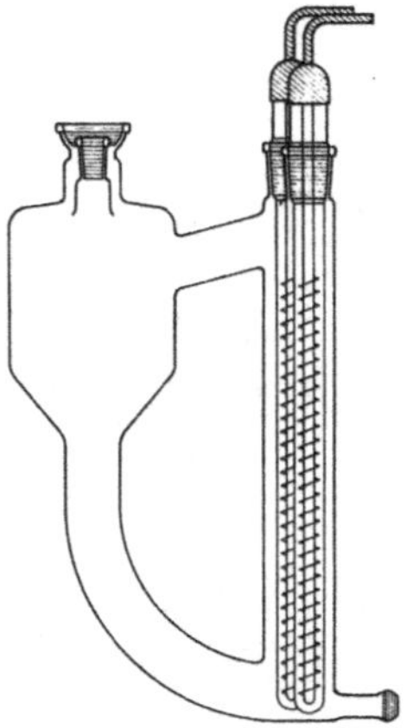

Abb. 280. Umlaufverdampfer (Normag Otto Fritz GmbH, Hofheim/Ts)

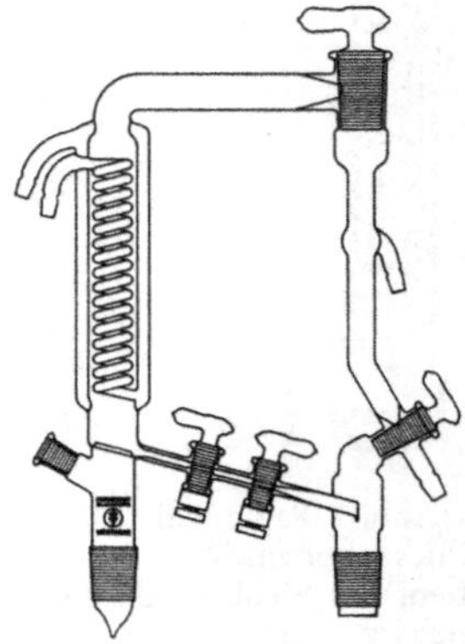

Abb. 281. Kolonnenkopf (Normschliff Glasgeräte, Wertheim/Main)

Kolonnenköpfe können auch so ausgeführt sein, daß sie das Rücklaufverhältnis elektromagnetisch steuern. Sie arbeiten ohne Hähne (daher keine Verschmutzung des Destillates durch Hahnfett).

D. Azeotrope Destillation

1. Azeotrope Destillation. Es gibt Flüssigkeitsgemische, die bei einem bestimmten Druck bei konstanter Temperatur sieden, die sogenannten Azeotrope. Falls sich beide Flüssigkeitskomponenten in jedem beliebigen Verhältnis im gesamten Temperaturbereich, der bei der Destillation durchlaufen wird, mischen, also *eine* Phase bilden, liegt ein homogenes Azeotrop vor. Sind beide Bestandteile ineinander unlöslich (zwei Phasen) oder nur in bestimmten Verhältnissen mischbar, kann es ebenfalls zu einem Azeotrop kommen; es entsteht Dampf konstanter Zusammensetzung. In diesem Fall handelt es sich um ein heterogenes Azeotrop. Beim Kondensieren der Dämpfe und Abkühlen des Kondensats zerfallen diese in zwei flüssige Phasen. Diese Eigenschaft macht man sich bei der azeotropen Destillation (im Spezialfall der Wasserdampfdestillation) zunutze.

Man verwendet zur bevorzugten Destillation eines Bestandteiles des Gemisches eine Schleppflüssigkeit, die eine der Komponenten „mitschleppt“. Sie kann im Gemisch bereits vorliegen oder zugesetzt werden. Das Destillat zerfällt — wie erwähnt — in zwei Phasen, von denen die bevorzugt den Schlepper enthaltene als Rücklauf auf die Kolonne gegeben, die andere als Destillat entnommen wird. Der Schlepper muß gegenüber der auszutragenden Komponente im Überschuß vorliegen, um während des ganzen Austrags mit Sicherheit das konstant siedende azeotrope Gemisch bilden zu können.

Durch geeignete Kolonnenköpfe können die beiden Phasen eines heterogenen Azeotrops kontinuierlich getrennt werden. Sie werden vor Destillationsbeginn mit der Schleppflüssigkeit gefüllt. Die Konstruktion des Kolonnenkopfes richtet sich danach, ob die Schleppflüssigkeit leichter oder schwerer ist als das gewünschte Produkt (Abb. 282).

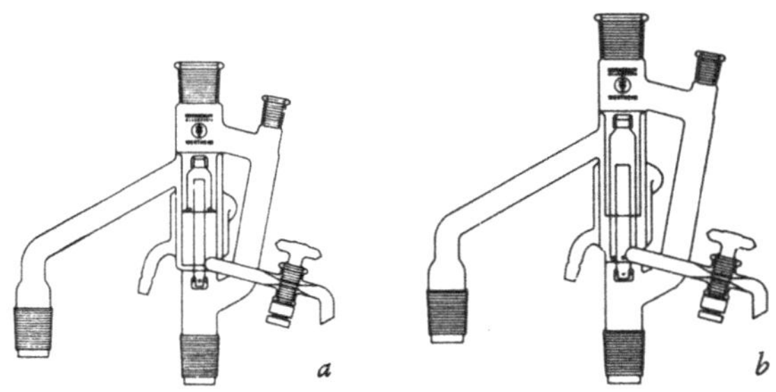

Abb. 282. Azeotop-Kolonnenköpfe zur totalen Entnahme *a)* der schweren, *b)* der leichten Phase (Normschliff Glasgeräte, Wertheim/Main)

Auch hier können Azeotropköpfe mit elektromagnetisch gesteuertem Dampfteiler eingesetzt werden.

Wahl der Schleppflüssigkeit: Sie muß mit einem der Bestandteile des Gemisches ein Azeotrop eingehen, das leicht durch Destillation abgetrennt werden kann. Art und Mengen müssen ausprobiert sein. Wichtig ist, daß sich der Schlepper gut von dem isolierten Produkt abtrennen läßt (z. B. im Scheidetrichter). Manchmal wird ein Aussalzen oder Ausschütteln oder die Verteilung zwischen Lösungsmitteln zum Ziele führen.

2. Wasserdampfdestillation. Die Wasserdampfdestillation ist ein Spezialfall der azeotropen Destillation. Wie bereits ausgeführt, kommt es bei der Destillation zweier, auch beim Siedepunkt ineinander praktisch unlöslicher Flüssigkeiten, zur Bildung eines Azeotrops. Die Dampfdrucke der beiden Flüssigkeiten beeinflussen sich gegenseitig nicht. Die Summe der Dampfdrucke ist gleich dem Außendruck. Die Siedetemperatur des Gemisches liegt tiefer als die Siedetemperatur der einzelnen Komponenten, z. B. ist für das System Benzol/Wasser für einen Gesamtdruck (= Teildruck Benzol + Teildruck Wasser) von 760 Torr (= 1013,25 mbar) die Siedetemperatur 69° C (Benzol siedet bei 80° C, Wasser bei 100° C).

Verwendet wird in der Regel gesättigter Wasserdampf (enthält viel mitgerissenes Wasser) oder überhitzter Dampf, bei dem mitgerissenes Wasser auch noch in Dampf verwandelt wurde („trockener Dampf").

Bei der Destillation mit gesättigtem Wasserdampf geht man so vor, daß man die Flüssigkeit zugleich mit Wasser destilliert oder — wie es die Regel ist — Wasserdampf in die Flüssigkeit einleitet. Im ersten Fall erhitzt man das Gemisch Flüssigkeit/Wasser zum Sieden und ersetzt abdestillierendes Wasser durch einen Tropftrichter.

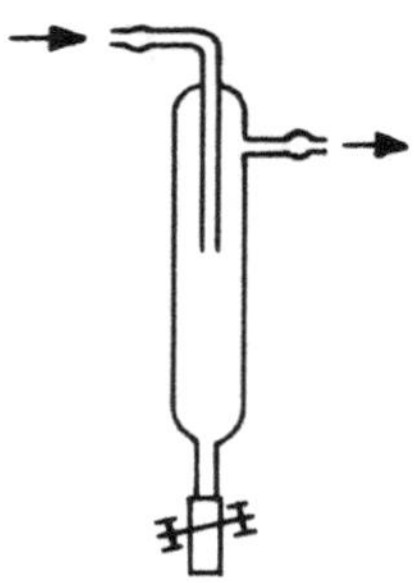

Abb. 283. Kondenswasserabscheider

Abb. 284. Reitmayer-Aufsatz (Ernst Keller & Co. AG, Basel)

Strömenden Wasserdampf entnimmt man einer vorhandenen Dampfleitung oder erzeugt ihn in einem *Dampfentwickler* (s. Abb. 247, S.151). Mitgerissenes Wasser wird durch einen zwischengeschalteten Kondenswasserabscheider (Abb. 283) entfernt. In ihm wird das im Dampf enthaltene Wasser durch das untere Rohr (Öffnung mit einem Schlauchstück versehen und dieses mittels Quetschhahn entsprechend einstellen) abgeleitet, während der Dampf durch den seitlichen Ansatz ausströmt.

Der Dampf wird in den Destillierkolben durch ein fast bis zum Boden reichendes Rohr eingeleitet. Um ein Mitreißen vorhandener fester Substanz in das Destillat zu vermeiden, wird zwischen Kolben und Kühler ein Reitmayer-Aufsatz (Tropfenfänger) geschaltet (Abb. 284).

Die Abb. 285 zeigt die prinzipielle *Anordnung einer Apparatur* zur Wasserdampfdestillation; natürlich wird auch hier vorteilhaft mit Schliffapparaturen gearbeitet. Die Schrägstellung des Kolbens hat den Vorteil, daß beim Einleiten des Dampfes aufspritzende Flüssigkeit gegen die Kolbenwand und nicht in den Hals geschleudert wird.

Um den Kolbeninhalt nicht durch kondensierendes Wasser aus dem eingeleiteten Dampf zu vergrößern, erhitzt man den Kolbeninhalt vor dem Einleiten des Dampfes.

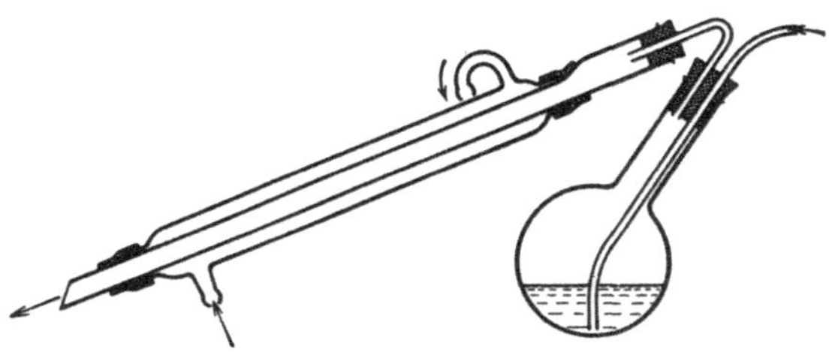

Abb. 285. Wasserdampfdestillation

Die Beendigung der Destillation ist bei wasserunlöslichen Stoffen daran zu erkennen, daß keine „Öl"-Tropfen mehr übergehen. Bei wasserlöslichen Stoffen muß eine genommene Probe geprüft werden. Nach Beendigung der Destillation wird vor dem Abstellen des Dampfes die Verbindung zwischen Dampfrohr und Kolben gelöst, weil anderenfalls der Rückstand im Kolben durch das Einleitungsrohr zurücksteigen könnte.

Das in der Vorlage gesammelte Destillat ist ein Gemisch aus Wasser und der mit Wasserdampf flüchtigen Substanz. Sind beide nicht mischbar, so entstehen zwei Schichten, die in einem Scheidetrichter getrennt werden können.

Bei der Wasserdampfdestillation fester Substanzen vermeidet man ein Verstopfen des Kühlerrohres durch zeitweises Abstellen der Wasserkühlung, wodurch die Substanz aus dem Rohr herausgeschmolzen wird.

Überhitzter Wasserdampf wird erhalten, indem man den Dampf vor Eintritt in den Kolben durch einen Überhitzer leitet. Er besteht aus einem spiralig gewundenen, beheizten Kupferrohr.

E. Vakuumdestillation

Stoffe, die nahe der Siedetemperatur (bei 760 Torr ∾ 1013 mbar) unbeständig sind, müssen, um eine Zersetzung zu vermeiden, unter vermindertem Druck destilliert werden. Der Siedepunkt eines Stoffes wird durch Druckminderung herabgesetzt, und zwar oft um mehr als 100° C.

1. Einfache Vakuumdestillation. Zur Vakuumdestillation sollten, wenn immer möglich, nur Schliffapparaturen verwendet werden; nur im Notfall abgedichtete Kork- oder Gummistopfen.

Bei einer Vakuumdestillation ist immer Schutzbrille oder eine Vollgesichtsmaske zu tragen und möglichst hinter einer unzerbrechlichen Schutzscheibe zu arbeiten.

Als Siedegefäß verwendet man einen Rundkolben (für kleine Mengen einen Spitzkolben) mit aufgesetztem Claisen-Aufsatz oder einer Claisen-Destillierbrücke (angeschmolzener Kühler). Siehe Abb. 286.

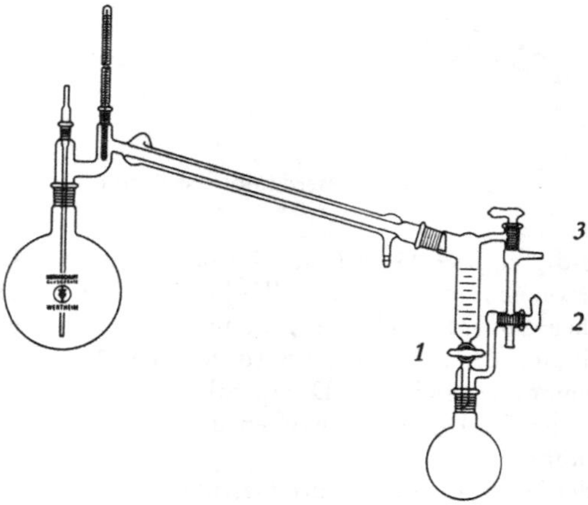

Abb. 286. Vakuum-Destillierapparat nach Claisen mit Anschütz-Thiele-Zwischenvorlage
(Normschliff Glasgeräte, Wertheim/Main)

Geheizt wird durch Heizhauben, Heizbäder, Tauch- oder Strahlungsheizer. Es ist vorteilhaft, auch in das Heizbad zur Kontrolle ein Thermometer einzuhängen. Durch Erwärmen des Destillierkolbens bis etwas oberhalb des Flüssigkeitsspiegels kann ein Überkochen meist vermieden werden.

In den Claisen-Aufsatz wird die Siedekapillare eingesetzt, in den abgebogenen Seitenhals das Thermometer. Zweck des Seitenhalses ist es, daß Spritzer und gelegentlich auftretender Schaum nicht in den Kühler gelangen.

Die *Siedekapillare*, die im unteren Teil fein ausgezogen ist, reicht bis nahe zum Boden des Siedegefäßes. Durch sie perlt bei angelegtem Vakuum ein dauernder Strom kleiner Luftblasen (oder eines inerten Gases), um Siedeverzug zu verhindern (Siedesteinchen sind hier unbrauchbar). Der feine Luftstrom kann bei Bedarf dadurch reguliert werden, daß über das herausragende Ende ein Stück Vakuumschlauch gezogen und mittels eines Schraubenquetschhahnes der freie Schlauchquerschnitt eingestellt wird. Die Kapillare ist vor Gebrauch auf Durchlässigkeit zu prüfen. Man taucht die Spitze in Äther und bläst in die Kapillare; dabei sollen die Bläschen einzeln und langsam austreten.

An den Kühler wird — vor allem wenn die Vorlage gewechselt werden muß — ein Hahnvorstoß nach Anschütz-Thiele angeschlossen und unten mit der Vorlage verbunden. Der obere seitliche Ansatz dient zum Anschluß an das Vakuum. (Über die Erzeugung des Vakuums s. S.258)

Auswechseln der Vorlage am Hahnvorstoß (s. Abb. 286): Schließen der Hähne 1 und 3, zum Aufheben des Vakuums wird 2 langsam geöffnet und dann die Vorlage ausgewechselt. Nun wird zuerst 2 geschlossen, dann 3 langsam geöffnet. Sobald die neue Vorlage genügend evakuiert ist, wird 1 geöffnet und das Destillat kann wieder in die Vorlage abfließen.

Als Vorlage dürfen nur vakuumfeste Gefäße verwendet werden (keine Erlenmeyer-Kolben!).

Das Vakuum wird an den Hahnvorstoß über ein Vakuummeter (nie direkt, sondern über eine Abzweigung!) und eine Sicherheitsflasche (z. B. Woulfesche Flasche, s. S.259) angeschlossen. In letztere wird ein Sicherheitshahn (Verbindung mit der Außenatmosphäre) eingesetzt, der es gestattet, sofort ein wenig Luft in die Apparatur einzulassen, wenn die Flüssigkeit im Destillierkolben aufsteigen oder schäumen sollte.

Nach Beendigung der Destillation wird die Heizquelle abgestellt und der Sicherheitshahn geöffnet, um das Vakuum aufzuheben. Erst dann wird die Vakuumleitung (z. B. eine Wasserstrahlpumpe) geschlossen. Bei Anwendung einer Ölpumpe schaltet man ein Trockenrohr oder eine Kühlfalle vor die Pumpe.

Durch die *Kühlfalle* wird das Einziehen leicht flüchtiger Stoffe in die Pumpe verhindert. Das Kondensat kann aus der Kühlfalle zurückgewonnen werden. Sie besteht aus dem Ausgefrierteil, der in ein Dewar-Gefäß eingesetzt wird (Abb. 287).

Die *Verbindung* der einzelnen Apparateteile, soweit es nicht NS-Schliffe sind, geschieht mit Vakuumschlauch.

Vor Beginn der Destillation prüfe man die leere Apparatur stets auf Dichtheit durch Einschalten der Pumpe und des Vakuummeters. Erst wenn Dichtheit festgestellt ist, füllt man die Substanz in den Siedekolben.

Zum gesonderten Auffangen mehrerer Fraktionen ohne Unterbrechung der Destillation wird eine *Euter- oder Spinnenvorlage* (Destillatverteiler) verwendet. Durch Drehen des Unterteiles können der Reihe nach drei oder vier verschiedene Auffanggefäße an die Mündung des Abflußrohres gebracht werden. In der Abb. 288 ist eine derartige Apparatur für die fraktionierte Vakuumdestillation mit Spitzkolben, Siedekapillare, Kolonne und Spinnenvorlage dargestellt.

Bei einer *Hochvakuumdestillation* kann der Siedepunkt der zu destillierenden Flüssigkeit noch weiter herabgedrückt werden. Über die hiezu nötigen Pumpen s. S. 261.

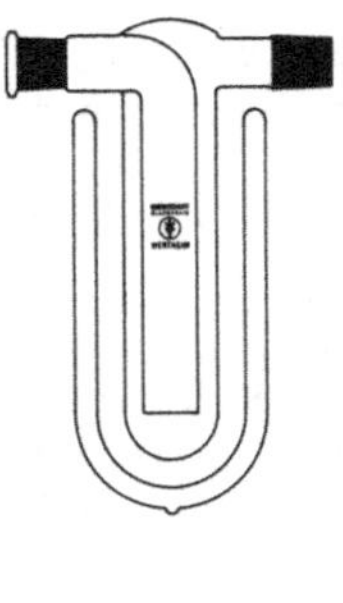

Abb. 287. Kühlfalle zum Einfrieren flüchtiger Verunreinigungen (Normschliff Glasgeräte, Wertheim/Main)

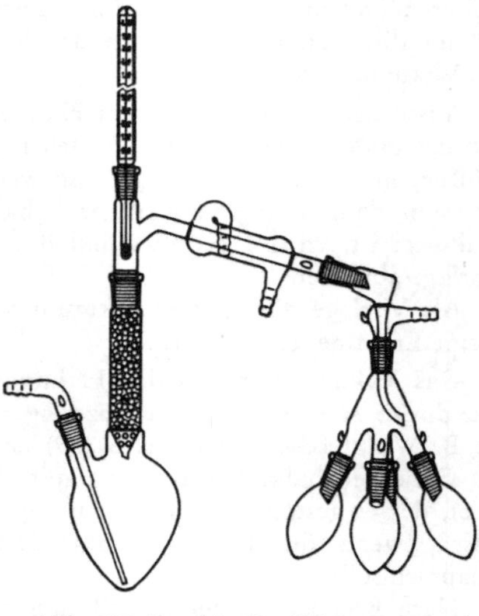

Abb. 288. Barchit-Destillierapparat mit Kolonne (Normag, Otto Fritz GmbH, Hofheim/Ts)

2. Vakuum-Rotationsverdampfer. Durch die Rotation des Verdampferkolbens in einem Heizbad (es kann auch eine andere Heizvorrichtung verwendet werden) wird eine dünne Flüssigkeitsschicht mit großer Oberfläche ausgebildet und der Wärmeaustausch infolge der ständigen Durchmischung der Flüssigkeit im Kolben verbessert. Die Flüssigkeit dampft rasch ab ohne zu sieden, es tritt weder Schäumen noch Siedeverzug ein. Die Tourenzahl ist zwischen 30 und 240 U/min stufenlos regelbar. Ein eingebautes Einleitrohr ermöglicht kontinuierliches Arbeiten (Abb. 289). Der Vakuumanschluß ist in der Abbildung neben den Kühlwasseranschlüssen zu erkennen. Zum Heben und Senken des Rotationsverdampfers wird vorteilhaft ein Schnellheber (s. auch S.154) verwendet.

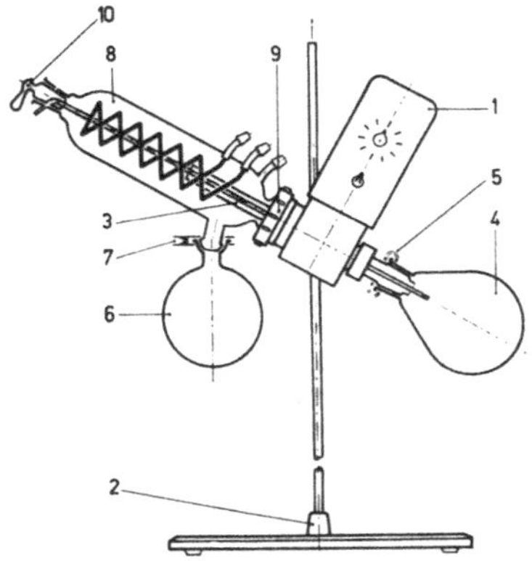

Abb. 289. Rotavapor SB
1 Antrieb, *2* Stativ, *3* Dampfdurchführungsrohr, *4* Verdampferkolben, *5* NS-Klammer, *6* Auffangkolben, *7* Kugelschliffklammer, *8* Diagonal-Flansch-Kühler, *9* Überwurfmutter, *10* Einleitrohr
(W. Büchi, Glasapparatefabrik Flawil/Schweiz)

F. Sublimieren

Bei der Sublimation wird ein fester Stoff in den dampfförmigen Zustand übergeführt und aus dem Dampf durch Abkühlen die feste Phase ohne flüssige Zwischenphase zurückgewonnen. Für die Praxis ist es dabei unerheblich, wenn beim Verdampfen der festen Phase ein mehr oder weniger vollkommenes Schmelzen eintritt.

Die Sublimation ist ein ausgezeichnetes Mittel, um Substanzen zu reinigen, vor allem beim Vorliegen nur geringer Substanzmengen.

1. Sublimieren unter Atmosphärendruck. Im einfachsten Fall bringt man die Probe auf ein Uhrglas, deckt darüber ein etwas überstehendes Rundfilter (eventuell mit einigen kleinen Löchern versehen), dann wird ein zweites, gleich großes Uhrglas darübergedeckt und beide mit einer Spange zusammengehalten. Nun wird vorsichtig von unten erhitzt. Das Sublimat schlägt sich im oberen Uhrglas nieder, das Filter verhindert das Zurückfallen in das untere Uhrglas.

Eine weitere Behelfsmethode besteht darin, daß man die Probe in dünner Schicht auf den Boden eines kleinen Becherglases bringt und auf das Becherglas einen mit Wasser gefüllten oder von Wasser durchflossenen Rundkolben stellt. An der, in das Becherglas reichenden, kalten Oberfläche des Kolbens schlägt sich das Sublimat nieder.

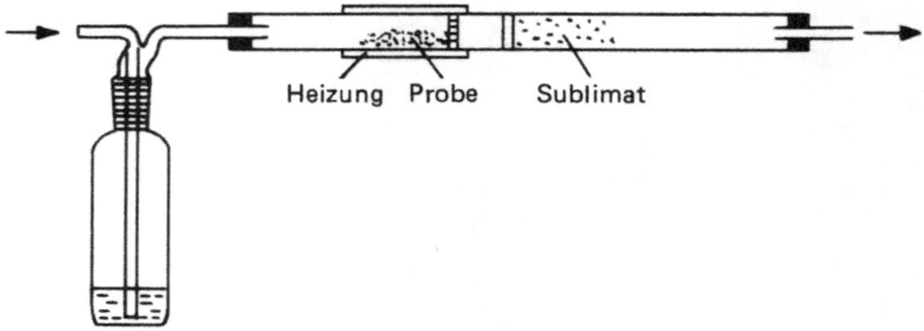

Abb. 290. Sublimation im indifferenten Gasstrom

Die Sublimation wird *beschleunigt,* wenn sie im Strom eines inerten Gases (CO_2, N_2) vorgenommen wird, der die Dämpfe aus dem Sublimationsraum fortträgt. Von Vorteil ist dabei auch, daß der Stoff nicht mit Luft in Berührung kommt.

Die Abb. 290 zeigt eine einfache Einrichtung hierzu. In dem Rohr ist der Sublimationsraum vom Kondensationsraum durch ein körniges Sinterglasplättchen getrennt. Durch die Apparatur wird ein inertes Gas geleitet (oder auch Luft mittels einer Wasserstrahlpumpe durchgesaugt).

2. Vakuum-Sublimation. Die Sublimation im Vakuum ist rascher und schonender. Eine leicht selbstgebaute Apparatur ist in der Abb. 291 veranschaulicht. In ein Saugröhrchen, das an die Saugpumpe angeschlossen wird und am Boden die Probe enthält, wird ein Reagenzglas, durch das Luft oder Wasser geleitet wird, eingesetzt. Es muß vorsichtig geheizt werden, damit die Sublimation langsam vonstatten geht. In der Abb. 292 ist eine gleichartige Schliffapparatur gezeigt. Die Apparatur kann über den Schwanzhahn leicht belüftet werden. Das Sublimat wird nach Lösen der Kugelschliffverbindung von der unteren Erweiterung des Kühlfingers abgenommen.

Bei Verwendung der *Sublimierpistole nach Kempf* (ähnlich der Trockenpistole, s. S.139) wird der kolbenartige Teil mit der Probe beschickt und in einem Bad oder Trockenschrank erhitzt, wobei der angeschlossene röhrenförmige Teil herausragt. Er wird an die Saugleitung angeschlossen. Dieser Teil, in dem sich das Sublimat absetzt, ist durch die Umluft gekühlt.

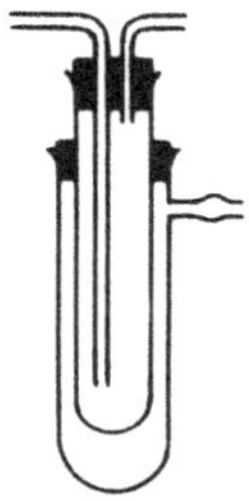

Abb. 291. Selbstangefertigtes Gerät zur Vakuumsublimation

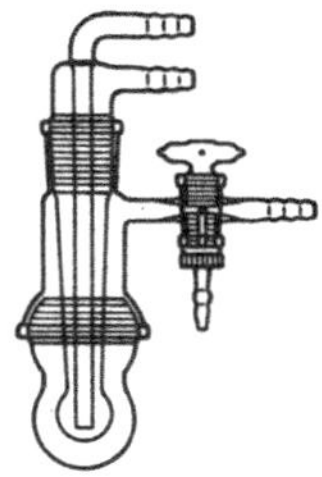

Abb. 292. Sublimationsapparat mit Schliffverbindungen (Normag Otto Fritz GmbH, Hofheim/Ts)

3. Fraktionierte Sublimation. Durch Anwendung geeigneter Apparaturen kann das Sublimat auch in Fraktionen aufgeteilt werden (Abb. 293). Die linke Sublimationskammer wird mit dem zu sublimierenden Gemisch beschickt und die linke äußere Seite mit einer plangeschliffenen Begrenzungs-Deckplatte verschlossen. Dann werden zwei oder mehrere Sublimationskammern nacheinander in die

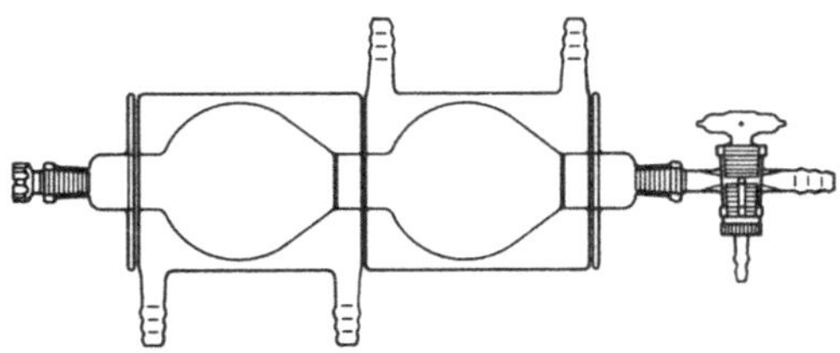

Abb. 293. Sublimationsapparatur (Normag Otto Fritz GmbH, Hofheim/Ta)

Haltevorrichtung gebracht, wobei die einzelnen Kammern mit ihren plangeschliffenen Stirnflächen hochvakuumdicht gegeneinander federnd zusammengepreßt werden. Zum Schluß wird auf die rechte Kammer die zweite Deckplatte aufgesetzt und die Apparatur an die Vakuumquelle angeschlossen. Die Temperiermäntel der Kammern werden an je einen Umlaufthermostaten angeschlossen und die Apparatur evakuiert. An Stelle der linken Schliffhülse kann eine Schliffkapillare zum Durchleiten eines schwachen Inertgasstromes eingesetzt werden.

14. Extrahieren und Verteilen (Ausschütteln)

A. Extrahieren

1. Allgemeines. Extrahieren ist das Herauslösen eines oder mehrerer Stoffe aus einem Festkörper oder einer Lösung. Soweit es sich um gelöste Stoffe handelt, die mit einem Lösungsmittel ausgeschüttelt werden sollen, unterliegt dieser Vorgang dem Nernstschen Verteilungssatz, der besagt, daß in zwei miteinander nicht mischbaren, im Gleichgewicht stehenden flüssigen Phasen bei einer bestimmten Temperatur das Konzentrationsverhältnis des in ihnen gelösten Stoffes konstant ist, also der Verteilungskoeffizient

$$k = \frac{\text{Konzentration des Stoffes A im Lösungsmittel 1}}{\text{Konzentration des Stoffes A im Lösungsmittel 2}}.$$

Besitzen die beiden Lösungsmittel für den Stoff A ein sehr unterschiedliches Lösevermögen, wird die Zahl der Extraktionen oder Ausschüttelungen gering sein, um den Stoff A aus der Phase 1 (schlecht lösend) in Phase 2 (gut lösend) überzuführen.

Als *Extraktionsmittel* verwendet man für wasserlösliche Stoffe naturgemäß Wasser. Methanol, Äther und Aceton sind nur für feste Stoffe verwendbar. Vielfach angewandte Extraktionsmittel sind Säuren (für Basen), Alkalien (für Säuren), Äther, Petroläther, Chloroform, Tetrachlorkohlenstoff, Benzol und Toluol. (S. dazu auch S. 101.)

Ist die Löslichkeit des betreffenden Stoffes genügend groß, genügt ein *Digerieren* oder *Auskochen,* bei flüssigen Stoffen *Ausschütteln.* Bei schwerlöslichen Stoffen verwendet man einen kontinuierlich arbeitenden Extraktionsapparat. Offene Flammen entfernen, Schutzbrille!

2. Extrahieren fester Stoffe. a) Durch *Digerieren oder Schütteln* bei gewöhnlicher Temperatur. Im einfachsten Fall ist ein Auslaugen der Substanz in einem geeigneten Lösungsmittel in verschlossenen Kolben, beschleunigt durch Schütteln, ausreichend.

b) *Auskochen unter Rückfluß* des Lösungsmittels bei temperaturunempfindlichen Stoffen. Nach Sättigung des Lösungsmittels muß es durch frisches ersetzt werden.

c) *Extraktionsapparate.* In Extraktionsapparaten kommt stets frisches Lösungsmittel zur Wirkung. Es wird in einem Siedegefäß verdampft und gelangt aus dem Rückflußkühler auf das Extraktionsgut.

Eine behelfsmäßige Apparatur zeigt die Abb. 294. In einen Weithalskolben (z. B. Walter-Kolben) wird ein Drahtgestell, in das die Extraktionshülse eingesetzt wird, eingehängt; sie darf nicht in die Flüssigkeit eintauchen. Die Extraktionshülse enthält das Extraktionsgut, das zum Schutz gegen ein Herausspülen und zur besseren Verteilung des auftropfenden Lösungsmittels mit einem kleinen Filter oder einem Wattebausch bedeckt wird. Das im Rückflußkühler kondensierte Lösungsmittel tropft in die Hülse.

Der *Soxhlet-Apparat* besteht aus dem Siedekolben, dem Extraktor und dem Rückflußkühler (Abb. 295). Vom tiefsten Punkt des Extraktors, in den die mit dem zu extrahierenden Stoff beschickte Extraktionshülse eingestellt wird, führt ein enges Heberrohr erst

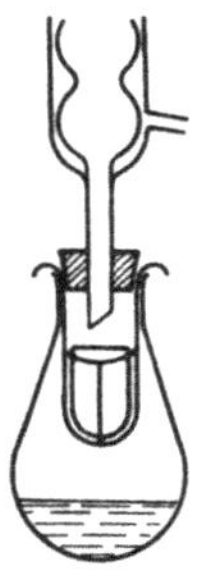

Abb. 294. Extraktion durch Einhängen der Hülse

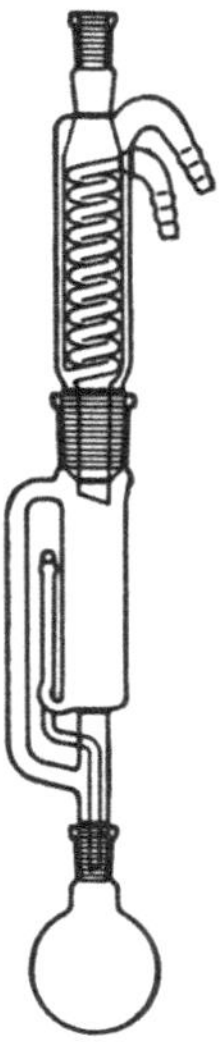

Abb. 295. Soxhlet-Extraktor (Normag Otto Fritz GmbH, Hofheim/Ts)

nach oben, dann wieder abgebogen nach unten und durch die Wandung des weiten Auffangrohres nach dem Inneren des Siedekolbens. Das weite Dampfrohr verbindet das Auffangrohr oben mit dem Extraktor.

Der Rand der Extraktionshülse muß über die Höhe der Heberkrümmung reichen. Setzt man die Hülse direkt in den Extraktor ein, wird beim Abhebern oft nur die Flüssigkeit zwischen Hülse und Glaswand entfernt, die Flüssigkeit im Hülseninhalt kann nicht rasch genug durchfließen. Es ist daher besser, die Hülse auf einen kleinen gläsernen Dreifuß oder behelfsmäßig auf ein kurzes, in den

Extraktor schräg eingelegtes Glasstabstückchen zu stellen. Der Siedekolben wird mit dem Lösungsmittel und Siedeerleichterern beschickt und angeheizt (Heizbad, Heizhaube).

Bei Soxhlet-Apparaturen, die mit Glasfrittenhülse ausgestattet sind, kann die feste Substanz direkt eingefüllt werden.

Die Lösungsmitteldämpfe steigen durch das seitliche Dampfrohr in den Kühler, werden dort kondensiert und tropfen auf den Inhalt der Hülse, der spezifisch schwerer als das Extraktionsmittel sein sollte. (Leichtes Extraktionsgut gut beschweren, z. B. mit einer losen Frittenplatte.) Sobald die im Extraktor stehende Lösung die Höhe des Heberrohres erreicht hat, wird sie durch dieses nach dem Inneren des Kolbens automatisch abgehebert. Man extrahiert so lange, bis der gesamte lösliche Anteil herausgelöst ist. Das auftropfende Lösungsmittel ist bei dieser Methode weitgehend abgekühlt (Kaltextraktion).

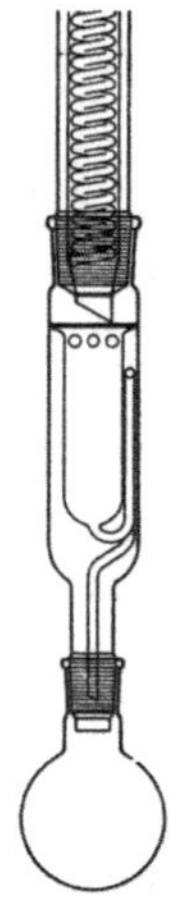

Abb. 296. Heißextraktor nach dem Soxhlet-Prinzip (Normag Otto Fritz GmbH, Hofheim/Ts)

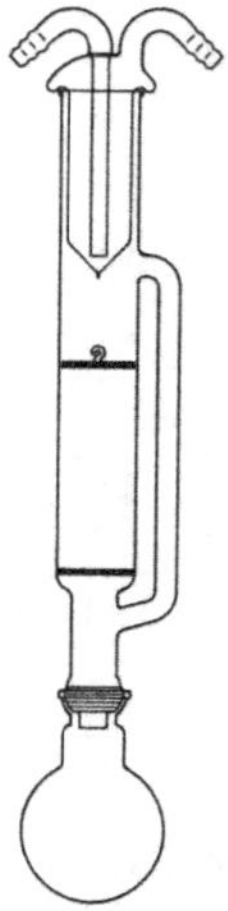

Abb. 297. Durchfluß-Extraktor nach Schöbel-Prausnitz (Normag Otto Fritz GmbH, Hofheim/Ts)

Ist eine *Heißextraktion* erforderlich, muß die Hülse mit dem Extraktionsgut durch den aufsteigenden Lösungsmitteldampf beheizt werden, der nach Durchtritt durch Öffnungen des gläsernen Hülsenaufnahmegefäßes im Rückflußkühler kondensiert wird und wieder auf das Extraktionsgut auftropft. Das Hülsenaufnahmegefäß wird hier ebenfalls automatisch über ein Hebersystem entleert (Abb. 296).

Der Extraktionsapparat nach Schöbel-Prausnitz, der nach dem

Durchflußprinzip arbeitet, besteht aus einem weiten Rohr, in dem das Extraktionsgut auf einer eingeschmolzenen Glasfritte ruht und oben mit einer losen Filterplatte zur gleichmäßigen Verteilung der Flüssigkeit bedeckt ist (Abb. 297). Der seitlich durch das Dampfrohr strömende Lösungsmitteldampf kondensiert im Rückflußkühler, das Kondensat durchdringt die Festsubstanz und tropft in den Kolben zurück. Solche Apparate können auch mit einem Zweiweghahn ausgestattet sein, der entweder den Durchfluß ermöglicht, oder vom Extraktionsrohr nach außen führt zwecks Probenahme oder Wiedergewinnung des Lösungsmittels (Durchflußextraktor nach Thiele-Pape).

3. Extrahieren von Flüssigkeiten. a) *Ausschütteln* (Verteilen zwischen zwei nichtmischbaren Phasen möglichst unterschiedlicher Dichte). Verwendet werden Scheide- oder Schütteltrichter (Abb. 298) von konischer Form, die unten in ein mit Hahnverschluß (bei manchen Ausführungen mit austauschbaren PTFE-Küken) versehenes Glasrohr auslaufen. Oben sind sie durch einen Schliffstopfen verschließbar. Für manche Zwecke eignen sich auch Schüttelzylinder mit ml-Teilung.

Abb. 298. Scheidetrichter nach Squibb (Normschliff Glasgeräte, Wertheim/Main)

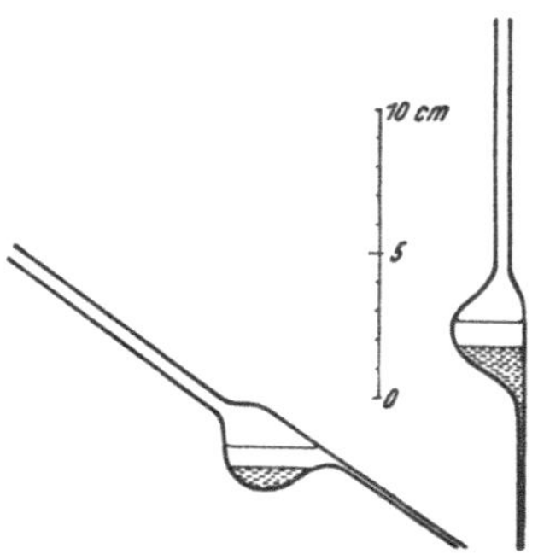

Abb. 299. Storchenschnabel nach Gorbach

Nach Einfüllen von Lösung und Extraktionsmittel wird bei geschlossenem Hahn und mit der Hand festgehaltenem Glasstopfen der Scheidetrichter umgedreht (Auslauf nach oben), in dieser Lage ein- bis zweimal vorsichtig durchgeschüttelt und dann ein eventuell entstandener Überdruck im Scheidetrichter durch vorsichtiges Öffnen des Hahnes nach oben abgelassen. Dies wird so lange wiederholt, bis kein nennenswerter Überdruck mehr festzustellen ist. Der Scheidetrichter wird dann in den Metallring eines Stativs oder in eine Einhängeschlange (Abb. 19, S. 16) gesetzt und gewartet, bis eine saubere Scheidung der beiden Phasen erfolgt ist. Durch vorsichtiges Öffnen des Hahnes (bei geöffnetem oberen Stopfen) wird die untere, spezifisch schwerere Phase in ein bereitgestelltes Gefäß abgelassen. Die obere Phase wird entweder ebenfalls durch den Hahn abgelassen oder durch den oberen Tubus entleert. Es empfiehlt sich, während des Ablassens der Phasen durch sanftes Schwenken des Trichters an der Wandung hängende Anteile herunterzuholen. Spuren der einen Phase in der anderen lassen sich oftmals dadurch entfernen, daß die ablaufende Phase durch ein trockenes, weiches Papierfilter filtriert wird.

Das Ausschütteln ist unter Umständen mehrfach, stets mit frischem Extraktionsmittel, zu wiederholen.

Wenn beim Extrahieren von Suspensionen nach längerem Ausschütteln noch ein ungelöst gebliebener Rückstand in der Grenzphase verbleibt, empfiehlt es sich, diesen durch Abfiltrieren aus den Phasen zu entfernen, bevor sie weiter verarbeitet werden.

Beim Ausschütteln von Emulsionen, die sich nicht wieder in zwei Schichten trennen, kommt man oft durch sehr langes Stehenlassen zum Ziele, oder man setzt etwas Alkohol oder eine wäßrige Lösung von Natriumchlorid oder Ammoniumsulfat zu. Auch Gemische höherer Alkohole, Entschäumer oder sogenannte Emulsionsbrecher sind geeignet, sofern sie vom Extraktionsmedium nicht gleichfalls gelöst werden und für die weitere Aufarbeitung nicht störend wirken.

Über die Verwendung von wasserundurchlässigen Filtrierpapieren („Einwegscheidetrichter") s. S. 108.

Zum *Ausschütteln kleiner Substanzmengen* ist der „Storchenschnabel" nach Gorbach, der etwa 4 ml faßt, gut verwendbar (Abb. 299). Nach dem Aufziehen von Extraktionsgut und Lösungsmittel schüttelt man in waagrechter Haltung, wobei das Ende der Pipette verschlossen gehalten wird. Will man nach der Schichtentrennung die schwere Flüssigkeit ablassen, so hält man den Storchenschnabel senkrecht. Bei Weiterverarbeitung der spezifisch leichteren Phase wird das Gerät schräg gehalten.

b) *Kontinuierliche Flüssigkeitsextraktion.* Vorrichtungen, die das Extrahieren einer gelösten Substanz durch selbsttätiges, dauerndes Vermischen der zwei ineinander nicht oder nur geringfügig löslichen, in ihren Dichten unterschiedlichen Phasen ermöglichen, nennt man Flüssig-Flüssig-Extraktoren oder Perforatoren.

Man arbeitet, wenn möglich, mit einem *spezifisch leichteren Extraktionsmittel* (Abb. 300). Die Flüssigkeit mit der darin gelösten Substanz befindet sich im unteren, erweiterten Teil des Perforators. In dem am Außenrohr befestigten Siedekolben wird das Extraktionsmittel verdampft, die Dämpfe steigen in den Rückflußkühler und werden dort kondensiert. Das Kondensat tropft in den Trichter des Innenrohres und tritt durch die unten angebrachte Fritte in feiner Verteilung durch die schwere Phase nach oben, wobei es die gelöste Substanz aufnimmt. Hat das Niveau der leichteren Flüssigkeit die Höhe des Seitenrohres erreicht, fließt der Überschuß in den Siedekolben zurück.

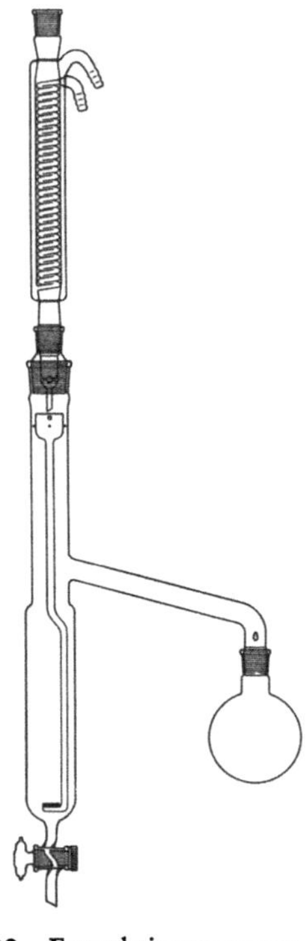

Abb. 300. Extraktionsapparat für spezifisch leichte Extraktionsmittel (Normag Otto Fritz·GmbH, Hofheim/Ts)

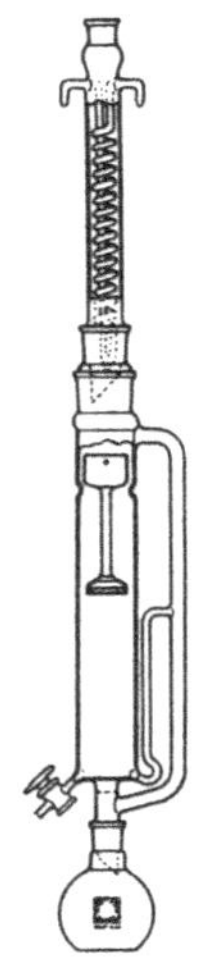

Abb. 301. Perforator für spezifisch schwere Extraktionsmittel (Jenaer Glaswerk Schott & Gen., Mainz)

Die Abb. 301 zeigt einen *Perforator für spezifisch schwere Lösungsmittel*, bestehend aus Dimroth-Kühler, Übergangsstück, Einhängefilter, Perforatoraufsatz und Kolben.

Der *Universalextraktor mit verstellbarem Niveau* (Jenaer Glaswerk Schott & Gen., Mainz) kann durch die Anordnung verschiedener Einsatzfilter und Veränderung der Stopfen- und Hahnstellung sowohl als Durchflußextraktor oder Soxhlet-Extraktor für feste Stoffe als auch zur Flüssigkeitsextraktion mit spezifisch leichten und schweren Extraktionsmitteln verwendet werden. Die genaue Gebrauchsanweisung wird von der Herstellerfirma beigegeben.

B. Multiplikative Verteilung

Nur in einfachen Fällen gelingt es, mit einer einzigen Gleichgewichtseinstellung (z. B. durch Ausschütteln) die vollständige Überführung eines gelösten Stoffes aus einer Phase in eine zweite zu erreichen. Es empfiehlt sich daher, den Einzeleffekt in geeigneter Weise zu vervielfachen. Auch hier gilt der Nernstsche Verteilungssatz (s. S. 190).

Zur Durchführung verwendet man eine mechanische Anordnung, mit deren Hilfe eine große Zahl von Gleichgewichtseinstellungen und Phasentransporten ermöglicht wird. Die Abb. 302 zeigt als Beispiel einen 25stufigen Apparat (Verteilungsbatterie), der von Hand aus bedient wird.

Das Verfahren beruht darauf, daß man mit Substanz beladene Oberphasen mit beladenen Unterphasen oder frischem Lösungsmittel nach einem festgelegten Schema ins Gleichgewicht setzt.

Das *Prinzip der Einstromverteilung* soll an folgendem einfachen Beispiel erläutert werden:

Schema der Einstromverteilung

	Röhrchen	I	II	III	IV	usw.
Anfang	Oberphase	32				
	Unterphase	—	—	—	—	
Nach 1. Schütteln		16 →				
		16				
Nach 1. Transport und Zugabe		—	16			
		16	—			
Nach 2. Schütteln		8 →	8 →			
		8	8			
Nach 2. Transport und Zugabe		—	8	8		
		8	8	—		
Nach 3. Schütteln		4 →	8 →	4		
		4	8	4		
Nach 3. Transport und Zugabe		—	4	8	4	
		4	8	4	—	
Nach 4. Schütteln		2 →	6 →	6 →	2 →	
		2	6	6	2 usw.	

Eine Reihe Verteilungsröhrchen (oder Schütteltrichter) werden mit dem gleichen Volumen des reinen Lösungsmittels 1 (= Unterphase) beschickt. Das Röhrchen I enthält außerdem das gleiche Volumen des Lösungsmittels 2 (= Oberphase) und 32 mg der zu verteilenden Substanz A (s. Schema, Stand „Anfang"). Der Verteilungskoeffizient k in diesem Zweiphasensystem sei 1, d. h., daß sich nach kräftigem Schütteln der Stoff A gleichmäßig zwischen den beiden Flüssigkeitsschichten verteilt, so daß in der Ober- und Unterphase je 16 mg von A enthalten sind (Stand „Nach 1. Schütteln"). Nun wird die Oberphase aus Röhrchen I in das Röhrchen II (das bereits das gleiche Volumen A-freier Unterphase enthält) übergeführt und in das Röhrchen I zu der verbliebenen Unterphase das gleiche Volumen frischer Oberphase zugesetzt und beide Röhrchen geschüttelt. Dadurch

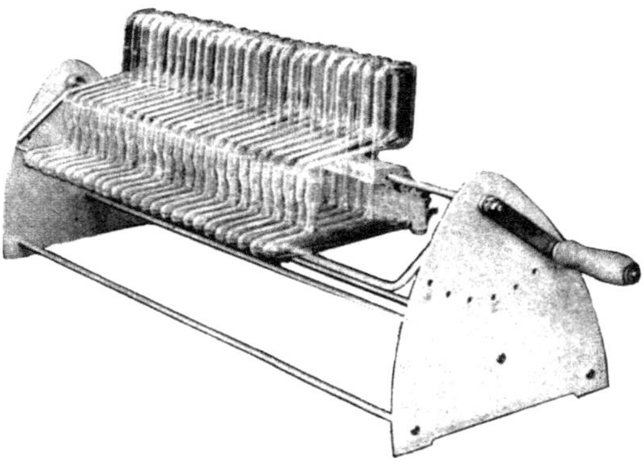

Abb. 302. Verteilungsbatterie nach Hecker
(Edmund Bühler, Tübingen)

verteilt sich der enthaltene Stoff A in beiden Röhrchen wiederum gleichmäßig zwischen Ober- und Unterphase (Stand „Nach 2. Schütteln"). Dies wird entsprechend dem Schema fortgesetzt, in dem die Oberphase in das jeweils nachfolgende Röhrchen übergeführt wird (also Oberphase von II nach III und von I nach II) und in das Röhrchen I frische Oberphase zugegeben wird. Auf diese Weise werden so viel Fraktionen (= Oberphase + Unterphase) erhalten, wie Röhrchen vorhanden sind. Zum Schluß kann nach dem Verdampfen des Lösungsmittels das Gewicht der Fraktionen festgestellt werden. Trägt man die erhaltenen Werte gegen die Fraktionsnummern in einem Diagramm auf, erhält man ein Verteilungsdiagramm (Abb. 303) mit einem Maximum. Je größer der Verteilungskoeffizient ist, um so rascher wandert die Substanz A die Reihe der Röhrchen entlang. Die Lage des Maximums ist charakteristisch für die betreffende Substanz, da sie eine Funktion des Verteilungskoeffizienten dieses Stoffes in dem angewandten Phasensystem ist. Liegt ein Substanzgemisch vor, so bildet jede Komponente (vorausgesetzt, daß die Verteilungskoeffizienten voneinander verschieden sind) für sich im Prinzip eine eigene Verteilungskurve, die in den meisten Fällen durch die Anwesenheit anderer Stoffe nicht beeinflußt wird. Erhält man also bei der Durchführung einer Verteilung mehrere Kurvenmaxima, so liegt kein einheitlicher Stoff vor. Es ist stets angezeigt, eine zweite Verteilung in einem anderen Phasenpaar auszuführen.

Bei diesem *Einphasenverfahren* wird eine der Phasen nach dem

Ausschütteln relativ zur Apparatur fortbewegt, während die andere stationär bleibt (Prinzip der Craig-Verteilung).

Im Gegensatz dazu bewegen sich bei der *Gegenstrom-Verteilung* (u. a. z. B. O'Keeffe-Verteilung) beide Phasen gegeneinander und zugleich relativ zur Apparatur fort. Die Substanzzufuhr erfolgt in der Mitte.

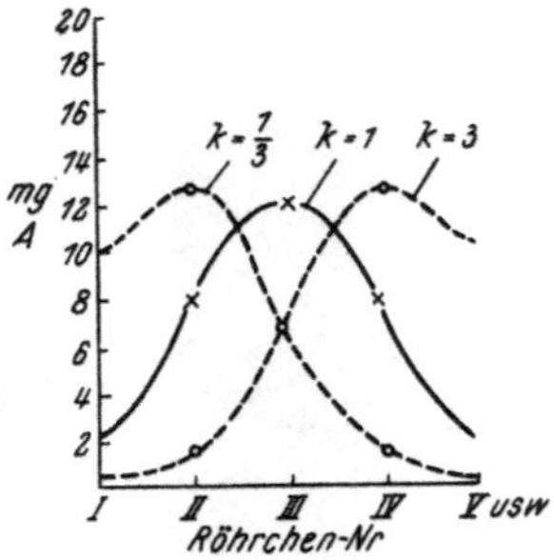

Abb. 303. Verteilungsdiagramm

Beide Verfahren können in gleichen Apparaturen durchgeführt und auch vollautomatisch gestaltet werden.

Der Hauptvorteil der Einstrom-Verteilung liegt hauptsächlich darin, daß mit ihrer Hilfe weit mehr als zwei Komponenten getrennt werden können. Ein aufwendiges Fraktionsschneiden ist nicht notwendig, da alle Fraktionen getrennt in den Verteilungselementen vorliegen. Ihr Nachteil ist, daß relativ viele Verteilungsschritte erforderlich sind.

15. Adsorbieren

Als *Sorption* bezeichnet man das Auffangen von Gasen oder Dämpfen durch feste Stoffe oder Flüssigkeiten sowie das Aufnehmen kolloider Teilchen, Molekülen und Ionen aus Flüssigkeiten durch feste Körper.

Den aufnehmenden Körper nennt man Sorbens, der aufgenommene wird als Sorptiv bezeichnet.

A. Adsorption

Unter Adsorption an Oberflächen versteht man die Aufnahme und das Festhalten (und damit eine Konzentrationserhöhung) von Gasen oder Flüssigkeiten, gegebenenfalls auch von in Lösung befindlichen Gasen, Flüssigkeiten oder festen Stoffen an einer Oberfläche fester Körper.

Die Wirkung des Festhaltens an der Oberfläche des Adsorptionsmittels (Adsorbens) wird dem Auftreten van der Waalsscher Kräfte zugeschrieben, soweit es sich um eine physikalische Adsorption handelt. Spielen chemische Bindungen eine Rolle, nennt man den Vorgang Chemisorption. Der umgekehrte Vorgang, also das Abtrennen des aufgenommenen Stoffes vom Adsorbens, ist die Desorption.

Die Adsorptionsfähigkeit hängt sehr stark von der Oberfläche des Adsorbens ab, auch die Temperatur hat einen starken Einfluß. Bei höherer Temperatur wird im allgemeinen (vor allem bei Gasen) weniger von dem zu adsorbierenden Stoff (Adsorptiv) aufgenommen. Auch Polarität des Adsorbens und Adsorptiv spielen eine entscheidende Rolle. In den meisten Fällen gilt der Satz, daß ein stark polares Adsorbens einen stark polaren Körper besonders fest zu binden vermag.

Man kann z. B. folgende Adsorbentien in eine Reihe fallender Adsorptionsaktivität einordnen: Eisen-3-oxid, Aluminiumoxid, Calciumcarbonat, Calciumsulfat, Cellulose. Die zum Entfärben und zum Adsorbieren von Gasen bekannte Aktivkohle (s. S.215) ist ein unpolares Adsorptionsmittel.

Die Adsorbentien sind in der Lage, ihre aktiven Zentren nicht nur mit den aufzunehmenden Verunreinigungen, sondern sich auch mit der Hauptkomponente oder mit Lösungsmittelmolekülen abzusättigen.

Aus dem Adsorbat (darunter versteht man das System aus Adsorbens und Adsorptiv) kann ein gasförmiges Adsorptiv durch Steigerung seiner Brownschen Molekularbewegung (Erhitzen) entfernt werden, während feste oder flüssige adsorbierte Medien dadurch verdrängt werden, daß man ein Lösungsmittel stärkerer Polarität einwirken läßt, welches nun seinerseits die frei gewordenen aktiven Zentren besetzt. Diese Lösungsmittel lassen sich in einer elutropen Reihe anordnen, die in der folgenden Aufstellung bevorzugt für polare Adsorbentien gilt, im Gegensatz zur Elution aus der unpolaren Aktivkohle, die die adsorbierten Stoffe in annähernd umgekehrter Reihenfolge freigibt.

Einige wichtige Glieder der *elutropen Reihe* nach Trappe, geordnet nach zunehmenden Elutionsvermögen: Petroläther — Cyclohexan — Schwefelkohlenstoff — Tetrachlorkohlenstoff — Benzol — Chloroform — Diäthyläther — Essigester — Aceton — n-Butanol — Äthanol — Methanol — Wasser — Eisessig — Pyridin.

Da jedoch auch Polarisierbarkeit und Molekülgröße eine Rolle spielen, ist diese Reihe nicht in jedem Fall als optimal anzusehen.

Über die Anwendung der Adsorbentien in der Chromatographie s. S. 202.

Eine weitere Gruppe von adsorptiv wirkenden Substanzen sind die *Ionenaustauscher*. Es sind zumeist wasserunlösliche, dissoziierende und damit positive oder negative Ionen bildende Substanzen, die mit gegenteilig geladenen Ionen eine salzartige Bindung eingehen, die sich wieder lösen läßt, wenn sich ein anderes Ion mit stärkerer Bindung an den Austauscherrest anlagert. Verwendet werden u. a. natürliche oder künstliche wasserhaltige Aluminiumsilikate (Zeolithe) oder Aluminiumoxide sowie die organischen Austauscher (hochmolekulare, durch mehr oder weniger starke Vernetzung unlöslich gemachte, mit dissoziierenden Gruppen versehene Polymere).

Über das Entfärben von Lösungen mit Hilfe von Adsorptionsmitteln s. S. 215.

B. Chromatographie

1. Allgemeines. Mit Hilfe chromatographischer Verfahren lassen sich Stoffgemische in gelöster oder Dampfform in die Einzelkomponenten auftrennen, anreichern, isolieren oder qualitativ und quantitativ bestimmen. Im einfachsten Fall läßt sich mit ihnen die Einheitlichkeit eines chemischen Individuums überprüfen.

Prinzip: Die zu trennenden Substanzen werden über zwei nichtmischbare Phasen verteilt. Die eine ist in dem Chromatographie-System (Rohr, Säule, Platte) fest fixiert (stationäre oder unbewegliche Phase), die andere ist beweglich (mobil), durchdringt die unbewegliche und führt dabei die zu trennenden Substanzen zur Verteilung zwischen den beiden Phasen mit sich.

Die stationäre Phase besteht aus adsorptionsaktivem, feinkörnigem oder faserigem Material, aus mit Flüssigkeiten beladenen adsorptionsaktiven Partikeln oder aus flüssigkeitsbeladenem adsorptionsinaktivem Material.

Die beweglichen Phasen sind Flüssigkeiten oder Gase.

Je nachdem, welche Kombination von beweglicher und stationärer Phase auf das jeweilige Trennproblem angewendet wird, lassen sich folgende vier Phasenkombinationen unterscheiden:

G/S = bewegliche Gasphase/stationäre aktive Festphase
G/L = bewegliche Gasphase/stationäre aktive Flüssigphase
L/S = bewegliche Flüssigphase/stationäre aktive Festphase
L/L = bewegliche Flüssigphase/stationäre Flüssigphase

Darin bedeuten: G = gasförmig, L = flüssig (liquidus) und S = fest, adsorptionsaktiv (solidus).

In der Praxis der verschiedenen chromatographischen Verfahren hat man es häufig mit Kombinationen von stationären Phasen zu tun, so können sich z. B. flüssig belegte adsorptionsaktive oder -inaktive Trägermaterialien für spezielle Trennzwecke besonders gut eignen.

Das zu trennende Gemisch wird mit der mobilen Phase durch die stationäre Phase hindurchgeführt, wobei die Einzelkomponenten der Mischung je nach Affinität zu den beiden Phasen und je nach den speziellen Versuchsbedingungen mehr oder weniger festgehalten werden. Sie verteilen sich also als diskrete Zonen über die stationäre Phase und treten aus dieser getrennt in Einzelkomponenten nacheinander aus und lassen sich als Einzelkomponente nach einer gewissen Laufzeit direkt in der stationären oder austretenden beweglichen Phase nachweisen. In jedem Fall wird sich nach erfolgter Trennung ein Sichtbarmachen der Komponenten anschließen, z. B. durch Eigenfarbe, Farbreaktionen, durch Umsetzen von Detektorsignalen in Schreiberaufzeichnung, Zählimpulse u. a.

Von den chromatographischen Verfahren gehören die Gas- und Dünnschicht-Chromatographie zu den verbreitetsten.

2. Säulen-Chromatographie. Eine senkrechte Glassäule (Durchmesser 1 cm, Länge 15 cm; oder 2/25, 3/40 o. ä.), die unten in ein sich verjüngendes Rohr mit Hahnverschluß ausläuft, wird mit einer Schicht Glaswolle oder einer dichtanliegenden Filterplatte beschickt, auf die bei geöffnetem Hahn eine Aufschlämmung der feinkörnigen stationären Phase in dem zur Verwendung gelangenden Lauf- oder Fließmittel (mobile Phase) aufgegeben wird. Das Fließmittel soll so weit abfließen, daß es die nun abgesetzte, luftfreie stationäre Phase gerade noch bedeckt (Abb. 304). Oben wird die stationäre Phase locker mit Watte, Glaswolle oder einer Filterplatte abgedeckt.

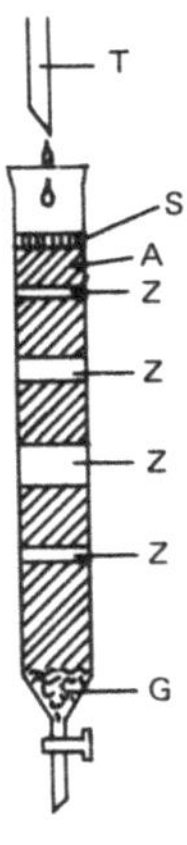

Abb. 304. Säulen-Chromatographie, drucklos
T Tropftrichter, *S* Siebplatte, *A* Adsorbens, *Z* getrennte Zonen, *G* Glaswolle

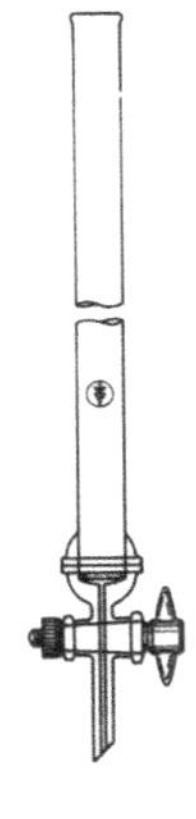

Abb. 305. Chromatographie-Säule mit austauschbarer Glasfritte (Normschliff Glasgeräte, Wertheim/Main)

Das Substanzgemisch (wenige mg in wenig Lösungsmittel gelöst) wird auf die stationäre Phase aufgegeben und portionenweise ein geeignetes Fließmittel durch die Säule hindurchgeführt (z. B. so aus einem Tropftrichter zutropfen, daß über der stationären Phase stets eine kleine Flüssigkeitssäule steht) oder es wird eine relativ hohe Säule mit stationärer Phase gefüllt, oberhalb der noch reichlich Raum für die Aufnahme größerer Mengen Fließmittel bleibt.

Das gelöste Substanzgemisch wird unter dem Einfluß der Schwerkraft nach unten geführt, wobei es — so lange das Fließmittel läuft — einer ständigen multiplikativen Adsorption unterliegt, die eine Auftrennung in Zonen der Einzelkomponenten bewirkt. Diese verlassen nacheinander die Säule und können isoliert aufgefangen werden. Dies läßt sich beim Vorliegen gefärbter Stoffe leicht verfolgen. Sind die einzelnen Zonen ungefärbt, so empfiehlt sich ein Auffangen jeweils nur weniger ml in kleinen Meßzylindern, deren Inhalt mit spezifischen Reagenzien überprüft werden kann. Durch Abdampfen des Lösungsmittels werden die Einzelkomponenten isoliert.

Bei zu langsamen Lauf kann Anwendung von Druck oder Vakuum nützlich sein.

Ist es notwendig, die aufgetrennten Zonen aus der stationären Phase zu extrahieren, wird mit Vorteil eine geteilte Säule verwendet, deren Unterteil (Konus mit eingeschmolzener oder austauschbarer Frittenplatte und Hahn) mit Federn oder Metallklemme am dicht anschließenden Oberteil befestigt wird (Abb. 305). Nach Auftrennung in Zonen und Ablauf des Fließmittels wird der Unterteil abgenommen, der Inhalt der Säule mit einem passenden Stößel vorsichtig (möglichst in horizontaler Lage) aus ihr herausgedrückt. Bei farblosen Zonen läßt sich ihre Lage durch Bestrahlen mit UV-Licht oder Abnehmen geringer Teile und Anfärben mit spezifischen Reagenzien erkennen. Jede Zone wird dann für sich in einem kleinen Extraktor extrahiert.

In der Säulen-(und Flüssigkeits-)Chromatographie häufig verwendete Matrizen, die mit stationärer Phase beladen oder unbeladen die Trennung bewirken: Aluminiumoxide, Kieselgele, Cellulosepulver, Ionentauscher, Molekularsiebe, Dextrangele (Sephadex).

Die stationäre Phase, mit der die Matrix beladen ist, muß von ihr so stark festgehalten werden, daß sie höchstens in geringen Mengen durch Fließmittel entfernt werden kann.

3. Flüssigkeits-Chromatographie. Sie unterscheidet sich von der Säulen-Chromatographie vor allem dadurch, daß bei ihr hervorragende Trennleistungen, Verkürzung der Analysenzeit und Automatisierung des Analysenablaufes, einschließlich der Detektion und des eventuell gewünschten isolierten Auffangens der getrennten Komponenten, ermöglicht wird.

Moderne Flüssigkeits-Chromatographen können je nach verwendeter stationärer Phase und apparativem Aufbau zur Flüssig--Flüssig-Verteilungs-Chromatographie, zur Flüssig-Fest-Chromatographie, zur Gel-Chromatographie sowie zur Molekularsiebung und zur Trennung mittels Ionenaustauscher benutzt werden.

Bei der Flüssigkeits-Chromatographie ist die apparative Einrichtung für zum Teil hohe Drucke ausgelegt. Verläßt das Fluat die Säule, wird es durch einen oder mehrere Detektoren hindurchgeführt, die alle zunächst auf dem Prinzip beruhen, daß ein mit reinem Fließmittel erhaltener Grund-Meßwert durch das Eintreten einer Mischung aus Fließmittel und abgetrennter Komponente in den Detektor diesen Wert verändert. Das so erhaltene Signal wird verstärkt und registriert (z. B. als Schreiberaufzeichnung oder Impulsummierung).

An Hand einer einfachen Schemaskizze (Abb. 306) werden Aufbau und Arbeitsweise des Universal-Flüssigkeits-Chromatograph UFC 1000 erläutert:

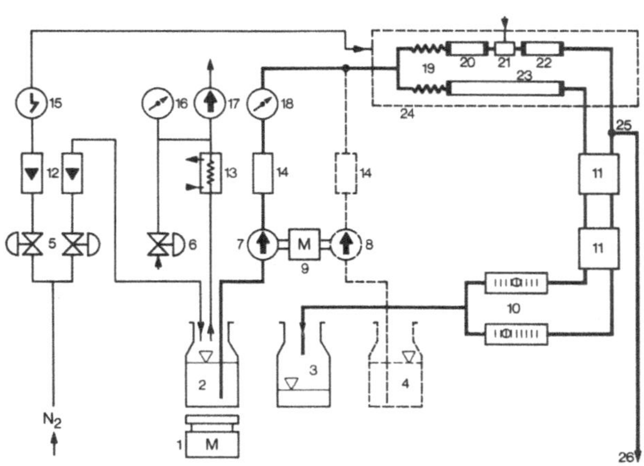

Abb. 306. Durchflußschema des Universal-Flüssigkeits-Chromatographen UFC 1000

1 Magnetrührer, *2* Vorratsgefäß für 1. Elutionsmittel, *3* Auffanggefäß, *4* Vorratsgefäß für 2. Elutionsmittel, *5* Nadelventil für Spülgas, *6* Nadelventil für Luft, *7* Pumpe für 1. Elutionsmittel, *8* Pumpe für 2. Elutionsmittel, *9* Pumpenmotor, *10* Strömungsmesser, *11* Detektor, *12* Rotameter für Spülgas, *13* Rückflußkühler, *14* Filter- und Dämpfungssystem, *15* Strömungswächter, *16* Vakuummeter, *17* Vakuumpumpe, *18* Manometer, *19* Äquilibrierstrecke, *20* Vorsäule, *21* Injektionsblock, *22* Hauptsäule, *23* Referenzsäule, *24* Säulenofen, *25* Auslaßsplitter für präparative Trennungen, *26* zum Fraktionssammler

(Hupe + Busch, Karlsruhe)

Das Fließmittelvorratsgefäß ist mit der Zuleitung mit Mengenstromregler für Schutzgas, einer Heiz- und Rührvorrichtung, einem Rückflußkühler, einer davon abgehenden Pumpenleitung mit Druckminderungspumpe und der Fließmittelleitung mit Förderpumpe versehen. Nach Entgasen des Fließmittels zwecks Vermeidung von Gasblasen in den Trennsäulen und Verfälschung des Detektorsignals wird es durch die Trennsäulen geführt, wobei zunächst ein Manometer und ein Flüssigkeitsstromteiler (Splitter) passiert wird, der den Flüssigkeitsstrom im Verhältnis 1 : 1 teilt und die Teilströme sowohl über die Probeaufgabevorrichtung (Injektionsblock) der Trennsäule als auch der Referenzsäule zuführt. Die Säulen sind zumeist in einem temperierbaren und mit Schutzgas spülbarem Säulenraum untergebracht. Die Probeaufgabevorrichtung ermöglicht die Probenaufgabe auch bei hohem Gegendruck direkt in die Säule mit Hilfe einer speziellen Injektionsspritze.

Nach erfolgter Trennung treten das Fließmittel aus der Referenzsäule und das Fließmittel mit den nacheinander die Trennsäule verlassenden Komponenten in den Detektor ein und veranlassen diesen zu einem der Menge der jeweiligen Komponente proportionalen elektrischen Signal (dokumentiert als Schreiberaufzeichnung oder Impulssummierung).

Nach Durchfließen je eines Strömungsmessers treten die Flüssigkeiten aus Trenn- und Referenzleitung aus und tropfen in die Auffanggefäße (z. B. programmgesteuerte Fraktionssammler).

Umfangreiche Sicherheitsmaßnahmen sind notwendig (z. B. Einbau elektrischer Überdruck- und Übertemperatur-Sicherungen, Verzögerungsrelais, Schutzgaszuführungen mit Strömungswächtern, Kühlwasser).

Als Anzeigegeräte haben sich der UV- und der Differential-Refraktometer-Detektor bewährt.

Die bei der Säulen-Chromatographie verwendeten Matrizen sind auch für die Flüssigkeits-Chromatographie brauchbar.

4. Gas-Chromatographie. Bei der Gas-Chromatographie wird an Stelle des bei der Säulen- und Flüssigkeits-Chromatographie verwendeten Fließmittels außer einer stationären (flüssigen oder festen) ersten Hilfsphase ein in dieser nicht lösliches Gas als zweite Hilfsphase verwendet, um das zu trennende Substanzgemisch durch die mit der stationären Phase gefüllte Trennsäule hindurchzuführen und es gemäß den speziellen Verteilungseigenschaften der Einzelkomponenten in bezug auf die Hilfsphasen aufzutrennen.

Prinzip und Schema eines Gas-Chromatographen (Abb. 307): Ein Trägergasstrom *1* (Gasstrom in der stationären Phase unlöslich) tritt durch einen Präzisions-Gasmengenstrom- und Druckregler *2* (genau geregelt) und die Probenaufgabeeinrichtung *3* in die mit Trägermaterial bzw. stationärer Phase gefüllte Trennsäule ein, die sich in einem auf eine vorgewählte Temperatur gebrachten thermostatisierten Säulenraum *4* befindet, durchsetzt sie und fließt nun durch einen Detektor (z. B. eine Wärmeleitfähigkeitsmeßzelle in Wheatstonescher

Brückenschaltung (WLD) oder ein Ionisationsdetektor). Der sich darin zunächst einstellende Grundstrom wird von einem Schreibgerät als Null-Linie aufgezeichnet. Nun werden wenige ml des gelösten Substanzgemisches mit Hilfe einer kalibrierten Injektionsspritze in die geheizte Aufgabevorrichtung eingegeben, sie werden sofort verdampft und mit dem Trägergasstrom durch die Trennsäule (auch Kolonne genannt) hindurchgeführt. In ihr wird das Substanzgemisch in die Ein-

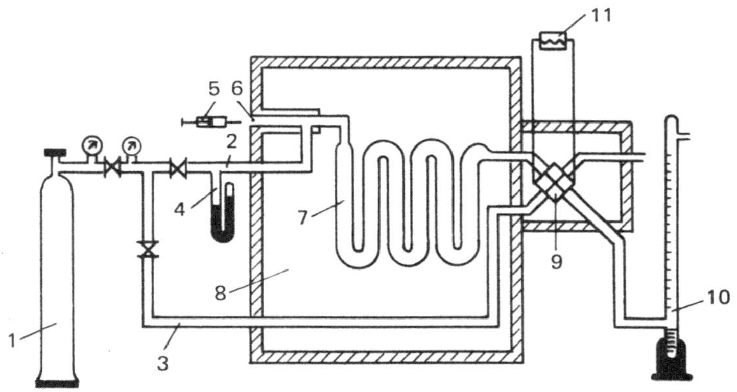

Abb. 307. Schema einer Apparatur zur Gas-Chromatographie
1 Trägergasflasche, *2* Meßgas, *3* Vergleichsgas, *4* Manometer, *5* Proben-Injektionsspritze, *6* Proben-Aufgabevorrichtung, heizbar, *7* Trennsäule, *8* Säulenraum, thermostatisierbar, *9* Detektor, heizbar (hier Wärmeleitfähigkeitsmeßzelle), *10* Strömungsmesser, *11* Schreiber

zelkomponenten entsprechend ihren Verteilungskoeffizienten zwischen stationärer Phase (zumeist flüssige Phase auf inertem Trägermaterial) und Trägergas (Gasphase) verteilt. Nach Auftrennung und Durchlaufen der gesamten Kolonne treten die getrennten Einzelkomponenten in den Detektor ein und verändern je nach Mengenanteil den Grundstrom des reinen Trägergases und Veranlassen ein Detektorsignal, das von einem Kompensationsschreiber als „Peak“ (an ihrer Basis mehr oder weniger breite Spitze) registriert wird.

Die Säulenausgang und Detektor verlassenden Komponenten können z. B. in geeigneten Kühlfallen ausgefroren und der weiteren Untersuchung zugeführt werden.

Bei der Verteilung der einzelnen Komponenten des Substanzgemisches zwischen den beiden Phasen (der stationären und dem Gas) werden die darin mäßig oder schlecht löslichen Komponenten rascher, die besser oder gut löslichen Anteile dagegen nur langsam die Säule passieren oder sie während der Versuchsdauer überhaupt nicht verlassen.

Feste Stoffe werden in leicht flüchtigen Lösungsmitteln gelöst, Flüssigkeiten direkt oder (was zumeist empfehlenswert ist) gleichfalls gelöst in den Trägergasstrom eingespritzt. Die Aufgabevorrichtung (Injektionsteil) wird bei höherer Temperatur gehalten, damit die eingegebene, geringe flüssige Substanzmenge sofort verdampft und als eine Art Dampfpfropfen die Trennphase erreicht. Diese, eng gepackt in eine lange, englumige Metall- oder Glassäule eingefüllt, wird in dem thermostatisierten Säulenraum auf einer dem Trennproblem angepaßten Temperatur gehalten.

Der *Trägergasstrom* ermöglicht sowohl die Auftrennung in Einzelkomponenten als auch ihre Hindurchführung durch die Trennsäule und Eintritt in den Detektor, dessen Trägergas-Grundstrom durch die Mitführung der Komponenten proportional der Substanzmenge verändert und angezeigt wird.

Das Trägergas wird Druckgasflaschen entnommen. Bewährt haben sich Wasserstoff (Vorsicht, kann zu Reduktionen führen; explosionsfähig), Helium und Stickstoff.

Druck und Durchfluß des Trägergases werden durch Druckregler mit hohem Ausgangsdruck, die Präzisionsnadelventilen vorgeschaltet werden, geregelt.

Als Injektionsspritzen können medizinische Spritzen verwendet werden, möglichst gasdicht, mit Metall- oder Glaskolben, kalibriert.

Als Aufgabevorrichtungen dienen elektrisch heizbare Metallblöcke mit durch Gummikappe verschließbarem Einstichkanal, der in die Trägergasführung mündet.

Die *Trennsäulen* bestehen aus Stahl, Kupfer, Messing, Aluminium, Glas oder Kunststoffen. Ihr innerer Durchmesser beträgt wenige Zehntelmillimeter bei Kapillar- oder Golay-Säulen, 2 bis 6 mm bei der gepackten Normalsäule (stets gleichbleibende lichte Weite!). Die Trennsäulen haben je nach dem Trennproblem eine Länge von 0,5 bis mehrere Meter bei der gepackten Normalsäule, bei Kapillar-Säulen sind weit über 100 m möglich.

Einzelne Säulenstücke werden durch spezielle Verschraubungen (fittings) gasdicht verbunden und an Aufgabevorrichtung und Detektor angeschlossen.

Säulenfüllmaterialien: Für die reine Adsorptions-Gas-Chromatographie sind Aktivkohle, Kieselgur, Aluminiumoxid, Molekularsiebe verwendbar. Für die Gas-Flüssigkeits-Chromatographie werden dagegen inaktive oder desaktivierte feinkörnige Materialien verwendet, die mit der trennaktiven, stationären Phase beladen werden. Als solche inaktive Trägermaterialien kommen Kieselgur (Chromosorb), Pulver von Isolierziegeln, Kieselgur-Ton-Mischungen (Sterchamol), PTFE-Pulver, Glaskügelchen u. a. in Betracht.

Die Zahl der Trennflüssigkeiten oder stationären Phasen im engeren Sinn ist sehr groß. Hier nur einige Prototypen: Siliconöle, Paraffine, Phthalsäuredialkylester, Nitrile, Polyglycole. Sie werden zu wenigen Prozenten mit Hilfe von Lösungsmitteln auf die Trägermaterialien als Film aufgebracht und nach Trocknen der Mischung als fließfähiges Pulver in die Säule eingefüllt.

Die Trennsäule (es können auch mehrere in einem Gas-Chromatograph vorhanden sein) wird in einem heizbaren, thermostatisierten Säulenraum untergebracht und darin an Einspritzblock und Detektor angeschlossen. Höhere Temperatur erleichtert in der stationären Phase gut löslichen Komponenten das Durchlaufen der Säule.

Detektoren zeigen durch Spannungsänderung des Grundstromes die ihn durchlaufende getrennte Komponente an. Sie sind zumeist außerhalb des Säulenraumes in einem gesonderten, elektrisch heizbaren Bauteil angeordnet.

Wärmeleitfähigkeitsdetektor (WLD): Das reine Trägergas besitzt eine gewisse Wärmeleitfähigkeit, ein elektrischer Heizdraht (Filament) im WLD wird dadurch auf relativ niedriger Temperatur gehalten. Ist nun das Trägergas mit der getrennten Komponente gemischt, tritt geringe Aufheizung des Widerstandsdrahtes ein, da die Wärmeleitfähigkeit des Gases geringer geworden ist. Damit ändert sich auch der elektrische Widerstand des Drahtes, der sich exakt als Spannungsänderung messen und registrieren läßt (Wheatstonesche Brückenschaltung).

Flammen-Ionisationsdetektor (FID): In diesen hochempfindlichen Detektor eintretende, verbrennende organische Komponenten werden thermisch ionisiert, der entstehende Ionenstrom verstärkt und seine Differenz gegenüber dem Grundstrom als Bande (Peak) mit Hilfe eines Schreibers oder Integrators registriert. Der FID spricht normalerweise nicht auf anorganische Gase an, da sie keinen leichtionisierbaren Kohlenstoff besitzen.

WLD und FID sind die zur Zeit am häufigsten angewendeten Typen, da sie am universellsten einsetzbar sind.

Für Spezialzwecke stehen noch andere, ebenfalls hochempfindliche Detektoren zur Verfügung, z. B. Electron-capture-Detektor (radioaktive Ionisierung), Coulometer-Detektor (für S-, Halogen-, P- und N-Verbindungen), Flammenphotometrischer Detektor (spezifisch für S- und P-Verbindungen).

Schreiber dienen zur Aufzeichnung der in den Detektoren bewirkten Spannungsänderung. Das Signal des Detektors wird in die Bewegung einer Schreiberfeder umgesetzt, deren Ausschläge auf einem, sich mit konstanter Geschwindigkeit fortbewegenden Diagrammpapier fixiert werden. Jede, die Trennsäule verlassende und zu einer Spannungsänderung des Detektors führende Komponente bewirkt auf dem bewegten Schreiberpapier die Aufzeichnung eines „Peaks" (Spitze). Siehe Abb. 308. Der Ausschlag der Schreiberfeder ist als Peakfläche dem Mengenanteil der jeweiligen Einzelkomponente in der Mischung proportional.

Um gute Reproduzierbarkeit des Schreiberausschlages und hohe Genauigkeit bei der Analyse zu erreichen, empfiehlt sich die Benutzung eines 1-mV-Kompensationsschreibers, sofern quantitative Analysen gefordert werden.

Weniger empfindliche Geräte, z. B. 10-mV-Schreiber, genügen für halbquantitative oder qualitative Aufzeichnungen, die für die präparative Gas-Chromatographie ausreichend sind. Auch bei Verwendung von Integratoren ist eine Mitverwendung von relativ unempfindlichen Schreibern angebracht, da sie eine visuelle Übersicht über das Gesamt-Chromatogramm erlauben.

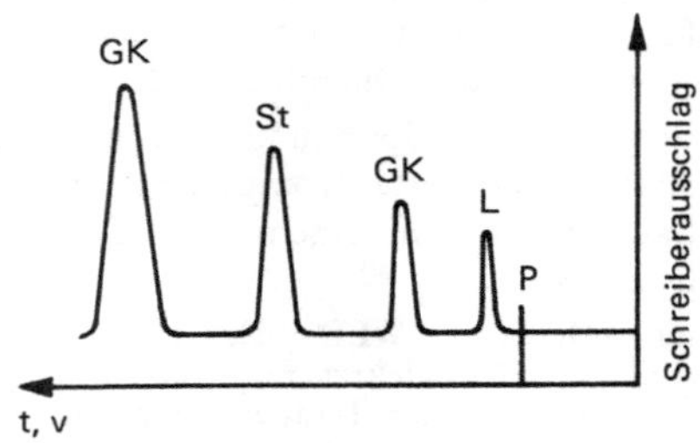

Abb. 308. Schreiberaufzeichnung eines Gas-Chromatogramms (schematisch) *GK* getrennte Komponente, *St* Standard, *L* Luft, *P* Probenaufgabe

Sonderverfahren der Gas-Chromatographie. a) Kapillar-Gas-Chromatographie. Als Trennsäulen werden Kapillaren mit 0,2 bis 0,5 mm Innendurchmesser verwendet, die ohne Benutzung festen Trägermaterials direkt mit der flüssigen stationären Phase gefüllt werden. Ihre Trennleistung übersteigt die der herkömmlichen gepackten Trennsäulen, ihr Substanzbedarf ist minimal. Aus diesen Gründen ist ein Ionisationsdetektor anzuschließen oder zur Identifizierung der Komponenten ein Massenspektrometer nachzuschalten.

b) Bei der präparativen Gas-Chromatographie werden Trennsäulen mit größerem Innendurchmesser verwendet. Die Substanzaufgabe geschieht aus einem Reservoir über ein einstellbares Programm zur beliebig häufigen Wiederholung.

Jede, eine Peak-Aufzeichnung veranlassende Spannungsänderung öffnet das Ventil zu einer Kühlfalle, in der sich die betreffende Substanz kondensiert. Erscheint der nächste Peak, wird automatisch eine weitere Kühlfalle mit dem Säulenausgang verbunden. Nach jedem vollständigen Säulendurchgang wird aus dem Substanzreservoir automatisch die nächste Aufgabe entnommen und in die Aufgabevorrichtung eingeführt. Die getrennten Komponenten korrespondieren, richtige Programmierung vorausgesetzt, wiederum genau mit den entsprechenden Kühlfallen des ersten Durchganges. Die Abläufe lassen sich automatisch so oft wiederholen, daß sich auch in minimalen Mengen vorhandene Komponenten erheblich anreichern lassen.

5. Papier-Chromatographie (PC). Bei der PC fungiert als stationäre Phase vom Trägermaterial (ein spezielles Filtrierpapier) festgehaltenes Wasser; als mobile Phasen dienen mit Wasser mischbare Fließ- oder Lösungsmittelgemische, denen ihrerseits wieder Wasser zugegeben wurde. Das zu trennende Substanzgemisch wird in gelöster Form auf das eine Ende eines Filtrierpapierstreifens in geringer Menge aufgebracht und nach Trocknung in dem mit Wasser und Fließmittel gesättigten Innenraum eines Steiggefäßes aufgehängt. Das Fließmittel, in das das Filtrierpapier gerade nur eintaucht, bewegt sich, bedingt durch Kapillarkräfte, auf dem Papier vorwärts und nimmt dabei gemäß dem Verteilungsverhältnis der Mischungskomponenten in den flüssigen Phasen diese mit und trennt sie auf. Sie erscheinen als Flecke oder Zonen nacheinander auf dem Filtrierpapier. Sind die Substanzen gefärbt, ist ihr Laufverhalten gut zu erkennen. Ungefärbte Stoffe werden mit Hilfe von Sprühreagenzien in gefärbte Verbindungen umgewandelt oder durch UV-Licht zu einer Fluoreszenz angeregt.

Das Laufstreckenverhältnis zwischen Abstand Startpunkt bis Mittelpunkt des gewanderten Substanzfleckes und Startpunkt bis Fließmittelfront ist der „*R_f-Wert*". Er ist für jeden Stoff unter vergleichbaren Bedingungen eine charakteristische Größe und kann daher für Substanzvergleiche herangezogen werden.

$$R_f\text{-Wert} = \frac{\text{Abstand Start} \rightarrow \text{Substanzfleckmitte}}{\text{Abstand Start} \rightarrow \text{Fließmittelfront}}$$

Von Einfluß sind neben der Filtrierpapierqualität auch die Reinheit des Fließmittels und die Arbeitstemperatur. Um diese Einflüsse kalkulierbar zu machen, ist es vorteilhaft, eine Vergleichssubstanz von bekanntem R_f-Wert neben dem unbekannten Substanzgemisch mitlaufen zu lassen und den gefundenen mit dem bekannten R_f-Wert zur Korrektur der R_f-Werte der getrennten Komponenten heranzuziehen.

a) *Aufsteigende PC.* Das untere Ende des Filtrierpapierstreifens taucht 2 bis 2,5 cm in das Fließmittel ein. Knapp darüber liegen die Startpunkte oder -striche. Das Fließmittel wandert so lange nach oben, bis sich Kapillarkräfte und Schwere der aufsteigenden Flüssigkeit das Gleichgewicht halten. Die stationäre Phase wird daher nur langsam durchlaufen (Abb. 309).

b) *Absteigende PC.* Das obere Ende des Filtrierpapierstreifens taucht in einen Trog mit dem Fließmittel ein. Es tritt rasche Abwärtsbewegung und Durchdringung von Substanzfleck und stationärer Phase ein (Abb. 310).

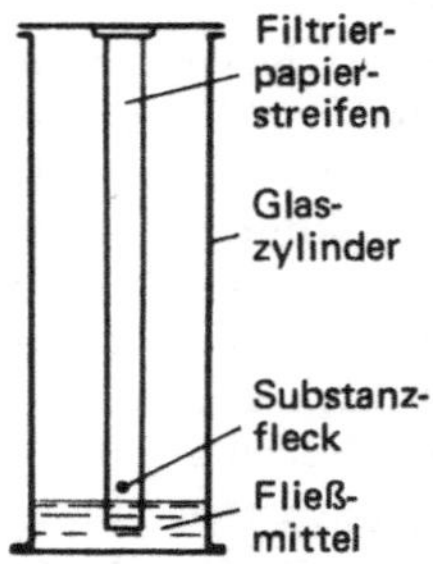

Abb. 309. Papier-Chromatographie. Aufsteigende Methode

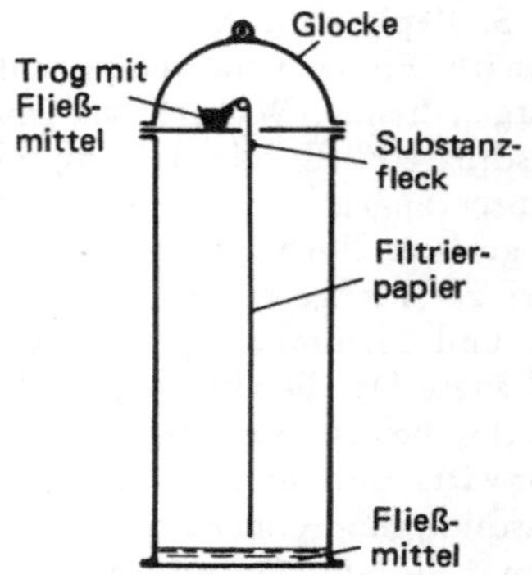

Abb. 310. Papier-Chromatographie. Absteigende Methode

c) *Radial-horizontale PC.* Auf ein Rundfilter in horizontaler Lage wird die gelöste Substanz in der Mitte aufgegeben und nach dem Trocknen durch Aufsteigen der mobilen Phase über eine schmale Filtrierpapierzunge in Zonen radial auseinander entwickelt, so daß sich die aufgetrennten Komponenten in konzentrischen Kreisen anordnen (Abb. 311).

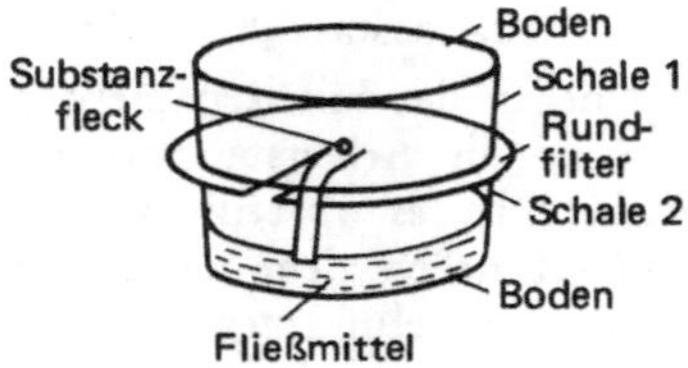

Abb. 311. Radial-horizontale PC
(Rundfilter-Chromatographie nach Rutter)

d) *Materialien und Reagenzien.* Außer den Spezialpapieren für die Chromatographie werden u. a. auch entfettete, acetylierte und siliconimprägnierte Sorten angewendet.

Fließmittel als mobile Phase: Welche Kombinationen von Lösungsmitteln zum Erreichen der Trennung von Substanzgemischen verwendet werden sollen, muß der Speziallitteratur entnommen und gegebenenfalls durch Variieren dieser Angaben ausprobiert werden. Organischen Lösungsmitteln sollte stets eine geringe Menge Wasser beigegeben werden. Werden organische Lösungsmittel mit wäßrigen Phasen (auch salzsauren oder ammoniakalischen) gemischt, so werden sie in einem Schütteltrichter gegeneinander abgesättigt und die organische Phase als Fließmittel verwendet.

Die Sprühreagenzien dienen zum Anfärben oder Sichtbarmachen der erhaltenen Flecke oder Zonen. Sie werden nach dem Trocknen des Papier-Chromatogramms mit einem Zerstäuber auf das Papier aufgesprüht, anschließend wird wieder getrocknet.

Von den vielen in der Spezialliteratur angegebenen Sprühreagenzien hier einige Beispiele: für Eiweißkörper und Aminosäuren: Ninhydrin; für Zucker: Anilinphthalat, ammoniakalische Silbernitratlösung, m-Phenylendiaminhydrochlorid; für Alkaloide: Kaliumjodoplatinat, Dragendorffs-Reagens, Joddampf, Phosphormolybdänsäure, Jodwismutessigsäure; für organische Säuren: Bromkresolgrün; für Phenole: diazotierte Sulfanilsäure; für Aldehyde und Ketone: 2,4-Dinitrophenylhydrazin-Lösung.

Auswertung der Papier-Chromatogramme. Qualitativ: Prüfung der Einheitlichkeit einer Substanz; Mitlaufenlassen vermuteter Stoffe und Vergleich der R_f-Werte in verschiedenen Fließmittelgemischen; charakteristische Färbungen nach dem Besprühen, charakteristische Fluoreszenzfarben. Quantitativ: Ausschneiden der getrennten Substanzflecke und gründliches Eluieren mit geeigneten Lösungsmitteln, sodann colorimetrische oder spektralphotometrische Bestimmung.

6. Dünnschicht-Chromatographie (DC). Vorteile gegenüber der PC: Geringer Zeitaufwand, niedrigere Erfassungsgrenze, gute Möglichkeit zur quantitativen Bestimmung und die präparative Gewinnung der Komponenten.

Als stationäre Phasen oder als Träger stationärer Phasen werden speziell präparierte Silicagele, Cellulosepulver oder seltener Aluminiumoxide verwendet. Wie in der PC sind es meist Mischeffekte, die zu einer Trennung führen, also sowohl Adsorption als auch Verteilung. Das Ergebnis der DC hängt weitgehend von der Konditionierung und Aktivierung der beschichteten Platten, der aufgegebenen Substanzmenge und dem Lösevermögen des Fließmittels ab.

Man verwendet Glasplatten im Format 200×200, 100×200 oder 50×200 mm. Sie werden mit den genannten Stoffen beschichtet. Oder man verwendet fertig präparierte, beschichtete Folien, die käuflich erworben werden können.

Beschichtung der Platten: Anteigen z. B. des Silicagels mit Wasser, Einfüllen des Breies in ein Streichgerät, mit dessen Hilfe vorbereitete Glasplatten nacheinander durch Darüberziehen in der gewünschten Schichtdicke beschichtet werden (für analytische Zwecke meist 250 μm, für präparative bis 2 mm). Siehe Abb. 312. Nach dem Trocknen an der Luft und Aktivieren bei über 100° C sind die Platten gebrauchsfertig.

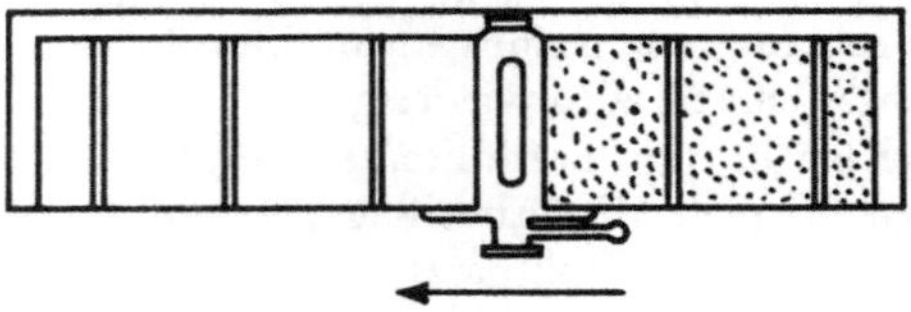

Abb. 312. DC-Streichgerät, belegt mit Platten (teilweise mit Sorptionsmittel beschichtet)

Das gelöste, zu untersuchende Substanzgemisch wird auf die Platte mittels einer Blutzuckerpipette oder einer Kolbenmikrospritze strich- oder bandförmig auf die Startlinie aufgetragen (gegebenenfalls neben bekannten, bei der Analyse zu erwartenden Stoffen). Die Platten

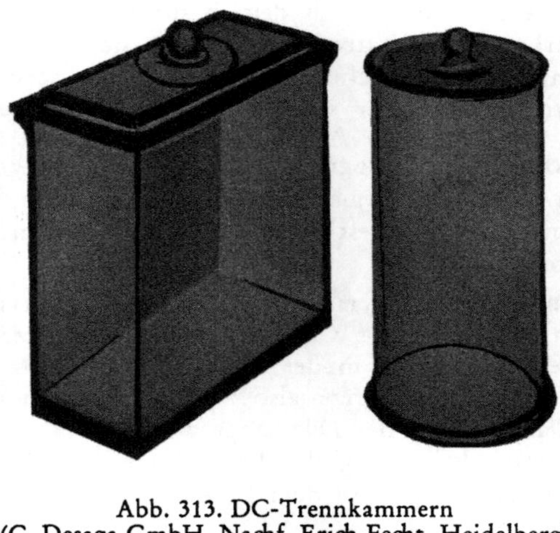

Abb. 313. DC-Trennkammern
(C. Desaga GmbH, Nachf. Erich Fecht, Heidelberg)

werden sodann in die *Trennkammer* eingesetzt, in der sich das Fließmittel befindet, das den gesamten Raum über der Flüssigkeit mit seinem Dampf erfüllt („Kammersättigung"). Das Fließmittel wandert von unten nach oben unter Mitnahme der zu trennenden Substanzen. Das Fließmittel muß den Boden der Kammer bedecken, das Gefäß wird nach Einstellen der Platten verschlossen (Abb. 313).

Nach Auftrennung des Substanzgemisches werden die Platten an der Luft getrocknet (Einstellen in dazu vorgesehene Ständer) und anschließend zur Anfärbung bzw. Sichtbarmachung besprüht. In vielen Fällen treten beim Bestrahlen mit UV-Licht charakteristische Fluoreszenzen auf oder aber Fluoreszenzlöschung, wenn die Platten mit Kieselgel beschichtet wurden, das einen Fluoreszenz-Indikator enthält.

Zur Charakterisierung der Einzelkomponenten wird auch hier der R_f-Wert (s. S.209) herangezogen bzw. mit den mitgelaufenen Vergleichssubstanzen verglichen.

Für die quantitative Bestimmung wird der Substanzfleck von der Platte abgekratzt oder aus der Folie ausgeschnitten und extrahiert.

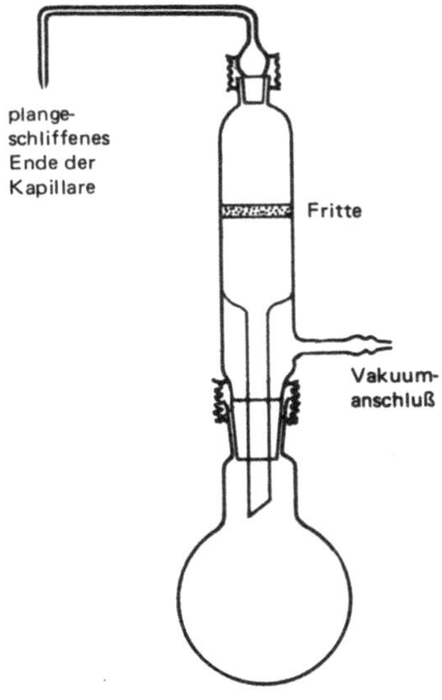

Abb. 314. Absaug- und Elutionsgerät für Sorptionsmittel

Zum Einbringen des Sorptionsmittels mit dem Substanzfleck in einen Extraktor haben sich kleine Absaugvorrichtungen bewährt, die das Sorptionsmittel direkt auf eine Filterplatte saugen und anschließend mit Elutionsmittel beschickt werden können (Abb. 314).

Folienabschnitte lassen sich meist so formen, daß sie in eine schmale Zunge auslaufen, die, in den Hals eines Meßkölbchens gesteckt, auf den Substanzfleck aufgetropftes Lösungsmittel in das Kölbchen hinein ableitet.

Gute Auswertmöglichkeiten bieten auch automatisch arbeitende Geräte für Durchlässigkeitsmessungen farbiger und UV-absorbierender Flecke, Geräte zur Remissionsmessung und Fluorimeter.

16. Kristallisieren

Unter Kristallisation im engeren Sinne versteht man das Ausscheiden eines festen Stoffes in kristalliner Form aus einer Lösung durch Abkühlen oder Einengen.

A. Umkristallisieren

1. Allgemeines. Das Umkristallisieren ist eine Reinigungsmethode, bei der der feste Stoff in einem geeigneten Lösungsmittel gelöst wird und nach Filtration der Lösung aus dem Filtrat auskristallisiert. Die Verunreinigung kann im Lösungsmittel unlöslich sein, dann wird sie durch die Filtration entfernt; falls sie ebenfalls gelöst wird, kann sie in der Lösung bleiben, während der reine Stoff auskristallisiert.

Als Reinheitsnachweis für die kristallisierte Substanz wird bei anorganischen Stoffen eine Analyse durchgeführt, bei organischen Stoffen in der Regel eine Bestimmung des Schmelzpunktes. Man kristallisiert daher so lange wiederholt um, bis ein konstant bleibender Schmelzpunkt erreicht ist.

2. Wahl des Lösungsmittels. Die Wahl des geeigneten Lösungsmittels ist von ausschlaggebender Bedeutung. In Frage kommen in erster Linie Wasser und die verschiedenen organischen Lösungsmittel (s. S.10). In Sonderfällen wird auch konzentrierte Schwefelsäure verwendet.

Auch Lösungsmittelgemische sind in Betracht zu ziehen (z. B. Alkohol/Wasser, Aceton/Wasser, Benzol/Petroläther u. a.). Dabei wird im allgemeinen die zu hohe lösende Kraft des einen Lösungsmittels durch das zweite herabgesetzt.

Vor Beginn ist es notwendig, durch Vorproben die Löslichkeit und das Kristallisationsvermögen der betreffenden Substanz in den verschiedenen Lösungsmitteln festzustellen. Die Kristalle sollen sich in gut filtrierbarer Form abscheiden; sehr feine, schwammige Kristalle lassen sich schlecht auswaschen. Es gibt Fälle, bei denen das Lösungsmittel in die sich abscheidenden Kristalle eintritt. Man kennt außer den Stoffen mit Kristallwasser auch solche mit Kristallbenzol, Kristallalkohol u. a.

3. Herstellen der Lösung. Als Lösegefäß verwendet man für kleine Mengen Erlenmeyer-, für größere Rundkolben, gegebenenfalls mit aufgesetztem Rückflußkühler. Man beginnt mit einer zur völligen Lösung des festen Stoffes voraussichtlich unzureichenden Lösungsmittelmenge und erhitzt zum Sieden. Erst wenn keine Änderung mehr zu beobachten ist, gibt man weitere Mengen Lösungsmittel (z. B. durch den Rückflußkühler) zu (Mengen notieren!). Maßnahmen gegen Siedeverzug nicht vergessen!

Erhitzt werden kleine Volumen mit dem Gasbrenner oder besser auf einer Heizplatte, jedoch nur, wenn es sich um nicht brennbare Flüssigkeiten handelt. Öfteres kreisförmiges Bewegen des Siedegefäßes ist vorteilhaft.

Größere Mengen und wenn es sich um brennbare Lösungsmittel handelt dürfen nur mittels Heizbädern oder Heizhauben unter Rückfluß erhitzt werden.

Ein zu reichliches Einfetten von Schliffen und Hähnen kann dazu führen, daß herausgelöstes Fett die nachfolgende Kristallisation unterdrückt.

4. Entfärben und Klären der Lösung. Gefärbte Verunreinigungen oder Trübungen werden durch Zugabe von Adsorptionsmittel entfernt. Die Lösung wird nach der Zugabe in der Kälte gerührt oder man setzt das Adsorptionsmittel zur heißen Lösung, kocht auf und filtriert. Der Zusatz soll erst erfolgen, wenn die Substanz völlig gelöst ist. Man trachte, mit einer möglichst geringen Menge an Adsorptionsmittel auszukommen, da es auch die zu reinigende Substanz adsorbieren kann, wodurch Verluste entstehen. Der Adsorptionseffekt ist auch von dem Lösungsmittel, in dem gearbeitet wird, und vom pH-Wert abhängig.

Adsorptionsmittel (s. auch S. 199):

Aktivkohle. Nach Zusatz wird noch etwa eine Minute im Sieden gehalten (in manchen Fällen genügt schon das Rühren in der Kälte). Aktivkohle kann heftigen Siedeverzug auslösen, man setze sie daher nie möglicherweise überhitzten Lösungen zu. Falls beim Filtrieren feinste Teilchen der Aktivkohle durchs Filter gehen, gießt man die ersten Anteile des Filtrats nochmals zurück oder man verwendet dichtere Filter. Es ist auf jeden Fall zu empfehlen, die erhaltene Kristallmasse nochmals ohne Aktivkohle umzukristallisieren. An Stelle des Zusatzes von Aktivkohle genügt mitunter die Filtration durch Aktivkohlepapier zum Entfärben der Lösung.

Aktives Aluminiumoxid ist zu empfehlen zum Entfärben von

Lösungen in nichtpolaren Lösungsmitteln, wie Petroläther, Benzol, Tetrachlorkohlenstoff, Chloroform u. a.

Kieselgur vermag ganz feine Trübungen ausgezeichnet zu binden. Man setzt zu 100 ml Lösung etwa eine Spatelspitze davon zu und kocht eine halbe Minute auf, schüttelt und filtriert, bevor sich die Kieselgur abgesetzt hat. Auch eine Filtration durch Kieselgurpapier (s. S. 107) führt manchmal zum Ziele.

Filterflockenmasse. Über ihre Verwendung s. S. 111.

Eine *chemische Zerstörung* der Verunreinigung ist nur anwendbar, wenn die zu reinigende Substanz nicht ebenfalls angegriffen wird. Verwendet werden u. a. Oxidationsmittel ($KMnO_4$, H_2O_2) oder Reduktionsmittel (z. B. schweflige Säure).

Niederschläge können durch *Umfällen* gereinigt werden. Man löst z. B. in Lauge, filtriert (Lösung gegebenenfalls durch eine der vorher beschriebenen Methoden entfärben) und fällt durch Zusatz von Säure wieder aus. Siehe auch S. 130.

5. Filtrieren der Lösung. Die heiße Lösung wird durch ein Faltenfilter, das sich in einem weiten Trichter mit kurzem Hals befindet und mit dem Lösungsmittel angefeuchtet wurde, filtriert. Bei schwerlöslichen Stoffen, die bei geringer Temperaturerniedrigung bereits ausgeschieden werden, verwendet man eine Heizvorrichtung für den Trichter. Kommt es bereits während des Filtrierens zum Auskristallisieren auf dem Filter, ist die Operation zweckmäßig abzubrechen.

Für größere Mengen verwendet man heizbare Nutschen.

6. Kristallisation. Aus einer gesättigten Lösung scheiden sich die Kristalle beim Erkalten aus. Zur Erzielung großer Kristalle muß das Abkühlen langsam geschehen.

Falls die Kristallisation unterbleibt, kommt es zur Bildung übersättigter Lösungen. Um dies zu verhindern und um ganz allgemein die Kristallisation zu beschleunigen, hat man folgende Mittel: Abkühlen auf tiefere Temperatur durch Einstellen in Eis, eine Kältemischung oder einen Kühlschrank; Schütteln; Kratzen der inneren Gefäßwände mit einem Glasstab; Impfen (Zugeben) mit kleinen Kriställchen des betreffenden reinen Stoffes.

Sehr niedrig schmelzende Stoffe müssen sehr langsam gekühlt werden, um ölige Abscheidungen zu vermeiden.

Aus ungesättigten Lösungen wird ein Teil des Lösungsmittels abgedunstet oder abgedampft.

In bestimmten Fällen kann beim Umkristallisieren so vorgegangen werden, daß die Substanz in einem Lösungsmittel von großem Lösevermögen gelöst wird. Das Filtrat wird mit einem zweiten Lösungsmittel versetzt, in dem die Substanz schwer löslich ist, so daß deren Löslichkeit im ersten Lösungsmittel herabgemindert wird. Doch darf nur soviel von dem zweiten Lösungsmittel zugesetzt werden, daß in der Hitze höchstens eine schwache Trübung entsteht und erst beim Erkalten die Kristallisation eintritt.

Die Löslichkeit eines abzuscheidenden Stoffes (vor allem in Wasser) kann auch durch Zusatz anorganischer Salze (z. B. NaCl oder Na_2SO_4) verringert werden. Von dieser Methode des *Aussalzens* macht man u. a. Gebrauch bei der Abscheidung von Farbstoffen und Seifen. Man setzt entweder eine konzentrierte Lösung oder aber das Salz in fester Form zu. Das Aussalzen wird durch Tüpfeln auf Filtrierpapier verfolgt.

Die *Abtrennung der Kristalle* von der Mutterlauge geschieht durch Absaugen und Auswaschen oder durch Zentrifugieren bzw. Abpressen. Das Auswaschen der Kristalle erfolgt in der Regel mit dem gleichen Lösungsmittel, aus dem umkristallisiert wurde. Das Waschmittel muß die Kristallmasse gleichmäßig durchtränken (Abstellen des Vakuums, Belüften der Nutsche, Verstreichen eventuell vorhandener Risse in der Kristallmasse, Aufgießen des Waschmittels, langsam durchsickern lassen und dann erst erneut scharf absaugen).

Bei leichtlöslichen Stoffen kann man auch so vorgehen, daß man durch ein anderes, meist niedriger siedendes Lösungsmittel, in dem die Kristalle unlöslich sind, die Mutterlauge verdrängt (z. B. Verdrängen von Nitrobenzol durch Methanol).

Die letzten Reste Lösungsmittel werden durch direktes Trocknen der Kristalle im Trockenschrank oder Exsikkator bzw. durch Wasserdampfdestillation und anschließendes Trocknen entfernt.

Sehr kleine Kristallmengen können durch Aufstreichen (nicht Aufpressen!) auf einen porösen, also saugfähigen Tonteller von der Mutterlauge befreit werden.

Falls ein Auswaschen der Kristallmasse nicht möglich ist, weil die Substanz leicht löslich ist, kann man sich durch wiederholtes Abpressen zwischen Filtrierpapier behelfen.

B. Fraktionierte Kristallisation und Zonenschmelzverfahren

1. Fraktionierte Kristallisation. Diese Methode dient zur Trennung zweier Stoffe auf Grund ihrer unterschiedlichen Löslichkeit in einem Lösungsmittel oder einem Lösungsmittelgemisch.

Man ermittelt durch Vorversuche ein geeignetes Lösungsmittel und kontrolliert jede einzelne Fraktion durch Schmelzpunktsbestimmung und Feststellen der Schmelzpunktsänderung bei Wiederholung der Kristallisation. Dies wird fortgesetzt, bis die Fraktion einen konstanten Schmelzpunkt aufweist.

a) Fraktionierte Kristallisation durch *Eindampfen der Mutterlauge.* Das Substanzgemisch wird zunächst unter Anwendung einer etwas größeren Menge Lösungsmittel umkristallisiert. Dadurch wird eine erste Kristallisation erzielt. Durch Eindampfen der Mutterlauge werden sodann nach und nach weitere Fraktionen erhalten.

b) Fraktionierung durch *Kristallisation bei verschiedener Temperatur.* Diese Methode ist dann anzuwenden, wenn die Löslichkeit zweier Substanzen stark von der Temperatur abhängig ist. Die bei einer bestimmten Temperatur auskristallisierenden Anteile werden jeweils sofort abgetrennt (heizbare Nutsche).

2. Zonenschmelzverfahren. Die feste Substanz befindet sich in einem Rohr. Durch Heizung wird erreicht, daß die Substanz am Rohranfang flüssig wird. Bei Verschiebung der Heizung wandert diese flüssige Zone langsam durch die Substanz. Ist die Verunreinigung in der festen Phase schlechter löslich als in der flüssigen und wird das Verfahren mehrmals wiederholt, dann wird die Verunreinigung an das Rohrende befördert.

Man kann organische Stoffe auch dadurch reinigen, daß man sie in einem Gefäß aus der flüssigen Form zur Hälfte oder zu zwei Drittel erstarren läßt und die restliche Flüssigkeit entfernt. Die erstarrte Substanz ist reiner als das Ausgangsprodukt.

17. Charakteristische Temperaturen

1. Schmelzpunkt. a) *Allgemeines.* Die Schmelztemperatur ist die Temperatur, bei der die Kristallstruktur einer Substanz zusammenbricht und von der festen in die flüssige Phase übergeht. Während des Schmelzens besteht Gleichgewicht zwischen fester und flüssiger Phase, die Temperatur bleibt während dieser Zeit konstant.

Zur Bestimmung des Schmelzpunktes (F_p) wird die Substanz in ein Schmelzpunktsröhrchen (Kapillare) eingefüllt und im Schmelzpunktsapparat erhitzt. Bei der visuellen Methode wird festgestellt, bei welcher Temperatur die Substanz nach der Meniskusbildung völlig klar und durchsichtig erscheint.

Ein „unscharfer" Schmelzpunkt liegt vor, wenn sich der Schmelzvorgang über mehrere Temperaturgrade erstreckt (bei unreinen Substanzen!). Mitunter tritt kein Schmelzen, sondern lediglich ein Sintern ein.

Die Beobachtung sollte mittels einer Lupe geschehen.

Die größten Fehler treten durch zu rasches Aufheizen und durch den „herausragenden" Faden des Thermometers auf. Über die Berechnung dieser Fadenkorrektur s. S. 164.

Unbekannte Substanzen sind vor der Schmelzpunktbestimmung durch Erhitzen einer sehr kleinen Probe auf einem Spatel auf ihr Verhalten zu prüfen (explosive Stoffe!).

Zur Identifizierung von Stoffen wird ein *Mischschmelzpunkt* bestimmt. Die Probe mit dem Schmelzpunkt S wird zu etwa gleichen Teilen mit einem bekannten Stoff, der ebenfalls den Schmelzpunkt S (oder einen sehr naheliegenden) hat, gut verrieben. Ist der Schmelzpunkt des Gemisches wiederum S, kann man in der Regel darauf schließen, daß es sich um identische Produkte handelt.

b) *Selbstherstellung und Füllen des Schmelzpunktröhrchens.* Ein etwa 5 mm weites Glasrohr wird unter Drehen über dem entleuchteten Bunsenbrenner bis zum Weichwerden erhitzt und dann außerhalb der Flamme zu einer Kapillare von 0,75 bis 1 mm Innendurchmesser ausgezogen. In gleicher Weise werden aus einem Glasstab Glasfäden ausgezogen, die gerade in die Kapillare passen. Beim Abschneiden der Kapillare müssen gerade Schnittflächen entstehen, um Schwierigkeiten beim Einfüllen der Substanz zu vermeiden. Das eine Ende des Röhrchens wird zugeschmolzen.

Zum Füllen wird das offene Ende in die vollkommen trockene, fein zerriebene Substanz (Achatreibschale) eingetaucht und so ein wenig davon aufgenommen. Die Substanz wird mit dem Glasfaden auf den Grund des Röhrchens geschoben und festgedrückt. Dies wird so lange wiederholt, bis eine etwa 2 mm hohe Schicht entstanden ist. An Stelle des Einstampfens kann man das Röhrchen durch ein langes Glasrohr frei herunterfallen lassen, wobei sich die Substanz durch den elastischen Aufstoß von selbst auf dem Röhrchenboden festsetzt oder man stößt das mit der Hand gefaßte Röhrchen vorsichtig mehrmals gegen die Tischplatte.

c) *Schmelzpunktsapparate mit Badflüssigkeit.* Der Apparat von Thiele (Abb. 315) besteht aus einem Rohr von ca. 2 cm Weite, an das ein Bogen von 1 cm Weite so angesetzt ist, daß er das untere Ende des Rohres mit der Mitte verbindet. Der Bogen, der mit einem Drahtnetz umwickelt wird, wird mit direkter Flamme erhitzt. Dadurch beginnt die Badflüssigkeit zu zirkulieren, der Apparat heizt sich daher rasch an und geht nicht nach, d. h., die Temperatur des Heizbades ist nicht höher als die Anzeige des Thermometers. Das Thermometer mit dem daran befestigten Schmelzpunktsröhrchen (mittels Platindraht oder Gummiring, z. B. einem schwachen Abschnitt eines Gummischlauches; die Substanz im Röhrchen muß in der Mitte der Quecksilberkugel anliegen) wird von oben direkt in die Badflüssigkeit eingeführt und mit Hilfe eines Stopfens festgehalten. Bei einem verbesserten Apparat werden die Schmelzpunktsröhrchen durch seitliche Öffnungen eingesetzt, so daß ihr unteres Ende direkt an die Thermometerkugel zu liegen kommt. Oben werden die Röhrchen durch ein kleines Gummiplättchen gesteckt, die ein Hineinfallen des Röhrchens in das Bad verhindern. In gleicher Weise geschieht auch die Einführung der Röhrchen bei dem Apparat nach Friedrichs (Abb. 316).

Ist ein Schmelzpunktapparat nicht vorhanden, kann man sich wie folgt behelfen: In einen Kurzhals-Rundkolben, der die Badflüssigkeit enthält, wird mittels eines Stopfens (mit Kerbe versehen zum Entweichen der erwärmten Luft) ein Reagenzglas eingesetzt. In dieses wird durch einen Stopfen (ebenfalls mit Einkerbung) das Thermometer eingesetzt, an dem das Schmelzpunktröhrchen befestigt ist (Abb. 317).

Abb. 315. Schmelzpunktsapparat nach Thiele

Abb. 316. Schmelzpunktsapparat nach Friedrichs

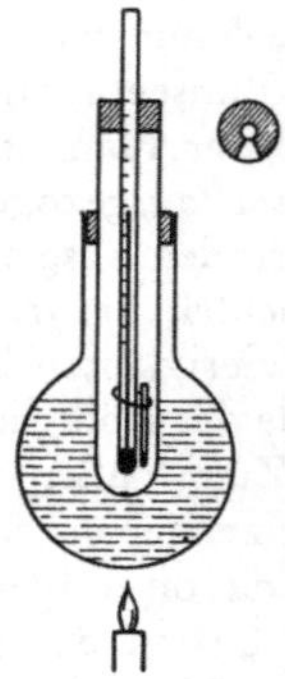

Abb. 317. Selbsthergestellter Schmelzpunktsapparat

Die Heizung geschieht in den beschriebenen Fällen durch einen Gasbrenner.

Substanzen, die vor dem Schmelzen sublimieren, werden in einem beiderseits zugeschmolzenem Röhrchen, das erst kurz vor Erreichen der Schmelztemperatur in den Apparat gebracht wird, geprüft.

Badflüssigkeiten: Wasser, konzentrierte Schwefelsäure (sie sollte nach Möglichkeit nicht verwendet werden, und wenn, dann nur unter entsprechenden Vorsichtsmaßnahmen!), Paraffinöl, Siliconöl. Das Braunwerden von Schwefelsäure durch hineinfallenden Staub wird durch Zusatz eines Körnchens Salpeter zum frischen Bad weitgehend hinausgeschoben. Schwefelsäure ist nur bis etwa 300° C verwendbar (darüber Bildung von Dämpfen). Vorzuziehen ist in jedem Fall Siliconöl. Für höhere Temperaturen ist ein Gemisch von sechs Teilen konzentrierter Schwefelsäure und vier Teilen Kaliumsulfat (325 bis 360° C) oder Trikresylphosphat (400° C) brauchbar.

Das Aufheizen, einige Grade vor der Schmelzpunktstemperatur, muß allmählich erfolgen (1 bis 2° C/min).

d) *Apparate ohne Badflüssigkeit.* Der Apparat nach Linström (Abb. 318) besteht aus einem zylindrischen Messingblock mit herausnehmbarem Einsatz zum Einstellen des Thermometers und bis zu drei Schmelzpunktsröhrchen. Die Beleuchtung ist für Niederspannung eingerichtet und blendungsfrei montiert. Eine verstellbare Ableselupe erleichtert die Beobachtung. Geheizt wird mit einem schwenkbaren, feineinstellbaren Gasbrenner.

Abb. 318. Schmelzpunktsbestimmungsapparat nach Dr. Linström (Wagner & Münz, Laboratoriums-Bedarf, München)

Ähnliche Apparate mit einem Heizblock aus Kupfer sind sowohl für Gas- als auch elektrische Beheizung mit stufenlos regelbarer Heizleistung eingerichtet (Edmund Bühler, Tübingen).

Eine rasche Bestimmung des Schmelzpunktes ist mit der *Heizbank* nach Kofler (Abb. 319) möglich. Sie besteht aus einem 360 mm langen und 40 mm breiten Metallkörper, auf dem durch einseitige elektrische Heizung ein Temperaturgefälle erzeugt wird. Sie enthält eine Skala von +50 bis 260° C mit im Abstand von je 2° angebrachten Temperaturlinien und eine verschiebbare Ablesevorrichtung. Die Substanz wird auf die Oberfläche der Heizbank aufgestreut. Schon nach wenigen Sekunden sieht man bei reinen Substanzen eine scharfe Grenze zwischen der flüssigen und der festen Phase. Darauf wird der Zeiger des Läufers eingestellt und die Temperatur abgelesen. Geeicht wird mit einer reinen Testsubstanz, möglichst in dem Bereich, in dem die nachfolgende Messung erfolgt. Die Heizbank erfordert vor Gebrauch eine Anheizzeit von etwa 40 Minuten. Die Fehlerbreite beträgt im Mittelbereich ±1° C.

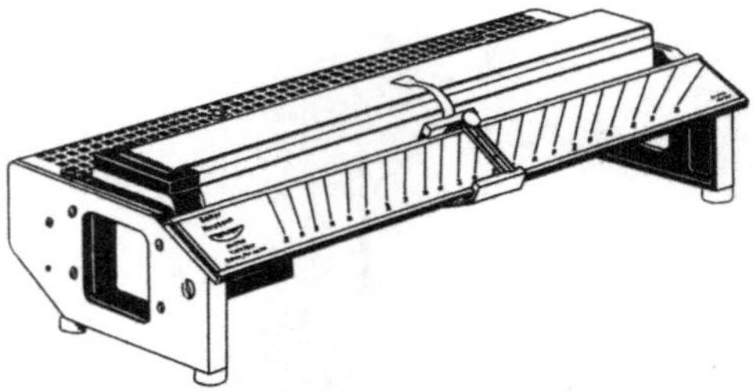

Abb. 319. Heizbank nach Kofler
(C. Reichert, Opt. Werke AG, Wien)

Besondere Vorteile bietet die Schmelzpunktbestimmung unter dem Mikroskop *(Mikroheiztisch)*, da hiebei das Verhalten jedes einzelnen Kristalls beobachtet werden kann. Gleichzeitig kann die Einheitlichkeit der Substanz erkannt werden. Auf dem Objekttisch des Mikroskops befindet sich eine elektrisch geheizte Platte mit seitlich eingeführtem Thermometer. Die Substanz wird in die Vertiefung des Objektträgers gebracht und mit einem Deckgläschen überdeckt.

2. Erstarrungspunkt. In einem etwa 15 cm langen Reagenzglas von 2,5 bis 3 cm Durchmesser wird eine größere Menge (100 g oder mehr) der zu prüfenden Substanz geschmolzen. Die Temperatur soll dabei höchstens 10 bis 15° C über der Erstarrungstemperatur liegen und das Schmelzen zur Vermeidung von Überhitzungen in einem Bad vorgenommen werden. Nach Einbringen des Thermometers in die Schmelze wird höchstens 2 bis 3° C unter den Erstarrungspunkt abgekühlt und die Unterkühlung durch Umrühren mit dem Thermometer beseitigt. Sobald eine genügende Kristallisation der Schmelze eintritt, wird das Thermometer vorsichtig in der Kristallmasse auf und ab bewegt und die sich einstellende Höchsttemperatur als Erstarrungspunkt abgelesen.

3. Siedepunkt. a) *Allgemeines.* Unter Siedepunkt versteht man die Temperatur, bei der der Dampfdruck einer Flüssigkeit gleich ist dem Atmosphärendruck. Während des Siedens bleibt die Temperatur konstant. Der Siedepunkt ist also vom Luftdruck abhängig, er sinkt bei Druckminderung und steigt bei Druckerhöhung.

Bei der Angabe des Siedepunktes wird normalerweise ein Luftdruck von 760 Torr (= 1013,25 mbar) zugrunde gelegt. Bei anderen Drucken ist dieses anzugeben, z. B. $K_{p\ 22}$ 118° C bedeutet, daß die Verbindung bei 22 Torr (= 29,3 mbar) einen Siedepunkt von 118° C hat.

Siedepunkterhöhung und Gefrierpunkterniedrigung. Durch das Auflösen fester oder flüssiger Stoffe in einem Lösungsmittel wird bewirkt, daß der Siedepunkt des Lösungsmittels steigt und der Gefrierpunkt desselben absinkt. Da dies eine für das betreffende Lösungsmittel ganz charakteristische und gleichbleibende Eigenschaft und Größe ist, kann durch Auflösen unbekannter Substanzen und Bestimmung der dadurch verursachten Differenz im Siede- bzw. Gefrierpunkt (Messung mit Beckmann-Thermometer) das Molekulargewicht des aufgelösten Stoffes errechnet werden.

b) *Bestimmung des Siedepunktes.* Man destilliert den Stoff in üblicher Weise (s. S. 173). Auf folgendes ist zu achten: Thermometerkugel in der Höhe des Ansatzrohres vom Kolben zum Kühler, Quecksilberfaden des Thermometers muß im Dampfraum sein (oder Korrektur des herausragenden Fadens bzw. Verwendung abgekürzter Thermometer), Zugabe von Siedeerleichterern. Die Destillationsgeschwindigkeit soll ein bis zwei Tropfen pro Sekunde betragen (bei schnellerer Verdampfung tritt Stauung ein, die die Siedetemperatur zu hoch erscheinen läßt).

Bei dieser Methode kann der gesamte Siedeverlauf beobachtet werden (Aufnahme einer Siedekurve).

Bei kleinen Flüssigkeitsmengen führt man einen Tropfen davon in ein Glasrohr ein (Abb. 320). In diesen Flüssigkeitstropfen taucht man eine etwas über dem unteren Ende zugeschmolzene Kapillare. Das Glasrohr wird an einem Thermometer befestigt und nun wie bei einer Schmelzpunktsbestimmung verfahren, d. h. man taucht das Ganze in ein Heizbad und erwärmt. Ehe der Siedepunkt erreicht ist, entwickeln sich aus dem Kapillarröhrchen einzelne Bläschen, die sich rasch vermehren und zuletzt einen ganzen Faden kleiner Dampfperlen bilden. Dies ist der Moment, an dem das Thermometer abgelesen wird.

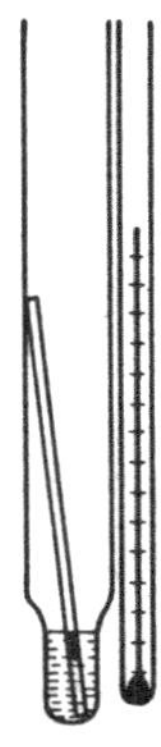

Abb. 320. Siedepunktsbestimmung kleiner Substanzmengen

4. Universelle Apparate. a) Der *Mettler FP* besteht aus einer Ofeneinheit und einem elektronischen Steuergerät. Eine ständige Überwachung und Beobachtung während des Meßverlaufs ist nicht erforderlich. Zur Messung dient ein eingebautes Pt-Widerstandsthermometer. Der Meßbereich beträgt —20 bis +300° C, bei tieferen Temperaturen Einstellen in eine Kühltruhe (Abb. 321).

α) Schmelzpunktsbestimmung. Die Möglichkeit der gleichzeitigen

Bestimmung von drei Schmelzpunkten erlaubt z. B. bei der Bestimmung des Mischschmelzpunktes, die beiden Einzelstoffe und das Gemisch nebeneinander zu messen.

Abb. 321. Mettler FP 51+FP 5, Ofeneinheit und Steuergerät (Mettler-Instrumente AG, Greifensee-Zürich)

Prinzip (Abb. 322): Ein Lichtstrahl wird durch die Probe auf eine Fotozelle geleitet. Mit Beginn des Schmelzprozesses wächst die Intensität des Lichtes und das Fühlerelement nimmt dies wahr. Es sendet sofort ein Signal zum entsprechenden Digitalanzeiger. Man wählt im Steuergerät die Starttemperatur und den Temperatur-

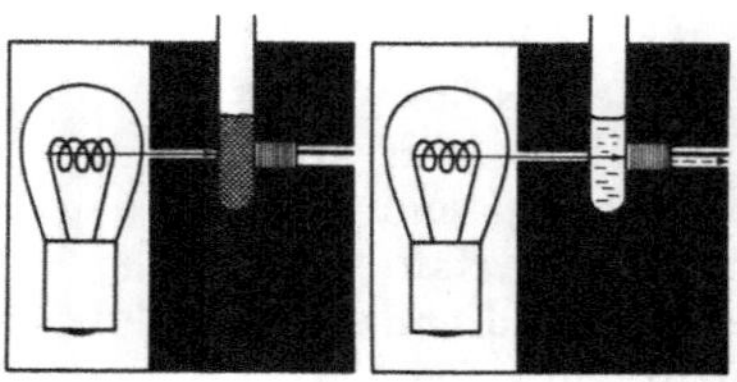

Abb. 322. Prinzip der Schmelzpunktsbestimmung im Mettler FP (Mettler-Instrumente AG, Greifensee-Zürich)

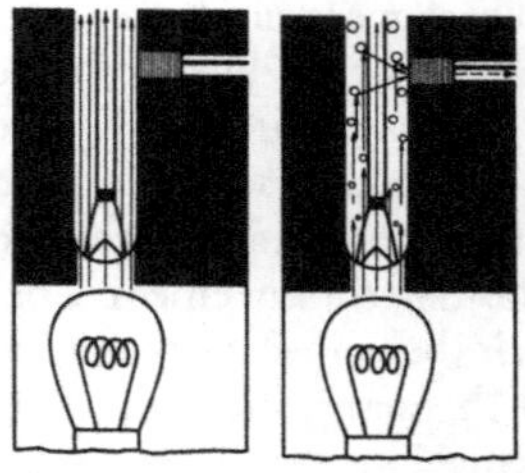

Abb. 323. Prinzip der Siedepunktsbestimmung im Mettler FP (Mettler-Instrumente AG, Greifensee-Zürich)

anstieg (10° C/min für Orientierungsteste; 1,2 oder 3° C/min für mittlere Geschwindigkeit; 0,2° C/min für Präzisionsmessungen). Nach Einstecken der Kapillarröhrchen mit der Probe in die Ofeneinheit und Drücken der Starttaste beginnt die vollautomatische Messung. Die Meßwerte sind digital ablesbar, der Schmelzverlauf wird durch Schreiber registriert. Genauigkeit für 0,2° C/min Anstieg: ±0,1° C (bei 30 bis 100° C).

β) Siedepunktsbestimmung. Es werden ein spezielles Siedepunktsröhrchen und eine innere Kapillare benutzt, die eine Überhitzung ausschließt und gleichmäßiges Sieden erzielt. Die Probe wird von unten nach dem Dunkelfeldverfahren beleuchtet. Mit Beginn des Siedens reflektieren die aufsteigenden Gasbläschen das Licht zur Fotozelle. Bei bestimmter Bläschenfrequenz löst ein Schaltkreis den Resultatspeicher aus. Genauigkeit bei 0,2° C/min Anstieg: ± 0,3° C (bei 30 bis 100° C). Prinzip s. Abb. 323.

b) Der *Fus-O-mat*. In die Probe wird ein Temperaturfühler (NiCr-Ni-Thermoelement) eingeführt. Beim Einsetzen einer endothermen Umwandlung (z. B. Schmelzen oder Sieden) wird die zugeführte Wärme verbraucht und die Temperatur in der Probe-Kapillare bleibt konstant. Diese Umwandlungstemperatur wird als elektrische Spannung gemessen und auf der in ° C geeichten Skala eines Drehspulinstrumentes direkt als Temperaturanzeige abgelesen. Ein bei 40° C thermostatisierter Metallblock liefert die Bezugstemperatur zum Messen der Thermospannung. Die Aufheizgeschwindigkeit kann eingestellt werden.

α) Schmelzpunkt. Das Schmelzpunktsröhrchen mit der eingefüllten Probe und dem bis zum Boden der Kapillare eingesteckten Temperaturfühler werden in den Heizungsofen eingesetzt und durch Teflonhalter zentriert. Im Schreiber wird der gewünschte Meßbereich eingestellt und durch Tastendruck der Start und die Aufheizgeschwindigkeit betätigt.

β) Siedepunkt. Die Flüssigkeit wird in eine etwas weitere Kapillare (ca. 4 mm Durchmesser) eingefüllt und der Temperaturfühler und daneben noch zwei dünne, oben geschlossene Kapillaren (zur Verhinderung des Siedeverzuges) eingebracht. S. Abb. 324.

γ) Erstarrungspunkt. Die fein zerriebene Substanz wird in ein ca. 4 mm weites Sicderöhrchen 5 mm hoch eingefüllt. Die Probe wird 10° C über den Schmelzpunkt aufgeheizt und anschließend die Tasten „Abkühlen“ und „10° C/min“ gedrückt. Die Probe kühlt sich ab. Ist die Schmelztemperatur um ca. 2° C unterschritten, wird durch Impfen die Kristallisation ausgelöst, in dem man eine dünne Kapillare, die man in die Kristalle der zu messenden Substanz eingetaucht hat, in die Schmelze steckt.

5. Flammpunkt. Bei der Bestimmung des Flammpunktes brennbarer Flüssigkeiten stellt man die niedrigste Temperatur fest (bezogen auf 760 Torr = 1013,25 mbar), bei der sich aus einer Flüssigkeit in einem geschlossenen Tiegel unter genau festgelegten Bedingungen Dämpfe in solcher Menge entwickeln, daß sich im Tiegel ein

Dampf-Luft-Gemisch bildet, das durch Fremdzündung entflammbar ist.

Die Flüssigkeiten werden auf Grund ihres Flammpunktes in verschiedene Gefahrenklassen eingeteilt (s. S. 100).

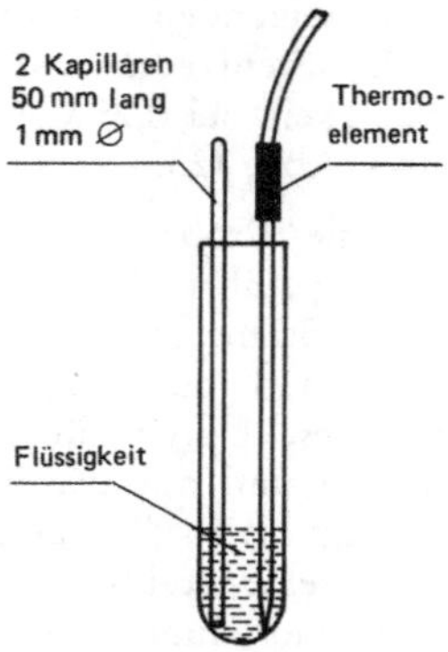

Abb. 324. Siedepunktsbestimmung mit dem Fus-0-mat (W. C. Heraeus GmbH, Hanau)

Einzelheiten über die Apparatur, Probenahme und Durchführung der Bestimmung, Temperaturanstieg und Ablesungsintervall sind in den DIN-Normen 51755 (Bestimmung von Flammpunkten im Bereich von +5 bis unterhalb +65° C nach Abel-Pensky) und 51758 (Bestimmung im Bereich von 65 bis 200° C nach Pensky-Martens) festgelegt, die genau einzuhalten sind. Der herrschende Luftdruck muß berücksichtigt werden.

Prinzip: Der geschlossene Tiegel mit der Probe wird bei Flammpunkten unterhalb 65° C im Wasserbad, bei Flammpunkten von 65 bis 200° C unter Rühren im Heißluftbad erwärmt. Die Zündflamme wird durch eine sich kurz öffnende Deckelaussparung eingeführt und sogleich wieder zurückgezogen. Dies wird solange fortgesetzt, bis eine Entflammung auf der Oberfläche der Flüssigkeit beobachtet wird.

18. Dichte

1. Allgemeines. Die Dichte ϱ eines Stoffes ist der Quotient aus seiner Masse m und seinem Volumen V.

$$\varrho = \frac{m}{V} \quad \text{in g/cm}^3 \text{ oder kg/m}^3.$$

Die Wichte γ ist definiert durch den Quotienten aus der Gewichtskraft G und dem Volumen V.

$\gamma = \frac{G}{V}$. Die Wichte ist, wegen der Fallbeschleunigung g, im Gegensatz zur Dichte eine ortsabhängige Meßgröße. An Orten nahe der Erdoberfläche sind die Zahlenwerte von Wichte und Dichte angenähert gleich. Der Ausschuß für Einheiten und Formelgrößen (AEF) im Deutschen Normenausschuß (DNA) empfiehlt, die Größe Wichte nicht mehr zu verwenden, insbesondere nicht unter dem Namen spezifisches Gewicht.

Die Dichte eines Stoffes ist temperaturabhängig. Bei den Angaben muß daher die Temperatur angeführt werden, bei der die betreffende Messung vorgenommen wurde. In der Regel gilt 20° C als Bezugstemperatur (bei speziellen Stoffen wird auf eine andere Temperatur bezogen, z. B. bei Mineralöl auf 15° C). Die Dichte von Gasen ist außerdem druckabhängig.

2. Pyknometer. Pyknometer sind Glasfläschchen mit einem bestimmten Volumen, durch deren eingeschliffenen Stopfen eine Kapillare führt, oder sie sind mit Thermometer und Seitenkapillare mit aufgeschliffener Kappe ausgestattet (Abb. 325).

Bestimmung der Dichte mit Hilfe des Pyknometers. Das leere Pyknometer muß rein und völlig trocken sein (Spülen mit Alkohol und Äther und Durchsaugen eines Luftstromes).

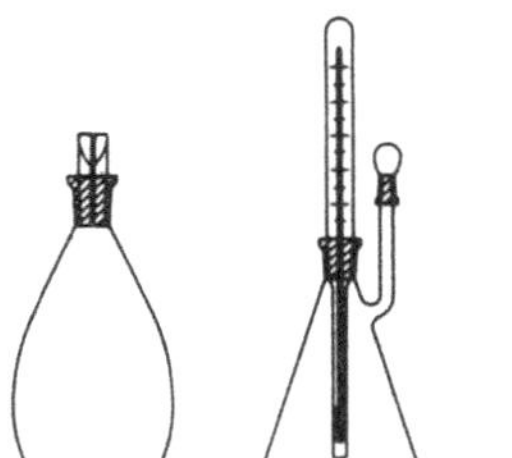

Abb. 325. Pyknometer (Ernst Keller & Co. AG, Basel)

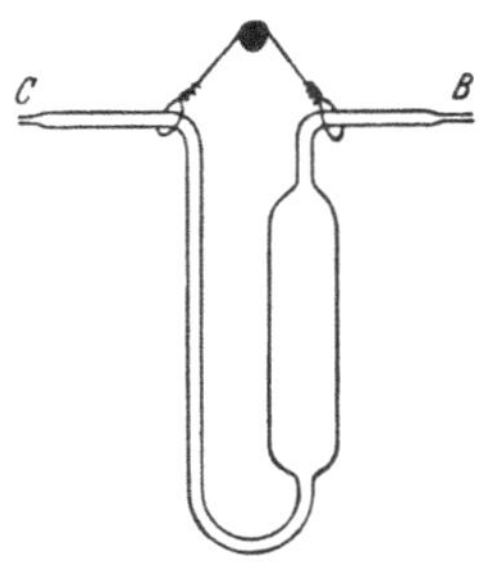

Abb. 326. Pyknometer nach Sprengel-Ostwald

a) *Flüssigkeiten.* Bei der Füllung des genau gewogenen Pyknometers mit der Flüssigkeit ist darauf zu achten, daß im Pyknometer keine Luftbläschen zurückbleiben. Eine Temperierung, z. B. in einem Wasserbad, muß vorgenommen werden. Es ist gut abzutrocknen, aus der Kapillare austretende Flüssigkeit wird mit Filtrierpapier weggenommen.

Durch Wägung werden folgende Gewichte bestimmt:

Leeres Pyknometer = M
Pyknometer + dest. Wasser = M_1 (ϱ_w = Dichte des Wassers)
Pyknometer + Untersuchungsflüssigkeit = M_2

$$\varrho = \frac{(M_2 - M) \cdot \varrho_w}{M_1 - M}$$

Bei den nach DIN geeichten Pyknometern ist die Inhaltsangabe garantiert, wenn bei der angegebenen Eichtemperatur gearbeitet wird.

b) *Feste Körper.* Man bestimmt folgende Gewichte:
Leeres Pyknometer = M
Pyknometer + dest. Wasser = M_1
Pyknometer + Festkörper = M_2
Pyknometer + Festkörper + dest. Wasser = M_3

$$\varrho = \frac{M_2 - M}{(M_1 - M) - (M_3 - M_2)} .$$

Die Temperaturkorrektur wird nach folgender Formel berechnet:

$$p' = p \cdot \frac{\varrho'}{\varrho}, \text{ darin bedeuten:}$$

p das Gewicht des Wassers bei der Versuchstemperatur t^0,
p' das Gewicht des Wassers bei der Temperatur t', auf die bezogen werden soll,
ϱ die Dichte des Wassers bei t^0, } aus Tabellen zu entnehmen.
ϱ' die Dichte des Wassers bei t' }

c) Das *Pyknometer nach Sprengel-Ostwald* (Abb. 326) hat die Form einer umgebogenen Pipette, deren Öffnung C kapillar ausgezogen ist, während die Öffnung B an einer verengten Stelle eine Strichmarke enthält. Man füllt das Pyknometer durch Saugen (z. B. mittels Gummiball) bei B mit der Flüssigkeit von C aus, temperiert es und stellt den Flüssigkeitsmeniskus auf die Marke B ein, indem man überschüssige Flüssigkeit bei C mittels Filtrierpapier abtupft. Ist zu viel Flüssigkeit fortgenommen, so bringt man mit einem Glasstab einen Tropfen davon nach C.

3. Auftriebsmethoden. Ein in eine Flüssigkeit eingetauchter Körper erleidet einen scheinbaren Gewichtsverlust, einen Auftrieb. Dieser ist nach dem Archimedischen Prinzip gleich dem Gewicht der verdrängten Flüssigkeitsmenge.

a) Mit der *Mohr-Westphalschen Dichtewaage* (Abb. 327) ermittelt man den Auftrieb eines Tauchkörpers in der zu prüfenden Flüssigkeit. Verwendet wird ein beschwerter Glaskörper, der an einem dünnen Platindraht hängt. Der Tauchkörper ist zweckmäßig als Thermometer ausgeführt.

Durch ein Gewicht auf der entgegengesetzten Seite des Waagebalkens wird der Tauchkörper in der Luft im Gleichgewicht gehalten.

Beim Eintauchen des Tauchkörpers in destilliertes Wasser wird der Gewichtsverlust durch das Reitergewicht A_1 (= A) durch Einhängen in den äußeren Haken ausgeglichen. Die Reitergewichte B und C sind gleich 0,1 A bzw. 0,01 A.

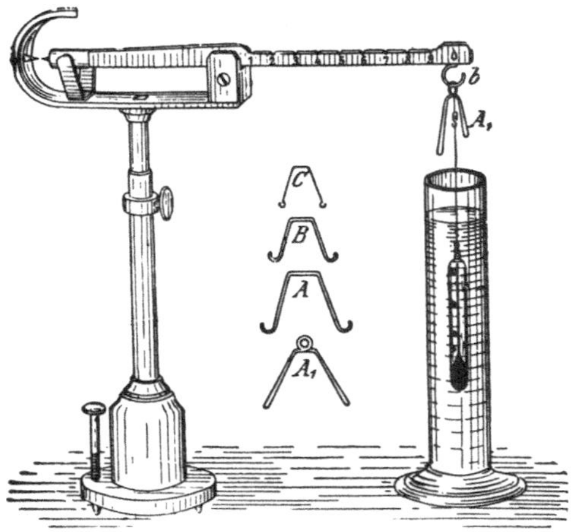

Abb. 327. Mohr-Westphalsche Dichtenwaage

Taucht der Tauchkörper in eine Flüssigkeit, die schwerer ist als Wasser, müssen zusätzliche Gewichte auf verschiedene Stellen des Waagebalkens verteilt werden, z. B.

Reiter A = 1	... auf Teilstrich	5 ...	Wert: 0,5
B = 0,1 ...		6 ...	0,06
C = 0,01 ...		3,7 ...	0,0037

Die Dichte ist dann = 1,5637.

Bei Flüssigkeiten, die leichter sind als Wasser, wird das Reitergewicht A_1 am äußeren Haken des Waagebalkens fortgelassen.

b) Die *Dichtewaage* für Flüssigkeiten und Feststoffe (Gottl. Kern & Sohn, Ebingen) ist eine Weiterentwicklung der Mohr-Westphalschen Waage. Die Dichte von Flüssigkeiten wird direkt auf der Dichteskala des Waagebalkens für einen Bereich von 0,62 bis 1,84 g/ml angezeigt. Bei Feststoffen sind drei Teilmessungen erforderlich: Dichte einer frei gewählten Tauchflüssigkeit, Probengewicht in der Luft und in der Flüssigkeit.

c) Eigens für die Dichtebestimmung vorgesehene *Präzisionswaagen* haben eine *Gehängedurchführung*, so daß der Körper unterhalb der Waage aufgehangen werden kann.

4. Aräometer. Aräometer oder Spindeln (Abb. 328) beruhen darauf, daß ein schwimmender Körper so tief in eine Flüssigkeit einsinkt, wie die von ihm verdrängte Flüssigkeit wiegt. Die Bezugstemperatur ist in der Regel 20° C.

Der zylindrische Schwimmkörper ist im unteren Ende durch Bleischrot oder Quecksilber beschwert, der stabförmig verjüngte Oberteil (Stengel) trägt die Skala. Aräometer können mit einem Thermometer ausgestattet sein.

Aräometer sind normalerweise für „Ablesung unten" justiert, d. h., die Ablesung erfolgt in der Ebene des Flüssigkeitsspiegels (Abb. 329 A_1—A_2). Für undurchsichtige Flüssigkeiten verwendet

Abb. 328. Dichte-Aräometer (Arno Amarell, Kreuzwertheim/Main)

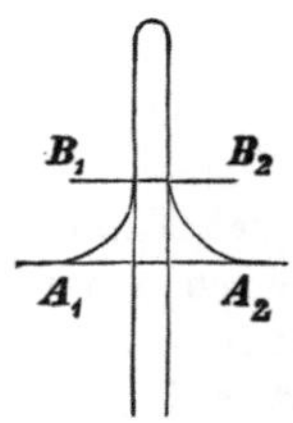

Abb. 329. Aräometerablesung

man Aräometer mit der Aufschrift „Ablesung oben". Sie werden also am oberen Wulstrand (B_1—B_2) abgelesen. Sie dürfen nicht für durchsichtige Flüssigkeiten verwendet werden.

Das gut gesäuberte Aräometer (nur oberhalb der Skala anfassen!) wird langsam in die Flüssigkeit, die sich in einem Standzylinder befindet, eingetaucht, wobei es nicht mehr als 5 mm über die spätere Ablesestelle benetzt werden soll. Es muß frei und lotrecht schwimmen und darf die Wand des Standzylinders nicht berühren. Unmittelbar nach Ablesen des Dichtewertes muß die Temperatur der Flüssigkeit festgestellt werden. Bei Abweichung von der auf dem Instrument angegebenen Bezugstemperatur ist eine Korrektur notwendig. Für genaue Messungen muß die Oberflächenspannung der Flüssigkeit berücksichtigt werden, wofür Umrechnungsformeln in den DIN-Vorschriften existieren.

Die Aräometer sind zumeist zu Gruppen zusammengefaßt, wobei die einzelnen Instrumente nur begrenzte Dichtebereiche umfassen, z. B. 0,600—0,660, 0,650—0,710 usw., mit Skalenwerten von 0,001, 0,002 oder 0,005 (darauf achten!).

Für spezielle Zwecke werden Aräometer verwendet, die z. B. mit Skalen für Mineralöl oder nach °Baumé versehen sind. Desgleichen sind Alkoholometer (nach Gew.- oder Vol.-%), Saccharometer (Gewichts-% Zucker) u. a. in Gebrauch.

5. Dichtemeßeinrichtung für Flüssigkeiten und Gase nach Kratky, Leopold und Stabinger. Bei diesem Gerät wird die Dichte aus der Eigenfrequenzänderung eines Schwingkörpers, in den das zu untersuchende Medium eingebracht wurde bzw. ihn durchströmt, abgeleitet (Biegeschwingmethode). Die zur Messung erforderliche Substanzmenge beträgt ca. 0,7 ml.

Das Schwinggebilde (Abb. 330) ist ein hohler, gläserner Biegeschwinger, der auf elektronischem Weg über den Magnetstab A zu

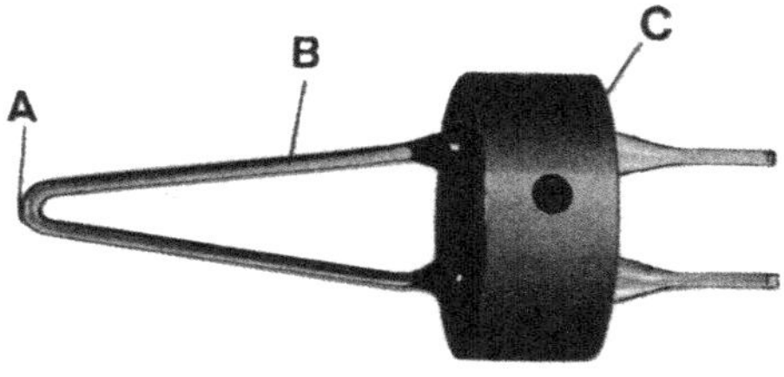

Abb. 330. Schwinggebilde der Präzisions-Dichtemeßeinrichtung DMA 02 C (Dr. Virus KG, Bonn)

einer ungedämpften Schwingung angeregt wird. Die Schwingungsrichtung steht normal zur Ebene der V-förmig ausgebildeten Zu- und Ableitung B, die gleichzeitig die Federelemente des Schwingers darstellen. Die Eigenfrequenz des Schwingkörpers wird nur von jenem, durch die Lage der Schwingknoten genau definiertem Volumenanteil der Substanz beeinflußt, der an der Schwingbewegung teilnimmt. Eine Überfüllung ist für die Messung belanglos.

Der Meßschwinger aus Glas ist in einen Stahlflansch C eingekittet, der in ein vollständig abgeschlossenes, durch Flüssigkeitsumlauf temperiertes Metallgehäuse eingeschraubt ist. Die Zu- und Ableitung zum Schwinger in der Meßzelle sind über zwei Teflontüllen mit Konus für den Einsatz von Injektionsspritzen (zum Einbringen des Meßgutes) an die Frontplatte der Apparatur herausgeführt. Der übrige Teil der Apparatur besteht aus der elektronischen Einrichtung zur Erregung des Schwingers und zur genauen Messung seiner Eigenfrequenz.

Das Gerät muß an einen Ultrathermostaten angeschlossen werden.

Gemessen werden die Schwingungsdauer des mit Luft gefüllten Schwingers ($= T_L$) und des mit Wasser gefüllten Schwingers ($= T_W$). Daraus und aus den beiden Dichten ϱ_L und ϱ_W wird die Apparatekonstante k ermittelt.

$$k \, . \, (\varrho_W - \varrho_L) = T_W^2 - T_L^2 .$$

Nun wird das Präparat gemessen ($= T_P$) und es ist

$$k \, . \, (\varrho_P - \varrho_W) = T_P^2 - T_W^2 ,$$

woraus ϱ_P berechnet werden kann.

6. Bestimmung der Gasdichte. Die Gasdichte wird mit Hilfe einer Gaswaage bestimmt, die aus einem Waagebalken besteht, von dem die eine Seite zur Nullpunktsanzeige dient und die andere Seite aus einer Glaskugel und einem Manometer besteht. Bei der Füllung der Glaskugel mit Gas wird der Auftrieb durch Druckänderung ausgeglichen. Die Gasdichte ist dann $\varrho_G = \frac{\varrho_L \cdot P_L}{P_G}$, darin sind ϱ_L die Dichte der Luft, P_L der Druck, bei dem die mit Luft gefüllte Waage Null anzeigt, und P_G der Druck, bei dem die mit Gas gefüllte Waage Null anzeigt.

7. Schütt- und Rüttelgewicht. Poröse, faserige oder körnige Stoffe enthalten in ihrem Gefüge Hohl- und Zwischenräume.

Um den Raum zu bezeichnen, den eine bestimmte Menge solcher Stoffe beim Lagern benötigt, wird das Schüttgewicht bzw. das Schüttvolumen bestimmt.

Man füllt den Stoff z. B. in einen Meßzylinder, klopft ihn gegebenenfalls auf eine Unterlage auf und stellt das Gewicht der Volumeneinheit fest.

Immer wird das Schüttgewicht so bestimmt, wie es die Praxis verlangt. Wird z. B. in Fässer eingerüttelt, muß auch bei der Bestimmung gerüttelt werden. Ein Gerät hiezu ist das Stampfvolumeter, bei dem ein Meßzylinder einem elektrisch angetriebenen Stampfmechanismus ausgesetzt wird (Abb. 331).

Das Rüttelgewicht ist größer als das Schüttgewicht, da sich das Pulver beim Stampfen verdichtet.

Abb. 331. Stampfvolumeter
(J. Engelsmann AG, Ludwigshafen/Rh.)

19. Viskosität

1. Allgemeines. Die Einheit der dynamischen oder absoluten Viskosität oder Zähigkeit η ist die Pascalsekunde Pa · s. (Vor Einführung des Gesetzes über Einheiten im Meßwesen vom 2. Juli 1969 galt als Einheit der dynamischen Viskosität das Poise P; 1 Centipoise 1 cP = 0,01 P).

Umrechnung:

1 Pascalsekunde 1 Pa · s = 10 Poise
1 Millipascalsekunde 1 mPa · s = 1 cP
1 Pa (Pascal) = 10 dyn/cm² (1 dyn = 1 cm · g/s²)
1 Pa = 1 N/m²; 1 N (Newton) = 1 kgm/s²

Der Kehrwert der dynamischen Viskosität ist die Fluidität

$$\varrho = \frac{1}{\eta}.$$

Die kinematische Viskosität ν berücksichtigt den Einfluß der Dichte;

$$\nu = \frac{\eta}{\varrho}.$$

Ihre Einheit ist m^2/s. (Vor Einführung des Gesetzes: 1 Stok; 1 St = 100 mm^2/s, 1 cSt = 0,01 St = 1 mm^2/s).

Die Viskosität ist temperaturabhängig.

Die Zähigkeit von Ölen wird in der Regel nach Grad Engler im Engler-Wiskosimeter gemessen.

$$E = \frac{\text{Auslaufzeit des dest. Wassers bei } 20^\circ \text{ C}}{\text{Auslaufzeit bei } t^\circ \text{ C}}$$

2. Viskosimeter nach Ubbelohde (Abb. 332). Eine pipettenartige Hohlkugel A ist durch eine Kapillare mit dem Gefäß C verbunden. Dieses steht mit dem Gefäß B und einem seitlichen Rohr 1 mit der Außenluft in Verbindung. Das erweiterte, offene Rohr 3 dient zum Einfüllen der Flüssigkeit und zur Einführung des Thermometers.

Die Stärke der zu verwendenden Kapillare wird mit einer beigegebenen Hilfspipette bestimmt. Fallen die Tropfen aus dieser in weniger als einer Sekunde, wird die engste Kapillare verwendet.

Während der Messung muß sich die Anordnung in einem Thermostat befinden.

Meßprinzip: Der Flüssigkeitsspiegel der eingefüllten Flüssigkeit muß zwischen den Marken x und y liegen. Nach Einstellen auf gleiche Temperatur wird mit Hilfe eines Schlauches im Rohr 2 der Inhalt bis zum oberen Rand von D angesaugt, dabei wird 1 mit dem Finger verschlossen. Schlauch loslassen und Finger von 1 entfernen, so daß die Flüssigkeit aus C plötzlich nach B zurückfällt und gleichzeitig die in A und D befindliche Flüssigkeit durch die Kapillare zu fließen beginnt, wobei sich aber das Gefäß C nicht wieder füllt. Im oberen Teil von C bildet sich sofort eine nach unten gerichtete, dünne Flüssigkeitsschicht („hängendes Kugelniveau"). Gemessen wird die Zeit in Sekunden (mit Stoppuhr), in der das obere Flüssigkeitsniveau von der Marke m_1 bis m_2 absinkt. Wichtig ist die sorgfältige Reinigung des Gerätes.

Bei den *KPG-Viskosimetern* (Jenaer Glaswerk Schott & Gen., Mainz) sind die Kapillaren und das „hängende Niveau" nach dem KPG-Verfahren hergestellt. Sie haben den Vorteil, daß nur noch die Laufzeit der Flüssigkeit zu messen ist. Die Apparatekonstante ist auf dem Viskosimeter eingeätzt.

Ebenfalls in KPG-Ausführung ist das *Elektroden-Viskosimeter* nach Orbahn (Jenaer Glaswerk Schott & Gen., Mainz) gefertigt. An Stelle der Meßmarken befinden sich je zwei Pt-Kontakte, an die Hochspannung angelegt wird. Gibt die zu messende, nichtleitende Flüssigkeit während des Durchlaufens die Spitzen des oberen Elektrodenpaares frei, wird durch Funkenüberschlag eine elektrische Präzisionsuhr in Gang gesetzt. Ein gleicher elektrischer Impuls schaltet die Uhr ab, wenn die Flüssigkeit die Spitzen des unteren Elektrodenpaares frei gibt.

Automatisch ermittelt der *Viscotimer* (Jenaer Glaswerk Schott & Gen., Mainz) die Auslaufzeiten von Flüssigkeiten im Bereich von —80 bis + 200° C. Die Apparatur besteht aus einem Ubbelohde-Viskosimeter mit Schutzgestell im Viscotimer-Stativ im Durchsicht-Thermostaten und dem Registriergerät mit Meßelektronik, Vorwählzähler und Meßwertdrucker. Im Kopf des Stativs, der außerhalb der Temperierflüssigkeit liegt, befinden sich Lichtsender und Lichtempfänger. Das Licht wird vom Sender zu den beiden Meßebenen oberhalb der Kapillare geleitet und gelangt nach Durchdringen des Glasteiles zu den beiden Fototransistoren. Die von den Lichtschranken ausgelösten Impulse steuern gleichzeitig die im Registriergerät installierte Pneumatik für den Füll- und Auslaufvorgang. Die Auslaufzeit als Maß für die Viskosität wird digital angezeigt und ausgedruckt. Die gewünschte Zahl der Messungen wird im Vorwahlzähler vorgegeben.

Abb. 332. Viskosimeter mit hängendem Kugelniveau

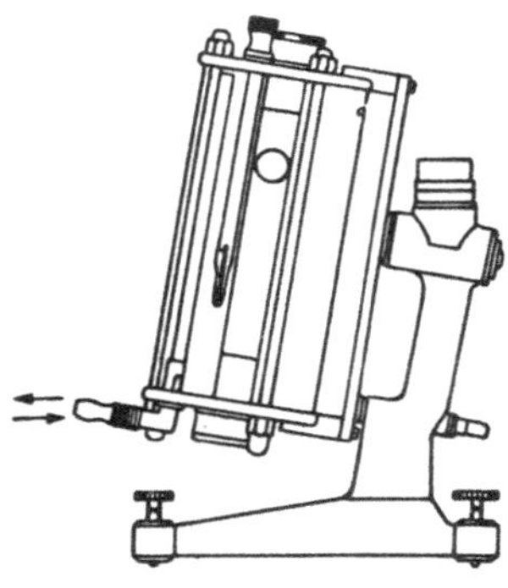

Abb. 333. Viskosimeter nach Höppler

3. Viskosimeter nach Höppler (Abb. 333). Gemessen wird die Fallzeit (mit Stoppuhr) einer exzentrisch fallenden bzw. rollenden Kugel in einem schrägstehenden Rohr zwischen zwei eingeätzten Ringmarken. Das Rohr ist mit der zu untersuchenden Flüssigkeit gefüllt. Bei dunklen und undurchsichtigen Flüssigkeiten erscheint die fallende Kugel als Punkt an der Rohrwandung. Das Fallrohr ist von einem Temperierbad mit Anschluß an einen Umwälzthermostat umgeben. Ein Einschraubthermometer ermöglicht die Temperaturkontrolle. Durch Umschwenken des Meßteiles wird die Kugel wieder in die Ausgangsstellung gebracht.

Berechnung: $\eta = t \cdot (\varrho_K - \varrho_F) \cdot k$; darin bedeuten t = Fallzeit der Kugel, ϱ_K = Dichte der Kugel, ϱ_F = Dichte der Flüssigkeit bei der Meßtemperatur und k = Kugelkonstante. ϱ_K und k sind im Prüfschein angegeben. Meßbereich 0,01 cP bis 10^6 cP (= 0,01 bis 10^6 mPa · s), bei einer Genauigkeit von ±0,1 bis ±0,5% bei 20° C. Temperaturbereich —60 bis +150° C.

Bei der *Viskowaage* (Gebr. Haake, Karlsruhe) wird eine Metallkugel, die an einem Stab befestigt ist, der am Waagebalken einer zweiarmigen Hebelwaage hängt, exzentrisch durch ein kalibriertes Glasrohr gezogen. Die Meßsubstanz durchströmt dabei laminar den Sichelspalt zwischen Kugel und Rohr. Die Zugkraft wird von Gewichten in der Schale des anderen Waagebalkens geliefert. Die Kugelbewegung wird durch einen Zeiger auf einer Skala angezeigt. Mit einer Stoppuhr wird die Zeit zwischen Null und einer Skalenmarke bestimmt. Die Temperierung geschieht durch einen Umwälzthermostat.

$\eta = F \cdot G \cdot T$; darin bedeuten: F = Kugelfaktor, G = benutztes Auflagegewicht und T = Meßzeit in sec. Meßbereich 0,1 bis 100 Millionen cP (oder m Pa . s) je nach dem verwendeten Kugelstab. Meßgenauigkeit 0,5 bis 1% bei 20° C.

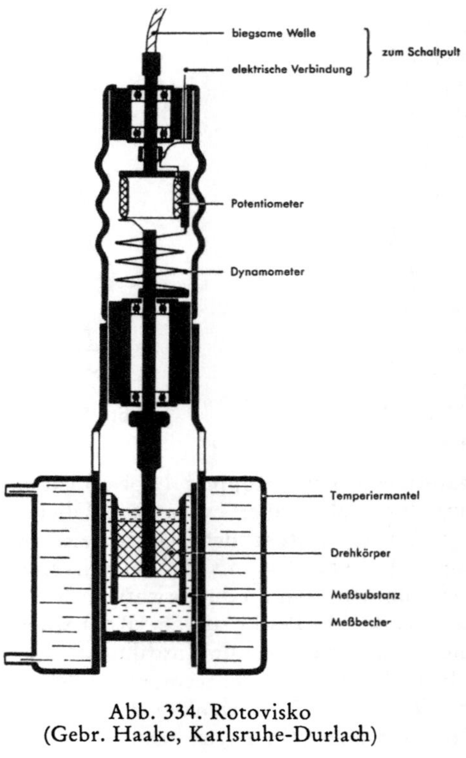

Abb. 334. Rotovisko
(Gebr. Haake, Karlsruhe-Durlach)

4. Rotationsviskosimeter. Bei dem *Rotovisko* (Abb. 334) rotiert mit vorgegebener Geschwindigkeit ein zylindrischer Drehkörper (Rotor) in einem feststehenden Hohlzylinder (Stator). Im Ringspalt zwischen beiden Zylindern befindet sich die Meßsubstanz. Um die vorgegebene Drehgeschwindigkeit des Rotors aufrecht zu erhalten, ist ein Drehmoment erforderlich, dessen Größe ein exaktes Maß für die Viskosität der Substanz ist. Im Meßkopf des Geräts wird der Drehmomentmeßwert in einen analogen elektrischen Wert umgesetzt, der von einem Instrument angezeigt wird. Ein Temperiermantel sorgt für genaue Temperierung der Meßsubstanz. Je nach der Viskosität werden verschiedene Meßeinrichtungen eingesetzt. Die Anzeige erfolgt in cP. Meßbereich 1 bis 10^{10} cP (= 1 bis 10^{10} mPa · s), —30 bis +150° C (bei Spezialausführungen —70 bis +2000° C), Meßgenauigkeit ca. 2 Prozent.

Der *Viscotester* ist ein tragbares Gerät, bei dem die Viskosität in cP direkt abgelesen werden kann. Prinzip: Ein mit Synchronmotor angetriebener zylindrischer Meßkörper taucht in die Meßsubstanz ein, in der er frei rotiert. Der Drehwiderstand ist ein direktes Maß für die Viskosität.

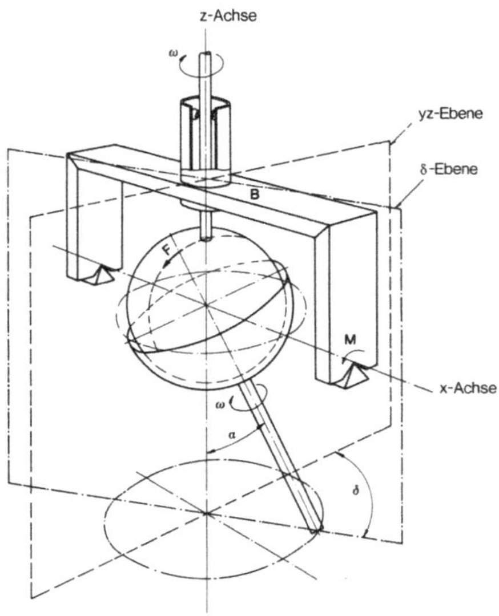

Abb. 335. Funktionsweise des Balance-Rheometers (Contraves AG, Zürich)

5. Balance-Rheometer nach Dr. Képès. Das Gerät unterwirft die zu messende Substanz einer sinusförmigen Scherverformung, ohne daß ein einziger Teil des Instrumentes ungleichförmige Bewegungen ausführt. Bei diesem patentierten Meßprinzip befindet sich die Substanz zwischen einem halbkugelförmigen Meßbecher und einem kugelförmigen Meßkörper (Abb. 335). Meßkörper und Meßbecher, die konzentrisch gelagert sind, rotieren im gleichen Drehsinn mit der Winkelgeschwindigkeit ω. Die Antrlebsachse des Meßbechers ist gegenüber der Rotationsachse z des Meßkörpers um den Winkel α geneigt, wobei beide Achsen sich im Mittelpunkt des Kugelsystems treffen. Der Meßkörper ist in einem um die x-Achse schwenkbaren Meßbügel B gelagert, an welchem die am Kugelumfang auftretenden Schubspannungen in Form eines Richtmomentes M um die x-Achse gemessen werden können (mit Hilfe eines Waagesystems). Von den Kräften F wird lediglich die in der yz-Ebene wirkende Komponente gemessen. Die Ebene, auf der beide Schenkel des Winkels α liegen (ϑ-Ebene), ist um die z-Achse schwenkbar.

Befindet sich im Meßspalt ein rein elastischer Körper, dann wird das maximale Richtmoment M beim Winkel $\vartheta = 0°$ auftreten. Bei $\vartheta = 90°$ wird das Richtmoment $M = 0$, da die Kräfte in der Bügelebene wirken. Eine rein-viskose Substanz bewirkt ein maximales Richtmoment M bei $\vartheta = 90°$. Die Größe des Richtmomentes M bei $\vartheta = 90°$ ist somit proportional der Viskosität η der Substanz. Eine viskoelastische Substanz bewirkt das größte Richtmoment M max. beim Winkel $0° < \vartheta_0 < 90°$. Der Tangens dieses Winkels ϑ_0 ist der Relaxationszeit der Substanz proportional.

20. Arbeiten mit Gasen

A. Gasbehälter

1. Behälter ohne Sperrflüssigkeit. a) Zum Aufbewahren von kleinen Gasmengen unter Atmosphärendruck verwendet man *Gassammelröhren* oder *Tubusflaschen* (s. unter Probenahme, S. 273).

b) Gase unter Druck werden in *Druckgasflaschen* (Bomben) in verdichtetem oder verflüssigtem Zustand gelagert.

Über Sicherheitsmaßnahmen beim Arbeiten mit Druckgasflaschen (Sichern gegen Umstürzen, Schutz vor starker Erwärmung und Frost, Aufstellen außerhalb des Laboratoriums und besondere Leitungen s. S. 1 .)

Bei der Entnahme von Gas aus Druckgasflaschen darf zur Beschleunigung der Verdampfung verflüssigter Gase keinesfalls mit einer offenen Flamme, sondern nur durch feuchte Tücher, dampfbeheizte Wasserbäder oder durch Berieselung erwärmt werden. Nach Gebrauch sind die Ventile gut zu schließen. Gefüllte und entleerte

Flaschen dürfen nur mit aufgeschraubter Kappe befördert werden, um das Flaschenventil zu schonen.

Jede Druckgasflasche besitzt ein Verschlußventil, an das zur regulierten Gasentnahme ein weiteres Ventil angesetzt wird. Um Gase aus der Druckgasflasche (bis 150 bar) bei der Entnahme auf den Arbeitsdruck herabzusetzen, schließt man ein Druckminder- bzw. Feineinstellventil an (0,98 bar = 1 at).

α) *Druckminderventil* (Reduzierventil, Abb. 336). Nach Abschrauben der Schutzkappe wird durch kurzes Öffnen des Flaschen-

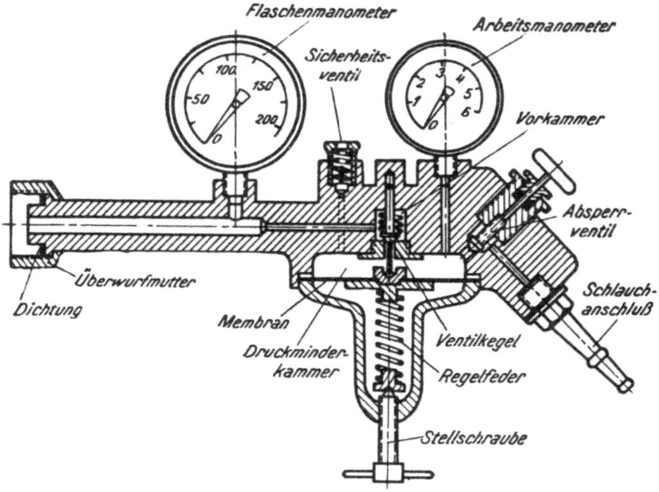

Abb. 336. Druckminderventil mit Manometern

ventils etwa im Anschlußstutzen vorhandener Staub herausgeblasen. Dann überzeugt man sich, ob am Anschlußstück eine einwandfreie Dichtung vorhanden und das Gewinde unbeschädigt ist. Nach Aufschrauben des Druckminderers an das Flaschenventil wird die Überwurfmutter mit einem gut passenden Schraubenschlüssel fest angezogen und die Regelschraube (Stellschraube) gelockert. Das seitliche Absperrventil am Druckminderer muß geschlossen sein. Nun öffnet man langsam das Ventil der Druckgasflasche (Flaschenventil). Das Flaschenmanometer zeigt jetzt den Druck an, der in der Druckgasflasche herrscht. Durch Hineindrehen der Regelschraube stellt man am Arbeitsmanometer den gewünschten Druck ein und kann nach Anschluß der Versuchsapparatur das Absperrventil öffnen.

Bei kurzen Arbeitsunterbrechungen schließt man das Absperrventil, während bei längeren Arbeitspausen (über Nacht) auch das Flaschenventil geschlossen, das Gas aus dem Druckminderventil ausströmen gelassen und die Regelschraube gelockert werden muß.

Das Druckminderventil ist mit einem Sicherheitsventil versehen.

β) *Feineinstellventile* (Nadelventile, Abb. 337) verwendet man dann, wenn Gase unter ganz schwachem Überdruck in die Versuchsapparatur eingeleitet werden sollen. Der Anschluß geschieht ebenfalls an das Anschlußstück des Flaschenventils. Durch Einschrauben einer kegelförmig zugespitzten Nadel wird das Ventil mehr oder weniger geschlossen. Das Flaschenventil wird bei geschlossenem Nadelventil geöffnet. Feinregulierventile soll man nur so fest zudrehen, wie man es mit zwei Fingern mühelos kann. Die Spindel ist durch Stopfbüchse oder Metall-Faltenbalg abgedichtet.

Um bei Anwendung eines Feinventils einen Gasüberdruck in der angeschlossenen Apparatur zu vermeiden, wird ein *Tauchrohr* (T-Rohr) zwischengeschaltet. Der senkrecht angesetzte Schenkel des Rohres taucht in einen mit Sperrflüssigkeit gefüllten Zylinder. Steigt der Druck in der Gaszuleitung über ein bestimmtes Maß an, entweicht Gas durch die Sperrflüssigkeit (je länger das Tauchrohr, desto höher kann sich der Druck einstellen). Um ein Zurückschlagen von Sperrflüssigkeit in das Feinventil zu vermeiden, ist zwischen dieses und die Tauchung eine Waschflasche zu schalten, deren bis zum Boden reichender Glasrohrschenkel direkt mit der Tauchung verbunden ist (Abb. 338).

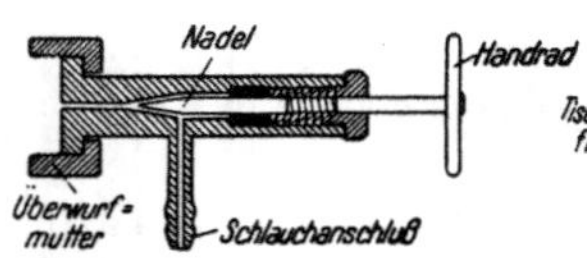

Abb. 337. Feineinstellventil

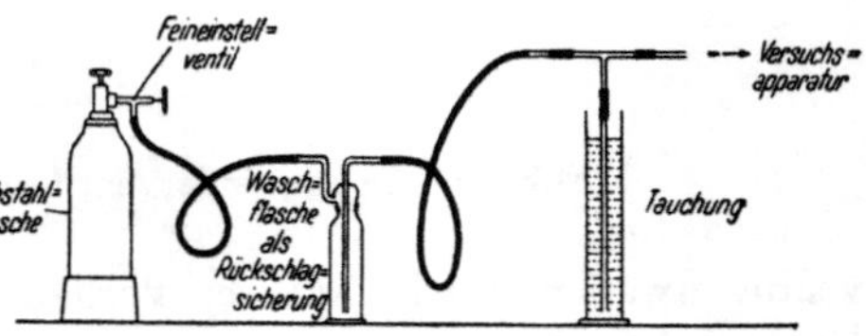

Abb. 338. Tauchung

Soll eine Apparatur unter Gasdruck stehengelassen werden, darf diese nie direkt an eine Druckgasflasche angeschlossen werden, die Zwischenschaltung einer Tauchung ist notwendig. Bequemer ist es, in solchen Fällen einen Kipp oder einen Gasometer zu verwenden.

Armaturen, wie Manometer und Druckminderventile, dürfen nur von geschultem Personal ausgewechselt werden. Bei Sauerstoff oder anderen stark oxidierenden Gasen sind die Armaturen und Dichtungen frei von Öl, Fett oder Glycerin zu halten (auch nicht mit fettigen Fingern berühren!). Sauerstoff-Manometer müssen die

Aufschrift „Sauerstoff, fettfrei halten!" tragen. Sie dürfen nicht für brennbare Gase und Druckluft benutzt werden.

Die Anschlußmuttern der Flaschenventile haben bei brennbaren Gasen (Wasserstoff, Propan, Kohlenmonoxid) Linksgewinde, bei nichtbrennbaren (Ammoniak, Sauerstoff, Kohlendioxid) Rechtsgewinde, damit verkehrte Füllungen, die zu Explosionen führen können, vermieden werden.

Der Inhalt der Druckgasflaschen wird durch bestimmte Farben gekennzeichnet: für Acetylen gelb, für Propan orange, für alle anderen brennbaren Gase rot, für Sauerstoff blau, für Stickstoff grün, für alle anderen nichtbrennbaren Gase grau.

Über *Probe- und Fülldruck* siehe folgende Tabelle:

Gas	Probedruck in atü (∼ bar)	Normaler Fülldruck bei 20° C in atü	Gaszustand in der Flasche	Gewinderichtung des Gewindestutzens
Ammoniak	30	9	flüssig	rechts
Chlor	22	6,5	flüssig	rechts
Kohlendioxid	190	57	flüssig	rechts
Schwefeldioxid	12	3,2	flüssig	rechts
Propan, Butan	25	4	flüssig	links
Sauerstoff	225	150	gasförmig	rechts
Luft	225	150	gasförmig	rechts
Stickstoff	225	150	gasförmig	rechts
Wasserstoff	225	150	gasförmig	links
Kohlenmonoxid	225	150	gasförmig	links
Methan	225	150	gasförmig	links
Acetylen	25	15	in Aceton gelöst	(Bügelverschluß)

Für Laboratoriumszwecke hat die Messer Griesheim GmbH, Industriegase, Düsseldorf, Stahlflaschen in Kleinformat von 0,385 Liter Inhalt, 440 mm Länge und 40 mm äußerem Durchmesser in einer Spezialverpackung als Halterung sowie Reinstgase in Druckdosen (0,5 Liter Inhalt, 65 mm Durchmesser) mit Adapter zur Aufnahme eines auswechselbaren Nadelventils, das durch seine Konstruktion zur Öffnung und damit zur Entnahme des Gases geeignet ist, entwickelt. Die Druckdose wird nach Entleerung weggeworfen.

2. Behälter mit Sperrflüssigkeit. Wasser kommt als Sperrflüssigkeit für Sauerstoff, Stickstoff, Luft, Wasserstoff, Methan und Kohlenmonoxid in Betracht, gesättigte Kochsalzlösung für Kohlendioxid und Acetylen. Die beste Sperrflüssigkeit ist Quecksilber, da es nur minimale Mengen Gas absorbiert. Unerläßlich ist es für Schwefeldioxid, Chlorwasserstoff und Ammoniak. Gase, die mit Quecksilber reagieren, dürfen selbstverständlich nicht über Quecksilber abgesperrt werden (Chlor, Bromdampf, Schwefelwasserstoff). Quecksilber ist giftig! Über das Arbeiten mit Quecksilber s. S. 267. Grundsätzlich sollen Apparate mit Quecksilberfüllung in entsprechend große Untertassen gestellt werden (Aufsammeln von Quecksilber bei Bruch der Apparatur).

a) Die *pneumatische Wanne* dient zum Auffangen von Gasen (Abb. 339). Ein am Ende geschlossenes Auffangrohr wird mit der Sperrflüssigkeit gefüllt, die Öffnung mit einem aufgeschliffenen Uhrglas oder einer Glasplatte (notfalls auch mit dem Daumen) verschlossen und in der Sperrflüssigkeit umgestülpt. Das Gas wird durch ein Einleitungsröhrchen, das etwas in das Auffangrohr hineinreicht, zugeleitet, wodurch die Sperrflüssigkeit verdrängt wird.

b) *Behälter mit angeschlossenem Flüssigkeitsgefäß.* Die als Gasometer (Abb. 340) bezeichneten Gasbehälter aus Metall oder Glas dienen zum Aufbewahren größerer Gasmengen, in der Regel mit Wasser

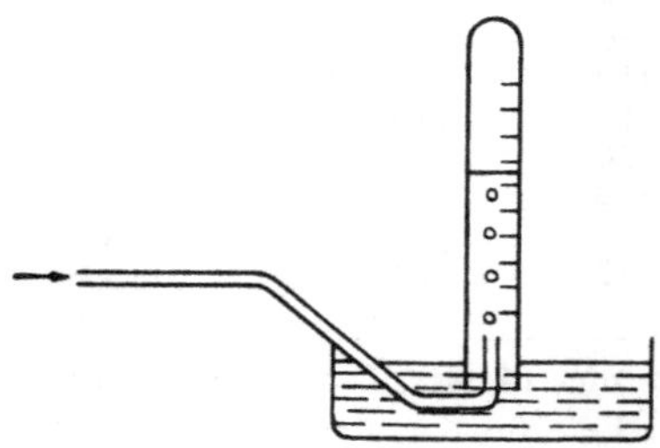

Abb. 339. Auffangen von Gasen

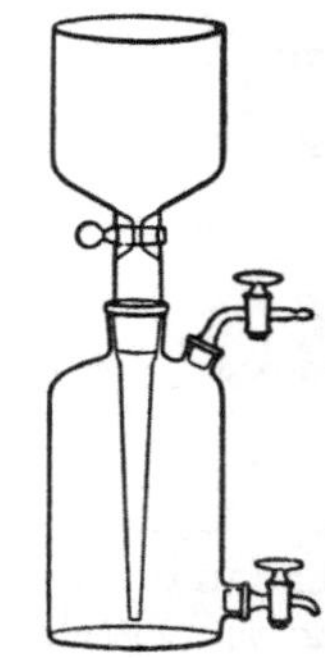

Abb. 340. Gasometer nach Berzelius (Ströhlein & Co., Düsseldorf)

als Sperrflüssigkeit. Gasometer dürfen nicht mit besonders reaktionsfähigen Gasen (H_2, C_2H_2) gefüllt werden. Ein Gasometer, der brennbare Gase enthält, darf nicht mit Luft oder Sauerstoff nachgefüllt werden (Explosionsgefahr!).

Füllung: Trichterteil mit Wasser füllen. Nach Öffnen der beiden oberen Hähne füllt sich der untere Behälter an, die Luft entweicht am oberen, seitlichen Entnahmehahn. Man achte darauf, daß auch Entnahme- und Tubusrohr mit Wasser gefüllt sind (vollständige Verdrängung der Luft). Nach Füllung Hahn am Trichterrohr schließen. Nun werden das obere Entnahmerohr (= Einleitungsrohr) mit der Gasquelle verbunden und die Hähne am Einleitungsrohr und am unteren Tubus geöffnet. Der Gasometer füllt sich mit Gas, während gleichzeitig das Wasser durch den Tubushahn abläuft. Nach Beendigung der Gasfüllung werden die Hähne geschlossen.

Gasentnahme: Trichterteil mit Wasser füllen, Öffnen des Hahnes am Trichterrohr. Das so unter Druck gesetzte Gas wird am Entnahmerohr abgenommen. Das untere Gefäß nie leer laufen lassen, Trichterteil rechtzeitig nachfüllen! Nach der Gasentnahme alle Hähne schließen.

c) Über *Gaspipetten* und *Gasbüretten* s. S. 251 und 253.

B. Herstellen von Gasen im Laboratorium

1. **Gasentwicklungsapparate.** a) Im einfachsten Fall läßt man die Säure aus einem Tropftrichter mit fast zum Boden des Entwicklungsgefäßes (Kolben) reichenden Trichterrohr eintropfen. Eine zweite Bohrung des Stopfens enthält das rechtwinklig abgebogene Gasableitungsrohr mit Absperrhahn. Diese Methode ist vor allem für die Gasentwicklung aus Flüssigkeiten geeignet. Der Gasstrom wird durch die Geschwindigkeit des Zutropfens reguliert.

b) Der *Kippsche Apparat* (Abb. 341) besteht aus einem oberen, kugelförmigen Flüssigkeitsgefäß (möglichst mit Sicherheitsrohr), dessen sich verjüngendes Ansatzrohr mit Glasschliff im unteren Entwicklungsgefäß sitzt und darin fast bis zum Boden reicht. Dieses besteht aus dem kugelförmigen Gefäß mit dem Gasableitungsrohr und dem halbkugelförmigen Unterteil (mit oder ohne Tubus), das durch eine Verengung von der Kugel abgesetzt ist.

Füllen: Einlegen einer durchlochten Gummiplatte (im Notfall Glaswolle) oberhalb der Verengung des Entwicklungsgefäßes. Einsetzen des Flüssigkeitsgefäßes (Schliffverbindung einfetten!). Durch den Tubus des Gasableitungsrohres wird die feste Substanz eingebracht, die auf die Gummiplatte zu liegen kommt (auch kleinere Stücke können nicht durchfallen). Die feste Substanz soll das Entwicklungsgefäß höchstens zur Hälfte füllen. Bei geöffnetem Hahn soviel Flüssigkeit von oben einfüllen, bis der Fußteil des Entwicklungsgefäßes etwa zur Hälfte voll ist. Einsetzen des Sicherheitsrohres. Die im Kipp befindliche Luft wird durch Öffnen des Hahnes verdrängt, da die Flüssigkeit aus der oberen Kugel nachfließt und im unteren Gefäß steigt. Sie reagiert schließlich mit der festen Substanz oberhalb der Verengung und das entstehende Gas drückt die noch in der Mittelkugel befindliche Luft durch das Gasableitungsrohr nach außen, bis aus diesem das reine Gas ausströmt. Nach Schließen des Hahnes drückt das sich in der Mittelkugel ansammelnde Gas die

Flüssigkeit in die untere Halbkugel zurück und damit durch das Ansatzrohr nach oben in das Flüssigkeitsgefäß. Dadurch werden Flüssigkeit und fester Stoff getrennt, die Gasentwicklung hört auf.

Zur Gasentnahme wird der Hahn geöffnet, das Gas strömt aus und die Flüssigkeit steigt wieder in den mittleren Teil, so daß neues Gas entwickelt wird.

Beim Tragen ist der Kipp nur am Fuß und an der Mittelkugel anzufassen!

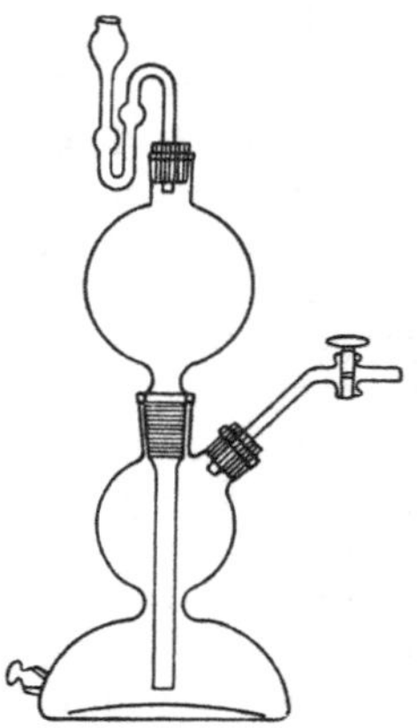

Abb. 341. Kippscher Apparat

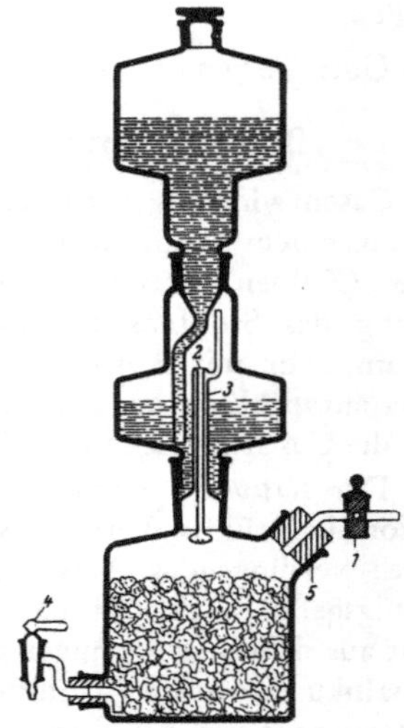

Abb. 342. Verbesserter Kipp-Gasentwickler (R. Müller KG, Essen)

Beim Entwickeln von Wasserstoff im Kipp kann sich Knallgas bilden; daher den erzeugten Wasserstoff solange durch das Gasableitungsrohr abströmen lassen, bis alle im Apparat vorhandene Luft mit herausgerissen ist (Knallgasprobe; s. S. 245).

Nachteile des Kippschen Apparates: Nach kürzerer oder längerer Nichtbenutzung ist der Apparat selten gebrauchsfähig. Die dem Füllmaterial zuströmende Säure wird beim Anstellen durch das nachentwickelte Gas verdrängt, wodurch die nur zum Teil verbrauchte Säure mit frischer gemischt wird. Daraus ergibt sich ein vorzeitiger Verbrauch der Reagenzien.

Die Abb. 342 zeigt eine Weiterentwicklung des Kippschen Apparates. Handhabung: Öffnen des Gasauslaßhahnes 1, wodurch die Säure aus dem obersten Behälter zunächst das mittlere Gefäß bis zur Oberkante 2 des eingesetzten Schliffrohres 3 füllt. Sie fließt durch das innere, enge Rohr ab und wird brausenartig über das Entwicklungsmaterial verteilt. Beim

Schließen von 1 drückt das Gas die Säure aus dem mittleren Gefäß wieder in den obersten Behälter. Die im Entwicklungsgefäß entstandene Salzlösung kann jederzeit durch den Hahn 4 abgezogen werden. Zum Nachfüllen von Material wird der Schliffstopfen am obersten Behälter auf Luftabschluß gestellt und dann der Fülltubus 5 geöffnet.

c) Der *Gasgenerator* mit 250 bis 1000 ml Inhalt (Abb. 343) ist ein handliches Gerät zur Herstellung von H_2S, H_2 und CO_2. Durch Zusammendrücken der Polyäthylenflasche steigt die darin befindliche

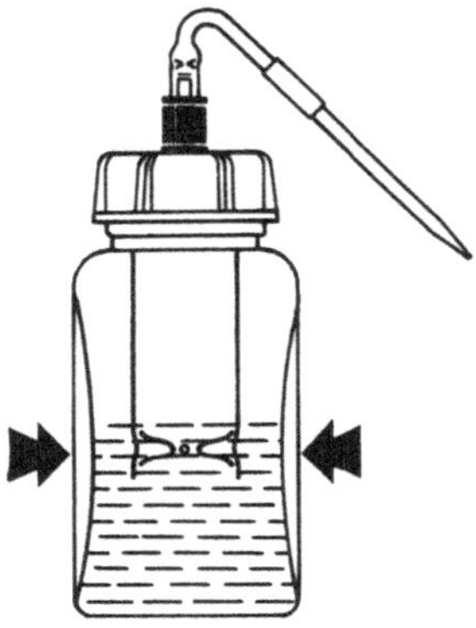

Abb. 343. Gasgenerator
(Quickfit Laborglas GmbH, Wiesbaden-Schierstein)

Säure nach oben, kommt mit dem Feststoff im eingeschraubten Reaktionsgefäß aus Glas (mit Rückschlagventil gegen Lufteintritt von außen) in Berührung und die Gasentwicklung setzt ein. Sie wird sofort unterbrochen, wenn kein Druck mehr auf die Flasche ausgeübt wird. Die Auslaßspitze für das Gas ist beweglich und kann direkt in ein Reagenzglas, einen Erlenmeyer-Kolben o. a. eingeführt werden.

2. Herstellung der wichtigsten Gase.

Sauerstoff: a) Zutropfen von 3%igem Wasserstoffperoxid zu mit Schwefelsäure angesäuerter Kaliumpermanganatlösung. b) Würfel aus Chlorkalk und Gipsbrei formen, trocknen lassen und im Kipp Wasserstoffperoxidlösung einwirken lassen.

Wasserstoff: Stangenzink + 20%ige Schwefelsäure oder Salzsäure 1:1 im Kipp. Reines Zink verwenden, sonst Verunreinigung durch AsH_3. Vorsicht, Knallgasbildung. Knallgasprobe ausführen (Gas in Reagenzglas einströmen lassen und sofort die Öffnung des Glases an Flamme halten. Wasserstoff brennt ruhig ab, bei Knallgas wird die Verbrennung von einem „Pfeifen“ begleitet).

Chlor: Zutropfen von a) konzentrierter Salzsäure auf Chlorkalk, b) konzentrierter Salzsäure auf Kaliumpermanganat, c) Salzsäure 3:1 auf Kaliumdichromat (das nach c erhaltene Chlor ist sehr rein).

Kohlendioxid: Marmor (mit Wasser auskochen, damit luftfrei) + Salzsäure 1:1 im Kipp.

Chlorwasserstoff: Zutropfen von konzentrierter Schwefelsäure zu konzentrierter Salzsäure oder Ammoniumchlorid.

Schwefelwasserstoff: Schwefeleisen + Salzsäure 1:1 im Kipp.

Schwefeldioxid: Zutropfen von konzentrierter Schwefelsäure auf Natriumhydrogensulfit.

Ammoniak: a) Zutropfen von konzentrierter Natronlauge in Ammoniumchloridlösung, b) Erwärmen von konzentrierter Ammoniaklösung.

3. Gase aus Druckgasflaschen. Über den Umgang mit Druckgasflaschen s. S. 238.

Industriegase können folgende Verunreinigungen enthalten:

Wasserstoff: durch Elektrolyse gewonnen: O_2; aus Wassergas: H_2S, AsH_3, PH_3, Kohlenwasserstoffe, O_2, N_2, CO, CO_2 und H_2O.

Sauerstoff: durch Elektrolyse gewonnen: H_2; aus Luft: nur wenig verunreinigt.

Stickstoff: ca. 1% O_2, außerdem CO_2 und Edelgase.

Kohlendioxid: O_2, CO.

Chlor: O_2, N_2, CO, CO_2, HCl, H_2O.

Schwefeldioxid: nur Spuren von Luft, CO_2 und H_2O (die ersten aus der Flasche entweichenden Anteile nehmen die Hauptmenge dieser Verunreinigungen mit).

Ammoniak: Luft, organische Verunreinigungen, H_2O.

Werden Gase mit einem Restgehalt an O_2 von höchstens 0,02 ppm benötigt, muß eine **Nachreinigung** des Gases (N_2, H_2, CH_4, Edelgase), z. B. mit Hilfe von Oxisorb (Patent Messer Griesheim GmbH, Industriegase, Düsseldorf) erfolgen. Ausgangsmaterialien für Oxisorb sind Kieselgel und Chromtrioxid. Im unbeladenen Oxisorb ist das Chrom zweiwertig, im beladenen sechswertig. Es ist regenerierbar. Der Hochdruckabsorber (in dessen Hochdruckgehäuse eine auswechselbare Patrone mit Oxisorb + Molekularsieb eingesetzt ist) wird direkt an die Druckgasflasche angeschlossen, der Ausgang ist dann mit einer geeigneten Druckminder- und Gasentnahmeeinrichtung zu verbinden. Der Absorber kann aber auch hinter dem Druckminderer angeschlossen werden.

4. Vernichtung von Gasen. Einen Überschuß an schädlichen Gasen soll man am Ende der Apparatur nicht frei ausströmen lassen, sondern tunlichst vernichten. Dies geschieht bei

Chlor und Schwefelwasserstoff durch Einleiten mittels eines weiten Rohres in konzentrierte Ätzalkalilauge,

Kohlenmonoxid durch Einleiten in die Luftzuführungsöffnung eines brennenden Gasbrenners,

Ammoniak durch Überleiten (nicht Einleiten) über Eiswasser.

C. Reinigen und Trocknen von Gasen

1. Wasch- und Trockenapparate. a) *Gaswaschflaschen.* Die einfache Gaswaschflasche nach Drechsel (Abb. 344 a) enthält, eingeschmolzen in den Schliffstopfen, ein bis nahe zum Boden reichendes Gaseinleitungsrohr und ein kurzes, abgebogenes Ansatzrohr, durch das das Gas abströmt. Die Waschflasche soll höchstens bis zur Hälfte mit der Waschflüssigkeit gefüllt sein, durch die das Gas durchströmt. Die Schliffverbindung ist gut einzufetten, bei Schwefelsäure als Füllung wird der Schliff auch mit konzentrierter Phosphorsäure befeuchtet.

Man überzeuge sich stets, daß die Waschflasche richtig an die Apparatur angeschlossen ist (Gaseinleitung durch das lange, in die Flüssigkeit eintauchende Rohr!). Bei verkehrtem Anschluß wirkt die Waschflasche wie eine Spritzflasche.

Im Notfall kann man eine Waschflasche mit einfachen Mitteln selbst zusammenbauen aus einer Saugflasche, in die durch einen Gummistopfen ein Gasleitungsrohr eingeführt wird.

Bei der Waschflasche nach Drechsel ist das durchgeleitete Gas nur kurze Zeit mit der Waschflüssigkeit in Kontakt. Man kann den Weg des Gases durch Einfüllen von Glasperlen oder Glasrohrstückchen etwas verlängern.

Ein besserer Effekt wird mit der Waschflasche nach Müncke erzielt (Abb. 344 b). Das Gas tritt in mehreren Teilströmen durch die Waschflüssigkeit. Eine noch intensivere Verteilung wird bei Frittenwaschflaschen (Abb. 344 c) erreicht. Das Gas muß durch eine Fritte treten, durch die es sehr fein zerteilt wird.

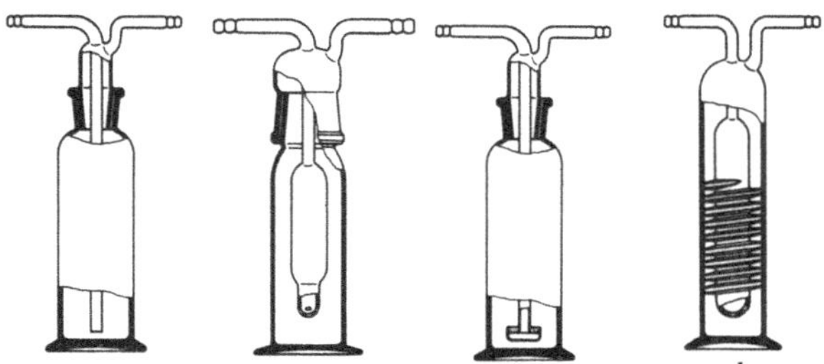

a b c d

Abb. 344. Gaswaschflaschen, Marke Bistabil (Rudolf Brand, Wertheim/Main)

Bei der Schraubenwaschflasche nach Friedrichs (Abb. 344 d) ist der Weg des Gases durch eingeschmolzene Schraubengänge verlängert. Da die Menge der Flüssigkeit in den Schraubengängen jedoch gering ist, sollte dieses Modell nur zum Nachtrocknen bereits vorgetrockneten Gases verwendet werden.

Beim Hintereinanderschalten mehrerer Waschflaschen achte man darauf, daß zwischen benachbarten Waschflaschen mit verschiedenen Waschflüssigkeiten aus Sicherheitsgründen eine leere Flasche geschaltet wird.

Eine Waschflasche mit Überdrucksicherung zeigt die Abb. 345. Übersteigt der Druck auf der Gasaustrittsseite den Druck auf der Eintrittsseite, wird die Waschflüssigkeit in den erweiterten Innenraum über die Filterplatte gedrückt und kann nicht in die Gasleitung übertreten. Wenn der Druck 1,5 atü übersteigt, reißt die in der aufgeschraubten Kunststoffkappe eingelegte Überdrucksicherung. Sie schließt damit aus, daß Schläuche bzw. angeschlossene Gefäße platzen oder die Filterplatte bricht.

Bei manchen Arbeiten, vor allem in der Analytik, wird zur Kontrolle der Geschwindigkeit des eingeleiteten Gasstromes ein *Blasenzähler* eingebaut, der im Prinzip eine kleine Waschflasche darstellt.

b) Zur Reinigung größerer Gasmengen verwendet man in Anlehnung an die Betriebstechnik *Rieseltürme*, gefüllt mit Glasrohrstückchen oder Raschigringen, über die von oben herab die Waschflüssigkeit rieselt, während das Gas im Gegenstrom nach oben strömt.

c) *Trockenzylinder* (Abb. 346) werden über der Einengung (Auflegen einer durchlochten Gummischeibe oder eines Siebes) mit dem

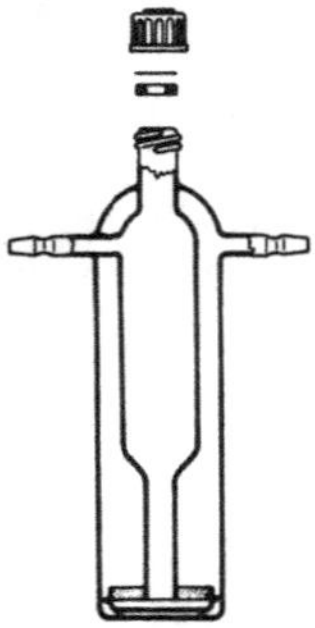

Abb. 345. Sicherheitswaschflasche mit Überdrucksicherung (Jenaer Glaswerk Schott & Gen., Mainz)

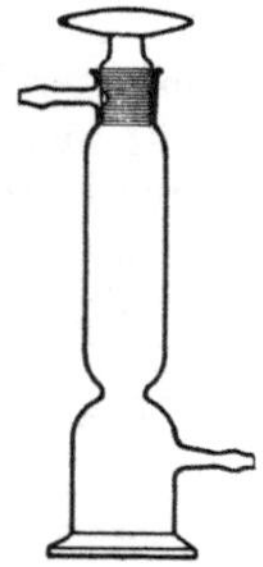

Abb. 346. Trockenzylinder (M. W. Heinz & Co. KG, Bensheim)

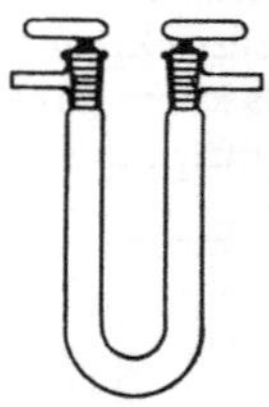

Abb. 347. U-Rohr (M. W. Heinz & Co. KG, Bensheim)

festen Trockenmittel locker gefüllt. Das Gas wird in den unteren, leeren Raum eingeleitet, der auch eventuell bei der Sorption entstehende und herabtropfende Flüssigkeit auffängt und so den Gasstrom nicht hemmen kann.

d) Bei den *U-Röhren* (Abb. 347), durch die das Gas strömt, ist es zweckmäßig, das feste Trockenmittel (z. B. Calciumchlorid) durch eingedrückte Watte oder Glaswolle am Hineinrutschen in die Stopfen und Ansatzröhrchen zu hindern. Durch die Glashähne können die Röhrchen nach Gebrauch verschlossen werden.

e) *Trockenröhrchen* in gerader oder abgebogener Form (Abb. 348), zumeist mit einer kugelförmigen Erweiterung, dienen als Abschlußröhrchen von Apparaturen und haben den Zweck, zwar die Verbindung mit der Außenluft sicherzustellen, aber Luftfeuchtigkeit und

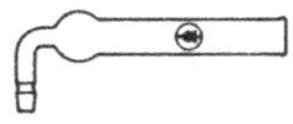

Abb. 348. Trockenröhrchen (Normschliff Glasgeräte, Wertheim/Main)

Abb. 349. Gasfilter (Ernst Keller & Co. KG, Basel)

Luftkohlensäure abzuhalten. Man füllt sie daher in der Regel in der ersten Hälfte mit Calciumchlorid, in der anderen mit Natronkalk. Getrennt werden beide Schichten durch etwas Glaswolle; in gleicher Weise verhindert man ein Verrutschen der Füllung nach außen. Beim Füllen mit P_2O_5 wird dieses zweckmäßig im gesamten Rohr auf Glaswolle verteilt.

f) Die Entfernung geringer Mengen Feuchtigkeit, z. B. vor Vakuumpumpen, geschieht mit Hilfe von *Ausfrierfallen* (s. S.185).

g) Mechanische Verunreinigungen werden durch *Filter* entfernt, die in die Gasleitung eingebaut werden (Abb. 349). Im einfachsten Fall leitet man das Gas durch ein mit Glaswolle gefülltes Rohr.

Durch Staub und Schmutz verstopfte Filter lassen sich durch Behandeln mit einer warmen Lösung von Spülmittel (z. B. Pril u. a.) und nachfolgendes Durchblasen von Luft von der sauberen Filterseite her regenerieren. Mit dem Schaum treten die Schmutzteile an die Oberfläche, von der sie mit Wasser fortgespült werden können.

2. Wasch- und Trockenmittel für Gase.

Gas	Waschflüssigkeit	Trockenmittel		
O_2	Wasser	H_2SO_4,	P_2O_5,	$CaCl_2$
H_2	Gesättigte $KMnO_4$-Lösung, Natronlauge	P_2O_5,	H_2SO_4,	
N_2	Alkalische Pyrogallol-Lösung, Natronlauge	H_2SO_4,	P_2O_5,	$CaCl_2$
Cl_2	Wasser, verdünnte $KMnO_1$-Lösung	H_2SO_4,	$CaCl_2$	

Gas	Waschflüssigkeit	Trockenmittel		
CO_2	$NaHCO_3$-Lösung	H_2SO_4,	P_2O_5,	$CaCl_2$
CO	Natronlauge	H_2SO_4,	P_2O_5,	$CaCl_2$
HCl	—	H_2SO_4	$CaCl_2$	
H_2S	Wasser	$CaCl_2$		
SO_2	—	H_2SO_4,	P_2O_5,	$CaCl_2$
NH_3	Ammoniaklösung mit Kupferdrahtnetzrollen	CaO,	BaO,	KOH

Weitere Trockenmittel: Kieselgel in Perlform (E. Merck, Darmstadt) mit einer Wasseraufnahme bis zu 40% des Eigengewichtes. Die Aufnahmekapazität ist von der Strömungsgeschwindigkeit des Gases abhängig. Regeneration mittels eines Heißluftstromes oder durch Erhitzen im Trockenschrank auf 100 bis 250° C.

Molekularsiebe (synthetische Zeolithe) sind außer zur Trocknung auch zur Entfernung von Komponenten aus Gasgemischen, die nur in Spuren vorliegen, geeignet; u. a. können CO_2 und Wasser aus Luft, NH_3, H_2S, Mercaptane und Spuren von HCl und SO_2 entfernt werden. Sie werden zum Trocknen von CO_2, Inertgas, Schutzgas und Luft verwendet. Wichtig ist, daß je nach Anwendungszweck Molekularsiebe mit bestimmten Porendurchmessern (3, 4, 5 und 10 Å) verwendet werden. Die Angaben der Lieferfirma (E. Merck, Darmstadt) beachten! Über die Regeneration s. S. 141.

Bei *Anwendung der Trockenmittel* ist folgendes zu beachten:

$CaCl_2$: In calcinierter Form von 2 bis 4 mm Korngröße verwenden, grobe Teile zerkleinern, feine absieben. Rasche Wirkung, Wasseraufnahme bis 97,5% seines Trockengewichtes, dann zerfließt es.

KOH, CaO: Feinere Anteile durch Sieben entfernen.

H_2SO_4: Rasche Wirkung. Vorsichtsmaßnahmen beachten.

P_2O_5: Sehr wirksam. Da sehr feinpulverig, mischen mit kleinen Tonscherben oder lagern zwischen Glaswolle (1 cm hohe Schicht Glaswolle, darauf soviel P_2O_5, daß noch keine zusammenhängende Schicht entsteht, dann wieder Glaswolle, P_2O_5 usw.). Rasches Füllen ist zu empfehlen, bei Zutritt von Feuchtigkeit wird es sofort klebrig.

$Mg(ClO_4)_2$ (Dehydrit, Anhydron): Vorsicht bei Gasen, die organische Beimengungen enthalten, da bei der Regeneration Explosionen eintreten können.

D. Gasanalyse

1. Gasanalytische Methoden. Bei der Gasanalyse werden die Bestandteile eines Gasgemisches in der Regel durch Messen des Gasvolumens (Vol.-%) bestimmt. Da die Messung bei den jeweils herrschenden Bedingungen (Temperatur, Barometerstand) erfolgt, ist eine Reduzierung der abgelesenen Werte auf den Normzustand erforderlich. Außerdem ist die Sättigung des Gases mit Wasserdampf über der Sperrflüssigkeit zu berücksichtigen. (Über die Berechnung dieser Korrekturen s. Wittenberger, Rechnen in der Chemie.)

Bei der manuellen Gasanalyse wird die Gasprobe in einer Gasbürette jeweils nach Absorption eines Bestandteiles des Gemisches gemessen. Es können aber auch Bestandteile des Gasgemisches durch Verbrennung in eine Flüssigkeit oder leicht absorbierbare Verbindung übergeführt werden.

Die Analyse soll möglichst in einem abgesonderten Raum vorgenommen werden, um Beeinflussungen der Temperatur durch Heizungen, Sonnenlicht usw. auszuschalten. Die Geräte müssen sorgfältig gereinigt sein. Als Sperrwasser darf nur abgestandenes Leitungswasser verwendet werden. Die Gasprobe soll vor Beginn der Analyse Raumtemperatur angenommen haben. Man halte sich streng an die Angaben der Analysenvorschrift.

a) Bei der *Absorptionsmethode* werden Absorptionsflüssigkeiten verwendet, die spezifisch auf einen Bestandteil des Gasgemisches wirken.

Absorptionsmittel: In der angegebenen Reihenfolge geschieht die Absorption der einzelnen Bestandteile eines Gasgemisches.

CO_2: Kalilauge. (250 g reines KOH in Wasser lösen und auf einen Liter auffüllen. 1 ml absorbiert etwa 40 ml CO_2.)

O_2: Alkalische Pyrogallol-Lösung (1 Volumen 25%iger Pyrogallol-Lösung mischen mit dem fünffachen Volumen konzentrierter Kalilauge. 1 ml absorbiert langsam 12 ml O_2).

CO: Kupfer(I)-chlorid-Lösung (200 g Kupfer-I-chlorid mit 250 g Ammoniumchlorid und 750 ml Wasser in verschlossener Flasche schütteln. Zu 3 Volumen dieser Lösung wird 1 Volumen Ammoniak, $\varrho = 0{,}91$, zugesetzt. Aufbewahren über einer Kupferdrahtspirale. 1 ml absorbiert 16 ml CO; O_2 und ungesättigte Kohlenwasserstoffe werden ebenfalls absorbiert).

Ungesättigte Kohlenwasserstoffe: Analyse vor der Bestimmung des CO einschalten. Absorptionsmittel ist Oleum mit 25% SO_3-Gehalt. 1 ml absorbiert etwa 8 ml Äthylen.

Die Absorption geschieht nacheinander in *Gaspipetten*, die die verschiedenen Absorptionsflüssigkeiten enthalten. Die einfache Gaspipette (Abb. 350) besteht aus der Niveaukugel a und dem Absorptionsgefäß b, die durch das Rohr d verbunden sind. An b schließt sich eine heberartige Kapillare c an, die einige Zentimeter über das Befestigungsgestell hinausragt und in ein Stück Kapillarschlauch endigt.

Füllen der Gaspipette: Die Absorptionsflüssigkeit wird mittels Trichter in die Kugel a eingefüllt, durch die Kapillare die im Gefäß b befindliche Luft abgesaugt, bis der Flüssigkeitsstand die obere Biegung der Kapillare erreicht hat. Damit ist b gefüllt und a nahezu leer,

Abb. 350. Gaspipette

um beim Einfüllen des Gases durch c in die Pipette die aus b verdrängte Flüssigkeit aufzunehmen. Während des Gebrauches wird der Kapillarschlauch mit einem Quetschhahn verschlossen.

Verwendet man sauerstoffempfindliche Absorptionsmittel, so benutzt man zusammengesetzte Gaspipetten, die ein zweites Kugelpaar besitzen, das mit Wasser gefüllt wird. Dadurch wird die Berührung der Absorptionsflüssigkeit mit der Außenluft verhindert.

b) Bei der *Verbrennungsmethode* (z. B. für die Bestimmung von H_2 oder CH_4) wird die Gasprobe nach Entfernen aller absorbierbaren Bestandteile mit einer gemessenen Menge Luft (1:5 bei H_2) gemischt und das Gemisch in der Hempelschen Explosionspipette (mit Hg-Füllung) durch einen Induktionsfunken zwischen eingeschmolzenen Platindrähten zur Explosion und dadurch zur Verbrennung gebracht (Schutzbrille!).

Gemische aus Methan und Wasserstoff werden fraktioniert verbrannt. Beim Durchleiten des Gemisches durch ein auf 290° C erhitztes Jäger-Röhrchen (Quarzrohr mit Kupfer-II-oxid gefüllt) wird H_2 zu Wasser oxidiert. Nach Feststellen der Volumendifferenz wird das Restgas nochmals durch das auf 800° C erhitzte Jäger-Röhrchen geleitet, wodurch CH_4 zu CO_2 brennt. Das CO_2 wird durch Kalilauge absorbiert.

c) Bei der *gasvolumetrischen Methode* werden feste oder flüssige Stoffe in gasförmige Verbindungen übergeführt und das Volumen des entwickelten Gases gemessen.

d) Bei der *automatischen Gasanalyse,* die vor allem bei der Betriebsüberwachung wichtig ist, wird die Wärmeleitfähigkeit von Gasgemischen gemessen. Das Gas strömt mit konstanter Geschwindigkeit durch ein Rohr, das einen Widerstandsdraht enthält, der sich bei Stromdurchfluß erwärmt.

Diese Wärme wird, je nach dem Wärmeleitvermögen des vorüberstreichenden Gasgemisches, mehr oder weniger rasch abgeführt, wodurch sich die Temperatur des Widerstandsdrahtes und damit auch sein elektrischer Widerstand und die Stromstärke ändern. Die Stromstärke ist damit indirekt ein Maß für das Wärmeleitvermögen des Gases. Die verwendeten Strommeßgeräte sind in der Regel in % des im Gasgemisch enthaltenen Hauptbestandteiles geeicht.

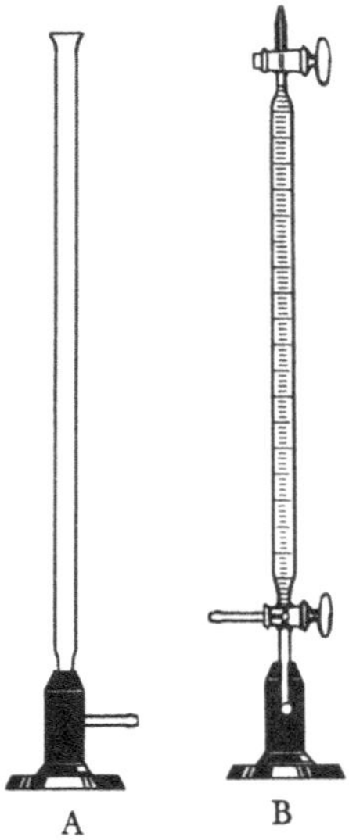

Abb. 351. Gasbürette nach Hempel-Winkler (Rudolf Brand, Wertheim/Main)

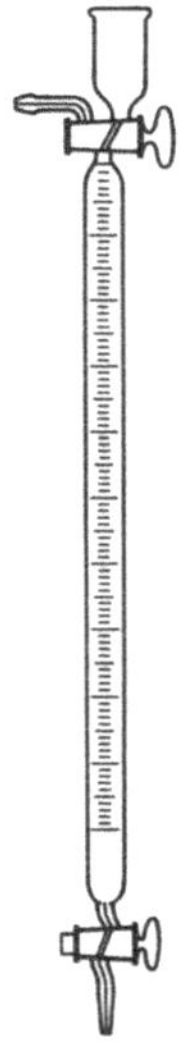

Abb. 352. Gasbürette nach Bunte mit Patenthahn (Rudolf Brand, Wertheim/Main)

2. Durchführung der Gasanalyse. a) Mit der *Gasbürette nach Hempel-Winkler* (Abb. 351). Das Niveaurohr A ist mit dem Meßrohr B durch einen 1 m langen Schlauch verbunden.

Handhabung: Das mit Wasser gefüllte Rohr A wird so hoch gehoben, daß das Sperrwasser gerade am oberen Ende aus der Kapillare von B austritt. Nach Schließen des Hahnes an der Kapillare wird diese mit einem kurzen Kapillarschlauch mit dem Gas-Sammelgefäß (s. S. 274), das die zu untersuchende Probe enthält, verbunden. Der Hahn wird wieder geöffnet und durch Senken von A etwa 20 ml des Gases in das Meßrohr B eingesaugt. Diese kleine Gasmenge wird nach Lösen der Schlauchverbindung zum Gas-Sammelgefäß und Heben von A wieder herausgedrückt, wodurch die Luft aus dem Kapillarschlauch entfernt wird. Nun wird, wie oben beschrieben, erneut Gas in B eingesaugt, und zwar etwas mehr als 100 ml, und der Hahn geschlossen. Nach zwei Minuten Wartezeit wird das Wasser in B (B nicht mehr in der Mitte anfassen, Handwärme verursacht Volumenfehler) durch Heben von A so eingestellt, daß es genau an der oberen Marke steht. Dann wird die Verbindung zwischen A und B geschlossen (mit dem vorhandenen Hahn oder einem Quetschhahn) und der Stand des Sperrwassers nochmals überprüft. Durch sehr vorsichtiges, kurzes Öffnen des oberen Hahnes wird der in B herrschende geringe Überdruck ausgeglichen. Jetzt hat man, wovon man sich durch Gleichstellung der Flüssigkeitsoberflächen in A und B überzeugen kann, genau 100 ml Gas unter Atmosphärendruck eingefüllt.

Zur Absorption eines Gasbestandteiles wird B mit der Kapillare c der gefüllten Gaspipette (s. Abb. 350, S. 252) verbunden. Der Kapillarschlauch muß kurz sein (Gaspipette auf ein Tischchen auf die entsprechende Höhe stellen). Der obere Hahn von B ist geöffnet, A wird gehoben und der Quetschhahn am Rohr c der Gaspipette geöffnet. Das Gas tritt aus B in das Absorptionsgefäß b der Gaspipette über, deren Inhalt in die obere Niveaukugel a verdrängt wird. Nach der Überführung werden beide Hähne geschlossen und die Pipette abgenommen. Durch gelindes Schwenken (nicht heftig durchschütteln) wird die Absorption beschleunigt, die in der Regel in zwei Minuten beendet ist. Hierauf wird die Pipette wieder mit B verbunden, A tief gestellt und das Gas durch vorsichtiges Öffnen beider Hähne in das Meßrohr B zurückgeführt, wobei darauf zu achten ist, daß die Absorptionsflüssigkeit zuletzt bis in den aufsteigenden Schenkel der Pipettenkapillare, nicht aber in die Verbindungskapillare eintritt. Nach erfolgter Überführung des Gases in die Bürette wird die Pipette abgenommen und verschlossen. Das Niveaurohr A wird nach unten gestellt und das Zusammenfließen des Sperrwassers in der Bürette abgewartet. Nach etwa zwei Minuten werden A und B gehoben, bis sich der Flüssigkeitsspiegel in beiden in gleicher Ebene (in Augenhöhe) befindet, dann wird das Gasvolumen abgelesen. Das Überführen des Gases, Absorption usw. werden wiederholt, bis eine unveränderte Ablesung erreicht ist.

b) Mit der *Gasbürette nach Bunte* (Abb. 352). Das Meßrohr ist oben durch einen Zweiweghahn, unten durch einen einfachen Hahn mit kurzem Ablaufröhrchen verschlossen. Der Zweiweghahn stellt einerseits die Verbindung mit dem abgebogenen Gaseinlaßrohr, anderseits mit dem kleinen Trichtergefäß mit Eichstrich her. Das Meßrohr faßt etwas mehr als 100 ml. Der Teilstrich 100 fällt mit dem Abschluß des oberen Hahnes zusammen, der Nullpunkt liegt etwas oberhalb des unteren Hahnes. Das Meßrohr wird über den unteren Hahn durch einen Schlauch mit einem Niveaugefäß (eine Flasche mit seitlichem Bodentubus) verbunden.

Handhabung: Füllen der Bürette durch Heben des Niveaugefäßes mit Sperrwasser, bis letzteres durch das obere kurze Röhrchen austritt. Zweiweghahn so stellen, daß das Wasser im Trichtergefäß emporsteigt. Nun wird der Hahn geschlossen und das Ansatzröhrchen mit dem Gas-Sammelgefäß zur Entnahme der Probe verbunden, und nach Öffnen des Hahnes zur Bürette und des unteren Hahnes das Niveaugefäß gesenkt, wodurch das Gas, etwa 105 ml, in die Bürette eingesaugt wird. Schließen des unteren, danach des oberen Hahnes und Abnehmen des Gas-Sammelgefäßes. Nun wird der untere Hahn geöffnet und das Gasvolumen auf die Nullmarke wie folgt eingestellt: Eine Saugflasche wird an den unteren Hahn angeschlossen und Wasser in die Bürette eingepreßt (durch Einblasen), bis das Gas auf etwa 100,2 ml zusammengedrückt ist. Unteren Hahn schließen, oberen Hahn zum Trichtergefäß kurz öffnen, um Druckausgleich zu erzielen. Auf diese Weise sind 100 ml Gas in der Bürette abgesperrt. Das restliche Wasser wird aus der Bürette durch vorsichtiges Absaugen über eine angeschlossene Saugflasche entfernt, so, daß kein Gas entweicht (unteren Hahn nur ganz wenig öffnen). Nun wird die Spitze des Ablaufrohres der Bürette in ein Becherglas, das die Absorptionsflüssigkeit enthält, eingetaucht. Nach Öffnen des unteren Hahnes dringt diese in die Bürette ein. Hahn schließen, die Bürette mit beiden Händen an den Enden fassen (die Daumen zur Sicherung auf die Hähne legen) und in horizontaler Lage bewegen (etwa zwei Minuten). Dann die Bürettenspitze wieder in die Absorptionsflüssigkeit eintauchen und Hahn öffnen. An Stelle des absorbierten Gases tritt weitere Absorptionsflüssigkeit in die Bürette. Dies wird öfters weiderholt.

Bei manchen Bestimmungen (z. B. CO_2) ist es nötig, die Anfangsbedingungen wieder herzustellen. Dazu wird die Absorptionsflüssigkeit durch den unteren Hahn mit Hilfe einer leeren Saugflasche abgesaugt. Nach Schließen des Hahnes und öffnen des oberen Hahnes zum Trichtergefäß wird solange Wasser in die Bürette fließen gelassen, bis der Druck des eingeschlossenen Gases gleich ist dem Anfangsdruck. Das Wasser im Trichtergefäß ist bis zum Eichstrich nachzufüllen. Nach Schließen des oberen Hahnes kann nach etwa drei Minuten abgelesen werden.

c) Mit dem *Orsat-Apparat*, der ein kombiniertes Gerät darstellt, können Gasanalysen rascher durchgeführt werden.

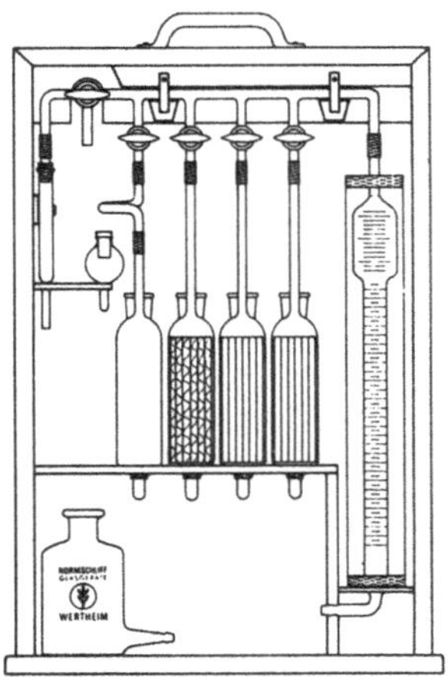

Abb. 353. Gasanalysenapparat nach Orsat-Lunge (Normschliff Glasgeräte, Wertheim/Main)

In einem Traggestell sind mehrere Absorptionsgefäße und eine Gasbürette untergebracht. Die Bürette wird mit einer Niveauflasche verbunden. Zur Konstanthaltung der Temperatur ist die Bürette mit einem Wassermantel umgeben.

Jedes Absorptionsgefäß steht über einen Hahn und Kapillarschlauch mit der Bürette in Verbindung. In bestimmter Reihenfolge wird das Gasvolumen aus der Bürette in die einzelnen Absorptionsgefäße übergeführt und nach der Absorption das jeweilige Restvolumen in der Bürette gemessen. Den Geräten, die in verschiedenen Ausführungsformen hergestellt werden, sind ausführliche Betriebsanweisungen beigegeben.

In der Abb. 353 ist als Beispiel ein Apparat zur Bestimmung von CO_2, O_2, CO und H_2 gezeigt. Er enthält ein Auffanggefäß ohne Füllung (für verbrannte Restgase), ein Absorptionsgefäß mit Kupferspiralen in Glasröhrchen gefüllt (für Kupfer-I-oxid) zur Bestimmung von CO, zwei Absorptionsgefäße, mit Glasröhren gefüllt, für Kalilauge und Dithionit oder Pyrogallol zur Bestimmung von CO_2 bzw. O_2 und ein Palladium-Asbest-Rohr für die H_2-Verbrennung.

E. Messen strömender Gase

1. Volumetrische Gasmesser. Mit diesen Geräten, die vor allem zum Messen größerer Gasmengen verwendet werden, wird das Volumen eines strömenden Gases direkt gemessen.

Die *Gasuhr* ist ein Gaszähler, der eine in vier gleichgroße Kammern aufgeteilte, drehbare Trommel enthält, die etwas mehr als zur Hälfte in die Sperrflüssigkeit (meist Wasser) eintaucht. Durch das einströmende Gas wird eine Kammer nach der anderen gefüllt und weiter gedreht. Die Trommelumdrehungen werden auf einen Zeiger übertragen, der auf einer Skala die durchgeströmte Menge anzeigt.

Neben der Gasuhr sind trockenarbeitende Gaszähler, Schraubenrad-Gaszähler u. a. in Verwendung.

2. Strömungsmesser. Der Strömungsmesser (Abb. 354) ist ein Differenzdruckmesser, der aus einem U-Rohr-Manometer besteht, dessen offene Enden durch eine Kapillare verbunden sind. Das durchströmende Gas nimmt seinen Weg durch diese Kapillare, wodurch vor ihr ein Staudruck entsteht, der bewirkt, daß sich die Manometerflüssigkeit auf eine bestimmte Höhe einstellt. Der Abstand der beiden Flüssigkeitskuppen, der um so größer ist, je größer die durchströmende Gasmenge ist, wird gemessen. Der Strömungsmesser zeigt also nur die im Augenblick des Ablesens durchströmende Gasmenge an. Um die Gasmenge zu messen, ist Bedingung, daß der Gasstrom gleichmäßig gehalten wird. Durch Eichung muß festgestellt werden, wieviel ml Gas bei einem bestimmten Kuppenabstand in der Minute durchströmen (Anfertigen einer Eichkurve).

Eichung: Das Gas, z. B. aus einer Druckgasflasche, strömt durch die Kapillare, an die das Gasableitungsrohr mittels eines starken Schlauches angeschlossen ist. Das kurz vor seinem Ende rechtwinklig nach oben gebogene (und ein klein wenig ausgezogene) Ableitungsrohr reicht in eine mit Wasser gefüllte Wanne (pneumatische Wanne). In das Wasser taucht der Hals eines mit Wasser gefüllten Meßkolbens. Die Größe des Kolbens richtet sich nach der Gasmenge; die Zeit der Gasfüllung soll etwa eine bis fünf Minuten betragen. Nun wird der Gasstrom so geregelt, daß sich die Flüssigkeit im Manometerrohr des Strömungsmessers (Paraffinöl, Wasser, Quecksilber; bei Sauerstoff kein Öl wegen Explosionsgefahr!) konstant einstellt (Höhenunterschied Δ h). Ist dies der Fall, wird das Ende des Gasableitungsrohres in den Kolbenhals gesteckt und gleichzeitig die Zeit abgestoppt. Wichtig ist, daß während der Messung der Manometerausschlag konstant gehalten wird, so lange, bis das verdrängte Wasser im Kolben die Marke am Kolbenhals erreicht hat. In diesem Moment wird abermals abgestoppt. Der Versuch wird mehrmals wiederholt und aus der Zeitdauer der Füllung und dem Volumen des Meßkolbens die stündliche Gasmenge

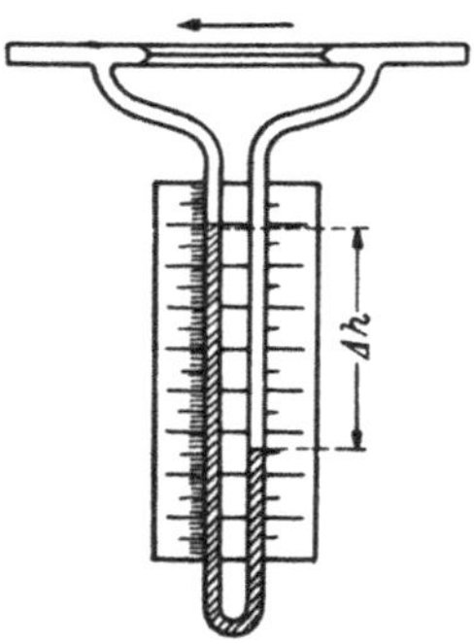

Abb. 354. Strömungsmanometer

Abb. 355. Schwebekörper-Durchflußmesser mit angesetzten Schlaucholiven

errechnet. Die Messung wird mit verschieden starken Gasströmen (wodurch sich verschiedene Manometerausschläge ergeben) wiederholt und die Werte auf Millimeterpapier eingetragen und zu einer Eichkurve verbunden. Koordinaten: Liter pro Stunde oder ml pro Minute und Höhenunterschied der Manometerflüssigkeit in Millimeter.

3. **Schwebekörper-Durchflußmesser.** Auch dieses, im Laboratorium sehr häufig verwendete Gerät (Abb. 355) zeigt nur die im Augenblick des Ablesens durchgehende Gasmenge an. Der Messer besteht aus einem nach dem KPG-Verfahren mit einer Genauigkeit von 0,01 mm hergestellten, nach oben sich schwach erweiternden Glasrohr, in dem ein Schwimmer durch das unten einströmende Gas mehr oder weniger angehoben wird. Abgelesen wird am oberen Rand des Schwimmers, der sich infolge angebrachter Einkerbungen in rasche Drehung versetzt, wodurch eine Berührung der Glaswand verhindert wird. Bei Gasen mit größerer Gasdichte wird der

Schwimmer höher gehoben. Die Eichung hat daher nur für ein bestimmtes Gas Gültigkeit. Um Fehler durch Temperaturunterschiede zu vermeiden, arbeite man möglichst bei der auf dem Gerät angegebenen Eichtemperatur. Der Messer soll langsam in Gang gesetzt werden.

21. Vakuum- und Drucktechnik

A. Erzeugung von Vakuum

Als Grobvakuum bezeichnet man Drucke herab bis 1 Torr, als Feinvakuum Drucke von 1 bis 10^{-3} Torr und als Hochvakuum solche von 10^{-3} bis 10^{-6} Torr (1 Torr = 1,333 mbar).

In vielen Laboratorien sind an den Arbeitstischen Anschlüsse an eine Zentralvakuum-Versorgung vorhanden.

1. Wasserstrahlpumpe. Die Wasserstrahlpumpe (Abb. 356) kann an jede Wasserleitung mit genügend starkem Druck (2 atü ∾ 2 bar Überdruck) angeschlossen werden. Das Wasser strömt durch die enge

Abb. 356. Wasserstrahlpumpe E-MIL mit Rückschlagventil (Quickfit Laborglas GmbH, Wiesbaden-Schierstein)

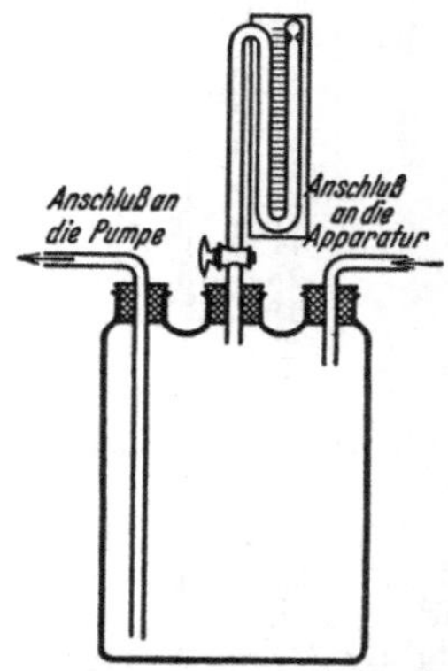

Abb. 357. Vorschaltflasche

Düse der Pumpe in ein weites Rohr, wodurch die Strömungsgeschwindigkeit erhöht wird. Durch ein Ansatzrohr (mit Schlauchanschluß an das zu evakuierende Gerät) wird durch das vorbeiströmende Wasser die Luft mitgerissen. Es kann je nach Wassertemperatur ein Vakuum von 14 bis 25 mm Quecksilbersäule (Torr), = 18,6 bis 33,3 mbar, erreicht werden.

Wichtig ist die einwandfreie Befestigung der Wasserstrahlpumpe mittels Druckschlauches (Schlauch mit Gewebeeinlage) an die Wasserleitung. Zur Sicherung gegen Wegreißen der Pumpe bei hohem

Wasserdruck wird der Schlauch durch einzelne Drahtringe (keine spiralförmige Umwicklung) oder eine Schelle befestigt.

An Stelle der gläsernen Wasserstrahlpumpen verwendet man vorteilhaft solche aus Metall oder Kunststoff.

Schaltung der Wasserstrahlpumpe: Zwischen Apparatur und Pumpe stets eine Vorschaltflasche (Woulfsche Flasche) schalten! Diese dient einerseits als Vakuumreservoir und schützt andererseits gegen ein Zurückschlagen des Wassers, wenn sich der Wasserdruck plötzlich ändert oder die Pumpe durch Hineingeraten von Verunreinigungen (Eisenteilchen aus der Wasserleitung) plötzlich versagt. Sie wirkt auch als Schutz gegen das Einsaugen von Flüssigkeit in die Vakuumleitung. Zweckmäßig verwendet man eine dreifach tubulierte Flasche, die auch das Manometer und einen Entlüftungshahn trägt. Das Verbindungsrohr mit der Pumpe soll fast bis zum Boden der Flasche reichen, wodurch eventuell zurückschlagendes Wasser automatisch wieder herausgesaugt wird (Abb. 357). Gegen das Zurückschlagen des Wassers schützt auch das Anbringen eines Rückschlagventiles zwischen Pumpe und Verbindungsrohr der Flasche (s. S. 49).

Operationen im Vakuum soll man nie unbeaufsichtigt lassen!

2. Rotierende Ölluftpumpen. Drehkolbenpumpen gehören zu der Gruppe der Verdränger-Vakuumpumpen, bei denen das zu fördernde Gas mit Hilfe von Kolben, Rotoren oder Schiebern angesaugt, gegebenenfalls verdichtet und dann ausgestoßen wird.

Im Laboratorium werden in erster Linie als Arbeitsplatzgeräte Drehschieberpumpen verwendet.

Das *Prinzip einer einstufigen Drehschieberpumpe* wird an Hand der Abb. 358 erläutert. In dem zylindrischen Gehäuse (Pumpenring) 1 dreht sich ein exzentrisch gelagerter, geschlitzter Rotor 2. Dieser enthält, meist durch Federn auseinandergedrückte Schieber 13, die an der Gehäusewand entlang gleiten und dabei die an der Saugöffnung 4 vom Saugstutzen 7 über den Schmutzfänger 6 und das Saugstutzenventil 5 eingedrungene Luft vor sich herschieben, um sie schließlich durch das ölüberlagerte Auspuffventil 10 über den Ölfänger 9 durch den Auspuffstutzen 8 aus der Pumpe auszustoßen. Die Ölüberlagerung dient gleichzeitig als Ölvorrat für die Schmierung, zum Abdichten und zum Ausfüllen des schädlichen Raumes unter dem Ventil. 3 ist ein Ölstand-Schauglas, 12 der Öleintritt. Der Gasballast tritt durch den Kanal 11 ein.

Bei Drehschieberpumpen mit zwei Schiebern wird mit jeder ½-Umdrehung ein Arbeitstakt beendet, bei Pumpen mit drei Schiebern (trivac-Pumpen, Leybold-Heraeus GmbH & Co. KG, Köln) nach jeder ⅓-Umdrehung.

Die *Gasballasteinrichtung* nach Gaede verhindert eine mögliche Kondensation von mitabgesaugten Dämpfen in der Pumpe. Nach Abschluß der Ansaugperiode, aber noch vor Beginn der Kompression, wird Gasballast (z. B. Frischluft von außen) in den Pumpenraum eingelassen. Unter dauerndem Einlaß von Gasballast wird nun komprimiert, bis das Auspuffventil aufgedrückt und die Dampf- und Gasteilchen ausgestoßen werden. Der hierzu erforderliche Überdruck wird durch die zusätzliche Gasballastluft schon so früh erreicht, daß es nicht zur Kondensation der Dämpfe kommt. Wichtig ist, daß die angesaugten Dämpfe mit einer niedrigeren Temperatur in die Pumpe eintreten als im Pumpeninneren herrscht. Bei Dämpfen, die eine höhere Temperatur haben, muß ein Kondensator vorgeschaltet werden.

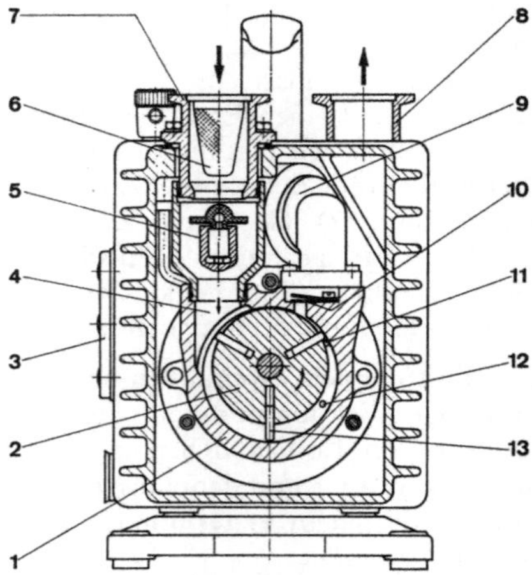

Abb. 358. Schnitt durch eine einstufige Drehschieberpumpe (Leybold-Heraeus GmbH & Co. KG, Köln-Bayental)

Das verwendete Öl darf nur unwesentliche Gas- und Dampfspuren in den Pumpenraum abgeben. Man verwendet Spezialöle mit guter Schmierfähigkeit und Beständigkeit gegen Zersetzung. Wassergehalt und Wasseraufnahme sollen minimal sein. Das Öl muß auch bei hohen Temperaturen noch eine ausreichende Viskosität haben.

Das erreichbare Endvakuum beträgt 0,1 bis 0,01 Torr (= 0,133 bis 0,0133 mbar) je nach Bauart der Pumpe. Durch Vorschalten einer zweiten Pumpe (Wasserstrahl- oder Ölluftpumpe) kann ein besseres Vakuum erzielt werden, weil dann die Pumpe nicht mehr gegen die Atmosphäre, sondern gegen das Vakuum der vorgeschalteten Pumpe arbeitet (Vorvakuum).

Hinweise für das Arbeiten mit trivac-Pumpen: Bei Anschluß von Drehstrommotoren ist festzustellen, ob die Pumpe im richtigen Drehsinn läuft (Motor ganz kurz einschalten und feststellen, in welcher Richtung der Motor anzieht. Drehrichtungspfeil auf der Ventilatorabdeckkappe beachten!). Wenn die Pumpe zu lange im falschen Drehsinn läuft, wirft sie Öl aus und Zerstörungen können eintreten. Wichtig ist der vakuumdichte Anschluß der Pumpe. Die Pumpe sollte durch etwa halbstündigen Betrieb bei geöffnetem Gasballastventil warm gefahren werden, bevor die Verbindung zur Apparatur hergestellt wird. Bei kalter Pumpe kann es trotz geöffnetem Gasballastventil zu einer Kondensation kommen. Sind große Dampfmengen mit Dampfdrucken über der angegebenen Wasserdampfverträglichkeit (z. B. 40 mbar) aus der Vakuumapparatur abzusaugen, ist ein wassergekühlter Kondensator in die Ansaugleitung einzubauen. Es ist dafür zu sorgen, daß stets genügend Öl in der Pumpe ist. (Jede Pumpe verbraucht bei Betrieb mehr oder weniger Öl!) Bei minimalem Ölstand ist der Ölspiegel an der unteren Kante des Ölschauglases zu sehen, maximaler Ölstand ist der obere Rand des Schauglases (bei gegen Enddruck laufender Pumpe ohne Gasballast). Öl auf Verunreinigungen kontrollieren! Ein erster Ölwechsel ist spätestens nach hundert Betriebsstunden erforderlich. Er ist immer bei betriebswarmer, abgeschalteter Pumpe vorzunehmen. Wird die Pumpe für längere Zeit außer Betrieb gesetzt, ist das alte Öl abzulassen, die Pumpe mit Frischöl durchzuspülen und dann mit sauberem Öl zu füllen.

Auf jeden Fall sind die von den Lieferfirmen mitgegebenen Betriebsanweisungen genau einzuhalten.

3. Diffusionspumpen. Das Hauptarbeitsgebiet dieser Pumpen liegt unterhalb 10^{-3} Torr ($= 1{,}33 \cdot 10^{-3}$ mbar). Es ist erforderlich, ein „Vorvakuum" einzuschalten.

Als Treibmittel dienen Quecksilber oder Öle auf Siliconbasis oder auf Basis von Polyphenyläthern.

Der in den Pumpen hochbeschleunigte Treibmitteldampf erzielt eine ähnliche Wirkung wie das Wasser in der Wasserstrahlpumpe. Dazu kommt die Diffusion der Gasmoleküle in den Dampfstrahl des Treibmittels. Bei der Kondensation der Treibmitteldämpfe werden die Gasmoleküle wieder restlos abgegeben.

Bei Verwendung von Quecksilber muß eine Tiefkühlfalle mit flüssigem Stickstoff zum Ausfrieren der Quecksilberdämpfe vorgeschaltet werden. In diesem Fall benötigt man ein Vorvakuum von max. 20 Torr ($= 26{,}7$ mbar). Das zu erzielende Vakuum beträgt 10^{-7} Torr ($= 1{,}33 \cdot 10^{-7}$ mbar).

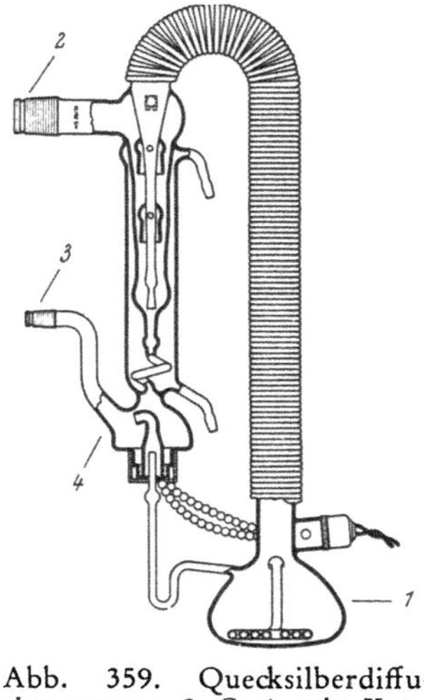

Abb. 359. Quecksilberdiffusionspumpe 3 Q 6 mit Kondensatabscheider (Jenaer Glaswerk Schott & Gen., Mainz)

Die Abb. 359 zeigt eine Quecksilber-Diffusionspumpe.

In den Siedekolben 1 der Pumpe wird soviel Quecksilber gefüllt, daß die eingebaute Heizspirale gerade überdeckt ist. Das Kühlwasser wird unten angeschlossen. Der Hochvakuumanschluß 2 erfolgt durch ein kurzes, weites Rohr, der Vorvakuumanschluß (Wasserstrahlpumpe oder rotierende Vakuumpumpe) an den Schliff 3. Das Gerät wird 5 cm über dem Siedekolben mit einer Klammer spannungsfrei befestigt. Der heizbare Kondensatabscheider 4 führt abgesaugte und im Kühler niedergeschlagene Dämpfe nach erneuter Verdampfung der Vorpumpe zu. Zur Vermeidung der Oxidation wird das Quecksilber erst erhitzt, nachdem die Pumpe auf wenigstens 30 Torr (= 40 mbar) evakuiert und der Kühler angestellt ist.

Ähnlich aufgebaut sind die Öl-Dampfstrahlpumpen.

B. Reaktionen unter erhöhtem Druck

Bei Durchführung von Reaktionen unter erhöhtem Druck ist stets Schutzbrille zu tragen!

Über die Druckfiltration s. S. 122.

1. Einschmelz- oder Bombenrohre. Die einseitig geschlossenen, starkwandigen Rohre aus widerstandsfähigem Glas sind für Drucke von 10 bis 20 atü (∾ 10 bis 20 bar Überdruck) verwendbar.

Bei der Füllung des Rohres darf das obere Ende nicht verunreinigt werden. Feste Stoffe können in ein Glasnäpfchen (z. B. durch Selbstherstellung aus einem Glasrohr) eingewogen werden. Man läßt es mitsamt der Einwaage in das Rohr gleiten.

Wenn möglich, wird das Rohr vor dem Einfüllen an der späteren Zuschmelzstelle bereits verengt und z. B. die flüssige Probe durch einen eingeführten Langhalstrichter eingefüllt.

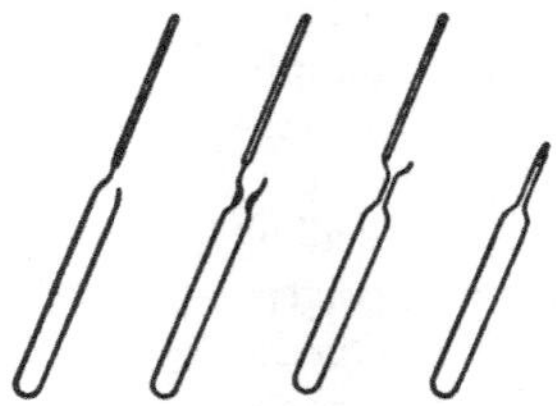

Abb. 360. Zuschmelzen eines Bombenrohres

Zum Zuschmelzen bedient man sich als Handhabe eines am Ende erweichten Glasstabes, der an die unter Drehen weichgemachte Öffnung des Rohres angesetzt wird (Abb. 360). Die Zuschmelzstelle wird am Gebläse erhitzt und in eine etwa 6 cm lange Kapillare ausgezogen, die mit kleiner Flamme verschlossen wird. Erkalten der heißen Stelle unter ständigem Drehen in der rußenden Flamme. Das zugeschmolzene Rohr wird sofort in die eiserne Schutzhülse eingelegt, so, daß die Kapillare ein wenig herausragt. Das Erhitzen geschieht in einem Bombenofen, in den das Rohr schräg nach oben eingelegt wird.

Bombenrohre dürfen erst nach völligem Erkalten, und zwar mitsamt der Schutzhülle, aus dem Ofen genommen werden. Die herausragende Kapillare wird mittels eines darunter gestellten, scharfen Brenners erhitzt, wobei die unter Druck befindlichen Gase im Rohr die Kapillare öffnen. Erst wenn das Rohr völlig drucklos ist, darf es aus der Schutzhülle genommen und der obere Teil abgesprengt werden.

2. Autoklaven. Autoklaven sind starkwandige, zylindrische Hohlkörper, die in Standardausführung einen Druck bis 325 atü (∾ 320 bar) bei 350° C Temperatur aushalten. Für höhere Bedingungen sind spezielle Autoklaven in Verwendung. Stets sind die diesbezüglichen Angaben der Herstellerfirma (auf einem Schild auf dem Autoklaven vermerkt) zu beachten.

Autoklaven mit einem Druck-Liter-Produkt von 100 und mehr (z. B. 20 atü und 5 Liter Inhalt = 100) müssen grundsätzlich vom TÜV abgenommen werden. Bei ihrer Verwendung müssen die „Unfallverhütungsvorschriften Druckbehälter“ genauestens eingehalten werden.

Autoklaven werden in stehender oder liegender Bauart, ohne oder mit Rührer (Rührautoklav) oder mit Schüttelgestell (Schüttelautoklav) geliefert.

Autoklaven müssen mit Manometer, Temperaturmeßeinrichtung (Thermometerhülse zur besseren Wärmeübertragung mit Öl füllen) und Abblaseinrichtung ausgestattet sein. Beim Verschließen muß das Anziehen der Deckelschrauben so erfolgen, daß gegenüberliegende nacheinander allmählich angezogen werden. Als Dichtung wird in der Regel ein Weichmetallring (für höhere Temperaturen u. a. auch Kupfer) eingelegt.

Autoklaven müssen getrennt von anderen Apparaturen aufgestellt sein, möglichst in einem gesonderten Raum (nicht im Keller). Sie dürfen nur von eingehend unterwiesenem Personal bedient werden, eine besondere Betriebsanweisung ist erforderlich.

Abgedichtet wird die Stopfbüchse bei Rührautoklaven durch eine aus zwei Teilen bestehende Packung; zwischen beiden befindet sich zumeist eine Ölzufuhr, die die Schmierung garantiert. Stopfbüchsenlose Autoklaven arbeiten z. B. mit einem auf und ab gehenden Magnetmischer.

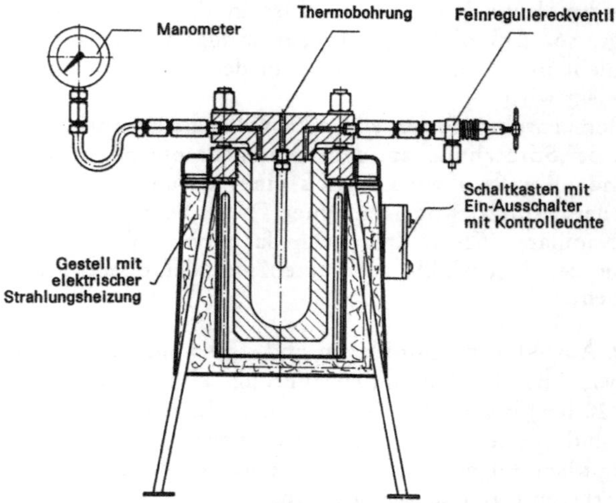

Abb. 361. Stehender Hochdruckautoklav (Ernst Haage, Mülheim/Ruhr)

Der Druck im Autoklaven wird nach Beendigung der Arbeit erst nach völligem Erkalten durch ein Feinventil abgelassen, erst dann darf der Autoklav geöffnet werden.

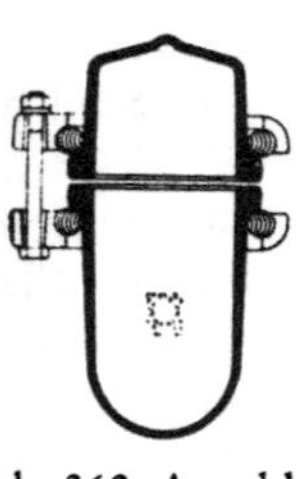

Abb. 362. Autoklav aus Duran 50 (Jenaer Glaswerk Schott & Gen., Mainz)

Die Abb. 361 zeigt als Beispiel einen stehenden Hochdruck-Autoklav mit elektrischer Strahlungsheizung, Feinregulierventil, Manometer und Thermometer.

Für Drucke bis 15 atü (∼ 15 bar Überdruck) sind auch *Autoklaven aus Duranglas 50* von 200 ml Inhalt in Gebrauch (Abb. 362). Ober- und Unterteil besitzen Planflanschen, die Verbindung beider Teile wird mit Hilfe von Doppelschellen bewerkstelligt. Bei Duranglas-Autoklaven mit 1000 bis 3000 ml Inhalt beträgt die Druckgrenze 4 atü (∼ 4 bar Überdruck).

C. Messen des Druckes

1. Luftdruckmessung. Der herrschende Luftdruck wird mit Barometern gemessen. Die Ablesung erfolgt in mm Quecksilbersäule (= Torr) oder in Millibar (1 mb = 0,75006 Torr).

a) *Quecksilberbarometer.* Das Heberbarometer besteht aus einem etwa 100 cm langen, luftleeren und am Ende geschlossenen Glasrohr. Das untere, offene, kurze Ende ist U-förmig umgebogen. Auf die enthaltene Quecksilbersäule wirkt der Druck der atmosphärischen Luft. Bei normalem Luftdruck steht die Säule im langen Rohrschenkel 760 mm über dem Quecksilber im kurzen Rohr. Abgelesen wird auf einer verschiebbaren Skala (Nullstrich auf den Quecksilberspiegel im kurzen Schenkel einstellen).

Bei Gefäßbarometern ist der kurze Schenkel zu einem Gefäß erweitert und die Skala fest am oberen Schenkel angebracht. Da der Querschnitt im Gefäß sehr viel größer ist als im Rohr, sind die Schwankungen des Quecksilberspiegels im Gefäß sehr gering und werden vernachlässigt.

Für genaue Messungen muß gleichzeitig mit dem Barometerstand die Temperatur (Thermometer am Barometer angebracht) festgestellt werden. Der abgelesene Barometerstand wird durch Rechnung korrigiert (s. Wittenberger, Rechnen in der Chemie).

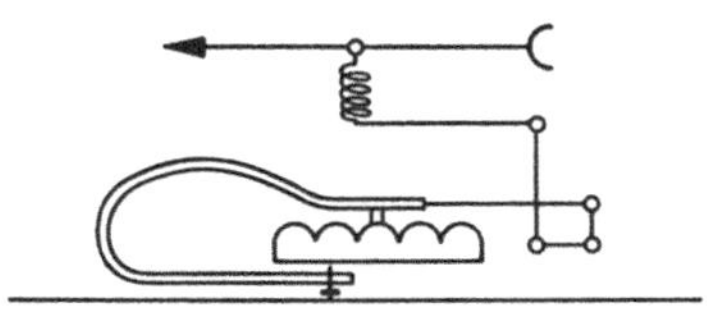

Abb. 363. Aneroidbarometer

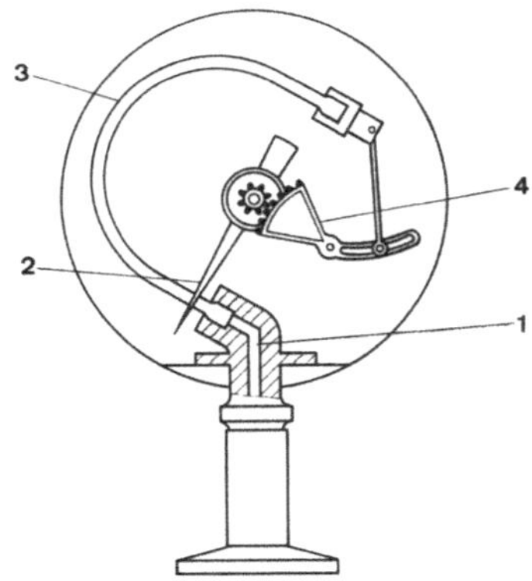

Abb. 364. Federmanometer
1 Verbindung zum Rezipienten, *2* Zeiger, *3* Bourdon-Röhre, *4* Hebelsystem
(Leybold-Heraeus GmbH & Co. KG, Köln)

b) *Aneroidbarometer* (Abb. 363). Der Luftdruck wirkt auf eine luftleere Metalldose mit gewelltem, sehr elastischem Metalldeckel, der in seiner Mitte mit einer Metallfeder verbunden ist. Über ein Hebelwerk wird die Bewegung der elastischen Teile, die bei Veränderungen des Luftdruckes eintritt, auf einen Zeiger übertragen. Auf diesem Prinzip beruhen auch die selbstschreibenden Barometer.

2. Messen von Überdruck. Man verwendet allgemein *Metallmanometer.* Sie sind ähnlich den vorher beschriebenen Aneroidbarometern gebaut. Die Messung des Druckes beruht auf der Veränderung der Krümmung einer Spiralröhre (Röhrenfeder-Manometer, Abb. 364) oder auf der elastischen Durchbiegung einer Membran (Plattenfeder-Manometer), die durch ein Hebelwerk auf den Zeiger einer Skala übertragen wird.

Vor dem Ablesen klopft man zweckmäßig schwach an das Gehäuse, um den Einfluß der Reibung („Nachgehen" des Manometers) aufzuheben. Zur Vermeidung von Verunreinigungen (Absetzen von Salzen in seinem Inneren) wird das Instrument über ein gewundenes Rohr (Wassersackrohr) an das Druckgefäß angeschlossen. Manometer müssen während der Arbeit laufend beobachtet werden.

Vor der Belastung steht das Manometer auf der Nullmarke, es zeigt daher nur den sogenannten Überdruck (atü) an, um welchen der zu messende Druck höher ist als der Atmosphärendruck. Am Manometer muß der höchstzulässige Betriebsdruck des angeschlossenen Apparates durch eine Marke (roter Strich) besonders gekennzeichnet sein.

3. Vakuummessung. Manometer zur Messung von Unterdruck werden im Sprachgebrauch als Vakuummeter bezeichnet.

a) *Membran- und Feder-Vakuummeter.* Sie sind analog den Metallmanometern (s. oben) konstruiert. Meßbereich 760 bis 1 Torr (= 1013 bis 1,33 mbar).

Zum Messen geringer Druckdifferenzen dienen Feder-Manometer aus Quarzglas (Abb. 365). Die im Quarzzylinder befindliche Hohlspirale aus Quarzglas wird etwas auseinander gewickelt, wenn der Druck in der Spirale erhöht oder der Druck in dem sie umgebenden Zylinder vermindert wird. Die durch den Druckunterschied bewirkte Auslenkung wird mittels Zeiger oder Spiegel angezeigt.

b) *Quecksilber-Vakuummeter.* α) Das *U-Rohr-Vakuummeter* (Abb. 366) besteht aus einem Barometer, dessen Schenkellänge auf 200 mm verkürzt ist. Ist der Schenkel des U-Rohres geschlossen und luftleer, so gibt die Höhendifferenz des Quecksilberstandes in den beiden Schenkeln den absoluten Druck an. In der Regel ist die Skala verschiebbar, wodurch die Ablesung erleichtert wird.

Nach Gebrauch darf das Gerät nur durch vorsichtiges Öffnen des Absperrhahnes mit der Außenluft in Verbindung gebracht werden, weil ein scharfes Anschlagen des Quecksilbers im Glasrohr zu einem Zerschlagen der Kappe führen kann. Daher ist bei den meisten Geräten der oberste Teil des Rohres verengt, um das hinaufspringende Quecksilber zu bremsen. Zur Füllung muß mit Salpetersäure gereinigtes Quecksilber verwendet werden. Meßbereich 200 bis 1 Torr (~ 267 bis 1,33 mbar), Ablesegenauigkeit ±0,5 Torr (~ 0,67 mbar).

Falls bei Bruch Quecksilber austritt, muß es eingesammelt werden (giftig!). Zurückbleibende Reste sind durch Aufstreuen von frischem Zinkstaub und letzte Spuren durch jodbeladene Aktivkohle zu beseitigen. Gut geeignet ist auch ein Schwamm aus Schaummoltopren oder anderen feinporigen Kunststoffen (Porendurchmesser unter 0,5 mm), mit dem das Quecksilber trocken aufgetupft wird. Der Schwamm ist danach auszuklopfen und in einem geschlossenen Gefäß aufzubewahren. Länger gebrauchte Schwämme unter dem Abzug (!) verbrennen oder in Salpetersäure auflösen.

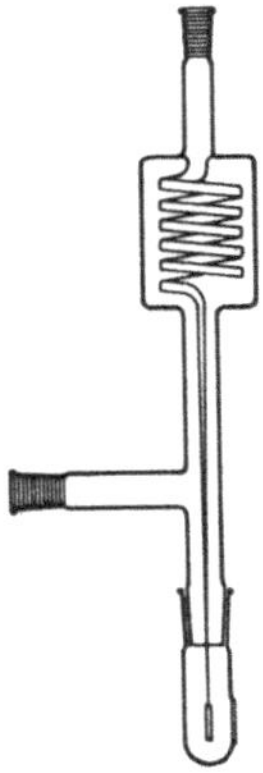

Abb. 365. Federmanometer nach Bodenstein mit Spiegel zum Ablesen mittels Lichtzeiger (Heraeus-Schott Quarzschmelze GmbH, Hanau)

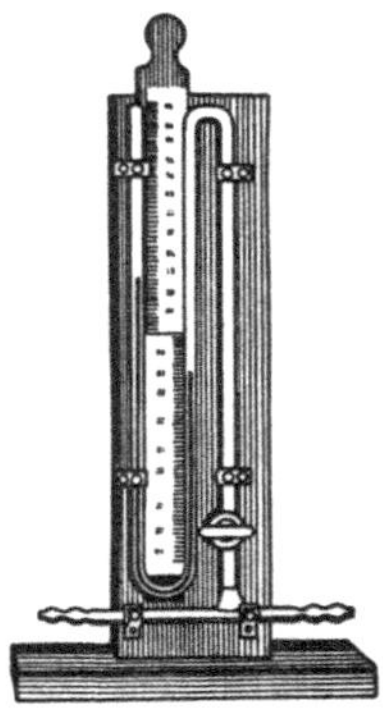

Abb. 366. U-Rohr-Vakuummeter

Quecksilber darf nur in Standflaschen (nicht Kolben, wegen Bruchgefahr!) aufbewahrt werden. Räume, in denen mit Quecksilber gearbeitet wird, sind gut zu durchlüften.

β) Drucke bis in den Hochvakuumbereich lassen sich mit dem *Kompressions-Vakuummeter* nach dem Prinzip von McLeod messen. Zur Druckmessung muß der Raum über dem Quecksilbervorrat evakuiert und belüftet werden können, wodurch das Quecksilber im Meßsystem abgesenkt oder angehoben wird (zweckmäßig mit einer Hilfspumpe). Beim Meßvorgang wird das im genau definierten Volumen V befindliche Gas, dessen Druck gemessen werden soll, durch das angehobene Quecksilber eingeschlossen und auf ein wesentlich kleineres Volumen innerhalb einer Kapillare komprimiert. Der auf diese Weise erhöhte Druck kann als Niveauhöhendifferenz zweier miteinander verbundener Quecksilbersäulen abgelesen werden. Bei bekannten geometrischen Verhältnissen läßt sich der im angeschlossenen Vakuum-Behälter herrschende Druck nach dem Boyle-Mariotteschem Gesetz (p · v = konstant) bestimmen.

Da das Quecksilber nach jeder Messung wieder abgesenkt werden muß, ist ein kontinuierliches Messen mit dem Gerät nicht möglich.

Die Abb. 367 zeigt die Ausführungsform nach Moser. Es handelt sich um ein drehbares Vakuummeter mit drei Skalen zum Messen von Grob- bis Feinvakuum im selben Instrument.

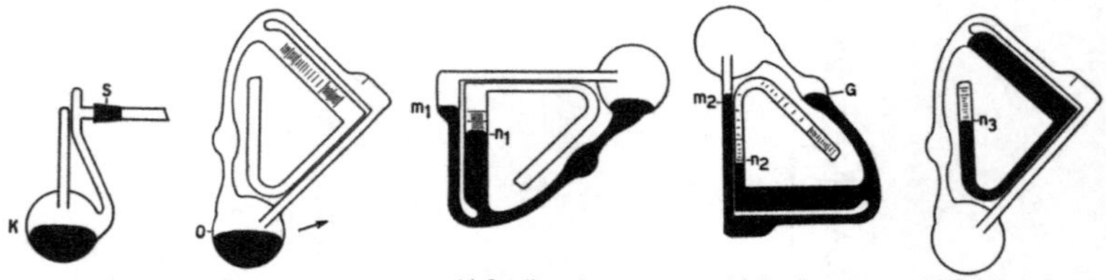

Abb. 367. Meßstellungen des Vakuummeters nach Moser (Dr. Dinkelacker & Co., Mainz)

Durchführung der Messung: Durch den Schliff S des seitlichen Ansatzrohres werden etwa 7 ml Quecksilber in die Kugel K gebracht und so abgeglichen, daß es in Meßstellung 2 die Erweiterung G zur Hälfte füllt. Meßstellung 1: Drehen des Vakuummeters in Pfeilrichtung, bis die Quecksilberkuppe in m_1 mit der Strichmarke zusammenfällt. Ablesen des Druckes auf der Skala in n_1. Meßstellung 2: Gerät in Pfeilrichtung drehen, bis die Quecksilberkuppe im offenen Manometerrohr mit der Strichmarke m_2 zusammenfällt. Ablesen in n_2. Meßstellung 3: Kapillarrohr n_3 senkrecht stellen, ablesen in n_3. Das Quecksilber durch leichtes Klopfen erschüttern. Nach der Messung Gerät langsam in die Ausgangsstellung zurückdrehen, damit das Quecksilber in die Vorratskugel zurückfließen kann.

c) *Geräte mit Hilfsenergie*. Das Thermotron-Vakuummeter (Leybold-Heraeus GmbH & Co. KG, Köln) beruht darauf, daß die Wärmeleitung eines Gases innerhalb bestimmter Grenzen vom Gasdruck abhängt. Der Meßdraht in der Meßzelle wird durch konstante Energiezufuhr geheizt und bildet den Zweig einer Wheatstoneschen Brücke, die bei sehr niedrigen Drucken abgeglichen ist. Mit zunehmendem Gasdruck nimmt die Temperatur des Meßdrahtes infolge der höheren Wärmeleitung durch das Gas ab, die Brücke ist nicht mehr abgeglichen. Der Brückenstrom wird auf ein Anzeigeinstrument übertragen. Meßbereich 10 bis 10^{-3} Torr ($\sim$ 13,3 bis 1,33 . 10^{-3} mbar).

Für den Meßbereich bis 10^{-6} Torr und darunter werden Glühkathoden-Ionisations-Vakuummeter verwendet, bei denen die Ionisierung von Gasen im Elektrodensystem zur Vakuummessung ausgenutzt wird.

D. Regeln des Druckes

1. Vakuum. Der *Frittendruckregler* arbeitet mit einem Vergleichsdruck, der über Quecksilber als Sperrflüssigkeit eingestellt ist (Abb. 368). Ein kleines U-Manometer ist an beiden Schenkeln zylindrisch erweitert. Einer der beiden Zylinder kann mittels Hahn von der Apparatur abgesperrt werden, hier wird der Vergleichsdruck eingestellt. In den anderen Zylinder ragt eine Glasfritte. Taucht diese in das Hg ein, ist der Raum unterhalb der Destillationsapparatur

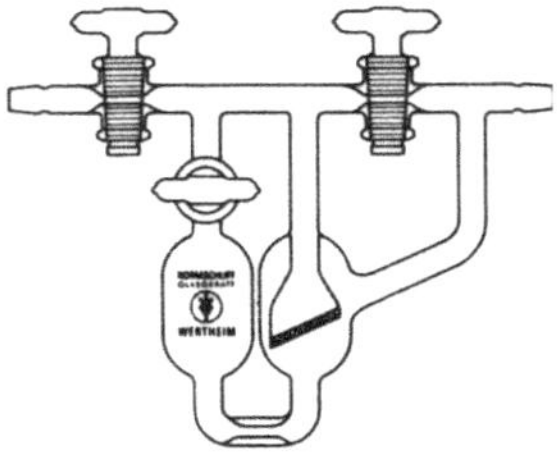

Abb. 368. Frittendruckregler
(Normschliff Glasgeräte, Wertheim/Main)

abgesperrt. Bei Druckanstieg wird das Hg von der Fritte weg in den linken Manometerschenkel gedrückt, die Fritte taucht nicht mehr in das Hg ein und der Weg zur Pumpe ist frei. Regelbereich zwischen 5 und 760 Torr (∾ 6,67 bis 1013 mbar).

Bei dem *Manostat* (Normschliff Glasgeräte, Wertheim/M.) wird der Abschluß durch eine mit ihrem unteren Rand in Hg eingetauchte Glocke erreicht. Der Vakuumanschluß mündet genau oberhalb dieser in den Regler. Steigt der Druck über den des Vergleichsvolumens (es befindet sich unterhalb der Glocke), so sinkt die Glocke ab und der Weg zur Pumpe wird frei.

2. Druck. Die Regelung wird im allgemeinen durch Einstellen eines Ventiles (z. B. Membrandosierventil) vorgenommen.

Beim *Nadeldosierventil mit Mengenmesser* (Drägerwerk AG, Lübeck) zur Entnahme kleiner Mengen aus dem Rohrnetz (minimal zehn Gasblasen pro Minute) passiert das Gas auf seinem Weg durch das Feinregulierventil eine mittels einer konischen Nadel im Querschnitt einstellbare Drosselstelle, um dann eine Meßröhre, die eine in Liter/min geeichte Skala trägt, zu durchströmen. Die Stellung einer Schwimmerkugel gibt die durchfließende Gasmenge an. Nach Verlassen der Meßröhre strömt das Gas innerhalb einer durchsichtigen Abdeckhaube nach unten und verläßt das Gerät durch eine Schlaucholive.

E. Rühren unter Luftabschluß

1. Selbstherzustellende Anordnung. Für viele präparative Arbeiten ist es völlig ausreichend, den in den Kolben eingesetzten Rührer in einer langen Führungshülse aus Glas laufen zu lassen. Die Führungshülse taucht in die Flüssigkeit ein, so daß letztere gleichzeitig als Sperrflüssigkeit dient. Der erreichte Luftabschluß ist weitgehend und die eventuellen Verluste an entweichendem Flüssigkeitsdampf sind gering. Wichtig ist die gute Zentrierung des Rührers. Das obere, aus dem Stopfen herausragende Ende der Führungshülse wird zur Verminderung der manchmal auftretenden Reibung mit wenig Hahnfett geschmiert.

Eine vielfach angewandte Methode besteht einfach darin, daß man den Rührer durch den Rückflußkühler hindurchführt.

2. Quecksilberverschluß. Am Rührer ist eine Glocke angeschmolzen (Abb. 369), deren Öffnung in einem oberhalb des Kolbenstopfens angeschmolzenen Napf, der mit Quecksilber gefüllt ist, eintaucht. Um den Rührer einwandfrei zu zentrieren, führt man ihn oberhalb der Quecksilberdichtung noch durch ein Führungsrohr aus Glas, das mit Paraffinöl oder anderen Mitteln geschmiert wird.

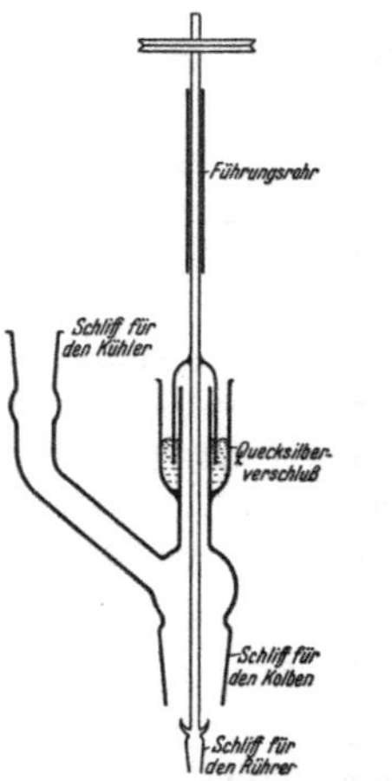

Abb. 369. Rührwerk mit Quecksilberdichtung

Abb. 370. Rührverschluß mit Teflonlagern (Normag Otto Fritz GmbH, Hofheim/Ts)

3. KPG-Verschlüsse. Beim KPG-Verfahren (Küppers-Patent-Graduation) wird der Abschluß gegen die Außenluft dadurch erzielt, daß die geschliffene, polierte Glasrührerwelle mit einem Spielraum von nur 0,01 mm in einer KPG-Hülse läuft. Bei geeigneter Schmierung ist eine nahezu absolute Abdichtung und ruhiger Gang zu erreichen. Für Dauerbetrieb sind Rührgeschwindigkeiten von 250 bis 750 U/min zulässig (Jenaer Glaswerk Schott & Gen., Mainz).

4. Rührverschlüsse mit Teflonlagern (Abb. 370). Ein häufiges Schmieren ist unnötig, ein Steckenbleiben ist nicht zu befürchten.

5. Magnetrührer. Mit Hilfe des Magnetrührers (s. S. 66) ist, da keinerlei Wellendurchführung vorhanden ist, ein absoluter Abschluß gegen die Außenluft möglich.

22. Probenahme

Die Probe, die zur Untersuchung kommt, muß eine gute Durchschnittsprobe sein, sie muß repräsentativ sein, d. h., sie muß die Gesamtstoffmenge genügend sicher vertreten.

1. Feste Stoffe. a) *Entnahme der Probe.* Aus Waggon- oder Schiffsladungen wird die Probenahme in der Regel mit dem Entladen verbunden. Dabei wird so vorgegangen, daß z. B. aus jeder Fördereinheit eine Einzelprobe entnommen wird, die zu einer Sammelprobe (= Ausgangsprobe) vermischt werden. Diese Probe wird in geeigneten Maschinen (Backenbrecher, Schlagkreuzmühlen u. a.) zerkleinert und anschließend verjüngt, d. h., in Teilproben aufgeteilt. Eine davon (diese Vorprobe macht etwa 15% der Sammelprobe aus) wird weiter gemahlen und wiederum verjüngt. So erhält man eine Probe, die etwa 1% der Sammelprobe ausmacht. Weitere Verjüngungen können folgen und man erhält schließlich die Analysenprobe.

Wird aus dem Gesamtgut nur eine Stichprobe entnommen, kann in gleicher Weise vorgegangen werden wie eben beschrieben, oder die ganze Probe wird auf Analysenfeinheit zerkleinert.

b) *Teilung der Probe.* α) *Von Hand aus.* Das gemischte Probengut wird zu einem Quadrat gleichmäßig hoch ausgebreitet und dieses durch die Diagonalen in vier Teile geteilt. Zwei gegenüberliegende Teile werden entfernt, der Rest weiter zerkleinert, gemischt und wieder ausgebreitet und geteilt usw., bis eine Probenmenge von etwa 1 kg erhalten wird. Diese Probe wird weiter gemahlen und gut vermischt und in einige knapp nebeneinander stehende Pulvergläser mit einer kleinen Schaufel so eingebracht, daß beim Darüberstreichen in jedes der Gläser ungefähr gleich viel hineinfällt. Die gefüllten Flaschen werden gut verschlossen.

β) *Mit Probeteilern.* Zum Teilen großer Probemengen sowie zur Entnahme von Materialströmen dient ein Drehrohrteiler.

Im Laboratorium bedient man sich z. B. des in der Abb. 371 dargestellten Retsch-Laborprobenteilers, der auch für schlechtfließende Materialien verwendet werden kann. Mit Hilfe des aufgesetzten Zuteilgerätes ist ein gleichmäßiges Zuführen möglich. Die Frequenz der elektromagnetisch angetriebenen Vibrations-Zuteilrinne ist stufenlos regelbar, die Schwingungen übertragen sich auch auf das Gut im Einlauftrichter. Das Gut gelangt über die Teilkrone in die Auffanggefäße.

Eine andere Konstruktion mit einer bestimmten Anzahl von Durchlässen ist aus der Abb. 372 ersichtlich.

Abb. 371. Retsch-Probenteiler PTZ mit Zuteilrinne
(F. Kurt Retsch KG, Haan/Rhld.)

c) Mit dem *Probestecher* (Abb. 373) werden Proben aus Fässern und Säcken entnommen. Er besteht aus einem unten zugespitzten oder abgeschrägten Rohr, welches oben mit einem Handgriff und seitlich mit einem Schlitz versehen ist. Manche Konstruktionen sind unten verschließbar. Mit dem Probestecher wird langsam in die Substanz hineingestochen, der Probestecher gedreht und dann vorsichtig herausgezogen. Auf diese Weise hat man eine ganze Säule des Stoffes von oben nach unten herausgeschnitten. Mehrere so genommene Proben werden vermischt und in der üblichen Weise verjüngt.

2. Flüssigkeiten. Die einfachste Art der Probenahme einer Flüssigkeit ist die mittels eines von oben eingeführten Glasrohres, das nach Füllung mit dem Daumen verschlossen wird.

Aus größeren Flüssigkeitsmengen nimmt man Einzelproben mit einem Schöpfer oder ununterbrochen durch einen am Gefäß angebrachten Hahn mit angesetztem dünnen Rohr. Aus dieser Sammelprobe von etwa 10 bis 15 Litern nimmt man nach Durchmischung die Endproben, die in Flaschen von 100 bis 200 ml eingefüllt werden. Die Flaschen werden sofort gut verschlossen.

In großen Behältern scheiden sich bei längerem Stehen hie und da Schlamm am Boden oder schwebende Teilchen an der Oberfläche ab. In

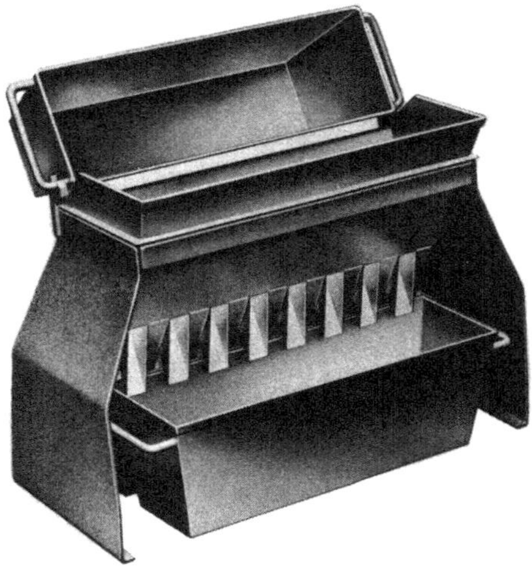

Abb. 372. Haver-Probenteiler
(Haver & Boecker, Oelde/Westf.)

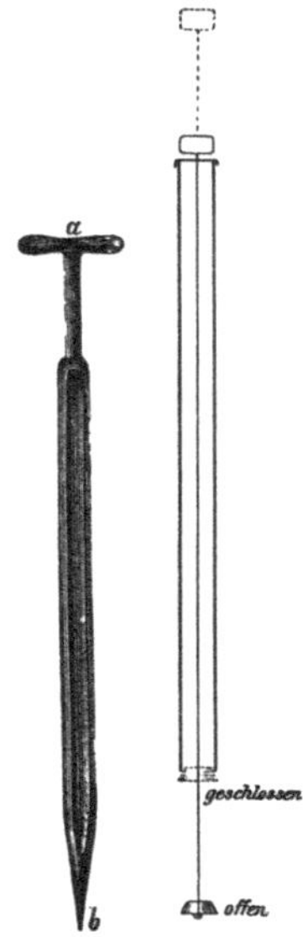

Abb. 373.
Probenstecher

diesem Fall wird so verfahren, daß mit einem Rohr von etwa 2,5 cm Durchmesser, welches so lang ist, daß es vom Mannloch bis zum Boden reicht und eine Erweiterung am unteren Ende besitzt, vorsichtig in die Flüssigkeit eingegangen wird. Durch einen Draht, der durch das Rohr geführt ist, wird ein am unteren Ende hängender Stopfen in die Rohröffnung gezogen und diese damit verschlossen (Abb. 373 rechts).

3. Gase. Die Entnahme von Gasproben geschieht durch Ansaugen des Gases unter Anwendung eines Aspirators. Wichtig ist, daß zuvor die Luft vollkommen aus den Leitungsrohren entfernt wurde.

Als Saugvorrichtungen kommen in Betracht: Saug- oder Druckpumpen aus Gummi (Gummiball mit Ventilen) und Wasserstrahlpumpen, für größere Mengen Saug-Flaschen (Abb. 374).

Eine tubulierte Flasche A, die oben durch einen Gummistopfen mit einem Dreiweghahn B in Verbindung steht, dient als Aspirator. Bei der Stellung I des Hahnes (Verbindung a-c) wird die Flasche vollkommen mit Wasser gefüllt. Nun wird der Schenkel b an die

Gasentnahmestelle angeschlossen, b mit c verbunden (Stellung II des Hahnes) und an c ein zweiter Aspirator oder eine Wasserstrahlpumpe angeschlossen. Bei dieser Hahnstellung wird das Gas eine Zeitlang durchgesaugt, bis das Sammelrohr mit dem Gas gefüllt ist. Dann erst bringt man den Dreiweghahn in die Stellung III und beginnt mit der Gasentnahme durch Öffnen des Ablaufhahnes. Das langsam aus dem Aspirator austretende Wasser macht dem einströmenden Gas Platz.

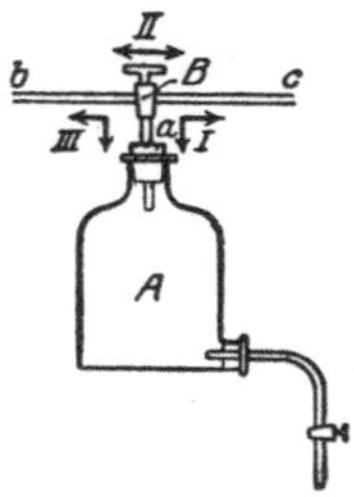

Abb. 374. Probenahme von Gasen

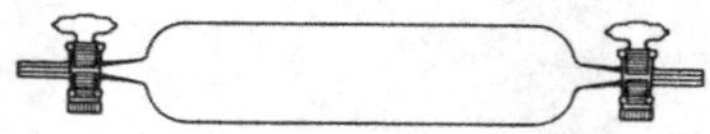

Abb. 375. Gas-Sammelrohr (Normag Otto Fritz GmbH, Hofheim/Ts)

Zum Aufbewahren von Gasproben dienen *Sammelrohre* (Gasmäuse, Gaswürste). Man verwende solche mit Hohlstopfen, hochvakuumdicht geschliffen und mit Hahnsicherung versehen (Abb. 375). Bei diesen ist ein Aufbewahren unter Wasser nicht erforderlich.

Zur Probenahme größerer Gasmengen ersetzt man das Sammelrohr durch eine *Tubusflasche*. Dabei ist es wichtig, daß das durch den Stopfenrand reichende Einleitungsrohr mit dem Stopfenrand abschließt, um die Bildung eines Luftsackes zu vermeiden.

Laborspeichergeräte aus PVC (Rudolf Brand, Wertheim/Main) bestehen aus dem Gehäuse und dem Gasspeicherbeutel. Sie arbeiten ohne Sperrflüssigkeit.

23. Elektroanalytische Verfahren

A. Elektrolyse

Durch Elektrolyse wird ein Metall aus einem Metallsalz in wägbarer Form abgeschieden.

Apparatur: Als Stromquelle dienen Bleiakkumulatoren, galvanische Elemente oder Gleichstromleitungen, von denen der Strom abgezweigt wird.

Die Elektroden (Pt oder Pt-Ir) sollen ein möglichst geringes Gewicht und große Oberflächen haben. Als Kathode werden Kathodenschalen oder Drahtnetzelektroden (Abb. 376) verwendet. Die Anode besteht aus einer durchlochten Platte oder einem Spiraldraht, der gleichzeitig als Rührer dienen kann (Abb. 377).

Beide Elektroden sollen bis zum Boden des Elektrolysiergefäßes (dünnwandiges Becherglas) reichen, in das die Netzelektrode mit wenig Spiralraum einpaßt.

Abb. 376. Drahtnetzkathode

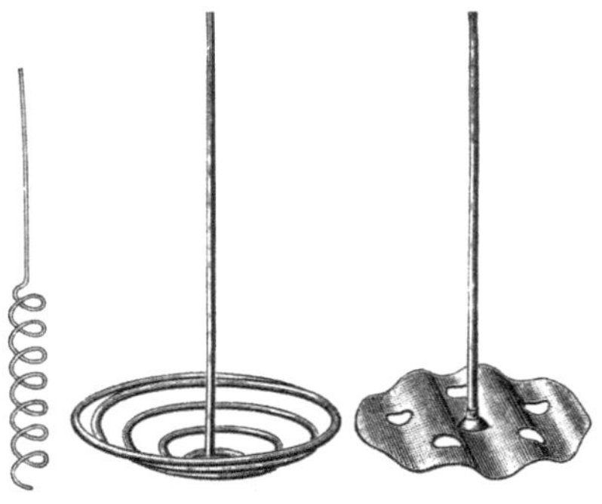

Abb. 377. Anoden

Zur Befestigung der Elektroden werden besondere Stative verwendet, bestehend aus Messinghaltern an einem Glasstativ angeschraubt und als Schlitzklemmen ausgeführt. Das Elektrolysiergefäß wird mit Uhrglashälften bedeckt (Abb. 378). Gerührt wird mit Rührspindeln oder durch Einblasen von Gas über den ganzen Querschnitt der Elektrode. Den Gasstrom setzt man in Gang, bevor die Lösung eingefüllt wird. Beim Einfüllen der Flüssigkeit in den Elektrolysierbecher soll wenig Waschflüssigkeit zum Nachspülen verwendet werden. Die Unterbrechung der Elektrolyse geschieht durch Herausheben der rotierenden Elektrode.

Die Elektrode, auf der die Abscheidung erfolgt, muß rein und bei 100° C getrocknet sein. Wägung nach Abkühlen im Exsikkator.

Die *Durchführung der Elektrolyse* geschieht entweder unter Beobachtung der Spannung (für die Trennung mehrerer Metalle) oder der Stromstärke, wenn die Güte des Niederschlages in hohem Maße von der Stromdichte abhängt (Stromdichte ist das Verhältnis zwischen Stromstärke und Kathodenoberfläche).

Schaltungsschema (Abb. 379): Die aus einem bis drei Akkumulatoren bestehende Stromquelle P wird durch den Gefällsdraht MN kurzgeschlossen. Den Widerstand des Drahtes wähle man nicht zu hoch, zweckmäßig so viel Ohm, wie die Stromquelle Volt besitzt. Von M führt eine Verbindung direkt zu dem Pol der Elektrolysierzelle E, während ihr anderer

Pol mit dem auf MN verschiebbaren Gleitkontakt O verbunden ist. Man verschiebt den Kontakt O, bis der an E direkt angeschlossene (in 0,1 Volt geteilte) Spannungsmesser V die gewünschte Spannung zeigt. Dann schaltet man die Elektrolyse ein und reguliert nach. Ein Amperemeter ist überflüssig. Will man es zur Kontrolle einschalten, muß dies zwischen M und a oder O und b geschehen.

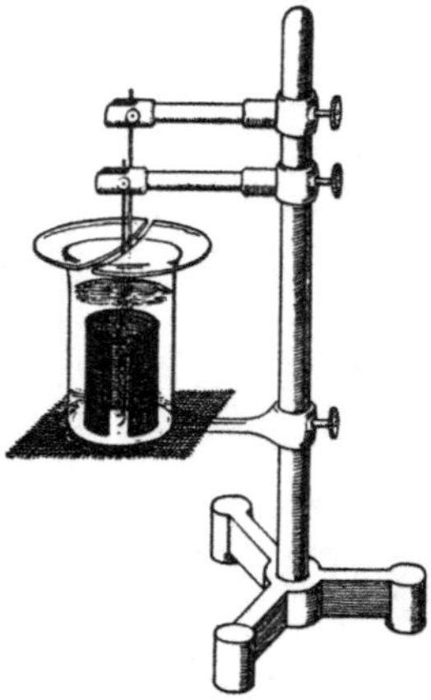

Abb. 378. Anordnung der Elektrolyse

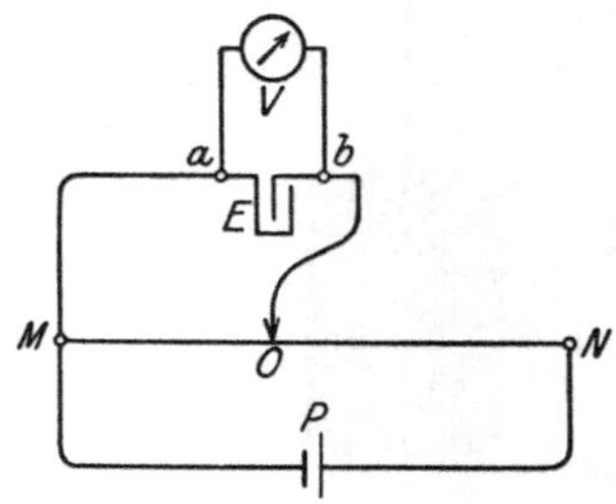

Abb. 379. Schaltungsschema einer Elektrolyse

B. Elektrische Indikationsverfahren

1. Potentiometrie. Mit Hilfe der Potentiometrie wird der Endpunkt einer Titration unter Verwendung geeigneter Elektroden aus der Änderung des Potentials der zu analysierenden Lösung im Verlaufe der Titration ermittelt.

Im Verlaufe der Titration ändert sich durch die Zugabe der Maßlösung die Konzentration des Ions, auf das die Elektrode anspricht. Man mißt daher nach jedem Zusatz der Maßlösung das Elektrodenpotential. Auf diese Weise kann der gesamte Titrationsverlauf verfolgt werden, der in der Titrationskurve (Abb. 380) zum Ausdruck kommt. Aus dieser Kurve ist zu erkennen, daß die Änderung des Elektrodenpotentials bei stets gleichbleibendem Reagenzzusatz nur gering ist und im Äquivalenzpunkt (Endpunkt der Titration) ihren maximalen Wert erreicht, um dann wieder langsam abzunehmen. Sind mehrere Stoffe gleichzeitig zu bestimmen, ergeben sich in der Kurve eine Zahl solcher „Sprünge“. Es muß also die Möglichkeit vorliegen, das Potential einer Elektrode (Indikator- oder Meßelektrode) zu messen, die in die Elektrolytlösung taucht.

Man nennt derartige Potentiale Einzelpotentiale und die Kombination Metallelektrode-Elektrolytlösung Halbelement. Da Einzelpotentiale nicht direkt meßbar sind, muß man das Halbelement mit einem zweiten Halbelement so kombinieren, daß zwischen beiden eine elektrisch leitende Verbindung besteht, wodurch man ein galvanisches Element („Kette") erhält, zwischen dessen beiden Elektroden eine Spannung besteht, die leicht meßbar ist. Macht man das Potential dieses zweiten Halbelementes (Bezugselektrode, Vergleichselektrode) konstant, so ändert sich im Verlaufe der Titration mit der Konzentration jener Ionenart, auf die die Indikatorelektrode anspricht, nur deren Potential und man erhält vergleichbare Werte für die Einzelpotentiale.

Als Bezugselektrode wird im allgemeinen die Normalwasserstoffelektrode (platinierte Platinelektrode, gesättigt mit reinstem Wasserstoffgas von 1 atü Druck, die in eine Säure taucht, deren Wasserstoffionenkonzentration 0,1 Mol beträgt) gewählt, deren Handhabung jedoch ziemlich schwierig ist. Man mißt daher in der Praxis gegen eine Hilfs- oder Vergleichselektrode. Als solche dient in den meisten Fällen eine Kalomelelektrode (Halbelement, in dem Quecksilber mit einer Quecksilber-I-chloridlösung konstanter Konzentration, bestehend aus einer mit Kalomel gesättigten KCl-Lösung, in Berührung steht).

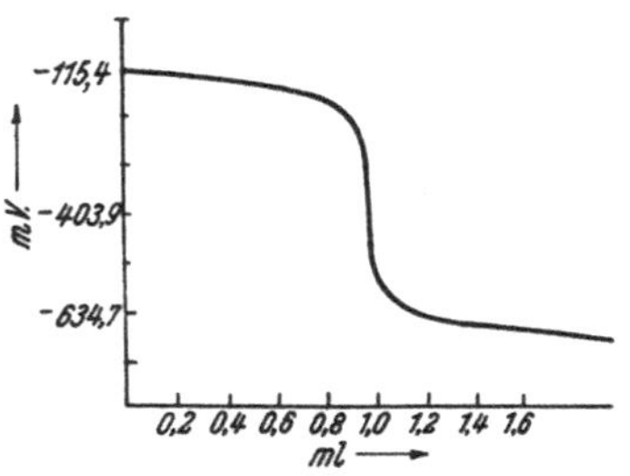

Abb. 380. Potentiometrische Titrationskurve

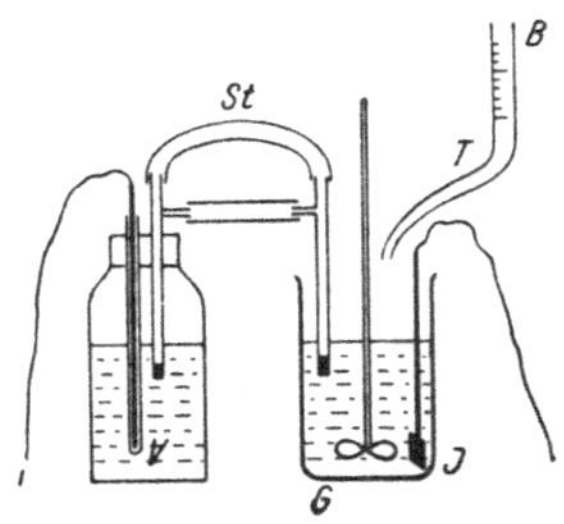

Abb. 381. Anordnung einer potentiometrischen Titration

Als Indikatorelektrode (Meßelektrode) kommen in Betracht: die Platin-Wasserstoff-Elektrode, die Chinhydronelektrode, die Antimonelektrode und die Glaselektrode (s. S. 286).

Apparatur (Abb. 381). Es sind notwendig: Das Titriergefäß G (z. B. Becherglas mit Rührer) mit einer Indikatorelektrode J, die Bürette B, die Vergleichselektrode V (z. B. eine Kalomelelektrode), der elektrische Stromschlüssel St und die Einrichtung zur Potentialmessung. Der Stromschlüssel besteht beispielsweise aus zwei T-Stücken, die durch Gummischlauch miteinander verbunden (Verbindungsheber) und durch fest eingestopfte Filtrierpapierpfropfen an ihren freien Enden verschlossen sind. Von diesen taucht das eine in die zu titrierende Lösung, das andere in die Vergleichselektrode. Die zur Füllung des Stromschlüssels dienende Lösung darf weder Ionen enthalten, die im Titrationsgefäß stören, noch solche, die die Konzentrationsverhältnisse in der Vergleichselektrode ändern könnten.

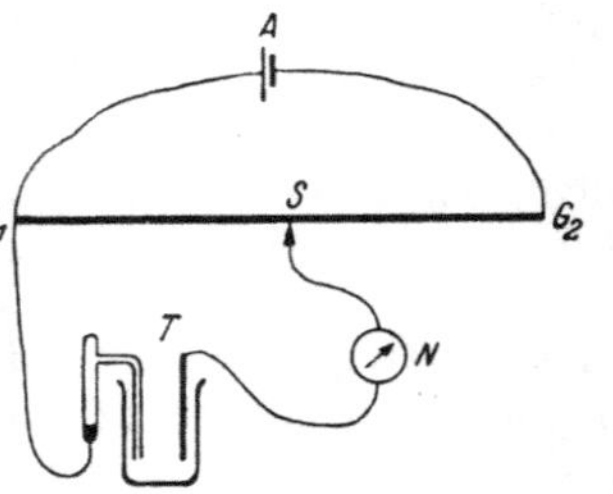

Abb. 382. Schaltschema für die Kompensationsmethode

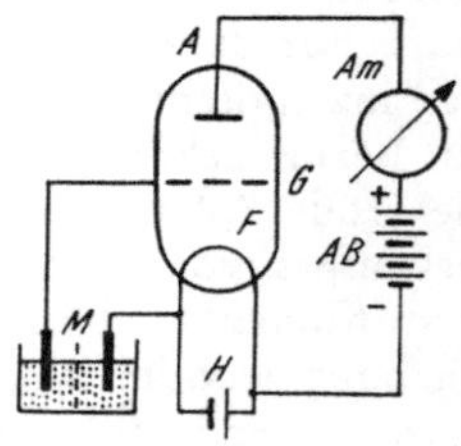

Abb. 383. Aufbauschema eines Röhrenvoltmeters

Die Potentialmessung wird zumeist nach der Kompensationsmethode durchgeführt. Das Schaltschema ist aus der Abb. 382 ersichtlich. Ein Akkumulator A hält an den Enden des Gefällsdrahtes G_1—G_2 eine Spannung von etwa 2 Volt aufrecht, von der der auf G_1—S (S = Schleifkontakt) entfallende Bruchteil zur Kompensation der EMK der Titrationskette T dient. Der Gleitkontakt wird so lange verschoben, bis das Nullinstrument N Stromlosigkeit und damit Gleichheit der beiden EMK anzeigt.

Es genügt, das nach jedem Zusatz von Maßlösung (anfangs größere Mengen, gegen den Wendepunkt zu 0,1 ml- oder tropfenweise) veränderte Potential der Titrationskette durch entsprechende Verschiebung des Gleitkontaktes zu kompensieren und jedesmal die Länge des Brückenabschnittes G_1—S abzulesen. Sollte sich während der Titration das Vorzeichen des Meßkettenpotentials umkehren, ist der Akkumulator umzupolen.

Heute verwendet man im allgemeinen *Röhrenvoltmeter,* die ebenfalls eine praktisch stromlose Messung gestatten und dabei direkte Ablesung des Meßwertes ermöglichen.

Die Abb. 383 zeigt schematisch den Aufbau eines Röhrenvoltmeters. In eine stark evakuierte Glasröhre ragen zwei Elektroden, der Glühfaden F und die Anode A, die mit dem positiven Pol einer Anodenbatterie AB verbunden ist. Der Draht F wird durch die Heizbatterie H zum Glühen gebracht, wodurch er Elektronen aussendet, die durch die Röhre zur Anode wandern. Dieser ständig fließende Anodenstrom wird von dem Milliamperemeter Am angezeigt. Wird das Gitter G durch eine Meßkette M negativ aufgeladen, so wird der Anodenstrom geschwächt. Die Änderung des ursprünglichen Anodenstromes dient als Maß für die am Gitter anliegende Spannung. Der Potentialänderung der Meßkette im Verlaufe der Titration ist die Ladungsänderung des Gitters und damit auch die Änderung des Zeigerausschlags am Milliamperemeter proportional.

Potentiometrische Meßgeräte werden von verschiedenen Firmen als Potentiometer, Ionometer, Titriskope u. a. geliefert. Sie sind in der Regel so eingerichtet, daß sie sowohl zur potentiometrischen Maßanalyse als auch zur pH-Messung verwendet werden können (s. auch S.289). Dazu wird das pH-Meter zusätzlich mit einer Niederspannungsquelle verbunden, die die bei der Titration auftretenden geringen Spannungen auf Null zu kompensieren erlaubt. Tritt keine Spannung mehr auf, ist die Titration beendet.

Für Reihenuntersuchungen haben sich auch automatisch arbeitende Titratoren bewährt.

Ionenspezifische Elektroden ermöglichen die bevorzugte Bestimmung spezieller Ionen bei Anwesenheit anderer, auf die die Elektrode schwächer anspricht. So gibt es Na^+—, K^+—, NH_4^+—, SO_4^{2-} spezifische Elektroden u. a., deren Anwendung zu gut brauchbaren Ergebnissen führt. Beispiele relativer Inonenspezifitäten für 0,1 n Elektrolyt-Lösungen (R. Geyer et al., Z. analyt. Chemie, **200**, 326, 1964): NaCl 1, $AgNO_3$ 0,02, HCl 0,08, KCl 123, NH_4Cl 288, $CaCl_2$ 588; erst 588 Ca^{2+} ergeben dieselbe Anzeige wie 1 Na^+.

2. Dead-Stop-Verfahren. Bei diesem Verfahren erfolgt die Indikation einer Titration mit Hilfe von polarisierten Elektroden. Wird an die in die Elektrolytlösung eintauchenden Elektroden ein Gleichstrom angelegt, so können sie polarisiert werden, d. h., es wird ihnen von einer Fremdstromquelle ein bestimmter Ladungszustand aufgezwungen.

Es werden zwei gleiche Pt-Elektroden verwendet, an die eine geringe Spannung, z. B. 100 mV (Zwischenschaltung eines Galvanometers) angelegt ist. Solange die Elektroden polarisiert sind, ist der Strom praktisch gleich Null. Der Strom wird erst meßbar, wenn die Polarisation aufgehoben ist.

Wenn also ein irreversibles Ionenpaar (z. B. $S_2O_3^{--}/S_4O_6^{--}$) mit einem reversiblen (z. B. J_2/J^-) titriert wird, so fließt erst nach Überschreiten des Äquivalenzpunktes ein Strom; beim umgekehrten Vorgang hört der Stromfluß im Äquivalenzpunkt auf.

Da eine Bezugselektrode nicht erforderlich ist, ist diese Art der Titration nicht an wässrige Medien gebunden und es können Titrationen in wasserfreien Lösungsmitteln ausgeführt werden, wie z. B. die Karl-Fischer-Titration.

3. Konduktometrie. Die Leitfähigkeit einer Elektrolytlösung hängt bei gleichbleibender Temperatur von der Konzentration und Beweglichkeit der Ionen ab. Wird z. B. Salzsäure mit Natronlauge neutralisiert, werden die leichtbeweglichen Wasserstoffionen durch schwerer bewegliche Natriumionen ersetzt. Die Leitfähigkeit der Säurelösung sinkt also während der Zugabe von Lauge, so lange die mit der Lauge hinzutretenden, ebenfalls leichtbeweglichen Hydroxidionen zu Wasser gebunden werden. Nach Überschreiten des Neutralisationspunktes beginnt mit der Zunahme unverbrauchter Hydroxidionen die Leitfähigkeit wieder zu steigen. Die Titrationskurve (Abb. 384) zeigt einen Knickpunkt.

Leitfähigkeitsmessungen sind gleichbedeutend mit Widerstandsmessungen, denn als Leitfähigkeit einer Lösung für den elektrischen Strom bezeichnet man den reziproken Wert ihres Widerstandes.

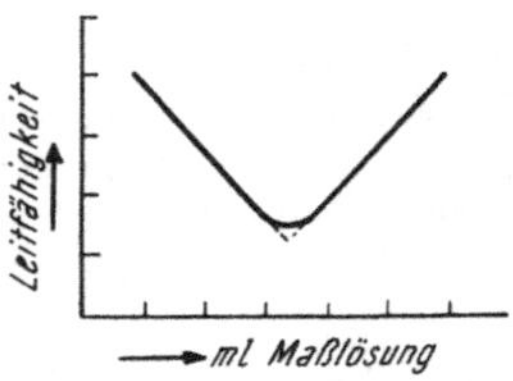

Abb. 384. Konduktometrische Titrationskurve

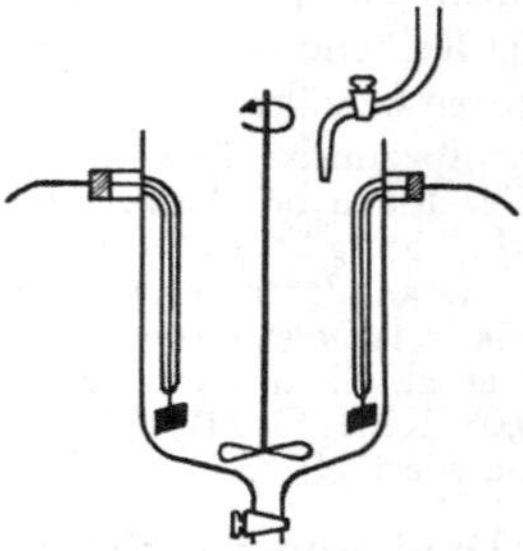

Abb. 385. Leitfähigkeitsgefäß

Zur Durchführung benötigt man geeignete Leitfähigkeitsgefäße für die Aufnahme der zu titrierenden Flüssigkeit, z. B. Glasgefäße mit platinierten Platinelektroden (Abb. 385).

C. Polarographie

Elektrochemisch reduzierbare Stoffe werden nicht bei jeder beliebigen Spannung an der Kathode reduziert oder abgeschieden; für jeden Stoff ist eine ganz bestimmte Mindestspannung (Reduktionsspannung) dafür notwendig. Bei niedrigerer Spannung fließt durch die Lösung nur ein kleiner Strom, der mit dem Erreichen der Reduktionsspannung stark ansteigt (plötzlicher Anstieg der aufgezeichneten Stromspannungskurve). Dieser Anstieg dauert nur so lange, bis die Umgebung der Kathode an reduzierbarem Stoff verarmt ist. Von nun an gelangt weitere reduzierbare Substanz nur durch Diffusion aus der Lösung zur Kathode. Da diese Diffusion für einen Elektrolyten von bestimmter Zusammensetzung und Temperatur konstant ist, muß auch der Stromzufluß („Diffusionsstrom“) konstant sein; seine Stärke ist proportional der Konzentration des reduzierbaren Stoffes in der Lösung.

Die polarographische Methode dient vor allem zur Ausführung von Serienanalysen (z. B. für die Bestimmung von Zn, Pb, Mn, O_2 u. a. in der Größenordnung von 10^{-3} bis 10^{-6} Mol/Liter).

Die aufgenommene, als Polarogramm bezeichnete Kurve, auf deren Abszissenachse die Spannung und auf der Ordinatenachse die Stromstärke (Galvanometerausschläge) aufgetragen sind, gibt gleichzeitig Auskunft über die qualitative und quantitative Anwesenheit der zu suchenden Stoffe.

Aus einer Lösung lassen sich unter geeigneten Bedingungen mehrere Bestandteile nebeneinander polarographieren; dabei geben die aufgezeichneten Reduktionsspannungen Aufschluß über das Vorhandensein der Stoffe, während die Höhe der einzelnen „Stufen“ die quantitativen Verhältnisse anzeigt. Da jedoch nicht die absolute Menge des reduzierbaren Stoffes, sondern die herrschende Konzentration gemessen wird, muß mit einem Polarogramm, das mit einer Lösung des gleichen Stoffes von bekanntem Gehalt aufgenommen wurde (Eichkurve) verglichen werden.

Meßprinzip (Abb. 386): Der Boden des Glases A ist durch eine Quecksilberschicht bedeckt. Darüber befindet sich die Analysenlösung, in die eine Quecksilbertropfelektrode eintaucht (die Kapillare, mittels

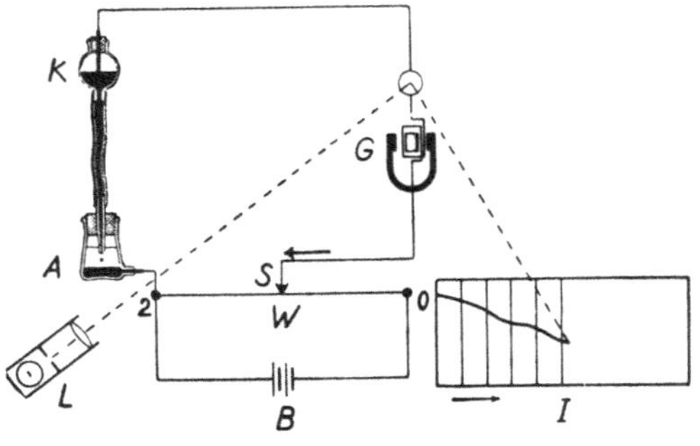

Abb. 386. Polarographie
Schematische Darstellung der Meßanordnung

Schlauch mit dem Quecksilbervorratsgefäß K verbunden, endet oberhalb des Bodenquecksilbers). A und K bilden die beiden Elektroden, an die eine langsam und gleichmäßig steigende Spannung gelegt wird. Die Spannungssteigerung wird durch ein Potentiometer bewerkstelligt, das durch einen Motor angetrieben wird. W ist der Widerstandsdraht des Potentiometers, an dessen Enden 2 oder 4 Volt eines Akkumulators (Stromquelle B) liegen. Der Kontakt S bewegt sich während der Analyse gleichmäßig über den Widerstandsdraht. Gemessen wird der Strom, der durch die Lösung fließt, mit einem Spiegelgalvanometer G. Die Spannungskurve wird auf dem photographischen Papier I, welches um eine Walze gelegt ist, die ebenfalls durch den Motor angetrieben wird, aufgenommen. Die Belichtung erfolgt aus der Lampe L über G, so daß je nach dem Ausschlag des Galvanometers die Richtung des reflektierten Lichtes geändert wird.

Durch das Abtropfen der Quecksilberelektrode (12 bis 30 Tropfen pro Minute) wird erreicht, daß in der Lösung stets eine neue, durch vorhergehende Elektrodenvorgänge unbeeinflußte, ideal glatte Elektrodenoberfläche vorhanden ist. Der Stromverbrauch ist so gering, daß nur ein verschwindend kleiner Bruchteil der Bestandteile der Lösung zersetzt wird. Das zum elementaren Metall reduzierte Metall-Ion wird vom Bodenquecksilber als Amalgam aufgenommen, das oxidierte Quecksilber dagegen bei chloridhaltigen Leitsalzen als unlösliches Kalomel abgeschieden.

Die Lösung der zu analysierenden Substanzen sollte mit Stoffen hoher Abscheidungsspannung angereichert sein, die zwar den Stromfluß ermöglichen, den Diffusionsstrom aber nicht verhindern. Als solche Leitsalze werden u. a. Chloride oder Sulfate des Kaliums oder Lithiums verwendet. Unerwünschte Maxima lassen sich durch Gelatinezusatz unterdrücken.

Moderne *Gleichspannungs-Polarographen* sind mit einem Verstärker ausgestattet, so daß die Aufzeichnung der Strom-Spannungskurven durch einen Schreiber erfolgen kann.

Bei der *Rapid-Polarographie* wird eine Quecksilber-Tropfelektrode erhöhter Tropffrequenz verwendet. Die Quecksilbertröpfchen werden abgeklopft, lange bevor sie von selbst abfallen würden; dadurch verringert sich die Tropfzeit von 2 bis 5 auf 0,25 Sekunden. Mithin ist es auch möglich, die Durchlaufgeschwindigkeit der Spannung zu erhöhen (Aufnahmezeit eine Minute).

D. Elektrophorese

Bei der *Papierelektrophorese* wird eine Pufferlösung langsam durch ein Blatt Filtrierpapier strömen gelassen. An einer bestimmten Stelle wird mit konstanter Geschwindigkeit (Dosiervorrichtung) das zu trennende Stoffgemisch einfließen gelassen und senkrecht zur Strömungsrichtung der Pufferlösung ein über den ganzen Bereich gleichbleibendes elektrisches Feld angelegt. Während neutrale Teilchen der Strömungsrichtung der Pufferlösung folgen, werden negativ geladene Teilchen in Richtung zur Anode, positiv geladene in Richtung zur Kathode abgelenkt. Die einzelnen Fraktionen verlassen daher das

Filtrierpapier an verschiedenen Stellen und können in einer Reihe von Auffanggläsern getrennt aufgefangen werden.

Die Papierelektrophorese kann auch so durchgeführt werden, daß ein plan ausgelegtes Filtrierpapierblatt oder eine entsprechend dimensionierte Dünnschichtplatte bzw. -folie mit Pufferlösung geeigneten pH-Wertes benetzt und die gegenüberliegenden Enden mit Trögen verbunden werden, die Pufferlösung enthalten. An diesen Enden werden der +Pol und der —Pol angeschlossen. Nach einmaliger Auftragung des Stoffgemisches bewirkt die angelegte Spannung eine Auftrennung der Substanzen nach ihrer Polarität. Sie kann in wenigen Stunden beendet sein.

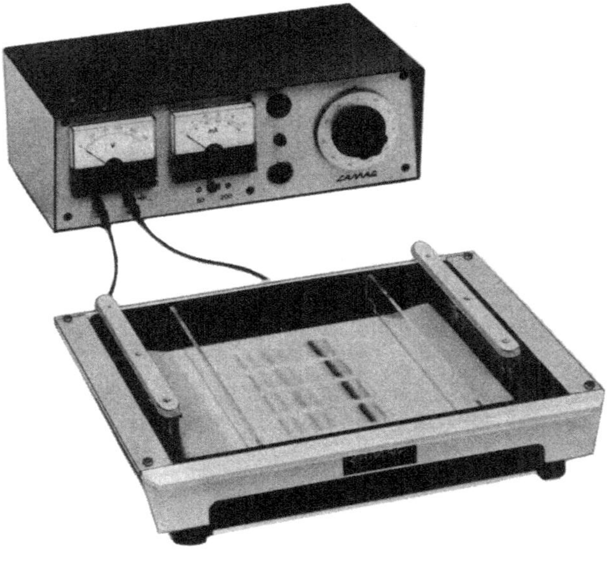

Abb. 387. Apparatur zur Elektrophorese
(Camag, Chemie-Erzeugnisse & Adsorptionstechnik AG & Co. GmbH, Muttens/Schweiz)

Wird die Elektrophorese statt mit niedriger Spannung (z. B. 100 V) mit Hochspannung (2000 bis 10.000 V) betrieben, erfolgt die Trennung wesentlich rascher, wodurch ein mögliches Auseinanderdiffundieren der Zonen verhindert wird. Auftretende Erwärmung wird durch Kühlung beseitigt (Abb. 387).

Diese Methoden haben eine breite Anwendung auf dem Gebiet der Trennung von Aminosäuren, Fermenten, Proteinen, Peptiden, Steroiden, Alkaloiden u. a. gefunden.

24. pH-Messung

1. Allgemeines. a) *Begriff des pH-Wertes.* Der pH-Wert ist ein Maß für die Wasserstoffionenkonzentration einer Lösung. In reinem Wasser beträgt die Konzentration an Wasserstoffionen 10^{-7} Mol/Liter, die Konzentration an Hydroxidionen ebenfalls 10^{-7} Mol/Liter (bei 22° C).

Nach dem Massenwirkungsgesetz ist das Produkt aus H^+-Ionen und OH^--Ionen für wässrige Lösungen konstant, und zwar 10^{-14} Mol/Liter. (Der Wert ist temperaturabhängig, er beträgt bei 0° C $= 0{,}114 \cdot 10^{-14}$, bei 100° C $= 65 \cdot 10^{-14}$.)

Ist die H-Ionenkonzentration einer Lösung z. B. 10^{-3}, so muß die OH-Inonenkonzentration 10^{-11} sein. Bei gleicher Menge an Wasserstoff- und Hydroxidionen ist die Lösung neutral.

An Stelle dieser unbequemen Ausdrucksweise wurde der pH-Wert eingeführt. Er ist gleich dem negativen Logarithmus der Wasserstoffionenkonzentration.

Die pH-Skala umfaßt 14 Einheiten. Eine Lösung mit $pH < 7$ reagiert sauer, mit $pH = 7$ neutral und mit $pH > 7$ alkalisch.

0,1 n-Säuren enthalten 0,1-Mol-H-Ionen im Liter, sie haben demnach pH-Wert = 1; eine 0,1 n-Lauge entsprechend den pH-Wert 13. Dabei wird angenommen, daß vollständige Dissoziation der Säure bzw. Lauge eingetreten ist. Dies trifft bei starken Säuren und Laugen praktisch zu, nicht aber bei schwachen. Letztere enthalten in der Lösung neben den Ionen noch undissoziierte Moleküle.

Durch die Bestimmung des pH-Wertes werden nur die freien H-Ionen erfaßt, während die gesamt vorhandenen Ionen durch Titration ermittelt werden müssen.

b) *Pufferung.* Durch Zugabe von Säure oder Lauge zu einer Lösung wird deren H-Ionenkonzentration verändert. Durch Zusatz eines Puffers wird diese Änderung geringer. Nach dem Massenwirkungsgesetz ist die Dissoziationskonstante

$K = \frac{[H^+] \cdot [A^-]}{[HA]}$; ($[H^+]$ = Konzentration an Wasserstoffionen, $[A^-]$ = Konzentration an Säureanionen, $[HA]$ = Konzentration an undissoziierten Säuremolekülen).

Zugefügte Säureanionen vergrößern $[A^-]$, daher muß, da sich die Dissoziationskonstante durch Hinzutreten eines Salzes nicht ändert, $[H^+]$ kleiner werden, d. h., die Dissoziation der Säuremoleküle wird zurückgedrängt. Das hat zur Folge, daß auch die Konzentration an undissoziierten Säuremolekülen $[HA]$ größer wird, die Lösung wird gepuffert.

Pufferlösungen sind also Mischungen, die die Eigenschaft haben, daß sie ihre Wasserstoffionenkonzentration sowohl bei Zugabe von

Säure bzw. Lauge, als auch beim Verdünnen auffallend wenig ändern. Derartige Pufferlösungen von bekanntem pH-Wert werden zum Eichen von Potentiometern verwendet.

Puffermischungen nach Sörensen werden durch Mischen folgender Lösungen hergestellt:

Lösung A: 7,505 g Glykokoll + 5,85 g Natriumchlorid im Liter.
Lösung B: 0,1 n Salzsäure.
Lösung C: 0,1 n Natronlauge.
Lösung D: 21,008 g Zitronensäure + 200 ml 1 n-Natronlauge im Liter.
Lösung E: 11,876 g $Na_2HPO_4 \cdot 2\,H_2O$ im Liter.
Lösung F: 9,078 g KH_2PO_4 im Liter.
Lösung G: 12,404 g Borsäure + 100 ml 1 n-Natronlauge im Liter.

Zu verwenden sind die käuflichen Chemikalien „nach Sörensen" sowie destilliertes Wasser, das durch Auskochen CO_2-frei gemacht wurde. Die Pufferlösungen sind gegen Luftkohlensäure geschützt aufzubewahren.

Mischungsverhältnis der Puffermischungen:

ml A/ml B	0/10	1/9	3/7	5/5	7/3	8/2	9,5/0,5
pH (temperaturunabhängig zwischen 10 und 70° C)	1,04	1,15	1,42	1,93	2,61	2,92	3,68
ml C/ml D	0/10	1/9	3/7	4/6			
pH (bei 20° C)	4,96	5,11	5,57	5,98			
ml E/ml F	1/9	3/7	5/5	6/4	8/2	9/1	9,5/0,5
pH (temperaturunabhängig zwischen 10 und 70° C)	5,91	6,47	6,81	6,98	7,38	7,73	8,04
ml C/ml G	0/10	1/9	2/8	4/6	5/5	6/4	
pH (bei 20° C)	9,22	9,34	9,48	9,94	11,03	12,31	

Eine ausgezeichnete Stabilität hat der Standardacetpuffer nach Michaelis: 200 ml 1 n-Essigsäure + 100 ml 1 n-Natronlauge im Liter Lösung. pH = 4,62. Der Wert ist temperaturunabhängig zwischen 10 und 70° C.

In einfacher Weise können Pufferlösungen mit Hilfe der gebrauchsfertigen Pufferlösungen in Ampullen (Puffer-Titrisole von E. Merck, Darmstadt, und Fixanal-Pufferlösungen von Riedel-de Haën AG, Selze-Hannover) hergestellt werden. Das Lieferprogramm umfaßt Pufferlösungen für den pH-Bereich 1 bis 13 und mehrere spezielle Lösungen, mit Hilfe deren beliebige (nichtganzzahlige) pH-Werte eingestellt werden können. Über die Handhabung der Ampullen s. S. 103.

2. Elektrometrische pH-Messung. *Prinzip:* Vereinigt man eine Bezugselektrode (unveränderliches Potential, z. B. eine gesättigte Kalomelelektrode oder die Chinhydronbezugselektrode) mit der pH-abhängigen Meßelektrode (Platin-Wasserstoff-Elektrode, Chinhydronelektrode, Glaselektrode) zu einer zweipoligen Elektrodenkette, so muß die Spannung dieser Kette (Potentialdifferenz) je nach dem pH-Wert der Meßlösung einen verschiedenen Wert haben. Man kann also umgekehrt aus der gemessenen Spannung der Kette den pH-Wert der Meßlösung berechnen bzw. auf dem Meßgerät direkt ablesen.

Die Vereinigung der beiden Elektroden zu einer Kette geschieht in der Weise, daß man die beiden Lösungen, in die die genannten Elektroden eintauchen, in stromleitende Berührung bringt, z. B. durch Zwischenschaltung einer gesättigten Kaliumchloridlösung unter Verwendung feinporöser Zwischenwände, die einerseits eine Vermischung der Lösungen verhindern und anderseits dem elektrischen Strom den Durchgang gestatten.

Als Beispiel der Durchführung einer pH-Messung soll die Verwendung der *Glaselektrode* näher beschrieben werden.

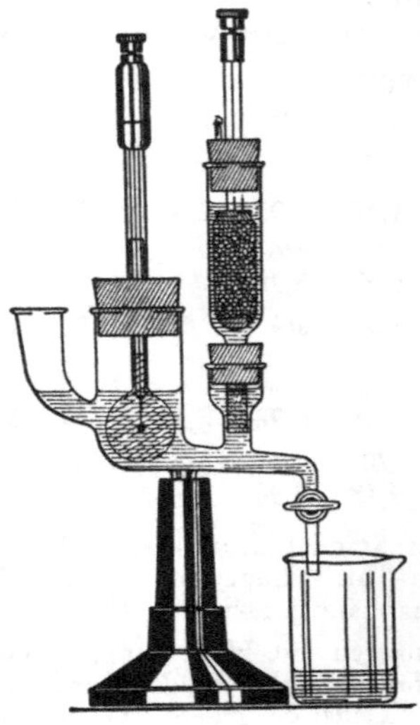

Abb. 388. Anordnung der Glaselektrode (Jenaer Glaswerk Schott & Gen., Mainz)

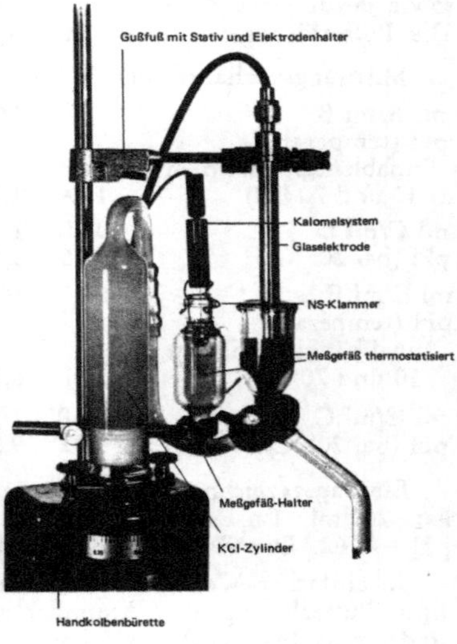

Abb. 389. Präzisions-pH-Meßkette BM 1-09 (Deutsche Metrohm GmbH & Co., Bernhausen/Württ.)

Glaselektroden besitzen zur Abgrenzung gegenüber der Meßlösung Glasmembranen von einer Stärke, die dem jeweiligen Verwendungszweck angepaßt ist (z. B. dünnwandige Glaskugeln). Zwei Lösungen verschiedener Wasserstoffionenkonzentration, die durch eine solche Membran getrennt sind, zeigen einen Potentialunterschied, der dem pH-Wert proportional ist.

Das Zustandekommen dieses Potentialunterschiedes kann folgendermaßen erklärt werden: In der Glasmembran befinden sich Wassermoleküle, die unter Quellung der Membran aus den angrenzenden Lösungen aufgenommen werden. Die durch Abspaltung aus den Wassermolekülen entstandenen Wasserstoffionen können sich leichter als alle anderen Ionenarten aus der Oberfläche der Glasmembran herauslösen und in diese hineinbewegen, verleihen daher der Membran die Funktion einer Wasserstoffelektrode. Und zwar beträgt der Potentialunterschied ebenso wie an einer Platin-Wasserstoff-Elektrode bei einem Unterschied von 1 pH 57,7 mV (bei 18° C).

Zur Messung der Potentialdifferenz muß man diese durch geeignete Elektroden ableiten (z. B. durch leitende Verbindung der beiden Lösungen mit Kalomelelektroden). Falls die beiden Ableitungselektroden gegeneinander keinen Potentialunterschied zeigen, tritt an den beiden Drahtableitungen der reine Potentialunterschied der beiden Lösungen in Erscheinung.

Die Glaselektrode wird mit 0,1 n Salzsäure so weit gefüllt, daß die Kugel gerade voll ist. In diese setzt man die Chlorsilberbezugselektrode ein, welche nun in die Lösung eintaucht. Sodann wird die gefüllte Elektrode in den einen Schenkel des Elektrodengefäßes eingesetzt, während der andere Schenkel zur Aufnahme der Kalomelbezugselektrode dient (Abb. 388).

Eingefüllt wird die Meßlösung in das Elektrodengefäß bis zum Halsansatz der Kugel, so daß auch der Stift der Kalomelelektrode in die Lösung eintaucht. Bei dieser Anordnung ist bei einem pH-Wert größer als 1,8 die Glaselektrode stets der negative Pol. Nach Verbinden der beiden Pole mit dem Meßgerät kann an der pH-Skala abgelesen werden. Die Temperatur bei der Messung muß 18° C betragen, im anderen Fall sind Korrekturen anzubringen. Anwendungsbereich 1,5 bis 9,5 pH.

Glaselektroden (Jenaer Glaswerk Schott & Gen., Mainz) werden für die verschiedenen Verwendungszwecke in unterschiedlichen Ausführungsformen geliefert, z. B. in Kölbchen-, Stab-, Nadel-, Speer- und Schalenform.

Zum praktischen Gebrauch der Glaselektroden ist zu bemerken, daß sie möglichst nicht einer Temperatur von über 60° C ausgesetzt werden sollen (sofern es sich nicht um Hochtemperaturelektroden handelt). Außer Gebrauch sollen die Elektroden stets in destilliertes Wasser eintauchen. Normale Glaselektroden zeigen oberhalb pH 10 nicht mehr ganz richtig an, da sie dann schon merklich auf die Alkali-Ionen ansprechen. Die Kalomelbezugselektrode enthält als Füllflüssigkeit gesättigte Kaliumchloridlösung. Eine notwendige Reinigung muß ebenfalls mit dieser Lösung vorgenommen werden.

Glaselektroden in Spezialausführung für höhere Temperaturen bzw. pH-Bereiche von 1 bis 14 stehen zur Verfügung.

Die *apparative Anordnung* einer Meßkette zeigt als Beispiel die Abb. 389. Diese Präzisions-pH-Meßkette nach Wolf BM 1-09 be-

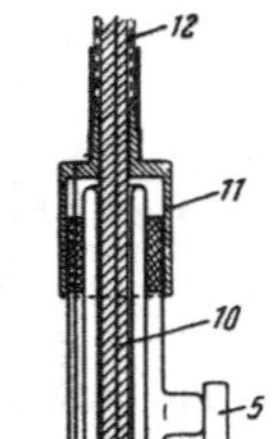

Abb. 390. Einstabmeßkette (Deutsche Metrohm GmbH & Co., Bernhausen/Württ.)

1 Elektrodenschaft,
2 Normschliff,
3 Bezugselektrodenraum,
4 Silber-Silberchlorid-Bezugselektrode,
5 Einfüllöffnung für gesättigte Kaliumchloridlösung,
6 Eingeschmolzenes Asbestdiaphragma der Bezugselektrode,
7 Kugel der Glaselektrode,
8 Ableitelektrode für Glaselektrodenpotential,
9 Kontaktmasse,
10 Hochisoliertes, abgeschirmtes Kabel,
11 Metallarmatur,
12 Kabelabschirmung

steht aus einer abgeschirmten Meßelektrode und einer Kalomel-Bezugselektrode, die während der Messung über einen Dreiweghahn in Verbindung stehen. Als Elektrolyt dient eine versteifte, gesättigte Kaliumchloridlösung, die durch eine Kolbenbürette dosiert, den Kontakt mit der Meßlösung herstellt. Ein Thermostatmantel für die Bezugselektrode und das Meßgefäß ermöglicht die Konstanthaltung der Temperatur für Präzisionsmessungen.

Von den Lieferfirmen werden den pH-Meßgeräten stets ausführliche Betriebsanweisungen beigegeben, auf die hier verwiesen werden muß.

Das Bestreben, die Handhabung der Meßgeräte zu vereinfachen, führte zur Konstruktion von kombinierten Elektroden *(Einstabmeßketten)*. Ihre Form (Abb. 390) ermöglicht die Verwendung sehr kleiner Flüssigkeitsmengen, z. B. auch für eine Messung in Reagenzgläsern. Die eigentliche Glaselektrode ist mit einer in ihrer Zusammensetzung definierten Lösung gefüllt. In diese taucht die Ableitelektrode, die durch eine leitende Masse mit dem hochisolierten Innenleiter des abgeschirmten Ableitkabels in Verbindung steht. Durch zwei konzentrisch angeordnete Glasrohre, die bis zur Elektrodenkugel reichen, wird ein Hohlraum gebildet, in dem sich die Bezugselektrode befindet. Der Kontakt der Bezugselektrodenflüssigkeit mit der zu messenden Lösung wird durch einen dicht oberhalb der Elektrodenmembran durchgeführten Asbestfaden hergestellt. Er ist sehr dünn und zudem dicht eingeschmolzen, so daß die Diffusion beider Lösungen gering ist. Der Bezugselektrodenraum wird nach oben vollkommen abgeschlossen. Die Potentialableitung geht über die Elektrodenkappe aus Metall, Kabelabschirmung und Spezialstecker an das Meßgerät.

Vor ihrem erstmaligen Gebrauch müssen Elektroden und Einstabmeßketten 24 Stunden in destilliertem Wasser gewässert werden. Durch die seitliche, mit einem Gummistopfen verschlossene Öffnung wird mit gesättigter KCl-Lösung vollständig aufgefüllt. Vor dem Wiedereinsetzen wird der Gummistopfen mit Vaseline bestrichen, um das Kristallisieren des Kaliumchlorids außerhalb der Elektrode zu verhindern. Die kombinierte Glaselektrode kann dauernd in Meßflüssigkeit mit Temperaturen von 0 bis 60° C eingesetzt werden. Nach dem Gebrauch wird die Elektrode mit destilliertem Wasser gut gespült und in solchem aufbewahrt. Bei längerem Nichtgebrauch muß das destillierte Wasser in Zeitabständen von wenigen Wochen erneuert werden. Sobald das Niveau der KCl-Lösung merklich abgesunken ist, muß nachgefüllt werden. Im Bezugselektrodenraum befindet sich etwas festes AgCl als graues Pulver. Nach sehr langem Gebrauch der Elektrode, besonders bei höherer Temperatur und wenn oft KCl-Lösung nachzufüllen war, kann das AgCl verschwinden. Es empfiehlt sich, dann etwas davon in den Bezugselektrodenraum (durch die Einfüllöffnung für die KCl-Lösung) zu geben. Beim Arbeiten mit Flüssigkeiten stark wechselnder Temperatur soll der Stopfen von der Einfüllöffnung der Elektrode entfernt werden, um ein Einsaugen der Meßflüssigkeit in den Bezugselektrodenraum bei sinkender Temperatur zu vermeiden. Eine kombinierte Glaselektrode arbeitet nur dann zuverlässig, wenn im Bezugselektrodenraum kein Unterdruck herrscht.

Über Pufferlösungen zum Eichen s. S. 285.

Eine große Zahl von pH-Meßgeräten ist sowohl für die direkte pH-Messung als auch für potentiometrische Titrationen eingerichtet. Als Beispiel sei das Digital-pH-Meter 520 mit eingebautem Titrierzusatz genannt (Abb. 391). Das Gerät enthält zur Ausführung potentiometrischer Titrationen eine stufenlos regelbare Gleich-

Abb. 391. Digital-ph-Meter 520
(Knick, Elektronische Geräte, Berlin)

spannungsquelle, die es gestattet, die Titrationsspannung laufend auf Null zu kompensieren und so die Spannungsänderung je Einheit Titerzugabe im empfindlichsten Meßbereich genau zu verfolgen. Die Kompensationsspannung im Äquivalenzpunkt kann nach Umlegen des Schalters abgelesen und bei gleichartigen Titrationen vorgegeben werden, so daß nur noch der Nulldurchgang zu beobachten ist. In einer weiteren Schalterstellung sind Dead-Stop-Analysen ausführbar.

3. Colorimetrische pH-Messung. a) *Visuelle Methode mit Hilfe von Indikatoren.* Für orientierende Zwecke wird der pH-Wert einer Lösung auf Grund des Farbumschlages von Indikatoren bestimmt.

Indikatoren zur pH-Messung

Umschlagsbereich pH	Indikator	Umschlag	Konzentration der Indikatorlösung (W) = in Wasser (A) = in Alkohol
1,2— 2,3	Methanilgelb	rot — gelb	0,1 % (W)
1,2— 2,8	Thymolblau (1. Umschlag)	rot — gelb	0,04% (A)
1,2— 2,8	p-Xylenolblau (1. Umschlag)	rot — gelb	0,04% (A)
1,4— 2,6	Tropäolin 00	rot — gelb	0,1 % (W)
2,4— 4,0	β-Dinitrophenol	farblos — gelb	0,1 % (50%ig. A)
3,0— 4,6	Bromphenolblau	gelb — blau	0,04% (A)
3,0— 5,2	Kongorot	blauviolett — rot	0,1 % (W)
3,1— 4,4	Methylorange	rot — gelb	0,1 % (W)
3,5— 5,7	α-Naphthylamin	rot — gelb	0,01% (60%ig. A)
3,8— 5,4	Bromkresolgrün	gelb — blau	0,04% (A)
4,2— 6,3	Methylrot	rot — gelb	0,02% (50%ig. A)
4,8— 6,4	Chlorphenolrot	gelb — rot	0,04% (A)
5,0— 8,0	Lackmus	rot — blau	1 % (W)
5,2— 6,8	Bromkresolpurpur	gelb — purpur	0,04% (A)
5,2— 7,6	p-Nitrophenol	farblos — gelb	0,1 % (W)
6,0— 7,6	Bromthymolblau	gelb — blau	0,04% (A)
6,8— 8,0	Neutralrot	rot — gelb	0,1 % (60%ig. A)
6,8— 8,4	Phenolrot	gelb — rot	0,02% (A)
7,3— 8,7	α-Naphtholphthalein	rosa — grün	0,1 % (33%ig. A)
8,0— 9,6	Thymolblau (2. Umschlag)	gelb — blau	0,04% (A)
8,0— 9,6	p-Xylenolblau (2. Umschlag)	gelb — blau	0,04% (A)
8,2— 9,8	o-Kresolphthalein	farblos — rot	0,02% (A)
8,3—10,0	Phenolphthalein	farblos — rot	0,1 % (A)
9,3—10,5	Thymolphthalein	farblos — blau	0,1 % (A)
10,0—12,0	β-Naphtolviolett	orange — violett	0,04% (W)
10,0—12,1	Alizaringelb GG (und R)	hellgelb — braun	0,1 % (50%ig. A)
10,8—13,0	Nitramin	farblos — braun	0,02% (A)

Für die Herstellung der üblichen *pH-Papiere* werden die verschiedenen Indikatoren bzw. deren Mischungen verwendet (s. S.291).

Beim Gebrauch der pH-Papiere ist folgendes zu beachten: Während normalerweise eine Eintauchzeit des Papieres in die zu messende Lösung von einer Sekunde genügt, muß bei schwach gepuffer-

Zur einfacheren Handhabung werden Indikatorpapiere verwendet. Hier einige der gebräuchlichsten:

Indikatorpapier	pH-Bereich	Farbumschlag
Brillantgelb	6,7— 7,9	gelb — rot
Delta	5,5— 8,0	blau — graugrün — gelb
Kongo	3,0— 5,2	blau — rot
Lackmus	5,0— 8,0	rot — violett — blau
Methylorange	3,1— 4,4	rot — orange — gelb
Phenolphthalein	8,3—10,0	weiß — rot
Thiazolgelb	12,2—13,2	gelb — rotbraun

ten Lösungen die Zeit auf mehrere Sekunden verlängert werden (bis sich der Farbton des eingetauchten Streifens nicht mehr ändert). Viskose und gefärbte Flüssigkeiten sowie Suspensionen werden auf das Papier aufgetropft und die auf der Rückseite entstandene Färbung beurteilt oder es wird der pH-Papierstreifen in ein Stück Filtrierpapier eingeschlagen und erst dann in die zu messende Lösung eingetaucht. Auf dem Filtrierpapier wird der in der Lösung enthaltene Niederschlag abfiltriert.

Während Universal-Indikatorpapiere (Universal-pH-Papiere) für einen großen pH-Bereich (z. B. pH 1 bis 11) zur ersten Orientierung geeignet sind, werden Spezial-Papiere für einen engeren Meßbereich, z. B. pH 3,8 bis 5,8; 5,5 bis 7,0; 6,4 bis 8,0 usw., verwendet. Sie gestatten den pH-Wert auf 0,2 bis 0,3 Einheiten abgestuft festzustellen, was durch Vergleich mit einer beigegebenen Farbskala geschieht.

pH-Papiere werden entweder in Form von Heftchen mit herausreißbaren Streifen oder in Rollenform geliefert, u. a. beispielsweise die Indikatorpapiere Fluka (Fluka AG, Buchs SG/Schweiz) in durchsichtigen Plastikdöschen, die gleichzeitig einen Schutz gegen die Einflüsse der Laboratoriumsluft bieten. Aus einem Schlitz im Döschen ragt das Ende der Papierrolle heraus und es kann nach Bedarf ein Streifen abgerissen werden.

Das Panpeha-Papier (Riedel-de Haën AG + Schleicher & Schüll) ist zugleich Universal- und Spezialindikatorpapier. Es wird nur ein Streifen für den Bereich 0 bis 14 benötigt. Die Vergleichstafel ist in 25 Stufen unterteilt. Es muß der ganze Farbteil des Panpeha-Papieres in die Lösung getaucht werden. Auflegen auf eine beigegebene Klarsichtfolie erleichtert den Vergleich mit der Farbskala.

Vorteilhaft sind Indikatorpapiere, die gleichzeitig mit Indikator und Vergleichsfarben versehen sind (z. B. Lyphan-Papiere der Firma Dr. Gerh. Klotz, Berlin). Der Streifen wird kurz in die Lösung so eingetaucht, daß alle Farbstreifen benetzt sind. Die überflüssige Lösung wird abgeschüttelt und die Indikatorfärbung mit den Vergleichsfarben verglichen, auch in Durchsicht betrachtet, und der pH-Wert abgelesen. Dabei ist es ohne Bedeutung, ob die Flüssigkeit trüb, gefärbt oder breiig ist.

Die Duotest-Papiere (Macherey, Nagel & Co., Düren) tragen auf einem Streifen (getrennt durch einen weißen Mittelstreifen) zwei korrespondierende Indikatorzonen. Der Mittelstreifen ist hydrophob, wirkt als Barriere und verhindert das Ineinanderlaufen der beiden Indikatorzonen.

Die gleiche Firma hat das Pehanon-Papier entwickelt. Ober- und unterhalb der Indikatorzone ist nicht nur die Vergleichsfarbe angebracht, sondern auch der pH-Wert aufgedruckt. Oberhalb der Vergleichsfarben befindet sich eine Silicon-Barriere, die verhindert, daß die Flüssigkeit im Papier weiter emporsteigt.

Bei den nichtblutenden Universal-Indikatorstäbchen (E. Merck, Darmstadt) sind die Indikatorfarbstoffe unauswaschbar mit den Cellulosefasern verbunden. Daher erfolgt beim Eintauchen in die zu messende Lösung weder ein Ausbluten noch Ineinanderlaufen der Farbstoffe. Die zu messende Lösung wird durch den Indikatorfarbstoff nicht verunreinigt. Das Stäbchen wird zwei bis drei Sekunden eingetaucht, bis die Indikatorzonen voll benetzt sind. Ablesung durch Vergleich mit einer Skala auf der Packung.

b) Der pH-Wert kann auch mit *lichtelektrischen Colorimetern* gemessen werden. Bei Änderung des pH-Wertes (und damit Änderung der Indikatorfarbe) findet eine Änderung in der Absorption des Lichtes statt. Bezüglich der apparativen Einrichtung s. nächster Abschnitt.

25. Optische Verfahren

Die Behandlung optischer Geräte muß mit der größten Sorgfalt geschehen. In unbenutztem Zustand sollten sie tunlichst in ihrem Behälter aufbewahrt werden. Man achte beim Herausnehmen, wie das Instrument im Kasten angebracht war, um es nach Benutzung in derselben Art zu versorgen. Jede Anwendung von Gewalt ist hierbei zu vermeiden.

1. Mikroskop. Mikroskope werden nicht nur zum Beobachten (und Photographieren) von Präparaten, sondern auch bei der Bestimmung von Schmelzpunkten (s. S. 222) u. v. a. herangezogen.

Einige Hinweise: Bei der Untersuchung von Kristallen oder Pulvern bringt man auf den Objektträger ein Tröpfchen Flüssigkeit, dann eine sehr kleine Menge der zu untersuchenden Substanz, verrührt zur gleichmäßigen Verteilung und bedeckt mit einem Deckgläschen. Es soll keine Flüssigkeit über den Rand des Deckgläschens hinausreichen (Aufsaugen mit Filtrierpapier). Man bringt den Objektträger auf den Objekttisch und senkt den Tubus möglichst nahe an das Präparat, ohne es jedoch zu berühren. Erst jetzt blickt man durch das Okular und schraubt den groben Trieb (Tubus) langsam rückwärts, bis man Einzelheiten des Objektes erkennt. Zum Erreichen eines scharfen Bildes wird nun die Feineinstellung mit der Mikrometerschraube vorgenommen.

Das Beispiel eines modernen Laboratorium-Mikroskops ist in der Abb. 392 (Strahlengang im DIALUX) dargestellt. Dieses Mikroskop ist für Untersuchungen im durchfallenden Licht konzipiert. Die Beleuchtung ist im Mikroskopfuß eingebaut. Die Kondensatoren sind für Untersuchungen

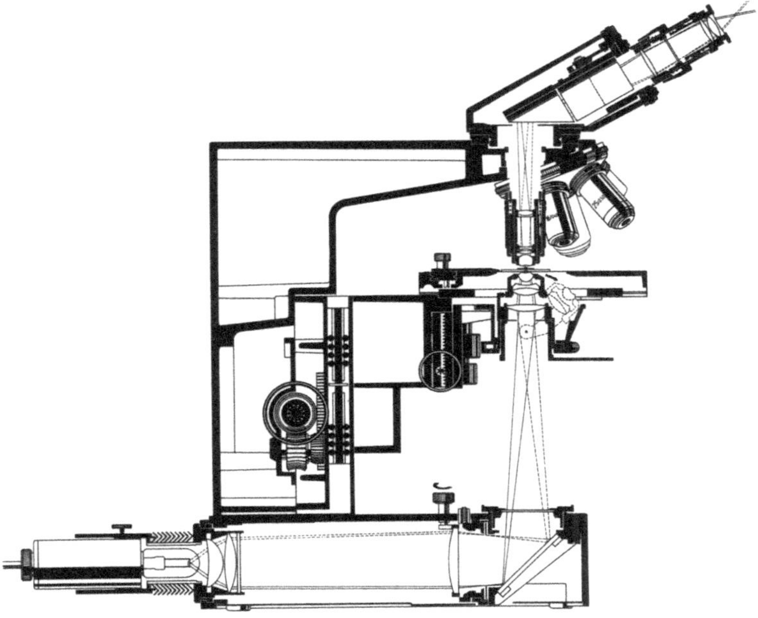

Abb. 392. Strahlengang im Mikroskop Dialux
(Ernst Leitz GmbH, Wetzlar)

im Hellfeld, Dunkelfeld und Phasenkontrast wechselbar. Das Gerät kann auch für qualitative Untersuchungen im polarisierten Licht und für die Fluoreszenzmikroskopie ausgestattet werden. Durch Ergänzungseinrichtungen kann der Anwendungsbereich wesentlich erweitert werden. Dazu gehören u. a.: eine Einrichtung zum Nachzeichnen des mikroskopischen Bildes; photographische Einrichtungen; ein Vergleichstubus, durch den sich zwei Mikroskope zu einem Vergleichsmikroskop kombinieren lassen; Heiztische für Untersuchungen bei Temperaturen bis 80° C bzw. 350° C.

Mikrotome dienen zur Herstellung von dünnen Schnitten biologischer und nichtbiologischer Objekte (z. B. Kunststoffe, Textilien, Holz, Papier, Leder u. a.).

Das Grundschlittenmikrotom 1300 (Ernst Leitz GmbH, Wetzlar) arbeitet nach dem Prinzip feststehendes Messer — bewegliches Objekt.

2. Polarimetrie. Polarimeter dienen vorzugsweise zu Konzentrationsbestimmungen solcher gelöster Stoffe, die die Eigenschaft haben, die Schwingungsebene von linear polarisiertem Licht zu drehen.

Gewöhnliches Licht schwingt nach allen Richtungen, während „polarisiertes" Licht nur in einer Ebene schwingt. Erzeugt wird es durch Doppelbrechung (Hindurchgehen des gewöhnlichen Lichtes durch bestimmte Kristalle, wodurch das Licht in zwei Strahlen zerlegt wird, deren Schwingungsebenen zueinander normal stehen). Verwendet werden sogenannte Nicolsche Prismen, das können Kalkspatkristalle sein, die diagonal auseinandergeschnitten und mit Kanadabalsam wieder zusammengeklebt sind. Der eine der beiden Strahlen wird vollständig reflektiert, während der andere hindurchgeht.

Die Ebene dieses geradlinig schwingenden, also polarisierten Lichtes wird von bestimmten Substanzen gedreht. Aus der Größe der Drehung kann auf die Menge des vorhandenen Stoffes geschlossen werden. Dabei kann die Drehung der Polarisationsebene entweder nach rechts (+) oder nach links (—) erfolgen. Der dabei auftretende Drehwinkel α ist in einem gegebenen Lösungsmittel abhängig von der Konzentration c, der Schichtdicke l des durchstrahlten Probenrohres, der Temperatur t und der Wellenlänge λ des eingestrahlten Lichtes.

$\alpha = [\alpha]_{\lambda}^{t} \cdot c \cdot l$, worin $[\alpha]_{\lambda}^{t}$ die spezifische Drehung bedeutet, also die Drehung, welche die Ebene des polarisierten Lichtes erfährt, wenn 1 g gelöste Substanz pro ml Lösung bei 10 cm Schichtdicke gemessen würde.

Die geschilderten Erscheinungen treten dann auf, wenn einem chemischen Individuum ein asymmetrischer Aufbau zugrunde liegt oder aber im Molekül eines gelösten Körpers ein Asymmetrie-Zentrum auftritt, wie es ein asymmetrisches C-Atom sein kann. Letzteres bewirkt die sogenannte optische Aktivität, die mit einem Polarimeter gemessen werden kann.

a) Die Abb. 393 zeigt das Schema des Baues eines *Polarisationsapparates nach Mitscherlich* (Halbschattenapparat).

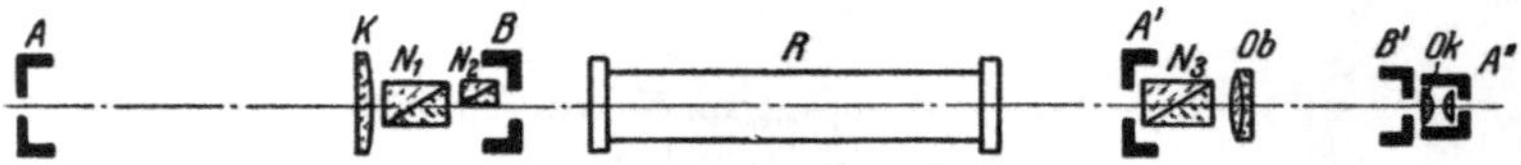

Abb. 393. Schema des Polarisationsapparates nach Mitscherlich
A Eintrittsöffnung, *K* Kollimatorlinse, N_1 Polarisator, N_2 Halbschatten-Nicol, *B* Blende, *R* Polarisationsrohr, *A'* Blende, N_3 Analysator, *Ob-B'-Ok-A"* Fernrohr. Als Lichtquelle wird eine Na-Dampf-Lampe verwendet.

Ein Polarimeter arbeitet nach folgendem Prinzip: Ein monochromatischer Lichtstrahl (z. B. der Natrium-D-Linie) wird in einem Kollimator parallel gerichtet und sodann in einem Nicolschen Prisma, dem Polarisator, polarisiert. Die Hälfte dieses polarisierten Lichtes durchdringt einen kleinen Hilfs-Nicol, der sich durch Verdrehen auf Grau einstellen läßt. Die andere Hälfte des Lichtes durchsetzt das gefüllte Probenrohr und gelangt durch den zweiten Nicol (Analysator) in das Okular des Beobachters. Wird der Analysator-Nicol nun soweit verdreht, daß im geteilten Blickfeld des Okulars das Grau beider Hälften übereinstimmt, so lassen sich an einer Kreiseinteilung die Winkelgrade der gemessenen Drehung ablesen.

Das Bestreben, die Ablesegenauigkeit der Geräte unter möglichster Ausschaltung subjektiver Meßfehler zu verbessern und stetige Einsatzbereitschaft zu gewährleisten, führte zur Entwicklung einer Reihe von Konstruktionen, von denen als Beispiel das *Kreispolarimeter 0,01°* (Abb. 394) näher beschrieben werden soll. Zur Verkürzung des Meßvorganges wurde dem Gerät eine Queranordnung gegeben. Im

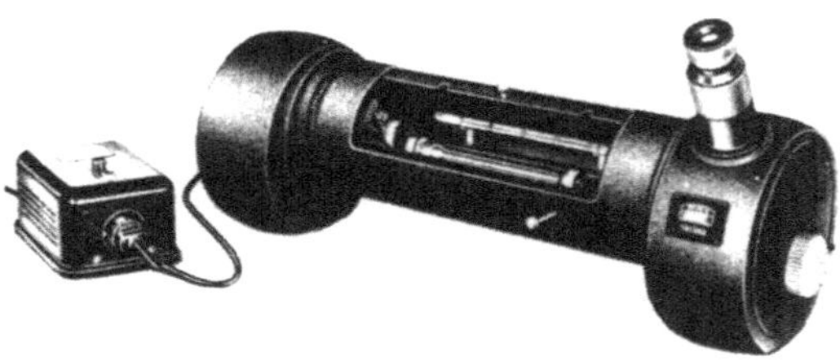

Abb. 394. Kreispolarimeter 0,01°
(Carl Zeiss, Jena)

linken Gehäuseteil ist die Belichtungseinrichtung untergebracht (Na- oder Hg-Spektrallampe). Mit Hilfe eines eingebauten Röhrenschlittens können zwei nebeneinanderliegende Polarimeterröhren wahlweise, ohne den Röhreninhalt zu erschüttern, in den Strahlengang gebracht werden. Für die Einstellung auf Halbschattengleichheit und Ablesung der Meßergebnisse gibt es nur einen einzigen Schrägeinblick. Die Teilung ist auf dem durchleuchteten Glaskreis angebracht. Es können Einstellungen bis 0,01° genau direkt abgelesen werden. Um die Messung nicht nur im gelben Natriumlicht durchführen zu können, sondern auch mit Licht anderer Wellenlängen (z. B. die grüne Hg-Linie), ist es möglich, verschiedene Farbfilter mittels eines Filterrevolvers einzusetzen.

b) Bei den *Polarimetern mit Quarzkeil* wird die durch die Substanz verursachte Drehung der Polarisationsebene durch Einfügen einer Quarzschicht von meßbarer, veränderlicher Dicke (ein Paar gleicher Quarzkeile), die eine entgegengesetzte Drehung der Polarisationsebene hervorruft, aufgehoben. Derartige Apparate werden hauptsächlich zur Bestimmung des Zuckergehaltes von Flüssigkeiten verwendet.

Ist der Apparat mit eingeschobenem Quarzkeil und ohne Zuckerlösung auf den Nullpunkt der Skala eingestellt, so erscheinen beim Durchblicken durch das Fernrohr die beiden Hälften des Gesichtsfeldes farbgleich, und zwar blaßblauviolett. Der Hundertpunkt der Skala entspricht einem Drehvermögen einer Zuckerlösung von der Dichte 1,1 und 26 g reinstem Zucker in 100 ml destilliertem Wasser, die bei 17,5° C in eine 200 mm lange Röhre (ohne Luftblasen) eingefüllt und in den Apparat eingelegt wird. Der bewegliche Keil müßte bis zum Hundertpunkt verschoben werden, damit die Farbgleichheit des Gesichtsfeldes wieder eintritt.

3. Refraktometrie. Der Brechungsindex (oder die Brechungszahl) n einer lichtdurchlässigen Substanz ist definiert als das Verhältnis der Fortpflanzungsgeschwindigkeit der Strahlung im Vakuum c_0 zu der in der zu messenden Substanz c_1 und ist abhängig von der Wellenlänge λ des eingestrahlten Lichtes und der Temperatur. Er läßt sich aber auch definieren als das Verhältnis des Licht-Einfallswinkels α zum Brechungswinkel β beim Übergang vom Vakuum in die zu messende Substanz.

$$n_{\lambda}^{t} = \frac{c_0}{c_1} = \frac{\sin \alpha}{\sin \beta}.$$

Um trotz Verwendung von nichtmonochromatischer Strahlung mit monochromatischem Licht messen zu können, werden Kompensatoren zur Isolierung enger Wellenbereiche verwendet. Aber auch direkte Einstrahlung von Licht der Wellenlänge der Natrium-D-Linie von 5893 Å oder der Hg-e-Linie von 4358 Å hat sich gut bewährt.

Mit Hilfe der Refraktometrie läßt sich die Konzentration von Lösungen feststellen und eine quantitative Bestimmung von Mehrstoffgemischen vornehmen. Auch zu Reinheitskontrollen und der Identifizierung von Stoffen ist die Methode brauchbar (Fettbestimmung in Milch, Eiweißbestimmungen, Einsatz in der Mineralölindustrie u. a.).

a) *Eintauchrefraktometer* (Abb. 395). Die Messung beruht auf der Beobachtung der Grenzlinie der Totalreflexion.

In ein Becherglas, das die Untersuchungsflüssigkeit enthält, taucht das Prisma P ein. Das Licht wird mit Hilfe eines Spiegels auf die Meßfläche geworfen. Die an der Grenzfläche des Prismas gebrochenen Strahlen gelangen in den Tubus eines Fernrohres (Kompensator A und Objektiv Ob). Das auf der Skala Sk entstandene Bild wird durch das Okular Ok betrachtet, und zwar erscheint das Gesichtsfeld in zwei verschieden helle Felder geteilt. Die Trennungslinie der beiden Felder ist die Grenzlinie der Totalreflexion. Der an der Trennungslinie gegebenenfalls erscheinende bunte Saum kann mit dem Kompensator A (durch Drehen am Ring R) zum Verschwinden gebracht werden. Mit Hilfe der Mikrometerschraube Z können Zehntelskalenteile abgelesen werden. Zum Umrechnen der Skalenteile in den Brechungsindex dienen dem Apparat beigegebene Tabellen.

b) *Abbe-Refraktometer mit heizbaren Prismen* (Abb. 396). Das auf den Spiegel 6 auffallende Licht wird in das Doppelprisma 2-1 geworfen und gelangt von hier in das Fernrohr 4 (bei stark gefärbten Proben ist diese Messung im durchfallenden Licht undurchführbar, es wird dann der Deckel des Prismas abgenommen, so daß das Licht unmittelbar in das Meßprisma 1 fällt). Zur Beobachtung der Grenzlinie der Totalreflexion dient das Fernrohr 4 (Beseitigung des farbigen Saumes durch den Kompensator 7), das fest mit dem Sektor 5 verbunden ist, auf dem die Teilung nach Brechungsindizes angebracht

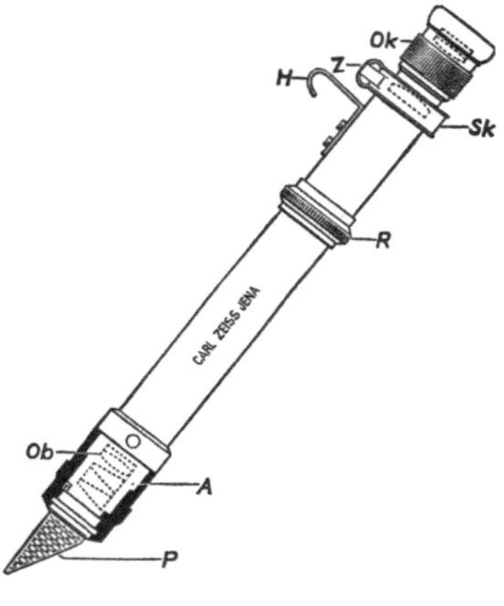

Abb. 395. Eintauchrefraktometer (Carl Zeiss, Jena)

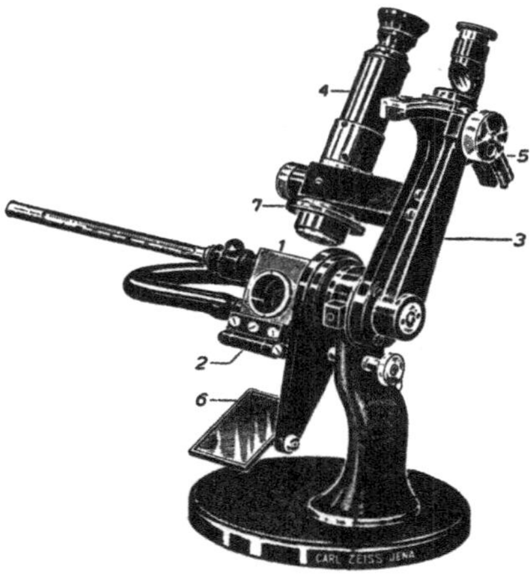

Abb. 396. ABBE-Refraktometer (Carl Zeiss, Jena)

ist. Durch Drehen am Triebknopf 5 wird die farblose Grenzlinie auf den Schnittpunkt des Fadenkreuzes eingestellt.

Da der Brechungsindex von Flüssigkeiten temperaturabhängig ist, sind die Prismenfassungen zum Durchleiten eines Wasserstromes eingerichtet bzw. kann das Instrument mit einem Thermostaten ausgestattet werden.

4. Interferometrie. Während bei der Refraktometrie der Brechungsindex selbst festgestellt wird, bestimmt man mit dem Interferometer den Unterschied in der Lichtbrechung der zu untersuchenden Flüssigkeiten oder Gase gegen Vergleichssubstanzen. (Unter Interferenz versteht man die Erscheinung, daß in einem Raumpunkt gleichzeitig mehrere Wellen, z. B. Lichtwellen, zusammentreffen und sich dort verstärken oder abschwächen.)

Interferometer dienen zur Reinheitsprüfung von Gasen, Rauchgasuntersuchungen, Wasseruntersuchungen, Untersuchungen von Lösungsgemischen, Blut u. a.

5. Colorimetrie. Bei der Colorimetrie werden zwei gleiche, in ihrer Schichtdicke veränderbare Küvetten (lichtdurchlässige, ungefärbte Meßbehälter) verwendet, von denen eine mit einer gefärbten Lösung bekannter Konzentration, die andere mit der Lösung des gleichen Stoffes, aber unbekannter Konzentration gefüllt werden. Durch Verändern der Schichtdicke in der Küvette der zweiten Lösung, so lange bis Farbgleichheit mit dem Inhalt der ersten Küvette erreicht ist, kann über das Maß der Schichtdickenänderung (oder gegebenenfalls Verdünnung) die Konzentration der Meßlösung bestimmt werden. Dazu verwendete Geräte arbeiten mit unzerlegtem Licht, im allgemeinen ohne Filter und ohne Dispersionseinrichtung.

a) *Visuelle Methoden.* α) Mit *Meßzylindern* oder *Reagenzgläsern.* Diese müssen in Dimension sowie Glasart und -farbe genau überein-

Abb. 397. Krüss-Dubosq-Colorimeter KD 7500
(A. Krüss, Optisch-Mechanische Werkstätten, Hamburg)

stimmen. Die gefärbte Vergleichslösung, sinnvoll abgestuft nach genau bekanntem Gehalt an Substanz, wird in nebeneinandergestellte Meßröhrchen eingefüllt und mit der, gleichfalls in einem Meßröhrchen befindlichen, zu messenden Lösung verglichen. Farbtiefengleichheit wird als Gehaltsgleichheit angenommen.

β) Mit *Eintauchcolorimetern.* Das Colorimeter nach Dubosq (Abb. 397) besitzt zwei Flüssigkeitszylinder für Proben- und Vergleichslösung. Jedes der hineinreichenden Tauchrohre ist für sich nach oben oder unten beweglich angeordnet, um eine verschiedene Schichtdicke, d. h. gleiche Farbintensität in beiden Zylindern, einstellen zu können. Die Auswertung der Messung erfolgt nach der Formel

$$c_2 = \frac{s_1 \cdot c_1}{s_2}$$

(Beersches Gesetz), worin c_1 und c_2 die Konzentrationen der Lösungen, s_1 und s_2 die Schichtdicken bedeuten. Oftmals kann es von Nutzen sein, bei schwierigen Farbvergleichen in den Komplementärfarben zu messen. Dies wird durch Anbringen einer Drehscheibe mit Farbgläsern am Okularkopf ermöglicht.

b) *Lichtelektrische Methode.* Aufbau des Universal-Colorimeters nach Lange (Abb. 398):

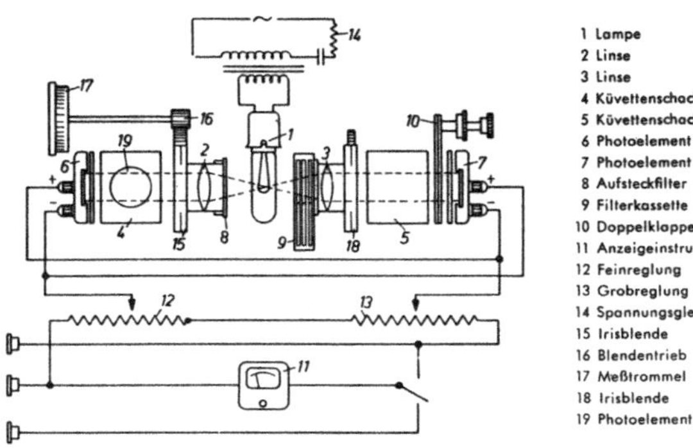

Abb. 398. Universal-Colorimeter Modell J
(Dr. Bruno Lange GmbH, Berlin-Zehlendorf)

Die beiden Zellen befinden sich in Differenzschaltung (der Pluspol der einen Zelle ist mit dem Minuspol der anderen verbunden), so daß bei gleicher Beleuchtungsstärke kein Strom durch das Meßinstrument fließt. Nach Kontrolle der Nullstellung des Zeigers wird rechts eine Küvette mit dem Lösungsmittel (z. B. Wasser) eingesetzt, dann werden die beiden Strahlengänge mit Hilfe der Blenden so geregelt, daß das Meßinstrument (Galvanometer) Null zeigt. Nach Auswechseln der mit Wasser gefüllten Küvette gegen eine solche mit der Probenlösung wird der Zeigerausschlag abgelesen. Aus einer Eichkurve oder Tabelle ergibt sich der zu bestimmende Substanzgehalt. Zur Erhöhung der Empfindlichkeit werden komplementär gefärbte Filter zwischengeschaltet.

Bei colorimetrischen Titrationen arbeitet man mit beiden Küvetten, rechts mit Lösung, links mit Wasser. In letztere wird so viel Vergleichslösung mit bekanntem Gehalt zugesetzt, bis der Zeiger auf Null steht.

6. Photometrie. Photometrische Verfahren arbeiten nicht nach dem Prinzip der Veränderung der Küvettenschichtdicke und mit unzerlegtem Licht, sondern sie benutzen mit Hilfe von Filtern gewonnene Anteile des elektromagnetischen Spektrums zur Durchstrahlung von Meß- und Vergleichslösung, deren Abschwächung nach dem Austreten aus der Küvette mittels eines elektrischen Detektors (Empfänger) gemessen wird. Geschieht die spektrale Zerlegung des Lichtes der Strahlungsquelle durch einen Monochromator, so wird von Spektralphotometrie oder, da es sich hier stets um Effekte der Strahlungsabsorption handelt, auch von Absorptionsspektroskopie (s. S. 302) gesprochen.

Photometrische und spektroskopische Verfahren beruhen auf der Messung der Abschwächung einer Ausgangsstrahlung von der Intensität J_0 beim Durchgang durch eine Meßlösung, so daß ein abgeschwächter Strahl der Intensität J austritt. Die Intensität der Strahlung wird um so geringer, je tiefer sie in das Medium eindringt und je größer die Zahl der Teilchen (Konzentration) ist, auf die sie stößt. Diese Zahl ist wiederum abhängig von der Länge des Lichtweges innerhalb der Lösung, also der Schichtdicke der Küvette.

Diese empirischen Befunde wurden im Bouguer-Lambert-Beerschen Gesetz in eine mathematische Beziehung gebracht:

$$E = \log \frac{J_0}{J} = \varepsilon \cdot c \cdot s;$$

darin bedeuten: E eine dimensionslose Meßgröße, genannt Extinktion. Sie ist ein Maß für die durch die in dem nichtabsorbierenden Lösungsmittel vorhandenen Probenteilchen bewirkte Lichtschwächung. ε ist der Extinktionskoeffizient, eine spezifische Materialkonstante, die für jeden reinen Körper charakteristisch und konzentrationsunabhängig ist. c ist die Konzentration des Gelösten im Lösungsmittel, meist angegeben in Mol/Liter. s ist die Schichtdicke der Küvetten in cm.

ε läßt sich nach Messung von E bei bekannter Konzentration der Reinsubstanz in der Meßlösung und Kenntnis der Schichtdicke nach obiger Formel errechnen.

Umgekehrt ermöglicht die Kenntnis von E, s und ε die quantitative Bestimmung eines Stoffes in einer Lösung.

Je nach Frequenz bzw. Wellenlänge der eingestrahlten, weitgehend monochromatischen Anteile des elektromagnetischen Spektrums werden unterschiedliche Träger der selektiven Absorption angeregt, so z. B. mit UV- bzw. sichtbarem Licht die Valenz-Elektronen eines absorbierenden Systems (Absorptionsspektroskopie im UV oder im Sichtbaren) oder mit infra-(= ultra-)roter Strahlung in ähnlicher Weise Molekülanteile (IR-Absorptionsspektroskopie). Diese Verfahren unterscheiden sich also durch den Frequenzbereich der anregenden Strahlung und die Atombestandteile bzw. Molekülfragmente, auf die sie einwirkt und mit ihnen in Resonanz tritt.

Photometrische Methoden erschließen breitere Anwendungsgebiete als die visuellen Methoden. Es lassen sich damit Farbmessungen an Flüssigkeiten und festen Körpern, Messungen der Lichtabsorption im ultravioletten und/oder sichtbaren Bereich sowie Trübungs- und Remissionsmessungen vornehmen. Als Beispiel sei das *Elektrophotometer* Elko II (Abb. 399 und 400) näher beschrieben.

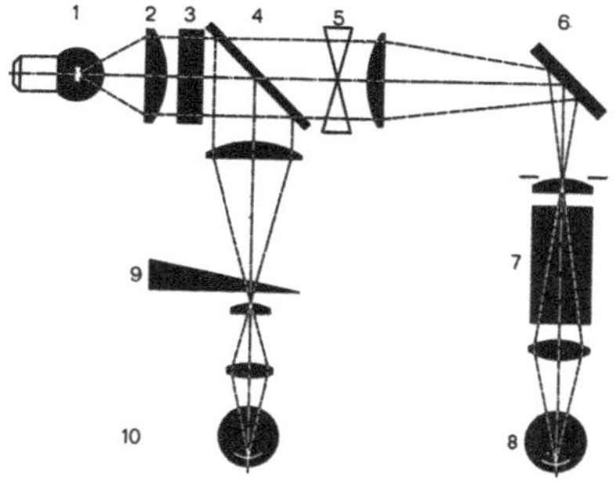

Abb. 399. Meßprinzip des Elektrophotometers Elko II (Carl Zeiss, Oberkochen/Württ.)

Die Strahlung der Lichtquelle 1 durchsetzt den Kondensor 2 und das den Meßwellenbereich aussondernde Lichtfilter 3. Mittels einer Teilungsplatte 4 wird der Strahlengang in zwei Teile zerlegt, wovon der eine die Meßblende 5 passiert, sodann am Spiegel 6 umgelenkt und durch die Küvette 7 hindurchgeführt wird und in die Photozelle 8 gelangt. Der andere Strahl passiert den Graukeil 9 und trifft auf die Photozelle 10.

Die Meßlösung wird in den Strahlengang gebracht und die Ströme der beiden Photozellen werden mit Hilfe des verstellbaren Graukeiles gleich groß gemacht. Nun wird die Vergleichslösung in den Strahlengang gebracht; die Photozelle 8 trifft jetzt ein größerer Lichtstrom, der durch Verkleinerung der Meßblende 5 wieder auf den Ausgangswert reduziert wird. Durch dieses aufeinanderfolgende Einbringen der Meß- und Vergleichslösung in denselben Strahlengang werden spannungsbedingte Fehler kompensiert (Substitutionsverfahren).

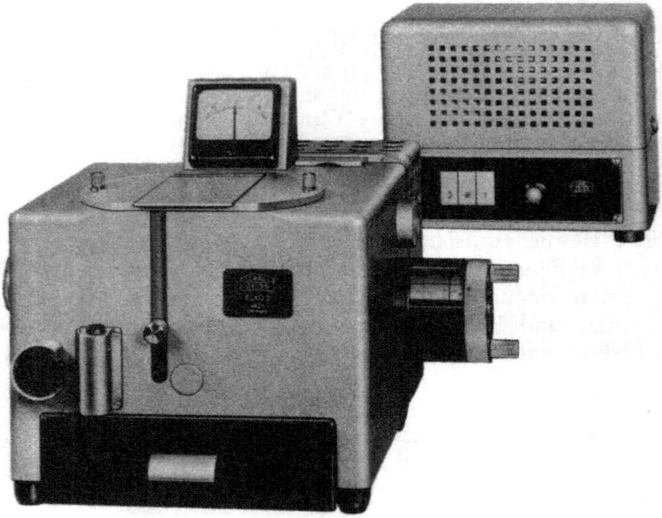

Abb. 400. Elektrophotometer Elko II
(Carl Zeiss, Oberkochen/Württ.)

Zur Durchführung von *Trübungsmessungen* wird an Stelle des Küvettenhalters eine Trübungsmeßeinrichtung in das Gerät eingesetzt, die erlaubt, das durch Ablenkung an den Suspensionsteilchen erhaltene Licht zu messen.

Die *Messung der Remission* (diffuse Rückstrahlung) von festen Proben kann mit Hilfe einer Remissionsmeßeinrichtung, die gleichfalls an Stelle des Küvettenhalters eingesetzt wird, gegen Remissionsstandards im Substitutionsverfahren geschehen.

7. **Absorptionsspektroskopie** (Spektralphotometrie). Bei diesen Verfahren wird Strahlung weitgehend monochromatischen Lichtes oder doch geringer spektraler Breite zur selektiven Anregung bzw. Absorption benutzt, das durch Strahlungszerlegung an Prismen geeigneter Zusammensetzung (z. B. Glas, Quarz, NaCl, KBr) ausgesondert und durch die Probe geschickt wird. Die erfolgte Lichtschwächung wird mittels hochempfindlicher elektrischer Detektoren gemessen, auf Zeigerskalen angezeigt oder durch einen Schreiber aufgezeichnet. Letzteres ist dann angebracht, wenn die Absorption in Abhängigkeit von der durch Wirkung eines Monochromators erreichten kontinuierlichen Wellenlängenveränderung dargestellt werden soll.

a) *Absorptionsspektroskopie im UV- und sichtbaren Bereich.* Zur Veränderung der potentiellen Energie der Elektronenanordnung ist eine wesentlich energiereichere Strahlung nötig, als zur Erzwingung eines Schwingens der Atome gegeneinander oder gar zur Erzielung einer Rotation von Molekülen um ihre Trägheitsachsen. Deshalb erzielt im Bereich der Valenz-Elektronenanregung ultraviolette Strahlung Resonanz (einschließlich des sichtbaren und nahen Infrarot-Bereiches, also zwischen etwa 50 und 100 nm). Atome und Moleküle benötigen für ein Schwingen gegeneinander oder ein Rotieren um ihre Hauptachsen Strahlung der Wellenlängen zwischen 1 μ und 50 μ bzw. größer als 50 μ.

In der Abb. 401 ist das Schema des nichtregistrierenden Spektralphotometers PMQ II gezeigt, das nach dem Ausschlagverfahren arbeitet.

Das Licht der Strahlungsquelle (Glühlampe für den sichtbaren, Wasserstofflampe für den ultravioletten Bereich) durchsetzt einen Monochromator, der weitgehend monochromatische Strahlung zu isolieren erlaubt, die sodann wechselweise die Meß- und Vergleichslösung durchdringt und auf einen Detektor (z. B. Sekundärelektronenvervielfacher) trifft. Da es möglich ist, in der Küvettenhalterung mehrere Küvetten mit vorbereiteten Lösungen unterzubringen, lassen sich diese hintereinander gegen die Vergleichslösung messen.

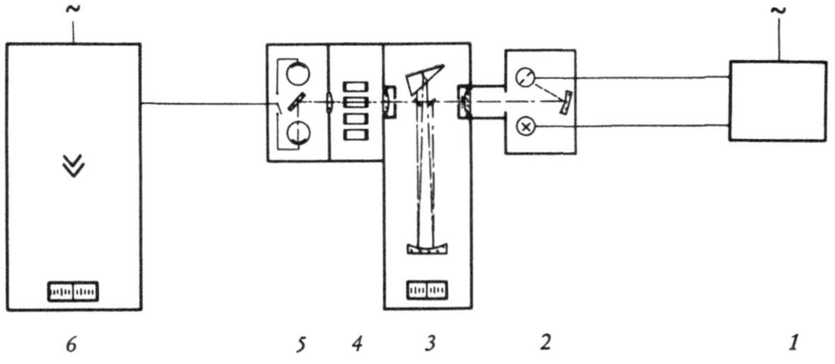

Abb. 401. Schema des Spektralphotometers PMQ II
1 Netzanschluß für Lampen, *2* Leuchte mit Glüh- und Deuteriumlampe, *3* Monochromator, *4* Probenwechsler mit vier Küvetten, *5* Empfängergehäuse, *6* Anzeigegerät
(Carl Zeiss, Oberkochen/Württ.)

Zur Messung der Lichtabsorption bei den verschiedensten, von Hand exakt einstellbaren Wellenlängen ist auch eine angepaßte Veränderung der Spaltbreite und damit der Intensität des eingestrahlten Lichtes notwendig. Auch diese wird von Hand vorgenommen.

Zur Erstellung von *Absorptionskurven* werden die Extinktionen in Abhängigkeit von den Wellenlängen gemessen und in ein Diagrammblatt eingetragen. Eine solche Kurve über einen breiteren Wellenlängenbereich Punkt für Punkt, etwa von fünf zu fünf oder zehn zu zehn Nanometer von Hand durchzumessen, ist zeitaufwendig und mühsam. Es wurden daher selbstregistrierende Geräte entwickelt, bei denen nach einer Vorprogrammierung des Aufnahmeablaufs und Betätigen eines Zentralschalters die Registrierung der Absorptionskurve automatisch abläuft. Die notwendige optimale Lichtenergie zur Anregung der Valenzelektronen kann durch Koppeln der Spaltöffnung mit dem, die Extinktionswerte liefernden Detektor erhalten werden.

Ein Beispiel für das Absorptionsspektrum einer gelösten organischen Substanz zeigt die Abb. 402. Die Aufnahme ist unter folgenden Bedingungen erstellt:

Konzentration: 0,01 g/100 ml; Lösungsmittel: Chloroform; Küvettenschichtdicke: 0,1 cm; Küvettenmaterial: Quarz; Vergleichslösung: Chloroform.

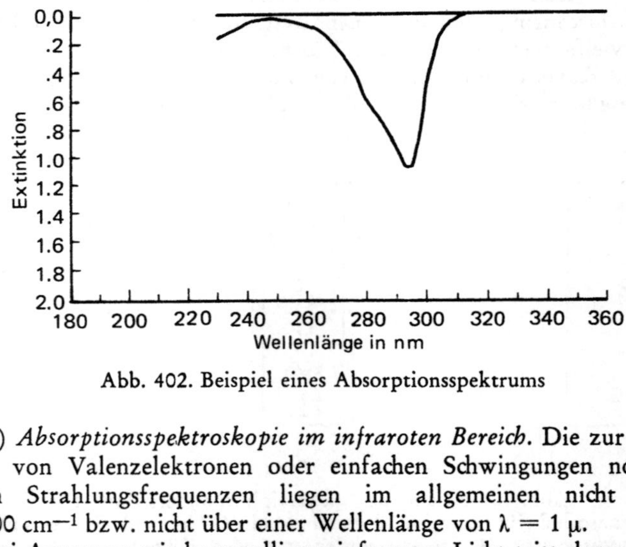

Abb. 402. Beispiel eines Absorptionsspektrums

b) *Absorptionsspektroskopie im infraroten Bereich.* Die zur Anregung von Valenzelektronen oder einfachen Schwingungen notwendigen Strahlungsfrequenzen liegen im allgemeinen nicht unter 10.000 cm^{-1} bzw. nicht über einer Wellenlänge von $\lambda = 1\ \mu$.

Bei Anregung mit kurzwelligem infraroten Licht tritt dann Wechselwirkung zwischen Strahlung und Materie ein, wenn die jeder Atomgruppierung spezifische Resonanzbedingung erfüllt ist, Strahlung also absorbiert wird. Moderne infrarotspektroskopische Geräte ermöglichen die Aufzeichnung von Infrarot-Spektren, wobei die Lichtabsorption in Abhängigkeit von der Wellenzahl ν (oder der Wellenlänge λ) automatisch aufgezeichnet wird. Mit Hilfe von Monochromatoren wird die Strahlung im Bereich von etwa 1μ bis $20\ \mu$ in engste Wellenlängenbereiche zerlegt und nacheinander durch die Probe geschickt. Eine darauf abgestimmte Schreiberfeder verzeichnet die Ausschläge auf einem Schreiberblatt. Jeder Schreiberausschlag deutet auf das Vorhandensein einer ganz spezifischen Atomgruppierung (z. B. —OH, $—CH_2—$, $—CH_3$, —C≡N, > C = O u. a.), eines besonderen Bindungstyps (> C = C <, —C≡C—, Wasserstoffbrücken u. a.) oder eines bestimmten Substitutionstyps ($—CH_2—CH_3$, $R—(CH_2)_{n>4}$ $—CH_3$, aromatische 1,2-, 1,3-, 1,4-Substitution usw.) hin. So stellt sich ein IR-Spektrum als der Fingerabdruck einer Substanz dar (Abb. 403).

Ein Infrarot-Gerät benötigt zur Erzeugung, Anzeige und Registrierung eines Spektrums eine Lichtquelle in Form eines Nernststiftes oder Globars, die infrarotes Licht kontinuierlich über einen vorgesehenen Wellenlängenbereich ausstrahlt, ferner einen Monochromator zur Zerlegung der Strahlung in monochromatisches Licht und einen Detektor, der die Strahlungsintensität mißt, das elektrische Signal verstärkt und einem Schreiber zur Registrierung zuführt.

Die in ein absorbierendes Material (z. B. KBr) eingebettete Probe wird von einem Teil der Strahlung der Lichtquelle durchsetzt, während der andere Teil als Vergleichsstrahl dient. Beide werden mit Hilfe eines rotierenden Sektorspiegels rekombiniert und auf einen Gittermonochromator geworfen, der bei seiner langsamen Drehung das jetzt entstandene Dispersionsband (Lichtstreuung) auf den Austrittsspalt wirft, der die entsprechenden Einzel-Wellenlängen aussondert und den Strahlungsweg zum Detektor freigibt. Die hier auffallende Strahlung wird in ein ihr proportionales elektrisches Signal

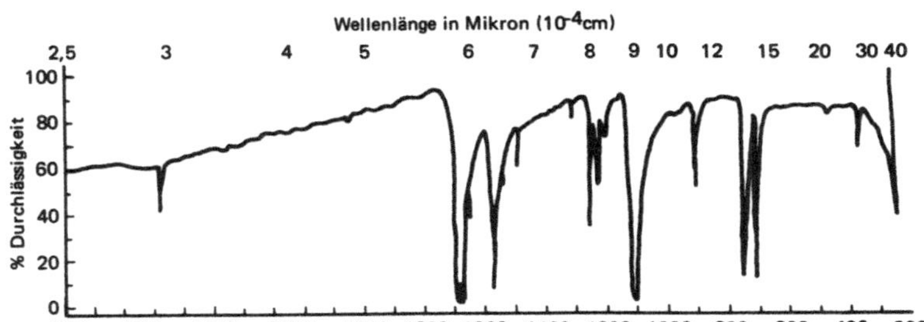

umgewandelt und verstärkt. Von ihm wird über eine Kammblende der Vergleichsstrahl so weit reduziert, daß er die gleiche Intensität wie der Meßstrahl erhält. Die Kammblende ist mit der Schreiberfeder gekoppelt, die nun gemäß der Kammblenden-Stellung die Lichtabsorption der Probe registriert.

Die Abb. 404 möge diese knappe Darstellung veranschaulichen. Die Abb. 405 zeigt ein einfaches IR-Gitterspektrophotometer.

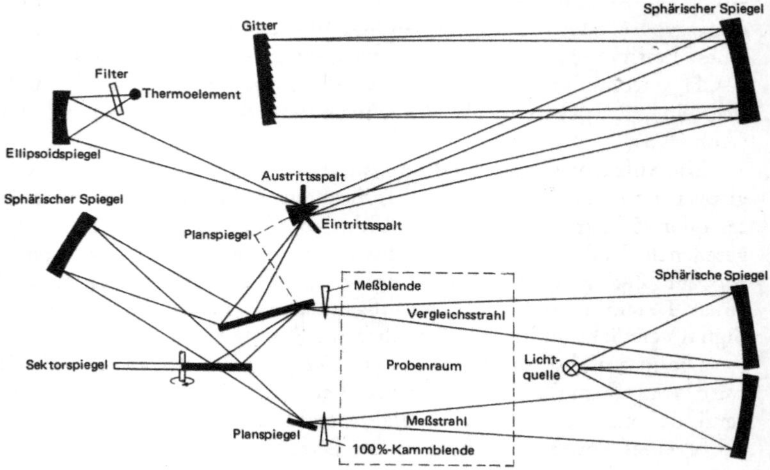

Abb. 404. Strahlengang des IR-Spektrophotometers 700 (Bodenseewerk Perkin-Elmer & Co. GmbH, Überlingen)

Abb. 405. IR-Spektrophotometer 700 (Bodenseewerk Perkin-Elmer & Co. GmbH, Überlingen)

8. Emissionsspektralanalyse. Jedes Element sendet nach geeigneter Anregung oder Verdampfung eine charakteristische Strahlung aus, mit deren Hilfe es identifiziert und bei Anwendung geeigneter Hilfsmittel quantitativ bestimmt werden kann. Es wird also nicht die Schwächung einer Strahlung, sondern die Lichtemission nach vorheriger Anregung gemessen.

In der folgenden Tabelle sind die verschiedenen Methoden aufgezeigt:

	Anregungs quelle	Ansprechende Atome/Ionen	Lichtzerlegung	Detektor	Verfahren
a	Gasflamme Normaltemperatur	Alkali-/Erdalkalisalze	keine	Auge	Flammenfärbung (Platindraht, Magnesiastäbchen)
b	Gasflamme Normaltemperatur	Alkali-/Erdalkalisalze	Kron- und Flintglasprismen	Projektion auf Auge	Hand- und Taschen-Spektroskop
c	Gasflamme hoher Temperatur	Viele Metalle und Metalloide	Gitter	Photomultiplier, SEV	Flammenphotometrie, Atomabsorption
d	Lichtbogen, elektr. Funke	Alle Metalle, viele Nichtmetalle	Gitter Prismen,	Photoplatte, Photomultiplier, SEV	Emissionsspektralanalyse, „Abfunken“

Zu a): Die qualitative Methode der *Flammenfärbung* ist nur anwendbar, wenn nicht ein Gemisch, bei niedriger Temperatur gleichfalls emittierender Elemente vorliegt.

Zu b): Ein *Hand- oder Taschen-Spektroskop* erlaubt, die im sichtbaren Spektralbereich auftretenden charakteristischen Linien mit einer kalibrierten Skala der Linien bekannter Elemente zu vergleichen (Abb. 406).

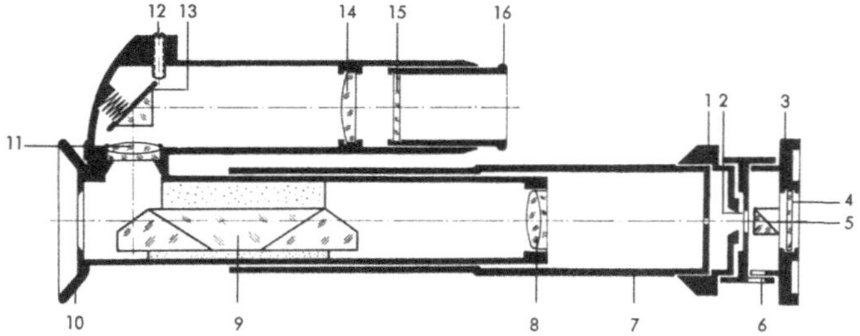

Abb. 406. Handspektroskop
1 Spaltverstellung, *2* Spalt, *3* Verstellung des Vergleichsprismas, *4* Staubschutzfenster, *5* Umlenkprisma, *6* Lichteintrittsöffnung, *7* Spaltrohr, *8* Achromatische Lupe, *9* Geradsichtprisma nach Amici, *10* Prismenrohr, *11* Achromatische Lupe, *12* Stellschraube, *13* Umlenkprisma, *14* Linse, *15* Wellenlängenteilung, *16* Verstellbarer Stutzen
(Carl Zeiss, Oberkochen/Württ.)

Die von der erhitzten Probe ausgehende Strahlung durchsetzt nach Passieren einer Kollimatorlinse ein System unterschiedlich brechender Glasprismen, die so angeordnet sind, daß eine Zerlegung der Strahlung in die charakteristischen Spektrallinien, nach Austritt aus dem Prismensystem jedoch keine Ablenkung, sondern eine Ausrichtung des Lichtstrahls auf das Auge des Betrachters erfolgt.

Zu c): *Flammenphotometrie:* Parallel zur Aussendung sichtbaren Lichtes tritt bei entsprechend hohen Flammentemperaturen auch eine Emission ultravioletter Strahlung ein, die mit Hilfe von empfindlichen Photodetektoren, z. B. Sekundärelektronenvervielfachern (SEV) qualitativ und quantitativ gemessen werden kann.

Um die Anregungstemperaturen, die benötigt werden, um die Moleküle zu Atomen zu spalten oder sie zu dissoziieren, zu gewinnen (in ihren Grundzustand überzuführen), werden Gase mit hohem Energiegehalt unter Sauerstoffzusatz verbrannt. Ein genau dosierter Strom der Brenngase wird zusammen mit einer feinstzerstäubten Auflösung der Probe in einer Brennerdüse verbrannt, wobei die Probenanteile verdampft und in den atomaren Zustand übergeführt werden. Die dabei ausgesandte Strahlung wird in einem Monochromator in die für sie charakteristischen Spektrallinien zerlegt, diese in einen SEV geleitet, verstärkt und von einem Anzeigegerät nach Qualität und Quantität registriert.

Je nach benötigter Temperatur lassen sich verschiedene Brenngase zusammen mit Sauerstoff verwenden, z. B. Wasserstoff mit Luft (Temperatur etwa 2100° C), Wasserstoff mit Sauerstoff (etwa 2750° C), Acetylen mit Sauerstoff (etwa 3100° C), Methan mit Sauerstoff (etwa 2730° C), Dicyan (sehr giftig!) mit Sauerstoff (etwa 4580° C).

Zu vielen absorptionsspektrographischen Geräten sind Flammenzusätze (Brenner und Zerstäuber) erhältlich.

Bei der *Resonanzabsorption* (angewandt von Walsh) werden nach Anregung ausgesandte Lichtquanten von im Grundzustand befindlichen Atomen desselben Elementes absorbiert.

Dieses Verfahren der *Atomabsorptionsspektroskopie* (AAS) kann als Umkehrung der Flammenemission angesehen werden, besitzt dieser gegenüber aber viele Vorteile und breitere Anwendungsmöglichkeiten. Es können damit zur Zeit bereits an die 70 Elemente auf einfache Weise störungsfrei bestimmt werden. Empfindlichkeit und Nachweisgrenzen sind zum Teil hervorragend, sie liegen bei Alkalien oder Erdalkalien, Cu, Cr, Ni weit unter 0,01 ppm, bei Uran 30, Niob 20, Lutetium 50 und Praseodym bei 10 ppm.

Apparatives Prinzip (Abb. 407): Eine in einer Hohlkathodenlampe erzeugte elementspezifische Strahlung wird durch eine UV-durchlässige Optik und durch die hocherhitzte, völlig gleichmäßig brennende Flamme eines Brenners geschickt, in die hinein in feinem Strom Probelösung zerstäubt wird. Die elementspezifische Strahlung der Hohlkathodenlampe wird von der Strahlung des hocherhitzten Proben-Elements absorbiert, in einem Gittermonochromator die isolierte Spektrallinie ausgesondert, von einem SEV in ein elektrisches

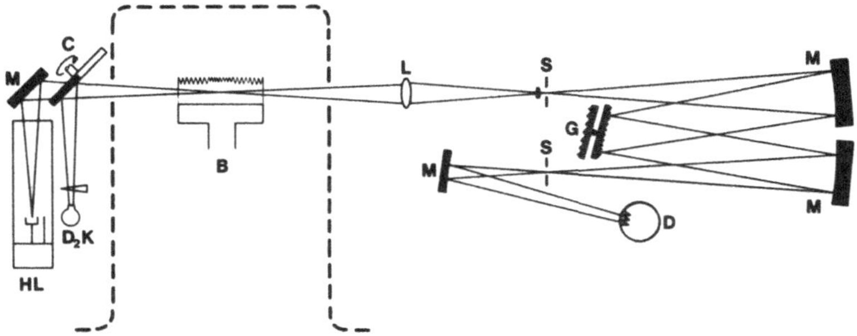

Abb. 407. Strahlengang im Einstrahl-Atom-Absorptions-Spektrophotometer 300
HL Hohlkathodenlampe, *M* Spiegel, *C* Chopper, *D2K* D2-Lampe Untergrund Kompensator, *B* Brenner, *L* Linse, *S* Spalt, *G* Gitter, *D* Detektor (Bodenseewerk Perkin-Elmer & Co. GmbH, Überlingen)

Signal umgewandelt und nach Verstärkung in einem Registriergerät angezeigt. Die Hohlkathodenlampen sind auswechselbar und für die verschiedensten Metalle und Metalloide, auch in Kombinationen jeweils mehrerer Elemente, erhältlich.

Das gleichmäßige Brennen der Flamme, Zerstäubung der Untersuchungslösung, Oxidbildung bei manchen Elementen und eine sehr geringe Verweilzeit in der Flamme bereiten gewisse Schwierigkeiten. Durch Einführung der Methode der flammenlosen AAS mit der Graphitrohrküvette konnten diese beseitigt und die Nachweisgrenzen stark herabgesetzt werden. An Stelle des normalen Brennersystems wird eine Graphitrohrküvette in den Brennerraum eingesetzt und elektrisch beheizt (2700° C). Dabei wird mit Inertgas gespült. Die Verweilzeit der Probe beträgt nicht mehr Millisekunden, sondern volle Sekunden, so daß auch Probenmengen sehr geringer Konzentration noch gut bestimmt werden können.

Zu d): Eine weitere Steigerung der Anregungstemperaturen bringen die *Bogen- und Funkenspektren.*

Bei Benutzung eines elektrischen Lichtbogens als Energiequelle können bei einer Temperatur von etwa 5000° C fast alle Substanzen verdampft und atomisiert werden (Atomspektren). Noch höhere Energien zur Anregung stehen zur Verfügung, wenn die Substanzen einer *Funkentladung* ausgesetzt werden (erstes Ionenspektrum, zweites Ionenspektrum).

Die Substanz wird in die Bohrung einer Kohle- und Graphitelektrode eingebracht und diese zusammen mit der Gegenelektrode gezündet. Das emittierte Licht wird in einem Monochromator in das aufgefächerte Spektrum zerlegt, dieses auf einer photographischen Platte festgehalten und die entsprechend der Intensität der Linien auftretende Schwärzung photometrisch gemessen. Oder es wird die Registrierung des Spektrums mit Photozellen, SEV oder ähnlichen lichtelektrischen Geräten durchgeführt.

Als Monochromatoren werden Prismen oder Beugungsgitter verwendet. Die Spektralkohlen müssen besonders rein und entsprechend geformt sein. Sie sind hitzebeständig, schmelzen nicht und sind genügend stromleitend:

Für die qualitative Analyse ist es ausreichend, das erhaltene Spektrum mit solchen sehr reiner Substanzen zu vergleichen. Die wesentlichen Spektrallinien aller Elemente sind nach Linienlage, Intensität und Intensitätsverhältnis der Linien zueinander tabellarisch erfaßt. Eine Hilfe bietet auch die Aufnahme von Untersuchungs- und reiner Vergleichssubstanz auf einer Platte.

Bei der quantitativen Analyse wird nach Zusatz eines in seiner Konzentration bekannten inneren Standards (des zu messenden Elementes) angeregt und aufgenommen. Aus der Messung des Schwärzungsverhältnisses zwischen einer geeigneten Linie des zu bestimmenden und des mitangeregten Elementes lassen sich quantitative Aussagen machen.

26. Elementaranalyse

1. Methoden. Die Verfahren der organischen Elementaranalyse (Mikro- und Halbmikromethoden) ermöglichen die Feststellung der prozentualen Zusammensetzung organischer Stoffe. In den meisten Fällen werden Oxidations-(Verbrennungs-) oder Reduktionsverfahren angewandt. Darüber hinaus beschäftigt sich die organische Elementaranalyse mit der Bestimmung funktioneller Gruppen, z. B. der Alkoxyl- oder Acetylgruppen.

Durch Automatisierung der Vorgänge und Verfeinerung der Wägung ist es gelungen, mit der Einwaage bis in den Mikrogrammbereich vorzudringen.

Im Rahmen dieses Buches kann naturgemäß nur eine kurze Übersicht über die Prinzipien der wichtigsten Methoden gegeben werden, um anschließend eine Apparatur zur C-, H- und N-Bestimmung zu erläutern.

a) Kohlenstoff und Wasserstoff. Die Probe wird in einem teilweise mit oxidierenden Agentien gefüllten Quarzverbrennungsrohr unter Zuführung von reinem Sauerstoff durch Erhitzen von außen verbrannt. Die Verbrennungsprodukte CO_2 und H_2O werden in zuvor gewogenen, hintereinandergeschalteten und mit selektiv absorbierenden Agentien gefüllten Röhrchen quantitativ festgehalten. Durch nochmalige Wägung wird die dem verbrannten Kohlenstoff und Wasserstoff entsprechende Gewichtsdifferenz festgestellt.

b) Stickstoff. Die Probe wird unter Durchleiten von CO_2 durch Beheizen von außen in einem mit schwarzem Kupferoxid gefüllten Verbrennungsrohr verbrannt. Die Verbrennungsgase werden durch erhitztes Kupfer zu Stickstoff reduziert, welcher zusammen mit dem überschüssigen CO_2 in einem mit 50%iger Kalilauge gefüllten Azotometer aufgefangen wird. Das CO_2 wird von der Lauge gelöst, während der Stickstoff im Azotometer als Gasvolumen gemessen werden kann.

c) Sauerstoff. Die Probe wird in einem mit Spezialkohle gefüllten Rohr unter Durchleiten von sauerstofffreiem Stickstoff durch Erhitzen von außen vercrackt. Der Sauerstoff wird dabei in Kohlenmonoxid übergeführt, das mit Jodpentoxid (J_2O_5) zusammengebracht, aus letzterem titrierbares Jod freimacht, welches stöchiometrisch dem vorhandenen Sauerstoff entspricht.

d) Schwefel. Die Probe wird in einem dichtverschließbaren Nikkelbömbchen zusammen mit Natriumperoxid und Glykol durch Erhitzen von außen verbrannt. Dabei wird der Schwefel in Na_2SO_4 übergeführt, das als $BaSO_4$ gefällt, filtriert, verascht und gewogen wird (Methode Wurzschmitt).

Vorteilhaft ist auch das Knallgasverbrennungsverfahren nach Wickbold, bei dem der zu SO_2 verbrannte Schwefel zu Schwefelsäure oxidiert wird und in dieser Form titriert oder als $BaSO_4$ gefällt werden kann.

e) Halogene (Chlor). Sie können wie bei der Schwefelbestimmung nach Wurzschmitt mit Natriumperoxid in die Natriumhalogenide oder nach Wickbold in die Halogenwasserstoffsäuren umgewandelt und in geeigneter Form titriert werden.

f) Alkoxyle ($C \leq C_4$). Die Probe wird mit heißer Jodwasserstoffsäure umgesetzt und die entstandenen Alkyljodide mit Hilfe eines Treibgases in eine bromhaltige Oxidationslösung geleitet. Hier wird das Jod des Alkyljodids abgespalten und zu Jod oxidiert, welches seinerseits aus Jodid in einer stöchiometrischen Reaktion Jod freisetzt, das mit Thiosulfat titriert werden kann. Das Alkyljodid kann auch gas-chromatographisch bestimmt werden.

g) Acetyl-(Benzoyl-)Gruppen. Die Probe wird verseift (mit Schwefelsäure, p-Toluolsulfosäure, Natronlauge, alkoholischer Natronlauge) und die abgespaltene Essigsäure (Benzoesäure) mit Wasserdampf in kleinen Portionen in eine Vorlage abdestilliert, in der sie portionsweise mit Natronlauge titriert wird.

2. Verbrennungsapparatur. Auf der Grundlage der Arbeiten von Pregl und seiner Schule hat die W. C. Heraeus GmbH in Zusammenarbeit mit den Farbenfabriken Bayer eine Apparatur entwickelt, die als Beispiel für die Durchführung der Elementaranalyse näher beschrieben werden soll (Universal-Apparatur Mikro U/E).

Das Grundgerät besteht aus dem Kurz- oder Laufbrenner, dem Langbrenner und dem Zusatzgerät.

Der aufklappbare Kurz- oder Laufbrenner hat eine Länge von 65 mm und einen Innendurchmesser von 17 mm. Seine Höchsttemperatur beträgt 900° C (bei Ausstattung mit Edelmetall-Heizwicklung bis 1200° C). Mittels einer Transporteinrichtung, die aus Elektromotor und Transportspindel besteht, wird der Kurzbrenner automatisch über die im Verbrennungsrohr befindliche Probe geführt; der Vorschub kann zwischen 7 und 20 mm/min stufenlos eingestellt werden. Ein Leistungssteller auf der Frontseite des Schalteinschubes regelt die Kurzbrennertemperatur.

Die Temperatur des geschlossenen Langbrenners wird durch die Längenausdehnung eines Keramikrohres, das die Heizwicklung trägt, gegenüber einem am Außengehäuse befestigten NiFe-Stab selbsttätig und ohne Beeinflussung geregelt. Durch eine verstellbare Kurvenscheibe lassen sich auf einer Skala Temperaturen zwischen 500 und 1200° C reproduzierbar einstellen. Der Langbrenner ist auf einem beweglichen Schlitten aufgebaut und wird vom Kurzbrenner etwa 15 mm weitergeschoben, um im Verbrennungsrohr das Entstehen von Kondensaten an der Berührungsstelle der beiden Brenner zu verhindern.

Das Zusatzgerät ist ähnlich wie das Grundgerät aufgebaut; es besitzt ebenfalls einen Schalteinschub, auf dem sich Hauptschalter und Signallampe befinden. Es ist mit einem geschlossenen Langbrenner mit Thermometerfühler ausgestattet.

Grund- und Zusatzgerät besitzen eingebaute Magnetventile, die durch ein getrennt aufgestelltes Steuergerät betätigt werden, wodurch der gesamte Verbrennungsverlauf automatisch überwacht und geregelt wird. Mit Hilfe von eingebauten Zeitschaltuhren läßt sich jedes gewünschte Verbrennungs-Programm einstellen. Feinregulierventile und Strömungsmesser sichern den notwendigen Gasdurchgang.

Die Abb. 408 zeigt das schematische Schaltbild der Apparatur.

An die Apparatur können verschiedene Zubehörteile angeschlossen werden: Für die volumetrische Stickstoff-Bestimmung ein automatisches

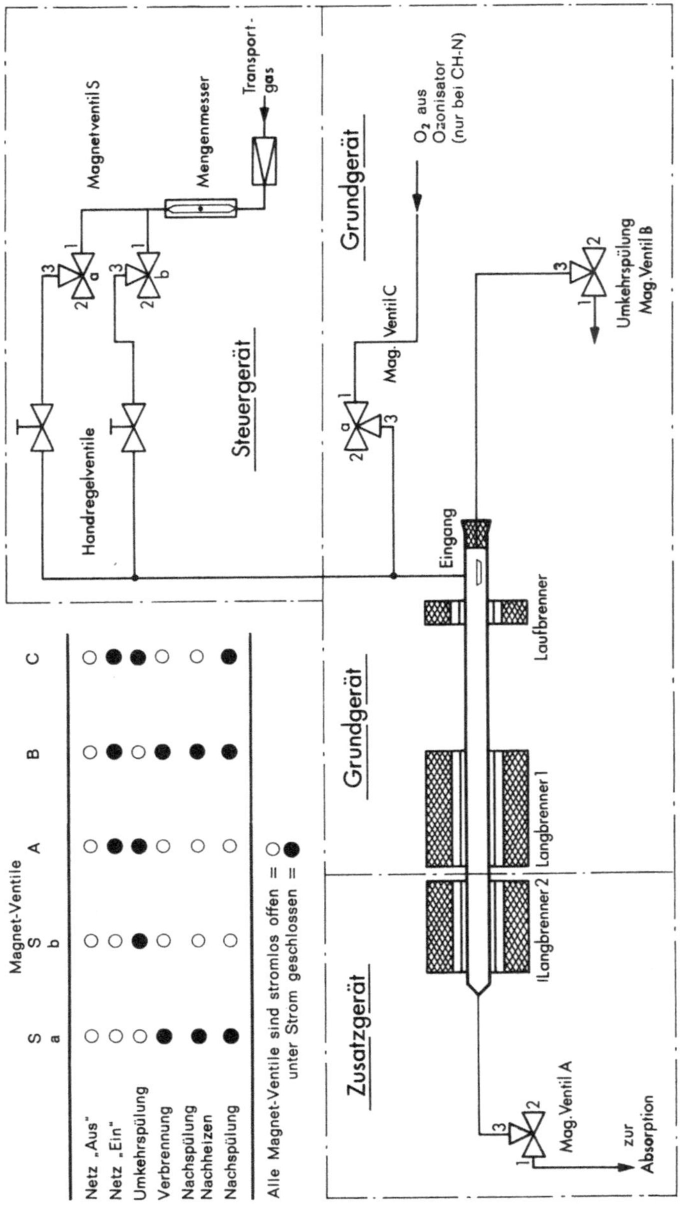

Abb. 408. Schaltbild der Universal-Verbrennungsapparatur Mikro U/E für CH-, N- und O-Bestimmungen (W. C. Heraeus GmbH, Hanau)

Azotometer, das mit einer motorgetriebenen Kolbenbürette, einem Stickstoff-Sammler mit Niveaugefäß und einem Lichtschrankenrelais ausgestattet ist. Das Volumen wird an einem Digitalzählwerk abgelesen. Bei der CH- und N-Bestimmung wird das Gemisch von Transportgas und reinem Bomben-Sauerstoff in einem Ozonisator durch Hochfrequenz angeregt und ozonisiert (Ozongehalt ca. 0,1%). Um bei der CH-Bestimmung zu verhindern, daß sich am Übergang vom Verbindungsrohr zum Absorptionsröhrchen Wasserkondensat bildet, wird dem Langbrenner eine Schliffheizung nachgeschaltet. Zum Erwärmen der Anhydrojodsäure wird bei der O-Bestimmung ein Jodsäureofen mit Temperaturregelung (bis 120° C) verwendet.

Benutzte und einschlägige Literatur

Angerer, E. v., und H. Ebert: Technische Kunstgriffe bei physikalischen Untersuchungen, 14. Aufl. Braunschweig: Fr. Vieweg & Sohn. 1966.

Arendt und Dörmer: Technik der Experimentalchemie, 8. Aufl. Heidelberg: Quelle und Mayer. 1969.

Bernhauer, K.: Einführung in die organisch-chemische Laboratoriumstechnik, 5. Aufl. Wien: Springer. 1947.

Bayer, F., und G. Wagner: Gasanalyse, Methoden der Arbeitspraxis, 3. Aufl. Stuttgart: Ferd. Enke. 1960.

Berufsgenossenschaft der Chemischen Industrie: Richtlinien für chemische Laboratorien. Köln: C. Haymanns Verlag KG.

Berufsgenossenschaft der Chemischen Industrie: Unfallverhütungsvorschriften. Heidelberg: Jedermann-Verlag, Dr. O. Pfeffer.

Biltz, H., W. Biltz und W. Fischer: Ausführung quantitativer Analysen, 9. Aufl. Stuttgart: S. Hirzel. 1965.

Brauer, G.: Handbuch der präparativen anorganischen Chemie, 2. Aufl., 1. Bd. Stuttgart: Ferd. Enke. 1960.

Cramer, F.: Papierchromatographie, 5. Aufl. Weinheim: Verlag Chemie GmbH. 1962.

Dechema: Dechema-Erfahrungsaustausch. Frankfurt am Main.

Deeg, E., und H. Richter: Glas im Laboratorium. Augendorf i. Württ.: Edition Cantor K.G. 1965.

Gattermann, L., und H. Wieland: Die Praxis des organischen Chemikers, 41. Aufl. Berlin: W. de Gruyter & Co. 1962.

Grubitsch, H.: Anorganisch-präparative Chemie. Wien: Springer. 1950.

Hecker, E.: Verteilungsverfahren im Laboratorium. Weinheim: Verlag Chemie GmbH. 1955.

Heyrovsky, J.: Polarographisches Praktikum, 2. Aufl. Berlin—Göttingen—Heidelberg: Springer. 1960.

Houben-Weyl: Methoden der organischen Chemie, 4. Aufl., Bd. 1: Allgemeine Laboratoriumspraxis. Stuttgart: G. Thieme. 1958 und 1959.

Jander, G., und K. F. Jahr: Maßanalyse (Sammlung Göschen), 12. Aufl. Berlin: W. de Gruyter & Co. 1969.

Jentzsch, D.: Gas-Chromatographie, Grundlagen, Anwendung, Methoden. Stuttgart: Franckh'sche Verlagshandlung. 1968.

Keil, B.: Laboratoriumstechnik der organischen Chemie. Berlin: Akademie-Verlag GmbH. 1961.

Klemenc, A.: Die Behandlung und Reindarstellung von Gasen, 2. Aufl. Wien: Springer. 1948.

Kruhme, H., und H. Grathwohl: Mit Becherglas und Bunsenbrenner, 4. Aufl. Braunschweig: G. Westermann. 1964.

Lange, B.: Kolorimetrische Analyse, 6. Aufl. Weinheim: Verlag Chemie GmbH. 1964.

Leibnitz, E., und H. G. Struppe: Handbuch der Gas-Chromatographie, 2. Aufl. Weinheim: Verlag Chemie GmbH. 1969.

Lieb, H., und W. Schöniger: Anleitung zur Darstellung organischer Präparate mit kleinen Substanzmengen, 2. Aufl. Wien: Springer. 1961.

Lux, H.: Anorganisch-chemische Experimentierkunst, 3. Aufl. Leipzig: J. A. Barth. 1970.

Randerath, K.: Dünnschicht-Chromatographie, 2. Aufl. Weinheim: Verlag Chemie GmbH. 1965.

Röck, H.: Destillation im Laboratorium. Darmstadt: D. Steinkopff. 1960.

Schulze, H. D.: Methoden und Gerätetechnik zur analytischen Chemie. Bad Wörishofen: Verlag Erwin Geyer. 1970.

Sorbe, G.: Messen und Regeln in Labor und Betrieb, 2. Aufl. Frankfurt am Main: Umschau Verlag. 1962.

Stahl, E.: Dünnschicht-Chromatographie, 2. Aufl. Berlin—Heidelberg—New York: Springer. 1967.

Ubbelohde, L., G. H. Göttner und W. Weber: Zur Viskosimetrie, 7. Aufl. Stuttgart: S. Hirzel. 1965.

Weygand, C., und G. Hilgetag: Organisch-chemische Experimentierkunst, 3. Aufl. Leipzig: J. A. Barth. 1964.

Zeitschriften:

Chemie-Ingenieur-Technik

Chemiker-Zeitung/Chemische Apparatur

Chemie für Labor und Betrieb mit Beilage „Lernen + Leisten"

G-I-T, Fachzeitschrift für das Laboratorium

Diverse Firmenschriften. (Die Firmen sind bei den Abbildungen bzw. im Text genannt.)

Sachverzeichnis

Satz: Inter-Letter Maschinsatz GesmbH, A-1020 Wien

GPSR Compliance

The European Union's (EU) General Product Safety Regulation (GPSR) is a set of rules that requires consumer products to be safe and our obligations to ensure this.

If you have any concerns about our products, you can contact us on ProductSafety@springernature.com

In case Publisher is established outside the EU, the EU authorized representative is:

Springer Nature Customer Service Center GmbH
Europaplatz 3
69115 Heidelberg, Germany

Batch number: 10577919

Printed by Printforce, the Netherlands